心灵容纳世界

想法转为行动

事业提升人生

成功改变命运

本书献给：

追求成功的人，追求完美的人，追求卓越的人，追求梦想的人。

May all
Your wishes
Come true

心想事成

宁志荣　著

山西出版传媒集团
山西经济出版社

图书在版编目（CIP）数据

心想事成／宁志荣著 . —太原：山西经济出版社，
2012.5

ISBN 978 - 7 - 80767 - 538 - 9

Ⅰ.①心… Ⅱ.①宁… Ⅲ.①成功心理－通俗读物
Ⅳ.① B848.4 - 49

中国版本图书馆 CIP 数据核字（2012）第 101528 号

心想事成

著　　者：宁志荣
责任编辑：李慧平
助理责编：吴　迪　申卓敏
装帧设计：陈　婷

出 版 者：山西出版传媒集团·山西经济出版社
社　　址：太原市建设南路 21 号
邮　　编：030012
电　　话：0351 - 4922133（发行中心）
　　　　　0351 - 4922085（综合办）
E - mail：sxjjfx@163.com
　　　　　jingjshb@sxskcb.com
网　　址：www.sxjjcb.com

经 销 者：山西出版传媒集团·山西经济出版社
承 印 者：山西出版传媒集团·山西新华印业有限公司

开　　本：890mm×1240mm　　1/32
印　　张：14.25
字　　数：382 千字
印　　数：1 - 3 000 册
版　　次：2012 年 5 月第 1 版
印　　次：2012 年 5 月第 1 次印刷
书　　号：ISBN 978 - 7 - 80767 - 538 - 9
定　　价：38.00 元

目 ● 录

确的理想；理想演变为一种精神的力量，引导人们前进；
信念之火熊熊燃烧

第一章　心想事成　梦想成真

箴言录

> 吾心即宇宙。
>
> 成功始于想法，如果你不想成功，怎么会成功呢？
>
> 心有多大，舞台就有多大。
>
> 心想可以感应。感应，灵感，都来自于想法，陈景润算哥德巴赫猜想时，光稿纸就用了几麻袋。走路时，不小心撞到了电杆上，原来他满脑子装的全是数学公式，正在高速运转呢。
>
> 想所要的东西。

成功始于一个想法

茫茫宇宙中，有一个宛如微粒般的地球。

宇宙有多大呢？科学家做了形象的比喻，地球上有多少人，每个人体有多少细胞，做个乘法，就是恒星的数量。仅仅银河系就有2000多亿颗恒星，太阳只是银河系里的一颗恒星。太阳系包括了九大恒星和63个卫星以及100万个小行星和无数的彗星，太阳占太阳系的总质量为99.8%，九大恒星（包括地球）和小行星所占比例微乎其微。

但是，**只有人类具有思想，人类是万物之灵。**在无穷的宇宙中、无穷的时间中，地球上的人类进行思考，他们的想法改变着世界。

所有的伟业，都开始于一个想法；所有的成功，都开始于一个梦想。

如果你心里都不想，怎么会成功呢？如果你连愿望都没有，又怎么会去实现呢？

有一个故事，发生在英国。

布兰迪是英国一个中学的老师，有一次上课时，面对十五六岁的孩子，他出了一个作文题叫做《未来的梦想》。孩子们写出的梦想五花八门，有的想当作家，有的想当将军，有的想赚钱等。其中，有一个孩子叫戴维，吸引了布兰迪。戴维是一个盲人，他说要成为英国内阁大臣，因为有史以来还没有一个盲人进入内阁。

转眼25年过去了，布兰迪也两鬓斑白，翻开孩子们多年前的作文，不知他们现在怎么样，当年的理想实现了没有。于是他给每个学生寄去了一封信，说要送给他们一个礼物，就是当年的作文。许多孩子陆续都回了信，可是，一年过去了，戴维还没有音信。布兰迪感到世事无常，是不是戴维发生了什么不幸呢？

正在这时，收到了一封来自伦敦的署名布伦克特的英国内阁大臣的来信。信中说，敬爱的老师，想不到你还保存着我们25年前的作文，多么令我们感动。我就是戴维，后来改名叫布伦克特，现在是教育内阁大臣。我想，一个盲人都可以成为内阁大臣，那么，一个正常人如果想当总统，只要从15岁开始每天都想着这件事，到40岁肯定就是总统了。

多么感人，多么朴实，这就是一个盲人内阁大臣的心灵告白。

当戴维想成为内阁大臣时，同学们肯定会笑话他，认为不可能，因为身体健全的人，要想成为内阁大臣都是很难的，何况是一个盲人。戴维和别人相比，并没有什么特别之处，没有过人的才华，没有显赫的家族背景，而且还是一个盲人，世界对于他来说是一片灰暗。

但是，他与别人相比又是不同的。因为他内心有一个想法，想成为英国有史以来第一个盲人内阁大臣。

成功其实是简单的，心里有想法，照着做了，结果就成功了。

成功也是艰难的，谁能把一个想法放在心里长达 25 年之久？

无数事实说明，想法决定行动。

自古成大事者，首先要具有一种渴望，鼓舞着自己朝前奋进。

首先要有一个想法，有一个念头，想一想要干什么，要达到什么目标。有了想法，才会产生动力。每天就想着一日三餐，靠消磨时间打发日子，当一天和尚撞一天钟，只能生活在平庸之中。

评价一个人时，人们会说这个人有头脑，有想法。这是成功的前提。

也许心中的想法看起来很遥远，但是，只有有了想法，才能接近自己的目标。没有想法，连成功的可能性都没有。

面对平庸的日子，面对人生的低谷，我们首先要心动，要有一种广阔的胸怀，有一种**改天换地的浩然壮志**，有了这样的想法，就开始靠近成功了，会在将来的某一天实现自己的伟大目标。

想法改变了世界

据《墨子》记载，远在两千多年前，著名的木匠鲁班模仿鸟的形状，用木头制成了人类历史上第一个飞行器。它没有任何现代的发动机，竟然可以在天空飞三天三夜，令人们叹为观止。但是，由于年代久远，事实详情已经无法考证。

天高任鸟飞，海阔凭鱼跃。在天空飞翔一直是人类的梦想。自由的鸟儿在天空舒展翅膀，随心所欲，展翅高飞，人类行吗？

莱特兄弟出生于美国一个牧师家庭。父亲是个藏书家，他们受过一段时间的高中教育，可是没有拿到毕业证。他们利用闲暇时间钻进书房里，阅读了大量的书籍，知识打开了他们的世界。后来他们开了一个自行车店，制造自行车出售。可是，他们总想着有一天，人类能像鸟儿一样在天空飞翔。于是，就查阅大量的资料，于 1903 年 2 月的一天，制成了人类有史以来的第一架飞机。

可是，他们的努力没有得到社会的认可。但是，他们不放弃，加强技术改进，进行了数百次的飞翔表演。不幸的是，在一次飞翔表演中飞机坠毁，一名乘客身亡，莱特的兄弟也因此折断了腿和肋骨，但幸免于难。尽管如此他们一直不放弃自己的想法，直到1909年，他们的付出终于得到了美国政府的重视，承认了他们的发明。

当莱特兄弟发明飞机的时候，周围的人无动于衷，发明出来以后，社会也没有任何反响。

如今，在他们发明的基础上，各式各样先进的飞机日日夜夜穿梭在天空，缩短了地球上的距离。人类的足迹已经踏上了30万公里外的月球，宇宙飞船已经遨游在太空。

人类诞生以来千百万年了，飞往太空的梦想终于实现了。

伫立大地，仰望宇宙。在夜里望着浩瀚无际的天空，谁能想到有一天人类可以在天空中飞翔。谁敢于把这个想法付诸实施，那就是莱特兄弟。

所以，我们必须敢于想，必须有想法。哪怕看上去是胡思乱想，天方夜谭，只要敢于想，就会有益处。

什么是奇迹，奇迹就是想出来的。

见证奇迹之前，首先在心里要产生奇迹。心里产生了奇迹，就离奇迹近了。

首先要敢于创造奇迹，才可能出现奇迹。

比尔·盖茨建立了庞大的微软帝国，积累了令世人钦佩的巨额财富。可是，他的成功起初只是始于一个想法。他的想法很简单，就是在将来的某一天，让微软的电脑产品进入每一个家庭，摆到每个家庭的写字台上。他的想法是朴实的，就是为每个家庭服务。他的想法又是辉煌的，因为在当时，电脑还是科研机构的工具，怎么会进入普通的家庭，作为人们的生活用品呢？但是，比尔·盖茨沿着梦想出发了，进行过无数次的科研，想方设法精心编程，结果，仅仅过了一年，他的梦想就实现了。现在，当人们享受互联网世界带来的便捷时，谁能不知道比尔·盖茨呢？

现在，有人想成功，却不敢想。

不敢，是成功的绊脚石，把成功拒之门外。

不敢，是成功和失败的分水岭。一边是成功者的鲜花和掌声，一边是失败者的眼泪和沮丧。

那么，请问，你喜欢什么？是成功还是失败？是鲜花还是荆棘？

我想任何人都是喜欢成功而不是失败，任何人都是喜欢鲜花而不是荆棘。

那么我们为什么不能遂心愿呢？这一世只有一次生命，我们有什么理由不能实现自己的愿望呢？即使不能实现，为什么连想象的权利也剥夺了呢？

告诉自己，我要想，我敢想，我勇于思想。

百尺高台，起于垒土。滔滔河水，源于小溪。

无中生有

所谓的想象，就是无中生有。

春天来了，美丽的牡丹花盛开了。

这些花儿，原本是没有的，只有花枝，只是春天来了，经过太阳的光合作用、泥土的给养、水分的滋养，开出了花儿。我仔细地观察花枝上，什么也没有，然而美丽吹弹欲破的花瓣，在看似干枯的花枝上开放了。

花枝就是我们的心灵，花瓣就是我们的想法。

我突然明白了，感悟了，这就是无中生有啊。想法孕育着无尽的世界，孕育着无穷的事物。

世界真的是想出来的。

天地创造了自然界，而人类的想法创造了社会。林立的高楼大厦、奔跑的火车、现代化的大型机械、精美绝伦的纺织品、叹为观止的文学作品、心驰神往的绘画艺术等，无不是人类"想"出来的。

如果无中生有是万物的规律的话，那么我们为什么不能想象呢？上帝创造了人，赋予了人头脑，就是让人想象的。

人类社会，就是一个想象的社会。通过想象诞生了人类社会。

所有的想法都是想出来的。

许多物种都有心脏，只有人类具有心灵。因为人类的心灵，才使人成为"万物之灵"。

人类的心灵是人类与万物区别的根本标志。人类如果不思考，那么与觅食的鸟兽虫鱼有什么区别？正是我们的思考产生了想法，改变着世界。

中国古代著名哲学家、心学家陆九渊断言天理、人理、物理只在人们心中。世间的道理、规律都是人心所固有的，恒久不变的，只要发现就行了。人同此心，心同此理。往古来今，概莫能外。认为："吾心即是宇宙，宇宙即是吾心。"人类的心灵是无限广大的，心灵的广大涵盖了宇宙世界，反过来说，宇宙就是人们心灵里所反映出来的那个世界。当我们不断地思考时，宇宙世界的信息源源不断地与心灵交流，达到了契合，达到了相通。陆九渊是宋代著名的理学家、主观唯心主义哲学家。他主张"吾心即是宇宙"，又倡"心即理"说。他甚至认为治学的方法，主要是"发明本心"，只要发现内心就可以了。可见思想对于人认识世界的重要性。

生物学上有句话叫做："用进废退。"只要你用脑，只要你思考，想法就会源源不断地从脑子里蹦出来。脑子越用越灵活，刀越磨越快。不用脑子，会使人反应迟钝，变得木讷，时间久了就傻乎乎的。没有主见的人，都是不经常用脑的人，把自己依附在别人的身上，成为奴隶，成为工具。

思想就是创造万物的意识。就是无中生有。那庞大的天体，美丽的宇宙，神秘而规则的原子和分子结构，难道仅仅说世界是物质的，就可以解释得了吗？那始终带着星系运动着的宇宙世界，有谁去推动，是谁给了那么大的推动力？科学是无法作出彻底的解释的。

哲学家探讨神秘，科学家试图解释神奇。宇宙形成后，神秘的力量就隐去了。如果说还有神秘的力量的话，我想那就是**人类的思想**。

思想，使人类的心灵飞翔。

勇敢地想，迎着困难想

鲁迅赞赏第一个吃螃蟹的人，因为他勇敢。但是，仔细分析，第一个吃螃蟹的人，前提是想吃螃蟹，如果内心没有想法，怎么会吃螃蟹呢？看着横行霸道的螃蟹，乌黑的脑袋、矮小的身材、难看的眼睛，这分明是个水陆两栖的怪物啊！

吃了它会不会得病？吃了它会不会遭到报应？吃了它会不会也横着走路？

更何况不吃它也过得去，不吃它也可以活下去啊！平平安安才是福！

于是，多少年过去了，人类始终在螃蟹面前止步。人们渐渐形成了一个习惯观念，螃蟹是不能吃的。因为不吃它也活得好好的，也许吃了它会遭到报应呢。

因此，鲁迅借赞扬第一个吃螃蟹的人，而鼓励那些打破旧的思想势力并进行革新的人。第一个吃螃蟹的人——因为他勇敢，内心有一个强烈的想法，那就是去尝试，不管有多少人阻止，有多少后果需要承担，反正他吃了，而且没有事，活得比以前还要健康。

有些人也想成功，可是总是小看自己。有些人想往前迈进，可是却否定自己。

一看到同事推销保险取得几百万的业绩，就感到高不可攀。一看到别人开着奔驰、宝马徒有羡慕，感到自己这辈子没有可能。

如果是这么想的话，恐怕是永远不可能了，因为成功止步于自我设限。

限制自己的同时，就是缩小自己，贬低自己，进而失去进取的能力。不仅把自己的躯体缩小——整日弓腰驼背，点头哈腰，贴着墙角走路，平庸而卑微地活着；而且把心灵缩小了——每天只盯住眼前脚下的小事情，被人驱使，谨小慎微，战战兢兢，永远在原地打转转。

成功首先属于勇敢者。

成功者都是开拓者，都是敢于做敢于想的人。

古人道："彼人也，予人也，彼能是，而予不能是？"意思是同样是人，别人能行，能做到，我为什么不能行？

我们既然选择成功，喜爱成功，就要具有大无畏的英雄气概，凌云壮志，脱颖而出，敢想敢做，不达目的，誓不罢休。**别人做到的，自己要做到，别人没有做到的，也要勇于尝试，超越别人。**世上无难事，只要肯登攀。只要肯想肯干，就能克服困难，化难为易。眼睛要瞄着先进，盯着第一，非要成功不可。任何时候，都不要妄自菲薄，否则，别人没有打倒你，你自己先倒下了。这是懦夫，不是勇者；是害怕，不是勇敢。

遇事总说自己不行的人，是和成功无缘人。遇事总是退缩的人，别人眼里没有他。**成功者，在任何时候，总是站到困难最前边的人，站到思想最前边的人。**

成功其实很简单，想了，做了，就成功了。

经常有这样的人，对生活不满，对成功向往，可是却不敢想。领导让他做一件事，心里就打鼓，我能行吗？给他布置一项任务，推三阻四，摆不尽的困难，说不尽的理由。在煤炭资源整合过程中，煤源紧缺，价格上扬，有个发煤集团，上半年利润完成率只达到25%，下属公司总有说不尽的理由，为自己开脱。换了个新领导，一看这样下去，全年任务肯定泡汤了，如何向股东交代？于是制定措施，开动员大会，签订目标责任书，完不成任务者就地免职。同时，又积极想办法，出谋划策，督促各公司尽力完成。仅仅过了两个月，煤炭利润就环比增长385%。

在总结会上，该免职的免职了，新任领导指出，只要想完成，就会克服煤源紧缺的现状，想办法完成。困难有大有小，找理由，实际上就是找退路，一旦有了这种思想，就注定了亏损。

有一个定律：不管行不行，说自己不行的人，肯定不行。

想，就要迎着困难想，就要挺起胸膛想，就要抬头想，而不是在困难面前低着头想，这样，就被困难打倒了。

既然想，就不要有禁锢，不要有限制

生活中，总是存在着各种各样的标签，树立了一种榜样，同时也告诫了人们什么可能，什么不可能。无论各行各业，每个公司，都有各自的标签，成为人们的方向。有一家出版公司，主要出版经济类的专业书籍，以前没有出版过旅游文化类的图书。然而，随着经济的发展，旅游在人们的生活中占有越来越大的比重，也成为拉动经济发展的支柱产业，市场需要这种图书，怎么办，上不上这类图书？老总一锤定音，必须上。首先是编辑能编辑了这类图书吗？其次是与专业旅游出版社比，能在市场上占有份额吗？老总说，在市场中学习市场，在未知中求知。过了短短的两年，旅游图书成为出版公司的优势品牌之一，而且取得了良好的社会效益和经济效益，有些图书成为政府采购和旅游单位的指定图书。

标签是用来超越的，不应成为阻挡我们前进的绊脚石。

既然想，就要敢于想，就不要给心灵设置囹圄。一旦有意识地限制自己的想象力，那么，就不会产生消极的结果。

有的人在权威面前，不敢越雷池一步，在权威设置的圈子里打转转，就不会有成功。

需要借鉴，不需要权威。权威只是阶段性地解释真理，而不能判定真理，更不会拥有永久的真理。

成功是那些站起来走路的人，而不是匍匐在权威脚下走路的人。

爱迪生是美国历史上的大发明家，一生有上千种发明，其中直流电发电机在美国受到大财团的欢迎和广泛使用。尼古拉·特斯拉出生于 1856 年 7 月 10 日，是南斯拉夫克罗地亚的斯米良人，父亲是一所教堂里的牧师，自小就在基督教的家庭里长大。1880 年毕业于布拉格大学后，于 1884 年移民美国成为美国公民，并获取耶鲁大学及哥伦比亚大学名誉博士学位，在爱迪生的公司工作。他敢于向权威挑战，爱迪生发明直流电后不久，他即发明了交流电，制造出世界上第一台交流电发电机，创造了多相电力传输技术。

他的发明却遭到了爱迪生等人的强烈反击和压制，嗤之以鼻，认为是不可能的事，攻击尼古拉·特斯拉是"科学异端"。尼古拉·特斯拉始终坚持自己的发明，不向权威低头，交流电供电及输电技术在尼加拉瓜水电站建设项目得到了成功的应用，克服了直流电的高昂费用和不能远距离传输的缺陷，使电力借着变压方法传得更远更广，增进了工业的发展并加促科学的进步，改善了人们的生活。今天的人类社会，离开电几乎是不可想象的，我们所用的电就是交流电。

有人评价尼古拉·特斯拉在电力学的成就远超爱迪生，他的发明使人类的科学加速进步了 1000 年以上。

成功就是敢于发力，超越权威，超越你前边的人。

要站着想，不要跪着想。

想法可以感应。可以共鸣。

两千年前的孔子，对着滔滔的长江之水，不禁感叹道："逝者如斯夫，不舍昼夜。"从水的日夜流逝，想到了生命的流逝，人生苦短，事业无成，激起了奋发图强的雄心壮志。不知在多少年前的农夫，戴着斗笠，手拿着农具，汗流浃背地在给干旱的麦田灌溉。面对着昼夜不息的河水，突发奇想，发明了水车，从此减轻了劳动的重负。后来，水车扩展到更加广泛的农事领域，用于人们舂米磨面。现在，人们利用河水，又建立了各种各样的先进的水电站，给人类带来了光明和便利。

只要你开始想了，一直想，那么世界是可以改变的，你的命运是可以改变的。

关键还是到底想不想

这样的想法，那样的想法，任何人都想，但是，许多人最终平庸了，只有极少数人成功了。

这是为什么？

有的人说，我也想啊，但是一般的想，还是强烈的想；是随便想一想，还是时时刻刻在想，这是成败的关键。

乞丐说，我也想发财，我也想住上高楼大厦，过上锦衣玉食的生活。可是，讨到一点残羹剩饭，就很满足了。躺在人家的屋檐下，就睡着了。这样的"想"不是真想。有一个乞丐，出身贫寒，父母兄长都死于瘟疫，他当过小和尚，后来寺院因为荒年难以生存，成为游方僧，四处乞讨。这个乞丐后来就不是乞丐了。他参加郭子兴领导的红巾军，抗击元朝暴政，出生入死，身经百战，成了皇帝——明朝的开国皇帝，他就是朱元璋。

打工者说，我想成为亿万富翁。说是说了，想不想成为亿万富翁呢？是想，其实是嘴上想，并不见得心里想。对于分内的工作不精心，休息天该玩就玩，该喝就喝，唱歌跳舞，打牌赌博，样样不缺，这样的打工者，是不会成为亿万富翁的。

工薪阶层的人说，想成为老板，有自己的企业、事业，有足够的财富，不再为生存奔波。可是，他只止于梦想而已，并不是真想。他们每天循规蹈矩，上班下班，喜欢吃的要吃到，喜欢穿的勒进裤带也要买，别人有车子，他们千方百计借钱也要买上车子。他们想的什么，操心操的什么，你一看就明白了。所以，他们是工薪阶层。而那些成为老板的人，辛辛苦苦地打拼，创业时的备尝艰难，为钱而折腰的屈辱，世态炎凉的经历，承担资金上的风险，心力憔悴，岂是一般人所愿意承受的？

因此，世上百分之九十九的人，都是假想，百分之一的人是真想。百分之九十九的人一生没有起色，以前是什么样子，以后还是什么样子。百分之一的人成功了，因为他们是真想。对于他们的事业，你是不可想象的，所谓士别三日当刮目相看，他们是命运的宠儿。

所以，想不想的区别是真想还是假想。

真想还是假想

真想，使人产生强烈的动机，激发自己无穷的潜能，拥有坚定的信念，进行坚忍不拔的追求和永不松懈的努力。在真想面前，身体的每个环节、潜藏在生命深处的能力，全部被调动起来了，真想激发了人的热情，就像熊熊燃烧的大火，无法熄灭，任什么力量也无法阻止。**真想，就是一种执著，一种坚守，一种不离不弃永不放弃的精神。**每时每刻，从你在干什么，想什么，做什么，甚至从你做的什么梦中，就能判断你是不是真想。

真想，使人没有任何借口，永远不会逃避。想做一件事，总是强调各种各样的要求，看重各种各样的条件，处处找借口退缩，为自己设防，这是与成功背道而驰的。一个没有双手的人能写出漂亮的书法，一个安装假肢的人能成为足球场上的射球手，一个从 60 岁开始学习跆拳道的人能够获得黑带的殊荣，而我们健全的人写了一辈子的字还是写得歪歪扭扭，一辈子连足球都不会踢，身体僵硬得腰弯不下去，原因只有一个，就是不想，即使想也是想想而已，不是真想。

真想，使人能够克服一切困难，冲破一切艰难险阻。遇到困难就低头，碰到问题绕道走，遭到打击就颓废，轻易地放弃，不负责任地应付，三天打鱼两天晒网，这难道叫想吗？碰到困难，想尽办法克服，世上无难事，只怕有心人。在怀揣真想的人那里，只有奋斗，没有困难两个字，任何困难都无法困住他们。要想实现梦想，挫折、打击是难免的，要做好这些准备，梦想总是和这些联系在一起的，只梦想着享受，不吃苦不经受打击，那不会实现真想。只想着成功，对于失败避之不及，那不叫打击。荣和辱同在，甜和苦同存，要真想，不仅要做好吃苦的准备，还得要喜欢吃苦，喜欢痛苦，喜欢被打击。喜欢就是不放弃，就是热爱，就是痴心。

我们看到的世界，充斥了多少假想。每个人都有梦想，每个人都有自己的渴望。他们内心想着，嘴上说着，纸上写着，但是，如果不去行动，所有的都是假的。我们被假想蒙蔽着，被自己蒙蔽着。别人骗自己是一时，自己骗自己是一世。我们不知道，阻碍我们梦想的最大的敌人就是自己，是自己设置的种种障碍、借口，是自己轻易地放弃，是不作为，是不担当。

真想使我们爱上理想、事业、信仰，也爱上痛苦、困难、挫折，因为，它们是连在一起的，是一个事物的两方面。真想使我们懂得什么叫信念，什么叫无穷的力量，什么叫坚忍不拔和始终不渝。

平庸的人，活在假想的世界里，自欺欺人，浑浑噩噩，沉溺一世，哪一天才能醒悟？

所有的人终生面对的不是能不能成功的问题，而是想不想的问题，是真想还是假想的问题。

保持自己的梦想

无数事实说明，成功始于想法。

农民在秋天辛勤耕耘，汗流浃背，种下麦子，因为他心中从播种的那一刻起，就有了金黄的麦穗和无边无际的麦的海洋。尽管，要等到第二年的夏天才能收获，要经过绵绵无尽的秋雨，经历雪花飘飞的寒冷的冬季和干旱少雨的春季，甚至害虫对于种子的蚕食，但是，因为心中有了金黄的麦子，所有的考验和遭遇，只是一个个过程。

我们在成功以前，心里要有一种对于成功的梦想，有一种对于成功的无比的执著。

什么是梦想，就是放开地想，无所顾忌地想，随心所欲地想。

这个世界，没有你不敢想的，**在想象的世界里没有禁忌。**

根据心理学的研究，人在童年时期，做的梦不着边际，神奇无比，天上地下，无所不有。可是，随着年龄的增大，所做的梦也没有什么味道了。所谓，日有所思，夜有所梦。所梦见的无非是有什么着急的事没有办，梦到了意中人，梦到了有一幢别墅或名车，以及梦见自己升职等，这样的梦已经不是梦，而是人的欲望的延伸。这样的梦，扼杀了人的创造力，限制了人的发展。

与此有关，问一个问题：什么叫"成熟"？答案可能是五花八门的，如办事老练，见识增多，也许还有人说是看破红尘，不再盲从等等。

虽然这些答案都有一定的道理，但我认为这不是最好的答案。最好的答案是，依然怀有青春时代的梦想。

因为成熟，所以规矩多了，知道了什么该做什么不该做，必然束缚了自己的手脚；因为成熟，犯了一些错误，得到了一些教训，从此就惧怕了，因为怕错，所以也失去了创新的勇气；因为成熟，看破了红尘，怀疑生活的意义，不愿意继续努力了……我说，这些不是成熟，是毁灭；这不是进取，是倒退。

真正的成熟，就是风雨之后是彩虹，柳暗花明又一村，不管经历怎样的挫折，依然有梦想在，依然为了自己最初的愿望而自强不息，相信通过自己的努力一定会实现愿望。

所谓的梦想，就是敢于去想，敢于去梦，即使许多人告诉你不可能，即使困难重重，关隘当道，你仍然坚信，仍然要努力去追。因为，梦想没有限制，梦想无疆。

现在回忆一下，童年的梦想，青年时代的梦想，有多少实现了，有多少还没有实现？有多少能够时时想起，有多少已经往事如烟？

由于停止了梦想，所以我们平庸了，由于停止了梦想，所以我们的梦想没有实现。

梦想是生活的动力，人生的核能，它鼓舞着我们向人生的目标永不停止地冲刺，再冲刺。梦想是创造的象征，鼓舞我们站起来，从平凡的人生中寻找不平凡，挖掘自己的潜能，改变自己，改变世界，创造美好的生活。

人们说青年是未来，不仅仅是年龄的意义，更是**指在青年身上孕育的敢于梦想、敢于创造的成功力**！

为什么哲学家要人们仰望星空，因为神秘的宇宙在星空展现，那里有无穷的奥秘和不可能的"可能"，因为我们超越了大地，思想离开了尘世的种种清规戒律，会看到一个全新的自我，凤凰浴火，获得重生！

心想事成

心想事成，是每个人的期望，也成为今天人们节日祝愿的流行语。

你想成功吗，不妨把这句成语拆开念，就会有一种特别的感觉。

心——想——事——成！

首先，我们要有心，有一颗渴望成功的心灵。心不在焉，魂不守舍，心都不在了，怎么能成功呢？我们经常见一些人忙忙碌碌，好像日理万机的样子，什么时候问他都是忙啊，抽不出时间啊。观察他到底在干什么、忙什么，却一无所知，一塌糊涂。他们忙些什么，甚至连自己也不知道。一个月过去了，半年过去了，一年过去了，回眸之间，竟然想不起来做了什么！

想，就是想法，就是渴望，就是愿望。想什么是很重要的。有的人也想成功，可是，他每天想的是灯红酒绿，怎么吃得好，玩得好，就是不想事业，不想如何去努力奋斗，不想十年寒窗，不想寂窦，不想吃苦，那么这样的人是与成功无缘的。只有想成功，特别地想，时时刻刻地想，才有可能成功。

事，就是事情、愿望、事业，它不仅是名词，而且是动词，在昼思夜想中，这个名词发生了变化，产生了神秘的力量，焕发了无穷的动力，调动了你浑身的每一根神经。变成了动词，使你为之兴奋，激动万分，彻夜不眠。你的脑子在运动，心里在想象，然后，产生了行动力，向目标行动。

成，就是成功。成功不是空穴来风，不是天上掉下来的。经过了前边的 3 个过程后，成功就来临了。没有用心，心有别用，不去想，不去渴望地想，就不会成功。

不妨轻轻地念，大声地念，用心地念，让我们的灵魂为之震动，让我们的身躯为之战栗，就会理解和感悟这四个字的价值所在，包含的简单而深刻的道理所在。

原来成功就近在眼前，就是这么简单，只要你用心去想，真正地想，日日夜夜地想，就能走向成功。

第二章　远大的目标

箴言录

目标照亮了我们前进的道路。

许多人的愿望，并不能作为人生的目标看待。

目标是人生的指南针，指引人走向未来。

目标是决定人生成败的关键。

目标的实现是和人生的计划联系在一起的。

给自己制定一个实现目标的计划。

坚定地向着目标奋进。

愿望和目标不能画等号

每个人都有愿望，可是，却常常忽略了自己的愿望。

每个人都有愿望，但是，在愿望没有上升为目标以前，愿望只是愿望而已。

有人说，自己的愿望是想成为舞蹈家、画家、企业家，有的人的愿望是想住在海边，拥有一套朝向大海的房子，枕着海涛入眠。所谓，面朝大海，春暖花开。多么富有诗意啊。

可是，过了很长时间，我们发现这些人还是那样子，不是舞蹈家、画家、企业家，没有住在海边，还是住在嘈杂烦乱的城市街头。

这真是令人感慨，生活原本并不是那么富有诗情画意的，我们的想法，也只是想一想而已，所谓画饼充饥。我由此观察周围的人事，忽然悟出一些道理来。许多人的人生，其实是可以看透的，看看他的过去，看看他的现在，就可以预测他的将来。周围的朋友，十年前是什么样子，大约十年后还是什么样子，有变化的只是极少数人。

十年前，是那么疲于奔命，按部就班，辛辛苦苦地挣工资生活，加班加点地干工作，十年后还是那个样子；十年前聚会时，谁坐在首席位置，滔滔不绝，谈天说地，几乎没有什么变化。

我甚至观察到了一个更加残酷的现象，人们十年前说话的神态，挥动的手势，喜欢喝汾酒，喝得一塌糊涂，现在还是那样，只不过胃有了毛病，虽然医生不让喝，还是忍不住要喝。连谈论的话题都没有变，却少了当年的神采飞扬和理想。

唯一变化了的是年龄，是一脸的沧桑。

我怀疑人在二十多岁时，是否基本上就定型了，那时候是什么样子，以后大约就是什么样子了。

我有个叫杜君的老同学，小时候就很聪明，那时，我们在一起玩游戏他总是赢。可是，考试屡次失利，最终留在了农村。这十来年他经营了拖拉机、收割机，承包了生产队的果园，受尽了生活的各种磨炼，可是，我回家看他时，生活依然是那样子，辛辛苦苦，忙忙碌碌，皱纹也有了，胡子拉碴的，全没有了当初二十多岁时的理想和气概。

我一直思考，这是为什么？为什么变化了时间，变化了世界，不变化的却是人。

有一天，我终于明白了。那就是：当人们的愿望没有成为目标以前，都只会停留在愿望上或者是口头上。杜君就是这样的，是的，他想成为企业家，彻底改变农村的贫穷现状，可是，他首先要糊口，要赚钱，于是，东一榔头西一棒子，什么能马上赚钱就干什么，赔赔赚赚，在这个圈子里一转就是十几年，从没有为成为企业家真正做过一件事，哪怕寻找一个项目，盖一间厂房，这就是他没有实现自己愿望的原因。

　　一定要记住：

　　因为，愿望没有转化为目标时，永远只是愿望。

正确地看待愿望，不要将目标庸俗化

　　每个人都有许多愿望，比如对事业、家庭、财富等。但是，仅仅有这个愿望还是很不够的，愿望表明了心理的欲望和诉求。真正要成为目标，必须具有强烈的想法和为之付出的努力。

　　事实上，有些愿望其实很简单，比如有的人想去一趟黄山、有的妇女特别想拥有一瓶好香水、小孩子想吃一块奶糖等，这只是物质的欲望，没有理性的思维，不必通过巨大的努力就可以实现，也不需要什么精密的计划和坚实的行动。

　　可笑的是，有些人竟然把这些愿望和目标并列，整日追求，不达目的，就闷闷不乐。比如，男人喜欢车，就整天迷恋着各种款式的车，到了入迷的地步，哪怕买不起也要念叨，这叫人生的目标吗？女孩喜欢名牌服装，就每天逛商店，东张西望，这也想买，那也想要，可是，口袋里的钱却不够用，于是，怨天尤人，闷闷不乐。

　　这都是**建立在感官的暂时的享受之上，可以说是愿望，但不能作为目标**，这样的愿望太物质化和享受化了，即使追求到了，人生也不会改变什么。顶多是多了一件衣服或一辆车子，造成了生活的负担，人生的境界和能力，不会因为得到这些而提高。

　　还有些愿望只是说说罢了，并不见得要去实现。比如，有人希望长生不老或者步步高升，这不是一个人所能决定的。或者是主观主义思想，或者是对于自己以外的第二者的约束，这都是不现实的。

　　据明人《钢鉴合编》记载：秦嬴政"既平六国，凡平生志欲无不遂，唯不可必得者，寿耳"。相信道士的炼丹学说，聚集了许多道士炼丹，皇宫里烟雾缥缈，乌烟瘴气。他率领大队人马多次到泰山封禅刻石，祈求延年益寿。听说来自齐国的术士徐福说东海有 3

座仙山蓬莱、方丈、瀛洲，于是派徐福带领了 500 名童男童女及工匠、技师、谷物种子去求长生不老仙药，结果徐福一去不返，四处打听没有了消息，秦赢政在皇宫里苦苦等待，茶饭不思，政事荒废，又召集了许多术士继续寻找仙药，自然是枉费心思的。在再一次封禅的路上竟然一病不起，求神问仙的心愿化为梦幻泡影。

有的心愿，是不能作为目标的。因为，心愿带有极强的主观主义色彩，容易忽视客观规律和具体的条件，沿着这种目标，会使人劳而无功，贻误了人生的大好时光，甚至失去改变命运的机会。设若把心愿无条件地作为目标的话，会使人心乱如麻，头绪繁多，不知从何做起，最终影响了事业。

有的人希望赢得上司的信赖，把此作为人生的目标，于是，竭尽所能讨好上司。不是在工作上扎扎实实地努力奋进，而是投上司所好，想上司所想，这也许会得到一时之利，可是，时间久了自然会露馅。而且真正有眼光的上司是不会欣赏一个没有真才实学只会讨好人的下级的。

况且，这种目标也具有极大的变数。遇上上司换了职位，去了别的地方，或者竞争上岗，单凭上司欣赏能解决问题吗？这样的目标可以说带有很大的变数，是不可靠的，是变化的，即使实现了，也会在某一天因人事变动而失去。

唐代诗人崔珏《哭李商隐》诗道："虚负凌云万丈才，一生襟抱未曾开。鸟啼花落人何在，竹死桐枯凤不来。良马足因无主踠，旧交心为绝弦哀。九泉莫叹三光隔，又送文星入夜台。"

李商隐是晚唐诗人，才华横溢。在诗坛上与杜牧并列，后世称二人为"小李杜"。可是，一生并不顺利，颠沛流离，受尽了挫折和打击。当时，朝廷内部分作两派，一是以李吉甫、李德裕为首的官僚集团，一是以牛僧孺、李宗闵为首的官僚集团，两派钩心斗角，争权夺利，互不相让，势同水火。李商隐参加进士考试受到了属于牛党的令狐楚和令狐绹父子的帮助，中了进士。后来，又受到了属于李党的泾原节度使王茂元的赏识，做了王的幕僚，并娶王茂元的女儿为妻，就这样卷入了"牛李党争"，在仕途上一直不得意，被人排挤，到处漂泊，心情郁闷。一生先后在甘肃、广西、四川、徐州等偏远地区担任幕僚或者县尉一类的底层官职，无法施展自己的政治抱负，最后郁郁而终。

这首诗就是叹息李商隐一生空负凌云之才，却因为夹在两派政治势力之间，未曾实现自己的人生抱负，空余鸟啼花落，竹死桐枯，三光相隔，再也无机会施展自己的才华了。

所以，人生的目标不应当寄托于某个人或某个集团，而应当依靠自己，具有真正的目标，并且踏踏实实地努力施行。

李江是某公司的一个中层管理人员，总经理对他很赏识，他也踌躇满志，紧跟总经理，一心想把业绩搞上去，公司上下都看好李江的前途。可是，出人意料，总经理因故提前退休了。原来的副总成为总经理，李江突然失去了方向，感到难以适应，再加上以前副总因与总经理有些误会，找了个借口，给了李江一个闲职了事。从此，李江的事业好像突然中断了，心里的计划、设想突然都断了线，无法连接，精神萎靡不振，再没有从前的那种干劲了。

人生的目标，是事业的前提，是方向，而不是某一个人或上司，关键的是要强化自己的能力、知识，而不要沉浸在上下级的人际关系中，这样一旦风吹草动，都有可能使事业毁于一旦。

目标太多就是没有目标

目标多了，不叫目标。就如靶子多了，难以选择靶心。

靶子多了，会让我们眼花缭乱，无法辨别方向；目标多了，这也想做，那也想干，恐怕是一事无成百不堪。

古罗马哲学家贺拉斯说："灵魂如果没有确定的目标，就会丧失自己。因为俗语说得好，到处在等于无处在，四处为家的人，无处为家。"目标实际上就是人生旅途上的家园。

　　从前，有个智者告诉他的弟子，去果园里摘一颗最满意的苹果。弟子听后就来到了果园，只见鲜红的苹果缀满枝头，果香芬芳，令人垂涎欲滴。弟子眼睛花了，他看看这个苹果大，那个更大，看中这个，又选中那个，这么多苹果到底选哪个呀？他在果园里一路走，一路选，走到尽头，还是两手空空，最后只好摘了个地头的苹果给智者。智者站在果园旁边笑了，他对弟子说："我只给了你一个目标，可是，你眼里却到处都是苹果，从始至终都徘徊在选择的烦恼中，所以，你没有选出我需要的苹果。"

　　这个故事告诉我们：目标太多，就会失去目标。

　　三百六十行，行行出状元。社会上的职业太多了，每一种职业都有优秀者，在浩如烟海的职业中，我们选择哪一种作为自己的目标，这是很重要的。企业家的财富、科学家的智慧、作家的光环、体育明星的荣耀等，每一种职业都充满着诱惑，都散发着磁力。

　　皮尔·卡丹出生在意大利威尼斯附近，父母都是农民，靠种葡萄为生，家里很穷，冬天还要到山里凿冰卖钱，养家糊口。当时，经济萧条，一家迁往法国生活。17 岁的皮尔·卡丹找到一家单位，靠着自己的努力当上了会计，工作很出色，受到了肯定。但是，他发现自己的兴趣是在裁缝方面，于是前往巴黎。当时正是第二次世界大战之际，巴黎被德国人占领，皮尔·卡丹在路上违反了宵禁令被关进了监狱，从监狱出来后他依然不改初衷，来到了巴黎。在巴黎举目无亲，身无分文，在街上徘徊，突然看到了服装店橱窗里招聘店员的启事，于是去服装店应试，后被录取。从此，他在巴黎的服装界崭露头角，给许多政界名人和电影明星设计过服装，先后在新貌和帕坎时装名店设计过服装。

　　正当在服装界名声日盛的时候，他萌生了创立服装店的想法。他认为仅仅靠给别人设计时装，无法体现自己的服装设计理念，要把服装业做大做强，必须拥有自己的公司。于是，他建立自己的服装店，从此一发而不可收，从服装界走向汽车、飞机、手表、宾馆经营等业务，如今，皮尔·卡丹在全世界拥有 5000 余家售货店，500

余家工厂，以及 10 余万工人。建立了自己的体系，成为名副其实的成功者。

皮尔·卡丹从一名贫穷农民的后代，打造了服装界的商业帝国，除了自己的勤奋和天分之外，就是选对了自己的人生目标，并且不懈地追求，不言放弃，最终获得成功。

在生活中，可以发现**许多人看上去永远在劳碌，却因为没有目标，最终两手空空，一无所获**，人生始终在原地踏步。

有的人，甚至一辈子也没有明确的目标。东奔西忙，一晃多少年过去了，回过头来，才发现一无所有，两手空空。失败的原因就是因为没有生活的目标，如浮萍，随波逐流，随遇而安，或成为别人的工具，供人驱使。

佛教有千手观音，可以做许多救苦救难的事情，每个人只有两只手，只能做能够把握的事情，人的精力有限，不可能什么都去干，什么都能干了。不管什么目标，都要作出抉择，为之努力，持之以恒。干干这，做做那，这山望见那山高，浅尝辄止，三心二意，最终将一事无成。

天生我材必有用。只要选对目标，从理论上说每个人都可以成功。切记，不要什么都选，什么都是目标，目标多了等于没有目标。古人道："有志者立常志，无志者常立志。"

目标要远大

麻雀盯住房檐，所以只能在地上和别人轻视的目光中觅食，永远达不到鹰的高度。

每天盯住眼前的一亩三分地，收获的只是几百斤粮食和白菜，达到的也就是温饱水平而已。一遇到风吹草动就会风雨飘摇，受到生存的威胁。

没有远大的人生目标，甘于平庸的日子，满足于眼前的生活，只要平安、自在、无事就好，就不会有真正的自在和幸福。

有人说，把每件小事做好，就做出了大事。但是，这不是要人们只盯住小事，而是指做小事是为了做大事而准备的，即使做小事的时候，也要胸怀大事。做大事，要从小事做起。如果仅仅为了做小事而做小事，不仅大事做不出来，连小事也做不好。

胸中缺乏格局和整体，做小事就失去了意义。

只有具备了远大的目标，才可以在每一时每一刻，把自己的信念和行动贯彻进每一件事中，生活会被赋予伟大的意义，只有经过平凡的忍耐和坚守，生命的路程才会绚烂多彩。

明朝正统十四年（1449 年）七月，明英宗朱祁镇在太监王振的怂恿下率领朝廷中的主要文武大臣和 20 万精锐部队，亲征蒙古。八月，明朝军队被也先率领的瓦剌军队在土木堡击败，全军覆没。这一战，明英宗被俘房，**四朝老臣张辅、兵部尚书邝埜、户部尚书王佐等人都战死。**土木堡战役把明朝的主要部队都消灭了，京城里只剩下了几万老弱病残的士兵，连像样的马匹都没有了。此时，京城里人心惶惶，士气不振，大臣们无心应战，纷纷建议迁都或投降。这时，有一个人站了出来，那就是代理兵部尚书于谦，他愤怒地说："建议迁都之人和主降者，斩！"然后，从山东、河南、浙江等地调集军队，部署京城保卫计划，十一月，也先率领瓦剌所有的精锐军队，为了达到灭亡明朝的目的，围攻明朝京城。于谦调兵遣将，布置防御，消灭了瓦剌几万军队，也先的弟弟也在战斗中被打死。在明朝生死存亡的关头，于谦在短短的数月里把一盘散沙、行将崩溃的明朝军队变作众志成城、坚如磐石的虎狼之师，力挽狂澜，保卫了明朝。假若战争失败，京城失陷，明朝将亡，中国的历史就要被改写了。于谦不愧是中国历史上的大政治家和军事家。

于谦的出身并不显赫，他出生于浙江钱塘县一个普通的家庭。自幼在私塾里学习四书五经，十年寒窗，苦苦用功。他的书房里挂着一幅文天祥的画像，每天端详那副画像。老师问他为什么，他说："长大后要成为文天祥那样的人！"

于谦小小的年纪，身处浙江一个小县城，就有一个明确的人生目标，要成为国家的栋梁之材。难怪他 12 岁时写出流传千古的诗《石灰吟》："千锤万凿出深山，烈火焚烧若等闲。粉身碎骨浑不怕，要留清白在人间。"

远大的目标，坚定的追求，使于谦成为名垂千古的英雄。如果从小没有那样的志向，怎么会建立不世功勋？

生年不满百，常怀千岁忧。

尽管处于穷乡僻壤，尽管干着低下的工作，但是，心中一定要有远大的目标，这是决定事业成功的关键。

同样在擦皮鞋，有的人擦了一辈子皮鞋，最终还是擦皮鞋。张建尧是安徽人，以前在街头擦皮鞋，现在的身份是香港鞋博士连锁机构中国区总部董事长。他发现擦鞋过程中的工序，很多都比较机械，不需要太费脑筋，他心里有了一个目标，就是设计制造擦鞋机。于是，他变卖了在合肥刚买下没多久的门面，并把房子作了抵押，从银行里贷了 30 万元，委托温州一家机械厂，开始生产皮鞋美容机。因为开发的系列机械功效全面，包含了清洗、杀菌、除臭、消减皱纹、修复伤痕、修边打磨、整形定型、改色抛光等多种程序，产品推向了全国 30 余个省市，盈利百余万元。

2003 年 3 月，一家香港集团公司的董事长拨通了张建尧的手机，希望能有所合作。这家公司名为香港鞋博士国际企业集团，资产超过数十亿元。张建尧与该企业合作后在国内建立了 1800 家连锁店，由街头擦鞋匠成为资金达上亿元的董事长，值得我们深思。

远大的目标，把一个人们不屑一顾的街头擦鞋匠变为大集团的董事长。

远大的目标，使人从平庸到非凡，从卑微到高大，是改变命运的神奇密码。

特长是成功的捷径，兴趣是最好的老师

　　每个人都有自己的特长，按照自己的特长发展，顺势而为，就会事半功倍。逆势而为，不仅放慢了成功的速度，有可能会毁掉人才。

　　姚明的特长是打篮球，两米多的身高站在篮球架下伸手就够得上球篮，经过教练的指点和艰苦的训练，成为篮球巨星。刘翔的特长是跨栏，良好的身体素质加上自身的努力，获得了奥运金牌，改写了亚洲田径的历史。

　　比尔·盖茨出生于 1955 年 10 月 28 日，与两个姐姐一块在西雅图长大。他的父亲是西雅图的律师。他对软件方面很感兴趣并且在 13 岁时就开始了计算机编程。1973 年，比尔·盖茨考进了哈佛大学。与现在任微软的首席执行官史蒂夫·鲍尔默是好朋友。在哈佛的时候，比尔·盖茨为第一台微型计算机——MITS Altair 开发了 BASIC 编程语言的一个版本。

　　在大学三年级的时候，比尔·盖茨离开了哈佛并把全部精力投入到他与孩童时代的好友 Paul Allen 在 1975 年创建的微软公司中。在计算机将成为每个家庭、每个办公室中最重要的工具这样的信念引导下，他们开始为个人计算机开发软件。比尔·盖茨的爱好以及他对个人计算机的预见性成为微软和软件产业成功的关键。在他的领导下，微软持续地开发改进软件技术，使软件更加易用，更省钱和更富于乐趣。如今，比尔·盖茨成为全球计算机领域的巨头，如果不是按照自己的兴趣成立计算机公司，而是按部就班地读完哈佛大学，比尔·盖茨肯定不如现在成功，计算机领域也就少了这么一个杰出的天才。

　　任何人都有自己的长处和兴趣，沿着自己的兴趣出发，开发自己的长处，只要坚持不懈，就会取得成功。如果不发挥自己的长处，而是跟着别人的脚步，随大流，一窝蜂，不仅毁了自己的长处，而

且备尝艰难，难以发挥自己的才能。

确定人生的目标时，一定要看重长处和兴趣，找准人生的起飞点，因势利导，扬帆千里，绝对不可缘木求鱼，抛弃自己的长处，在短处上用力。这样的话，会走不少弯路，成功也会变得异常艰难。

善于分解目标

托尔斯泰谈起人生的目标时说："要有生活的目标，一辈子的目标，一段时间的目标，一个阶段的目标，一个月的目标，一个星期的目标，一天的目标，一个小时的目标，一分钟的目标，一秒钟的目标，还得为大目标而牺牲小目标。"

托尔斯泰对于目标的分解是如此详细，由此可见，分解目标对于完成人生目标的重要性。

人生的目标，看似分割的每一步，其实都是紧密联系在一起的，构成了不可或缺的一个链条。比如登泰山，首先是要准备好旅游用品和食品，从山脚下开始，迈过每一步台阶，经过险峻的山间小道和悬崖绝壁，曲曲折折，登上峰顶。缺了哪一步，都会影响到目标。尽管每一步都不在峰顶，可是，每一步都和峰顶息息相关，都是朝着峰顶进军。

每一个小的目标，其实都事关大目标的实现，都是大目标的构成部分。亚洲销售女神徐鹤宁刚到广州时推销陈安之成功学课程，每个课程 3500 元。为了取得突破，她规定自己把原来的最高销售业绩每月 108 名提高到 300 名，力争第一名。她连租房子的时间都没有，她分析广州的市场，哪一类的行业、哪一类的人、哪一类的公司最容易销售。要求自己每天必须推销 10 个人的课程，如果不完成就不吃饭不睡觉。她把每天的日程都安排得满满的，每天赶场，马不停蹄。当天没有完成的话，利用吃饭的时间和顾客谈话，动员顾客的家人参加课程培训。太强烈的企图心和几乎疯狂的努力使徐鹤宁完成了 308 人的销售业绩。她总结自己的成功经验时说道："大目标的达成需要依靠小目标的达成。"

这就告诉我们：不能忽略小的目标，小的目标关系到总体目标的实现。

小目标是通向大目标的阶梯。确立了人生的目标后，必须知道每一天要干什么，每一月要取得什么进展，才能实现目标。

必须制定详细的目标计划，每一步计划如何实现，分几步走，才能到达终点。仅有了整体目标，而没有了计划性，实际上还是一团乱麻，无从下手。

要列出详细的计划，确定时间表。王强大学毕业时，给自己确立了目标，5 年内一定要成为单位的佼佼者，在这个行业内具有知名度。于是，他制定了一月计划、一年计划、三年计划、五年计划。第一个月要熟悉单位的业务，第一年成为单位的优秀员工，第二年取得单位第一的业绩，第三年成为部门负责人，5 年内进入单位领导层。5 年内，即使碰到了不可想象的困难和非议攻击，依然坚持自己的目标，实现自己每年每月所制定的计划。5 年后，王强已经在这个行业里指点江山、风生水起了。而没有目标和计划的同龄人，依然在按部就班地生活，接受王强的领导，在公司底层艰难地完成着任务。

目标改变了人生，目标拉开了人与人之间的距离。

坚持计划，就意味着不断接近目标；坚持计划，就一定能实现大目标；坚持计划，就会心想事成。

一位伟人作诗道："多少事，从来急，天地转，光阴迫，一万年太久，只争朝夕。"

目标的实现要求每个人具有强烈的时间观。所有的目标和计划，事实上都存在于时间中，都需要通过时间来实现。每一步计划、每一个小目标，都是时间长河里的小舟，需要我们摆渡。任何时候，都不能随意浪费时间，每一分每一秒里，其实都潜藏着人生的目标、计划和机会，时间的流逝，必须把我们带向通向目标的远方，而不是把我们抛弃，使我们背离人生的目标。

所有的成功者，都是自己生命的主人，都是时间的主人。时间的滔滔之水，将把每一个坚定信念和为目标而努力的人，送到成功的彼岸。

目标是人生的灯塔，指引我们走向未来

目标是人们的精神动力，是力量的源泉。

没有目标的人，生命如同游魂，不知要飘向哪里，心灵如同荒漠，随时随地会荒芜。

有的人活着，不知道今天要干什么，也不知道明天要干什么，那么生命能有什么意义？有的人活着，糊里糊涂，没有想法，人云亦云，跟着别人的脚印走，成了别人的传声筒，别人的影子，也许活得一时安逸，一旦环境变化，所谓南郭先生，滥竽充数，终将被淘汰，溜之大吉，没有了退路。

人生的意义在于实现自身的价值。

心理学认为，每个人都有被别人认同和肯定的心理取向，被人认同是自我价值的反映和幸福感的标志。目标的实现，就是价值的体现，就是被人认同和肯定的重要保障。一个人连目标都没有的话，又如何树立自己生命的标尺，被人们所肯定？

人生的价值就体现在生活的目标上，体现在为此付出的努力上。

有了远大的目标，人生就有了方向。目标如同黑夜里的北斗星，指引着人前进；如同狂野里的星星之火，燎原于整个生命世界。

目标焕发了生命的活力。目标使人认识到人生的价值，明白了活着要干什么，每一步的付出都有明确的目的，每一次的奋进都有明确的方向，即使遇到了艰难险阻，遭到了暂时的失意，也会不畏艰难，战而胜之，因为心中想得更远，因为怀揣着伟大的目标，值得奋斗和努力。

一旦生活有了目标，人生就格外充实起来。没有目标的时候，无事可做，无聊烦恼，无所事事，心灵空虚，生活在没有明天的世界里。这是何等的可怕和悲哀！有了目标之后，突然间每一天都被目标照亮了，每一天都有事情做了，每一天都不会生活在心灵的惶恐和不安里。

目标不仅改变了生活，而且改变了我们自己。在目标的督促下，每天所思所想，都是目标，**人生有了奔头，心里有了盼头，浑身的每一个细胞都被激活了，生命也焕发了激情。**而且，人们的精神状态也随之改变了，信心百倍，双目炯炯，走路孔武有力，说话中气充沛，腰不弯了，背不驼了，一个全新的自我将展现在人们面前。

目标，如同烈火，将人们的激情燃烧，将人们的智慧激发。在目标的支配下，我们会发现一个新我，原来我是这么卓越、优秀、不落于人后！

目标，人生的目标，是每个成功者的指南针，是每个成功者的原动力，人生有了目标，即使面对千山万水，也无所畏惧，因为我们开始行动了。

千里之行，始于足下。

有了目标，一切都开始了可能，生活一定会改变。

因为目标，我们拥有了明天、未来、永远。

第三章　确立正确的人生观

箴言录

有什么样的世界观就有什么样的人生观。

人生观决定了人的品质和品位。

人人为我，我为人人。

予人玫瑰，手有余香。

己所不欲，勿施于人。

主观为自己，客观为别人。

正确的人生观提升人的事业，加快了事业的成功。

智者和宗教对人生的回答

多少世纪以来，无数的思想家和哲学家不断发问：

人从哪里来，到哪里去？人生是什么？人为什么而活着？人生有什么价值和意义？人怎样度过自己的一生？如何做一个大写的人？等等。

孔子说："志士仁人，无求生以害仁，有杀身以成仁。""君子喻于义，小人喻于利。""己所不欲，勿施于人。"以仁与义作为做人的标准，以善良之心和宽恕之心对待人和社会，使社会机器处于和谐的运转之中。同时，强调做人的独立人格和坚定的意志信念，他说："三军可夺帅也，匹夫不可夺志也。"人应当有远大的志向、坚定的信念，只要认定的事业，就要有泰山不能移的气魄，不屈不挠，执著追求。孔子一生推广仁爱学说，周游列国，为恢复理想社会和礼仪秩序而孜孜不倦，历尽艰辛，始终如一，奋斗终生。

墨子提出天下人"兼相爱"，认为人们之间应当互相关爱，设身处地为他人着想。他说："子自爱，不爱父，故亏父而自利；弟自爱，不爱兄，故亏兄而自利；臣自爱，不爱君，故亏君而自利。""若使天下人兼相爱，爱人若爱其身，犹有不孝者乎？视父兄与君若其身，恶施不孝？犹有不慈者乎？""若使天下人兼相爱，国与国不相攻，家与家不相乱，盗贼无有，君臣父子皆能慈孝，若则天下大治。""必务求兴天下之利，除天下之害。利乎人即为，不利任即止。"主张天下人推己及人，互相爱戴，以利于人为做事的标准。反对自私自利、有害社会和公共道义的行为。

老子认为，天地万物是生生不息的，所谓："道生一，一生二，二生三，三生万物。"主张人们探求天地万物的发展规律，体认事物发展的根本之道和人的生存之道。老子向往一种小国寡民的生活，说："使有什佰之器而不用，使民重死而不远徙。虽有舟舆，无所乘之。虽有甲兵，无所陈之。使民复结绳而用之。甘其食，美其服，安其居，乐其俗。邻国相望，鸡犬之声相闻，民至老，不相往来。"

庄子说："至人无己，神人无功，圣人无名。"他看淡功名利禄，拒绝与政权合作，修身养性，逍遥自在，参悟天地之间的大道。对于人们汲汲乎物质之中的行为不屑一顾，嗤之以鼻，羡慕鲲鹏扶摇九万里的无拘无束，超然于世外。

苏格拉底说："我只知道一件事，就是我一无所知。"美德不是天生的，知识也不是与生俱来的。所以，实现人的美德，必须使人接受知识、理解知识和掌握知识，而人对知识的理解和掌握又离不开教育。人必须培养自己的美德，美德与知识是相通的，人们要不断认识自己，为追求真理而奋斗。他坦然面对雅典501人组成的陪审团对他进行的审判，侃侃而谈，反复论证着哲学家之所以不但不怕死、而且乐于赴死的道理。哲学所追求的目标是使灵魂摆脱肉体而获得自由，而死亡无非就是灵魂彻底摆脱了肉体，因而正是哲学所要寻求的那种理想境界。生命的最后一天，苏格拉底过得几乎和平时没有什么不同。他仍然那样诲人不倦，与前来探望他的年轻人从容谈论哲学。

尼采认为，人的一切目的就是实现权力意志，扩展自我，成为超人。蔑视一切传统的道德价值和传统的善恶标准，强调建立权力意志的价值观。人的行为和欲望都是由追求权力意志的本能支配的，无限地追求权力是生命最基本的普遍法则，也是道德的最高目的和价值标准。主张用意志、本能和直觉代替理性，真正的哲学家应当就是统治者和立法者。

佛教强调的是一种**积极入世**的**勇猛精进**的人生哲学观。要求积极行善，慈悲为怀，愿人人脱离苦海。佛经里的"菩提在世间"、"烦恼即菩提""佛陀出世间，不离世间觉"，即提倡"勇猛精进"的积极的人生态度。"菩萨"是梵语"菩提萨埵"的简称，梵语作Bodhi-Sattva，是菩提 Bodhi 和萨埵Sattva 的复合字，菩提即"觉悟"而求无上的道的意思，萨埵是勇猛求菩提的众生。《增一阿含》道："思唯禁戒，不兴瞋恚，修行慈心，勇猛精进，增其善法，除不善法，恒若一心，意不错乱。"佛教认为众生皆都有佛性，"勇猛精进"，努力修行可以转迷成悟并最终成佛。季羡林先生有一句座右铭："志当存高远，心不外平常。"其实，就包含了佛教的人生观，一方面要志向远大，一方面要保持一颗不屈不挠的"平常心"，把一切挫折、曲折，看做如平常，保持永远追求真理的精神。

道教是我国东汉晚期形成的一种土生土长的宗教，相传为张道陵所创。奉老子为道教教主和最高天神。道教讲求长生、飞仙，重视神仙、鬼神，从玉皇大帝到阎罗天子，虚构出一整套神鬼。道教把他们借以栖身的风景优美的地方，叫做"洞天福地"，号称有三十六洞天，七十二福地。追求求仙成道，炼丹养生的生活。

各种各样的人生观

人生观是人们对人生的根本态度和看法，包括对人生价值、人生目的和人生意义的基本看法和态度。世界观是人们对整个世界的总的、最根本的看法。人生观是由世界观决定的，是在人们成长发展过程中逐步树立起来的。世界观是人生观的理论基础，它给人生观提供一般观点和方法的指导；人生观是世界观的一个方面，是世界观在人生问题上的贯彻和应用。

由于人生经历、社会阅历、教育程度和社会阶层的差异，人们的人生观是不同的。

有的人生活在一个优越的环境里，丰衣足食，缺乏困难的成长经历，与从小生活在乡村里，每一步都要经过自己艰苦的努力才能摆脱生存压力的人，对于社会的看法、做人的标准肯定是不一样的。

有的人从小到大都受到了良好的教育，从小到大一直在学校里接受教育，具有相当高的文凭和知识水平，与一个没有机会读大学甚至小学，一直在社会上独自闯荡，依靠自己的能力取得成就的人，人生观也是不一样的。

处于社会的富裕阶层与贫困阶层、管理阶层和工薪阶层、官僚阶层和平民百姓、城市阶层和乡村阶层的人们，人生观肯定也是不同的。个人的愿望、对于社会的诉求、幸福程度都存在着种种差异。

享乐至上。这种人生观从人的生物本能出发，追求对于物质的享受和个体生理需要的感官享受，强调人生的自我满足和个体的享受，忽略了人应当承担的社会责任和义务。怀抱这种人生观的人，有可能在生活的享受中迷失自己，最后颓废，走向毁灭。现代这个社会，是一个消费型社会，一些人拥有了财富之后，极力追求物质享受，暴殄天物，纸醉金迷，一些则在没有财富中烦恼，活得悲悲切切，没有欢乐。

人生即苦难。在人类社会发展中，由于科技不发达，生产力低下，人们对于疾病和苦难无奈，认为今世就是苦难，人活就是来受苦的，只有渺不可及的天国才会有幸福，从而人们把幸福寄托在遥远而不可能的彼岸世界，对于今世所受的一切困难都逆来顺受，加以容忍，从而忽视了个体价值和人生的幸福，失去了人生的进取心。

实现自我价值。把个体价值的实现作为人生的目的和奋斗目标。人生的目的和幸福都建立在个体价值的实现之上，不然就不快乐不幸福。人生成功的标志，就是受到社会的承认和实现理想。这种人生观，对于发挥个体的作用有极为重要的意义。

幸福主义。一种观点是强调个人幸福是人生的最高目的和价值；另一种观点是在强调个人幸福的同时，也强调他人幸福和社会公共幸福，认为追求公共幸福是人生的最高目的和价值所在。

拜金主义。认为金钱和财富是万能的，人与人的关系说到底就是金钱的关系。对于金钱和财富无休止的追求和崇拜，极容易使这种人走向极端的自私自利，漠视社会公德和伦理道德，失去亲情和人情关系。

奉献主义。认为人活在世界上应当奉献社会，多做公益事业，积德行善，积极帮助他人，助人为乐。这种人是社会发展和人类文明进步的推动者，是一个健康社会应当提倡和标榜的。在对于社会的奉献和公益行为中，体现了人类的善良和对于美好理想社会的追求。

人生观的差异，必然带来价值观、苦乐观、幸福感的差异，由此影响到了人们之间的交往和沟通问题。因此，当我们与不同的人交往时，一定要注意各种因素的差异，细致地分析差异的程度，是根本性差异还是细节性差异，是整体性差异还是局部差异，如何面对差异寻找共同点，这样才会打破沟通的障碍，酿造和谐而融洽的人际关系。

有的人总是强调自己的价值观和幸福观，忽略与自己不同经历和不同层次的人的人生观，以自我为中心，对待别人和处理事情，从而造成了许多不必要的矛盾，引起人们的误会。在人生的历程中，一定要注重个性，正确对待人与人之间、人与社会之间人生观的异同，处理好个人与社会、个人与团体之间的关系。

投入社会，拥抱时代，才能实现人生的价值

人是社会动物，每个人都生活在一定的社会环境中，不可能离开社会环境而生存，社会环境是人类生存的前提。因此，在为自己的理想和目标而奋斗的过程中，必须承担一定的社会责任和公理道义，必须遵守社会法规和社会公德，必须考虑他人的利益。否则，就会受到法律法规的惩罚和制约，受到社会和人们的排挤和孤立。

要辩证地处理好自我价值与社会要求的关系。毕竟人是社会存在的产物，人是社会关系的总和。首先要认识到个人是社会的一部分，个人的价值只有融入社会群体中，才能发挥作用，实现自己的价值，离开了社会人的价值等于零。其次，个人是社会的一分子，众多的个人构成了社会。人的社会价值和自我价值是不可分割的，自我价值是社会价值的必要前提；社会价值是自我价值的外在体现。个人只有和社会融合起来，才能发挥自我价值。第三，作为个人来说，一方面社会对个体的发展提供了生存环境和教育环境等公共服务体系，个体享受着社会种种服务，另一方面个体必须对社会尽到责任和义务，对社会奉献，为维护社会的发展和推动人类文明的进步进行努力。个体的价值观只有和社会结合起来，和时代的呼唤与社会的目标结合起来，才能发挥作用，实现真正的价值。如果从自私自利之心出发，个体的价值必然会被扭曲，不会有什么作为。

个人的成功绝对离不开社会和时代，离不开别人的帮助和客观环境。抱着狭隘的和自私的人生观，孤芳自赏，自怨自艾，不仅不会有任何作为，而且会被时代淘汰。

成功者具有集体精神和团队精神，具有凝聚力的。成功者的花

环里有许多人辛勤的编制和协助，只有把个人融入社会，才能被时代推向巅峰，脱离时代和人群，单凭自己单打独斗，是不会有出息的。

蒙牛集团的创始人牛根生原来担任伊利集团的副总裁，由于伊利集团某些领导不能容人，他被免去职务，创立了蒙牛集团。短短数年时间蒙牛创造了多项全国纪录：荣获中国成长企业"百强之冠"，位列"中国乳品行业竞争力第一名"，拥有中国规模最大的"国际示范牧场"，是中国乳界收奶量最大的农业产业化"第一龙头"，液态奶销量居全国第一。

中央电视台 2003 "中国经济年度人物"对牛根生的颁奖辞写道："他是一头牛，却跑出了火箭的速度！"

牛根生的座右铭是**"小胜凭智，大胜靠德"**，信奉**"财聚人散，财散人聚"**的经营哲学。在 1999 年至 2005 年担任蒙牛总裁期间，他把自己 80% 的年薪散给了员工、产业链上的伙伴以及困难人群。

正是因为具备了团队精神，以德聚人，才使牛根生取得了事业的成功，体现了自己的人生价值。没有凝聚力，没有团队精神，以个人为中心，自私自利，是不会取得人生的成功的。

要取得人生的成功，体现自己的价值，实现人生的目标，必须树立正确的人生观，顺应时代，才能大有作为。

所有的成功人物都是时代的产物，都是顺应时代的发展要求而出现的，只有把自己投入到时代中、融入到社会中才能大有作为。沉陷在自我的圈子里，追求物质享受，孤立于时代和社会，是不会成就一番事业的。

百度的掌门人李彦宏就是抓住了时代对于互联网的需要，怀抱"科技改变人们的生活"的梦想，经过艰苦创业而成为时代骄子的。1991 年，李彦宏毕业于北京大学信息管理专业，随后赴美国布法罗纽约州立大学完成计算机科学硕士学位。在搜索引擎发展初期，李彦宏作为全球最早研究者之一，最先创建了 ESP 技术，并将它成功地应用于搜索引擎中。1999 年年底，李彦宏回国创办百度，经过多年努力，百度已经成为中国人最常使用的中文网站，全球最大的中文搜索引擎，同时也是全球最大的中文网站。2005 年 8 月，百度在美国纳斯达克成功上市，成为全球资本市场最受关注的上市公司之一。在李彦宏领导下，百度不仅拥有全球最优秀的搜索引擎技术团队，同时也拥有国内最优秀的管理团队、产品设计、开发和维护团队；在商业模式方面，也同样具有开创性，对中国企业分享互联网成果起到了积极推动作用。

李彦宏曾经获得"CCTV2005 中国经济年度人物"、"改革开放30 年 30 人"等荣誉称号，被美国《商业周刊》和《财富》等杂志评为"全球最佳商业领袖"和"中国最具影响商界领袖"。2011 年，以 94 亿美元资产列福布斯全球富豪榜第 95 位，并成为中国内地首富。

这就是时代对于李彦宏的回报。如果不是站在时代前列，怀抱科技强国的梦想，是不会有今天的李彦宏的。

每一个有志于走向成功的人们，都应当站在时代前列，把握时代的脉搏，了解社会的需要，争做时代的弄潮儿，只有把自己的事业和时代连接起来，才会有广阔的舞台，做出一番大事业，否则，什么事情都做不大。

人生观是人生的罗盘，决定了人生的成败

人生观是人生的根本观念，是矫正人生航线的罗盘。

人生观是人们判别是非的尺度，是指导人们行动的准则。

有什么样的人生观，就有什么样的人生；有什么样的人生观，就有什么样的命运。

有的人，由于机会的巧合和命运的眷顾，取得了一定的成绩，在事业上达到了一定的成功，这本来是应当高兴的。但是，如果人生观错了，反而给人生带来了难以挽回的损失。

　　某大学团委副书记陈某，由于竞选团委书记失败，奋力一跃，跳楼自杀。丢下年轻的妻子和年幼的女儿，在凄风苦雨中度日。事实上，在许多人看来，陈某曾是大学里最有前途的青年干部。他的自杀，给亲人带来的是永远的伤痛，给朋友带来的是无比的惋惜和叹息。按说30多岁的年纪，正是风华正茂的有为之年，为什么却选择了一条不归路呢？对他自杀的原因有各种各样的说法。其实，关键是人生观错了。官职只是人生的一个头衔，何必看得那么重呢？生命的价值就在于不断的奋斗和拼搏，即使这次不行，还有下一次。即使真的当不上团委书记，干其他一样可以发挥自己的价值，何必用生命作牺牲呢？小小的一个处级，有这么必要吗？

　　人生观错了，不仅不能健康成长，而且把以前的成功也全部毁灭了。

　　正确的人生观和生命观，是决定我们成败的根本条件和走向成功的罗盘。

　　南宋诗人陆游曾在一首诗中写道："利禄驱人万火牛，江湖浪迹一沙鸥。"形象地比喻一些人为利禄所驱使，像火牛一样不顾一切，最终毁灭了自己。

　　人生一定要认识到生命的价值，生命只有一次，是无价的。即使失败了可以重来，可一旦生命失去了，就什么都没有了。

　　有的人就是输不起，要得到的一定要得到，得不到就要和自己过不去，用身体做代价。这样的人生观，很容易使人走极端。成功了还好说，一旦失败了，就有可能作出不理智的事情。

　　听过"粪土当年万户侯"这句诗吗？具有远大理想的人，把王侯职位视作粪土一般，何必把小小的得失放在心上，压迫自己呢？有千条万条理由都不应付出宝贵的生命。

　　有人说，自杀是极端自私的。因为自己的不如意就抛弃了生命，把无穷的悲伤留给自己的父母、妻儿、朋友，把对于人生的责任、义务、亲情、友情全部都放下了，这样的人格多么卑下、多么渺小。

　　考试就要考第一，做人就要做最优秀的，这没有错。但是，**这**

一切都是服务于人生的，如果得不到，那又有什么呢？继续努力就对了，考不了第一，考个第二也应当高兴，继续努力就对了。我所在的城市，一个平常学习比较优秀的学生，参加完高考后的第二天，从家里的四层楼上跳下去了，家人悲痛欲绝。原因是什么呢？他估计自己的某一门成绩不理想，有可能考不上理想的大学。就这个原因，太简单了。就这么走了，不做人了。父母的二十年养育之恩，就此恩断义绝，父母的无尽的悲伤，他甩手不管了，一个人走了，风萧萧兮易水寒，懦夫一去兮不复还。

人生没有一次性的东西，都是需要多次努力才会得到的。

一定要记住，只要生命在，就总有机会。即使真的没有机会，也不能轻言放弃。因为机会是多元的，不是唯一的。

树立正确的人生观，首先要树立正确的生命观。生命是宝贵的，是伟大的，是唯一的。不论在任何时候，不论处于什么样的处境，都要珍爱生命，不要浪费和毁灭生命。

自杀是极端的例子。不要以为只有自杀才是对生命的不珍惜，其实不珍惜生命的现象是很多的。不仅仅是自杀毁坏生命，所有不健康的行为，都是对于宝贵生命的蔑视和不珍惜。

因为遭遇失败，因为没有得到，于是借酒消愁，喝坏了身体；因为不得志，于是想不开，憋气，难受，损害了身体；因为别人说了几句闲话，就生气烦恼，茶饭不香，睡觉不甜，以至于得了病，等等，这些难道不是对于生命的不珍惜吗？

每个人一生，有多少事、多少行为，是与生命的真谛相违背的，这些事和行为都不同程度地对身体造成了伤害。我们每个人都应当好好反省反省。

树立正确的人生观，首先要热爱生命，珍爱生命。没有生命了，一切都画上了句号。

人生的意义在于奋斗

人为什么活着，人生的价值是什么。这是个哲学问题。

人生的价值并不在于你是什么，你拥有什么，而在于你做什么，对于别人和社会有什么益处。

种瓜得瓜，种豆得豆。人生的一切都是经过付出得到的，没有付出，没有奋斗，是不会成功的。

天上不会掉馅饼，即使天上掉馅饼也不会落到你的头上。每个人的成绩，都是通过扎扎实实的努力和勤奋得到的。

国际巨星成龙小时候拜京剧武生余占元为师。余占元的教育是传统式的，一是练武术基本功，二是打骂和惩罚。成龙和几十个小孩子每天早上 5 点起床练武术，一直到晚上 11 点，吃的都是简单的大米饭和白菜。每逢红十字会给送过饭来，几十个小孩子就抢的吃饭，抢晚了就吃不上菜了。17 岁时，成龙签约了一家公司。拍了《少林木人巷》等电影，但是不叫座，票房收入惨淡。他和洪金宝等人给著名影星如岳华、李小龙等人当武打替身演员，在电影里被人用脚踢过来踢过去，经常摔得鼻青眼肿。其中在李小龙主演的《精武门》电影中，成龙等人先是扮演日本浪人，后来在片尾又扮演日本人铃木，被陈真一脚踢到墙上摔了下来。成龙当替身演员特别能吃苦，永不停止地奋斗。

而今，成龙身价过亿，在演艺圈举足轻重，受人拥戴。这一切不是别人赐予的，不是命运安排好的，而是奋斗来的。

如果成龙满足于当替身演员，不去努力奋斗的话，在竞争激烈的演艺界是没有出路的，或许还在当替身演员，或许已经改行了，不会有今天的成就。

每个人起步的时候，平台都是差不多的。

关键就在于奋斗，奋斗使人拉开了距离。奋斗是人生道路的分

水岭，是人生的转折点。

刚开始到同一个公司的青年人，没有任何背景，干的工作都差不多。但是，一年后就有了差距，有的成绩优秀，有的成绩平平。3年以后差距更大，有的成为部门的领班或负责人，有的依然默默地工作。5年10年后，真正拉开了差距，**以奋斗作为人生准则的人，**也许成为公司的领导，在业界具有了影响力，而平平庸庸的人，依然默默无闻，忙忙碌碌，受着别人的驱使，低声下气，没有任何起色。

有的人抱怨命运，有的人抱怨领导没有眼光，有的人抱怨没有机会，有的人抱怨没有后台。但是，就是不反省自己，不问问自己努力了没有，奋斗了没有。也许有人有关系，但是，不是所有受重用的人都有关系。也许有人有机会，但是，机会从来都是垂青有准备的人。

求神问卜没有用，怨天尤人也没有用。

关键的是奋斗。**人生也许起跑线是不一样的，但是，最终决定人生成功的因素不是别的，而是两个字——奋斗。**

如果命运不公，如果正在受苦，如果没有背景，如果想改变命运，就要奋斗。

人间没有灵丹妙药，没有济世秘方，一切都要通过自己去努力。奋斗是人生最好的注解，是人生幸福和事业成功的密码。

享受不等于幸福

现在的人缺少一种境界，那就是以苦为乐，苦中寻乐。

汗水是苦的，果实是甜的。当农民在田野里辛勤耕耘的时候，赤日高照，艳阳似火，挥汗如雨，旅游家看到的是一幅优美的耕作图，懒人看到的是受苦受难图，农民则不管不顾，精心耕耘，在他们的心里看到的是收获的喜悦。

当推销员在写字间楼上楼下地推销产品，不管客户是怎样的不耐烦和厌烦，甚至大声训斥，但是，推销员总是笑脸相迎。他们不以为苦，真正痛苦的是完不成业绩，奖金和工资受到影响。

俗话说，不吃苦中苦，难为人上人。今天的吃苦，都是为了明天的成功。当我们如此面对生活时，所有的苦就有了另外的意义，苦就变为甜了。

练芭蕾舞的演员，踮起脚尖旋转十几圈，头不晕，身不晃。台上一分钟，台下十年功。谁知道在台下练功的辛苦？每天压腿，拉韧带，腿受伤了，脚扭伤了，也得强忍着练习，所以才有舞台上的辉煌。

所有的果实里都包含着辛苦和汗水。所有的成功都是经过艰苦努力换来的。不劳而获，坐享其成，那是不长久的，不是立身之本，处世之道。

古人道："艰难困苦，玉汝于成。"说的就是这个道理，只有经过了艰难困苦，才会把一个人雕琢成为美玉良材。

谁不喜欢享受，谁不希望幸福？但是，一定要明白，享受不等于幸福。

随着科学技术的发展，现代社会给人们提供了越来越多的物质享受和感官刺激，满足着人们的官能和欲望。有的人醉心于物质的享受，不断追逐着名牌衣服、名牌汽车、名牌首饰等，如果没有名牌，就感到不快乐，好像低人一等，抬不起头来。但是，这些人有钱，不一定快乐，因为幸福不是攀比，**如果活在攀比的世界里，只有一时的快乐，不会有心灵的快乐，因为时尚是不断变化的，**今天流行的东西，也许明天就俗不可耐；物质世界是五光十色的，名牌是不断出新的，每天和别人比，永远有人比你强，你要超过别人的话，只是暂时的，而落后于人是经常的。那么，这种对于名牌的享受与其说是享受，不如说是痛苦。

何况，**对于物质的过度享受和贪婪，潜伏着巨大的危险。物质不仅会改变人，还会毁灭人。**当对于名牌服装过度消费时，金钱成为必需。金钱使人变得贪婪起来，改变了人生观，必然会影响到人的言行，扭曲人的心灵。在适当的条件下，就会使人滑向犯罪的泥潭。

不仅仅是人在改变物质，当人注重物质时，物质也在潜移默化地改变着人，损害着人的健康。

有的人喜欢灯红酒绿的生活，在靡靡之音中度过宝贵的生命，在震耳欲聋的摇滚乐中发泄对生命的认识。山珍海味让人大快朵颐，却损害了身体，带来了各种疾病。靡靡之音听起来舒服，却玷污了心灵。在迪厅里刺眼的灯光下和摇滚乐声中，疯狂的歌唱，歇斯底里的叫喊，肢体变形的扭动，给视觉、听觉、身体带来享受的时候，也带来了伤害。

古希腊哲学家赫拉克利特说："如果幸福在于肉体的快感，那么就应当说，牛找到草料吃的时候是幸福的。"追逐感官的快乐不是真正的幸福，满足感官的快乐降低了人与动物的区别。

当一个人衣来伸手，饭来张口，不需要付出就可以得到，不需要努力就可以拥有时，这种教育就失败了。一方面会使他认为这些享受是应当的，不需要付出的，在挥霍和浪费物质财富的同时，人生观也就变了，在社会上必然要碰壁。另一方面享受型的人生，使人不能发挥自己的创造性和能力，时间久了，就会使心灵萎缩，丧失了思考力，同时，由于沉溺在享受中不思进取，放弃努力，会使人失去能力，变为对社会无用的废物。

成功的果实，需要付出辛勤的汗水。一个不能吃苦耐劳的人，肯定是与幸福和欢乐无缘的人。

真正的幸福是和奋斗紧密相连的，只有通过奋斗才能体会到幸福的来之不易，才能真正达到幸福。幸福首先是心灵的问题，然后才是物质的问题。心灵的满足和自豪，是人幸福的标志。

在岁月的长河里，有一首动听的歌，有一首幸福的歌，那就叫奋斗。

奋斗得到的是心灵的快乐，是无上的幸福。

正确的人生观，指引着人们的奋斗方向，保证着人生的成功，矫正着人生的航线，护送人们抵达成功的彼岸。

第四章　神奇的力量

箴言录

　　现实世界的影响无所不在，要实现自己的目标必须专心、敬业、痴迷。

　　有定力的人是这样的人，意念坚固，不随物流，不随境转，心如古井，波澜不惊。

　　引力就是人的魅力之所在，是人的价值的外在实现。

　　容易干的事轮不上我们，即使轮得上我们，因为容易，一般人也可以做到，那么，做成了也没有什么意义，证明不了什么。只有阻力，在证明着人生的价值。

定力——排除外界的影响

　　谁也想有一个清净的环境，平静、宁静、安静，从事自己喜欢的事情。但是，世界烦扰。尘世嘈杂，外界的空气、流言、噪音，纷至沓来，外界的诱惑、干扰、影响，穿过层层空气，传播过来。

　　这要求我们必须有定力。任凭雷声滚滚，风声鹤唳，不为所动，不为所惑。

　　什么是定力？定力一词来自于佛教。佛教强调人**对于自身的修行，对于自己的身体、心灵、行为进行艰苦的训练**。提出了"戒、定、慧"，戒即戒律，定即禅定，慧即智慧，修行佛法者须"依戒资定，依定发慧，依慧断惑"，才能够认识自己，超越自己，与智慧相通。从现代意义上说，"定"，就是定力，指人对于自己所从事的工作做到专心致志，不为外界所影响，不为外物所动。

现实世界的影响无所不在，要实现自己的目标必须专心、敬业、痴迷。不能一有风吹草动，就不由自主，迷失了方向。《孟子·告子上》道："弈秋，通国之善弈者也。使弈秋诲二人弈，其一专心致志，惟弈秋之为听。一人虽听之，一心以为有鸿鹄将至，思援弓缴而射之，虽与之俱学，弗若之矣。为是其智弗若与？"曰："非然也。"意思是两个人一起跟上全国的高手弈秋下棋，一人专心地学习，另一人虽然也在听，可是心里边一直装着鸿鹄，以为这只鸟儿将要飞来了，想着如何用弓箭把鸿鹄射下来。虽然两人同时学棋，可是水平却不一样，难道是智力的差别吗？

孟子告诉我们，人与人之间的差异，不在于智力，而在于是否专心，是否有定力。

只有具备了定力，才可以谈做事。任何事情不用心做是不行的，三心二意，见异思迁，是做事的大敌。同样在做一件事，为什么会有差别呢？原因就在这里。同样的学校，同样的老师，学生的学习却是千差万别的，有的考第一，有的是倒数第一，有的金榜题名，有的名落孙山。这是司空见惯的。

有了定力，才能入门。**没有定力，始终在门外徘徊，成功的大门就永远不会开启。**

我坚信定力对于人们的神奇的作用，对于走向成功的绝对影响。定力就是让人做自己认定的事，做全身心的投入，聚精会神地专注。仔细观察课堂上老师讲课，老师讲得口若悬河，用心的学生，跟着老师听课，思绪跟着老师心游万仞，思接千古，好像被谁使了定身法一样，身子挺得直直的，耳朵竖得尖尖的，眼睛一眨也不眨，这怎么能学不好呢？

不仅如此，**定力还调动人的情绪，激发激情，融进情感，调动浑身的每一个细胞，去投入地感受、钻研、用心做事。**在这种情况下，人就会和所做的事情建立一种联系，发生一种意想不到的共鸣，这无疑会事半功倍。

因为，人的感应器官和四肢本来就是一个大系统。只有各个系统调动起来，合成为一个全部运作的整体，才会起到乘法的作用，而不仅仅是加法。**没有定力之前，眼睛、耳朵、手、心灵，各是各的，各为其政，有了定力之后，等于这些全部运作起来了，朝着一个目标，想着同一件事，做着同一件事**，那么，还有什么事情做不成？还有什么事情会拖而不决呢？人们平时做事，手在动，眼睛不知往哪里看，心不知在想什么，思维飞到九霄云外了。如果把每个器官都调动起来，每一个细胞的活力都焕发出来，那种能量是无法想象的，是惊人的。为什么有句成语说精诚所至金石为开，就是说人们在定力的主导下，诚心诚意地做事连金石都会为之感动的。

人们在定力的作用下，能打通一种快捷的通道。

人的定力，就在自己身上。我们要取得成功，就要回归自己，就要返璞归真，训练自己身上的定力，唤回自己身上具备的这种力量。

找到定力，就找到了捷径。找到了捷径，就会无往不克。

我们要面对各种各样的诱惑，各种诱惑在考验着我们，我们必须经受住考验，有意识地培养和锻炼自己的定力。

据说军人在整队出操时，一听口令喊立正，身体就要站得直直的，浑身像钢板一块。即使蚊子飞到脸上咬，手也不能动；即使蝎子爬到身上蛰，也不抬手赶。这才是足有定力。印度一些苦行僧，为了练定力，把自己用绳子吊起来，对身体进行一种常人难以忍受的训练，甚至折磨身体。在他们的眼里，红尘世界是恐惧的，是诱惑人失去心灵平静的根源，是引诱人犯罪的因子。

当然，我们不必像军人那样做，不能要求为了训练定力而折磨身体，但是，起码我们做事要专心，不要彷徨四顾，见异思迁。

面对诱惑，要做到不为所动，听而不闻。

你计划今天处理几件事情，进了办公室，各种数据都收集好了，突然，几个牌友邀请你去打牌，你去吗？不去吧，那边朋友殷切邀请，耳朵一听见打牌，魂也给丢了，手也发痒。去吧，工作放在一边处理不完，影响了自己的事业。怎么办，不要去。首先要坚定意志，然后找出理由拒绝。想一想后果吧，为了玩，浪费时间不说，还影响了工作，耽误了正经事，这是多么不理智啊。

遇到诱惑时，首先要理智地想一想，该不该做，不该做的，就克服欲望坚决不能做。也许你在玩的过程中，领导正要找你，有个机会正在等着你，由于一下午的玩乐，把意想不到的机会耽误了，还给领导留下了不好的印象。

遭到干扰，能不能不受影响，继续快乐专心地做自己的事情？不能做的话，说明定力不够。看书的时候，突然外边传来了闹市的汽车声、建筑工地的搅拌机声，这些声音使心情顿时烦闷起来，于是，放下书本，在房间里走来走去，希望那种声音赶快消失，然而，不管如何期盼，声音依然穿过窗户，透过每一丝空气吹到耳膜，顿时烦躁不堪。外界的力量是无法主宰的，只有依靠自己的定力，两耳不闻窗外事，才能使心情回到书本上。具备了定力，充耳不闻，让那些烦人的事情自动消失，不再影响自己的心态和情绪。

面对突然的打击，是心神不定，方寸大乱，落人笑柄，还是处变不惊，心态如常，具有泰山崩于前而眼不眨的气概，这是考验一个人定力的时候。

我想起了唐王李元婴。

李元婴是李世民的弟弟，李世民在玄武门之变后终于登上了皇帝的宝座，封李元婴为滕王。李元婴恃才傲物，诗酒为伴，李世民之后唐高宗李治继位，把李元婴贬到了洪州，他不以为意，在赣江左岸大兴土木，建起一座高楼，即滕王阁，召集四方文人饮酒赋诗，高朋满座。唐高宗闻知后便下旨拆除了滕王阁，又把他从洪州再贬到滁州，后来又贬官到隆州。位高权重的王爷被一再贬官，失去权力，旅途劳累，辗转千里，颠沛流离，人生屡受打击，给了一般人肯定满怀愤懑，苦闷不堪。可是，李元婴的定力太高了，他竟然视爵禄如草芥，在人人视为畏途的蛮荒之地，随心山水，看到翩翩起舞的蝴蝶，为之所动，练起了绘画，钻研苦练，日日不辍，炉火纯青，在当时无人可及，成了一代画蝶大师。

由此反思，对照今人，工作失意，就想着跳槽，把以前做的事业和打好的基础全部抛弃；失去了一次提升机会，就怨天尤人，好像天塌下来一样，仿佛一切都完了，借酒消愁，自暴自弃。

我要指出，这种人可以做小事，却难成大事；可以失败，不可以成功。有多少本来有才华的人，由于生活中的一两次挫折，而失去了内心的信念，从此平庸。生活可以平凡，但是，我们的内心不能平凡，要有做大事的定力，要坚定对于成功的追求。

在这个五光十色、灯红酒绿的社会，各种困扰和诱惑无所不在，无时不有，不可能让别人围着你转，让社会、环境听凭你的意志，唯一的办法就是具有定力，朝着人生既定的目标奋进。

有定力的人是这样的人，**意念坚固，不随物流，不随境转，心如枯井，波澜不惊。**

抱着这样的态度，面对人生的纷纷攘攘，得得失失，依然能够前行；面对声色犬马，功名利禄，不为所动；面对嘈杂难忍的环境，内心清澈，念念不起；因为心里装满了自己的目标，别的只是过眼烟云。

定力一词虽然来自于佛法，但是，对于我们修身养性，完成人生的事业也是不能缺少的，它是自我的展现，是对于本心的维护，让人在纷扰的社会中时刻不要丢弃自己的本心。

忍不住，更要忍

定力是成功者必须具备的能力之一，忍耐力也同样重要。

追求卓越的人应当明白，人生是漫长的旅途，风餐露宿，雨雪风霜，要做好一切准备。成功不是春光宜人、花前月下的享受，而是勇敢者的游戏，是奋斗者的乐园。难免遇到各种困扰，增加烦恼，考验着我们的意志，折磨着我们的身体。

坚定的忍耐力，不动摇的意志，才能使我们不论遇到任何难以忍受的事情，都能够向着既定的目标前进。

窗外的高楼大厦，大街上的灯红酒绿，每天映入眼帘，就当做它是一种风景吧，虽近在咫尺，不妨把它看做天涯之远，看做是别人的事情。那些出出进进的娱乐场所，那些震耳欲聋的噪音，那些颓废的靡靡之音，那些令人馋涎欲滴的美食，也许吸引人，诱惑人，但是，我们一定要忍住，要克制自己，因为这些对于人生的成功百害而无一利，它浪费了时间，损害了事业，使人颓废、麻木、得过且过，消磨了我们的意志。

元人《忍经》道："霓裳羽衣之舞，玉树后庭之曲，非乐实悲，非笑实哭。"意思是唐玄宗耽于欢乐，让数百个宫女跳霓裳羽衣之舞，夜以达旦，置国家大事于不顾，结果发生了安史之乱，狼狈出逃到四川，在半路上连杨贵妃都保护不了，被迫让杨贵妃自尽。还有南朝陈后主带上孔贵妃和群臣在后庭饮酒作乐，随心所欲，荒淫无度，起歌名叫玉树后庭花，从此国家不治理，法纪大乱，后来隋朝的大将韩擒虎攻入宫中，陈后主慌忙中跳到井里，被隋军士兵从井里抓住俘虏了，过起了囚徒般的生活。

古人说得好，过度的歌舞，欢乐不是欢乐，其实是悲剧，笑容不是笑容，其实是哀哭。

五色让人目盲，五味令人胃坏。那些暴饮暴食的人、不顾身体沉溺玩乐的人，有的患了肥胖症，有的得了高血压、高血脂，有的得了胃病，有的患腰椎间盘突出、肩周炎等等，不一而足。这还不算，身体的透支伴随着人生观的倾斜，带来的是百无一用，成了废物。

忍受过分的口腹之欲，过一种简单的生活，把心思和精力用在事业上，这是一个成功者必须做到的。那些寻欢作乐，恣意享受，是纨绔子弟做的事，和具有远大理想有所追求的成功者无缘。

成功者应当脚踏实地，干一份踏踏实实的职业，靠投机取巧，

盼望天上掉馅饼，是很难成功的。

所谓玩物丧志，玩得时间长了，投入了就陷进去了，玩只不过是调节身心、颐养性情的方式，**若把玩当做了青春的标志，比谁玩得好，比谁放纵，那么玩过了之后，我们得到了什么？得到了身体的疲惫，光阴的流逝以及两手空空。**

古人有诗道："少壮不努力，老大徒悲伤。"

现代社会，不用等很久，就会"悲伤"了。社会竞争激烈，百舸争流，优胜劣汰。几百个人上千个人争夺一个好的职位，你不行马上会受到挤压，泾渭分明，立见分晓。考试时别人考得好，上了好学校，而你还得花钱求人。别人销售成绩骄人，业绩上百万，而你只有几万，你的收入、地位、说话就不如别人硬气。

忍住贪念，碰到喜欢的东西，尤其是爱不释手的东西，谁不心动，但是心动不要行动。**因为不属于自己的东西，就不能动。遇到喜欢的东西，首先考虑这是我应当得到的吗？我得到这些有什么意义？对我的事业和人生有益还是有害？对于可有可无的东西，不妨放弃。因为，人生面对的东西太多了，数也数不过来，何必一时贪念骤起，给自己带来拖累。**

尤其是不该你得到的东西，如钱财、地位，千万不能贪婪，因为不是你的，得之有愧；因为不是你的，就会受到追究和惩罚，轻则良心不安，疑神疑鬼，重则有囹圄之灾，毁掉前途和事业。

要忍耐穷困。穷不要紧，要立志；困不要紧，要奋斗。

不要和别人比吃什么，穿什么，住什么，坐什么，而要比目标，比事业，比知识，比努力。

古人对于吃说得好："才过喉咙变成啥？"仔细一想，不论山珍海味，还是粗茶淡饭，经过了口齿的咀嚼，刹那间的回味，进入了胃部，然后变作了什么？吃饭只是营养而已，只要营养够了，其他的奢侈都是浪费。

忍耐不了暂时的穷困，无休止地攀比，就会影响事业。眼睛盯着享受，盯着别人，就会迷失自己。有的人看到别人穿金戴银，出人有名车，就眼红，唠唠叨叨，念念不忘，只嫌自己寒酸，怨天怨地，甚至感到低人一等，在人面前抬不起头。想方设法攒钱，竭尽所能地讲排场，影响了事业，拖延了理想，降低了自己的人生价值观。

小不忍，则乱大谋。

有的人不许别人说，不许别人议论，一听到闲话，内心就愤愤然，忍受不住，或者憋气，气自己，或者寻隙报复，总要出了这口恶气不行。**太阳下边有阴影，何况人呢？雁过留声，人过留名。**谁也避免不了被人议论，既然是议论，就不可能光说好听的，肯定还有难听的。**那么，坦然面对，想听了听两句，不想听了就闭目塞听，等于别人什么也没有说过。**

关键的是我们该怎么做，对于自己的事业和理想，常怀一颗青春之心，热爱、热烈、充满激情，时刻不忘。

我们的胸怀要宽广一些，器量要大一些。因为，人和人的观念不一样，观点不一样，难免会有冲突，有误会，有伤害，如果是无心的伤害，不妨大度一些，原谅了别人。你的原谅定会招来别人的理解。有的人，就是受不得一点气，吃不得一点亏，所谓睚眦必报。这样的人肯定周围都是敌人，没有朋友。

从前有个人要去外地谋官，临走时家里人不放心，恐怕他不懂事，到外地出事。于是就问他，别人骂你你怎么办，他说原谅他。那别人吐你脸上怎么办，他说我把唾液擦干了。家里人一听就担心不已，说你错了，别人吐到你的脸上你不要马上擦，你擦了人家还会生气的，你不要擦，让人家消消气，这个故事叫做"唾面自干"。有了这种忍耐力，家里人才放心了。

这个故事有些极端，但是，其中**有值得我们思考的东西，对待别人对你的攻击，那就是要具备雅量。**

也许，在你的原谅中，别人被感化了；在你的原谅中，敌人变作了朋友；在你的原谅中，避免了意想不到的灾难。

当然了，该忍的一定要忍受，不该忍的就不要勉强了。事物是复杂的，有着各自的具体情况，该还击的就还击。这里强调的忍耐是人面对世界的一种方式，是人胸怀的一种体现，对于人生是大有裨益的。

我们锻炼好自己的忍耐力，对于我们的事业和成功具有非同小可的意义。该忍的不该忍、该大度的不大度，必然会给自己制造障碍，阻止成功。

巧妙地用力

人生的时间都是一样的，同样的时间做什么却是不一样的，取得了什么成效也是不一样的。一天过去了，一个月过去了，时间的流逝改变了生活，改变了人生。透过时间的重重帷幕，回过头来，就发现人和人之间的差距，发现人和人是不一样的。有些人不禁抱怨、烦恼，怪怨命运的不公。可是，在抱怨的同时，也要反过来问一问自己，在同样的时间，你和那些成功者相比做的一样吗？努力的一样吗？

关键在于如何用力，即巧妙地用力。

必须把精力用在该做的事情上，用在与自己命运休戚相关的事情上。所有的成功都依赖于起点，如果我们的起点错了，那么方向就错了，即使再努力又有什么用呢？我们在生活中经常看到许多人而不是一些人，是那么的努力，那么的劳累，可是，尽管这样，还是那样，生活没有任何改变。再过多少年后，你看见他，还是干着同样的事情，还是在艰难地生存。因为他没有把精力用在该用的地方。

方向错了，一切就都错了。一定要选准改变命运的切入点，然后，持续不断地用力追求，不离不弃。**下定决心抛弃该抛弃的东西，抵抗世俗的诱惑。**许多时候，利益是诱饵，不是真正的利益，是引诱人的陷阱。这也想干，那也抛不下，四处用力，结果永远停留在起点。近处的甜头总是暂时的，最美的东西总是在远方。不要鼠目寸光，被眼前的风景所迷惑，以至于失去了自己真正的事业和理想。

观察身边的世界，不缺少一些所谓的"能人"，有些小聪明，啥也懂一点，似乎无所不能，但是，这些人总是做不大，始终没有多大的改变。日复一日，还是停留在能人的地步，仅仅落了个虚名。

不要被自己的聪明所蒙蔽，有句话说，聪明反被聪明误。聪明没有错，可是，自恃聪明，就会失去了前进的动力。《世说新语》记载，古时候有个才子叫江淹，小时候出口成章，思维敏捷，时称神童，可是，长大后却文笔平平，全没有了当时的才思。这就是成语"江郎才尽"的渊源。

在走向成功的道路上，一定要善于借力。因为，任何事情单凭一己之力是难以完成的，所需要的各种条件、人际关系、知识要求等，都要求人们善于运用自己的智慧，调动各种力量，推动自己的事业向前发展。中国西晋时期有个大文学家叫左思，身材矮小，貌不惊人，说话结巴，显出一副痴痴呆呆的样子。左思不甘心受到鄙视，开始发愤学习。读过东汉班固写的《两都赋》和张衡写的《两京赋》之后，依据事实和历史的发展，收集大量的历史、地理、物产、风俗人情的资料，写了一篇《三都赋》，介绍三国时魏都邺城、蜀都成都、吴都南京。可是，由于名声太小，别人对他的《三都赋》嗤之以鼻，不屑一顾。甚至，当时的文学家陆机也贬低他的文章。左思于是去拜访当时京城有名的大学者张华，希望通过他的举荐而出人头地。张华读了《三都赋》，特别推崇，又推荐左思认识了大作家皇甫谧，让皇甫谧给他的文章作序。有了文坛名家的认可，《三都赋》很快风靡了洛阳，人们争相传阅，抄录《三都赋》，甚至引起了纸价上涨，左思名噪一时。通过借助名家的推荐，左思终于登上了西晋的文坛。

善于形成引力

牛顿发现了万有引力定律，奠定了其在传统物理学的地位。其实，在人类社会中，也存在着一种无形的力量，那就是引力。设想一下，一个人如果没有吸引力，没有一种凝聚力，那么不就成了孤家寡人了吗？那他的存在对于别人来说不就是可有可无的吗？最终他的价值将遭到否定。

引力就是人的魅力之所在，是人的价值的外在体现。我们所做的任何事，都是和人打交道的事，都是间接或者直接地与人发生着关系。当别人不重视你了，你怎么会被用在重要的岗位上？不用在重要的岗位上，怎么能发挥出你的"重要"作用来？当别人和你抵触时，你的事业必然就会受到影响，就会增加难度。**人生这么短暂，事业尚未成功，我们还有力量和别人斗气吗？**

所谓引力，就是想法受到别人的重视，需要帮助时得到别人的帮助。每个人都愿意帮助吸引他的人，看不上的人或者讨厌的人，他怎么会愿意帮助呢？所以，一定要用自己的事业吸引人，让别人看到你的所作所为，看到你的事业对别人潜在的影响。你所从事的事业得到了别人的喜好和赞赏，就会得到别人的推力。还要用自己的才华吸引人，才华不仅是表面上的学识，更重要的是做事能力。交给你的事能够努力完成，并且做得更好，连别人没有想到的你都做得很好，很尽力，自然就会博得人们的赏识。

要注意，我们做事不仅仅是做事，更是在做人。做人做好了，尤其是在细节方面感动了人，对于我们的事业和理想，将会起到意想不到的作用。

没有吸引力的人，在别人眼中是无用的人。

同时，还要注意自己的一言一行，靠自己的言语和气质吸引人。人生时时处处实际上都是在做一种形象工程——自己的形象工程。你在公众场合的言语，会产生相应的结果，即人们对你的印象和评价。你的仪表和气质，在别人眼中同样也转换成了对你的评价。有的人看一眼，就让人喜欢上了。有的人第一印象就让人产生了距离，疏远了。如果要改变最初的印象，还要花费好长时间。可是，机会不等人，人生忙忙碌碌，各有各的事，谁有时间去专门了解你呢，除非还有机会，不然就此就给你定格了。也许在别的场合提到你时，就是对你的仪表和言行的印象。

与有些人在一起感到如沐春风，特别轻松自然，想与他多待一会儿。与有些人在一起，感到很别扭，简直是在受罪，近在咫尺却好像远在天涯。这就是区别。**我们的吸引力，会使人接近我们，帮助我们，给我们提供某种条件，从而实现自己的理想。**人和人都不可能离开别人绝对地存在，所有的成功，实际上都具有广泛的社会性，需要通过别人来证明。当吸引力发生了应该发挥的作用后，我们就省力多了。

破解阻力

人生路上，难免碰到阻力。不要讨厌阻力，那会破坏心情，影响前进的脚步。要喜欢阻力，拥抱阻力。排除它给我们最初的讨厌、恐惧、疲倦等不良情绪的影响。因为，阻力是人生进步的阶梯。

回想起来生命的历程，每一个成功者，确实应当从内心深处感谢阻力。演讲家李强初到深圳闯荡时，掏不起房钱，晚上住到人家的阳台上。想搞演讲，没有企业邀请，只好四处推销自己，跟他的人吃不了苦就退缩了，离开了深圳。现在，他已经成为著名的演讲家，每年的演讲收入达到了上千万元。

越难干的事情，越是一种挑战。容易干的事轮不上我们，即使轮得上我们，因为容易，一般人也可以做到，那么，做成了也没有什么意义，证明不了什么。只有阻力，在证明着人生的价值，难做的事，我做到了。别人克服不了的困难，我克服了。想一想，这是一种什么样的结果，又是怎样的得意，自然会有一种自豪感，也更加证明了自己的能力。

我们对待阻力最好的回答，就是把阻力转化为动力。越是阻力，越不能惧怕，越是我们奋发图强的理由，越是在心中激发起冲浪的

勇气，激发起改变世界的豪情壮志，激发起扭转命运的转折点。

在阻力的作用下，我们前进了，我们学到了知识，增加了能力，得到了锻炼。阻力实际上是炼钢炉，将我们锻炼成钢。阻力实际上是助跑器，帮助我们跑得更远。阻力实际上是动力，将我们送上了人生的快车道。如果没有阻力，生活是多么索然无味，我们会永远平庸下去，没有任何起色，像白纸一样空白。

武学上讲究四两拨千斤的功夫，就是巧妙地轻轻用力，转化力量，卸掉对方的力量。我们在生活中，同样需要运用这种用力方法，转化遇到的阻力。一旦学会了，可以避免许多不必要的麻烦。

许多时候，看上去是阻力，也许是缘分，这需要辩证地看问题。别人对你的误解，无意的嘲讽，其实都是认识的开端，有可能深交，一旦互相了解了，那就成了朋友。所谓不打不成交。往往这种方式的相交，友谊更加深厚，交往更加紧密。大可不必动肝火，换一个思路，改变一种方式，就处理了看上去较难处理的烦心事。有些人碰到别人的嘲讽或者挖苦，第一是动气，这有害于身体，第二是上纲上线，把对方看做敌人，给自己带来无限的烦恼，其实，往往稍微转换一下方式，一切就迎刃而解了。

这就是四两拨千斤的道理。

各种各样的力量，各种各样的方法，圆融地运用，巧妙地应付，会给事业和理想带来许多益处。

我们走得慢，理想很遥远，是不是这方面出了问题，一定要反思。

第五章 认识自己 张扬自己

箴言录

> 认识自己，是做人最起码的要求。
>
> 你如何认识自己，远比别人对你的评价重要得多。
>
> 我们的身边拥有许多财富，可是，就是认识不到，不去挖掘，而死守着贫穷。
>
> 走向成功的第一步，就是从改正缺点开始。对于自己的缺点一次都不要姑息，一分一秒都不要留恋。
>
> 每个人来到世上，都带着使命，那就是充分张扬自我，发挥自己的聪明才智，使生命之火燃烧得最亮最耀眼。

我是谁，谁是我

我相信这句话：天生我材必有用。

我还相信一句话，认识自己是人生永远的功课。

古希腊的特菲尔神殿刻着一句铭文："人啊，认识你自己。"据说，这句话的原意是让人在神灵面前认识到自己的能力，从而膜拜神灵。可是，这句话却受到了当时一些著名哲学家的推崇，成为他们反思自己、认识自己、把握自己的名言。

从这句铭文，我们得知神殿对于人的告诫，也明白了神对于人的失望。人活着，如果不认识自己，如何活人，如何彰显生命的个体价值，如何使只有一次的生命活出精彩，活得最美丽耀眼？

人一生下来，就受到各种各样的影响，被家庭和社会灌输了许多教育。在成长过程中，外部的强制性和潜移默化的教育，使人获得了知识，成为一个社会中的个体，在社会各种文明的遮蔽下生活和学习。

恰恰由于这些，使人忽视了自己的个性，忘记了自己的存在意义和价值。在认识世界和社会的学校教育中，人很少对自己反思，正视自己。即使认识的外部世界再精彩，自己也一无所知，自己只是社会洪流中的一朵浪花，轻易地被忽略了。如何遵守社会法律、习俗和道德，如何做一个对社会有用的人，如何按照社会的价值观塑造自己，随着时间的推移，人对自己的认识也就越来越模糊了，**每个人可以是别人的镜子，唯独忘记了观照自己。**

教科书上说、社会上说、大人们说如何做人，可是，我们不明白自己，不了解自己，那么，又如何做人呢？

谁来回答？

我们的周围，有许多成功的事迹，可是，照搬别人的成功模式去做，却并一定成功。教科书上讲述了许多名人的经历，可是，我们每个人都有自己的经历，每个人的生命都有自己的轨迹。

因为，成功可以借鉴，但是，不可复制。成功可以分享，但是，不可代替。

有的人，活了十几年几十年，其实，对于自己一无所知。活一天算一天，像个空心人一样。

从前，有个人特别穷，每天以放羊为生。上帝于是就让他去一个叫白银谷的山沟里放羊，这里水草丰美，羊长得肥肥胖胖。一年又一年过去了，他放的羊不断地增多，可是，由于山高路远，地方偏僻，羊卖不下好价钱。他的生活还是那样的艰苦，并没有富裕。

一天，突然一只恶狼闯进了羊群，他与恶狼搏斗，掩护羊群。可是，还是有几只羊被恶狼咬死了。他伤心至极，不忍心吃羊肉，只好用羊铲掘地掩埋羊。挖着，挖着，突然听到了叮当的响声，他弯腰一看原来底下是成堆的白银，一下子致富了。原来上苍感念他的善良，早已经把财富放到了他的脚下，他就是不去开采。

我们的人生也是这样，其实，身边拥有许多财富，可是，就是认识不到，不去挖掘，而死守着贫穷，白白浪费了自身的天赋和财富。

扬己之长，避己之短

自己的优点是什么，长处是什么。许多人并不一定知道。

有句话说，知己知彼，百战不殆。在战场上，洞察自己的兵力强弱和敌人的兵力部署，就会做到百战百胜。人生不是打仗，但是，**如果能够认识自己，知道自己的长处和短处，发挥长处，避开短处，一生就会顺利得多，可以避免走好多弯路。**

我上学时喜欢语文课，每到写作文的时候就特别兴奋，对于别的同学来说苦思冥想的事情，对我来说是一种享受，每次老师一出作文题我就一挥而就，感到简单异常。然而，我上了高中后选文理科时选了理科。因为当时流行一句话，学好数理化，走遍天下都不怕。第一年高考，我离录取线差二十分，第二年差三十分，第三年差四十多分。第一年物理、化学及格了，第二年都不及格，第三年更差了，化学只考了四十多分。

每次高考结束，都伴随着失望。每次去补习功课，迎接来年的高考，背负着父母的期望。在三次参加理科高考落榜后，我毅然选择了文科。当时，有人怀疑，考三年理科都名落孙山，考文科行吗？一年就能考上吗？面对怀疑和不解，我给冯校长写了一封信"我为什么要转学文科"，冯校长看到我的信后，同意让我学文科，并当众读了我的信，赞赏我的文笔，这给了我巨大的鼓励。可是，文科班主任对我不抱什么信心，那时录取率特别低，文科生考好几年都考不上大学的大有人在，何况一个理科生呢？

然而，我不管这些，坚持自己的选择。尽管不受重视，坐在班里的最后一排，都是些差等生和我在一起。第一次全班考试，60个学生，我名列倒数第六名。期末考试我名列全班第三名，高考前的预选考试我一跃成为全年级第三名。高考结束后，我估了分数，父亲不大相信。结果，我收到了录取通知书，考上了大学。

不明白自己的长处，从短处努力，尽管付出了汗水和心血，得到的是高考的失利。认识到自己的长处，虽然中途转变，却一举金榜题名。

说起来轻松，教训却深刻。从短处出发，使我在高考的道路上多走了三年的弯路，对于青春期来说，能有几个三年？油灯下的苦读，父母的忧愁，一年又一年的拼搏，付出了多少代价？操了多少心？父母的白发增添了多少根？有多少闲言碎语需要内心承受？

李逵武功高强，你让他学绣花，肯定不如一个小女孩。李逵以三板斧著称，可是，在水中却不是浪里白条燕青的对手，被燕青打得心服口服。因为李逵不会水，一掉下水就成了旱鸭子了，再有绝世武功一概用不上了。

所以，一定要记住，长处就是人生的捷径，长处就是通向成功的关键。

有些人选择职业时，不是从自己的优势出发，而是从功利出发，那样是会走许多弯路的。

要有自己的主见，做什么不做什么，要听别人的意见，最终还得自己拿主意。话是别人说的，路是靠自己走的。别人说说话就没事了，如果听不对话就会付出无谓的代价，自食恶果。

需要什么

说真的，有的人连自己需要什么都不甚了解。生命宛如被飓风裹挟的飞蓬，随着别人起舞、跳跃、鼓噪，却没有自己的内容，没有自己的生命力。

　　有个人谈对象，特别在意对方的容貌。如果没有貌若天仙的女子，是不会去谈的。他就那样一次一次地约会，起码见了30多个女孩。后来去见一个女孩，介绍人没有说几句话，那女孩站起来说，我们俩见过面不用介绍了。他很奇怪，到底在哪里见过面呢？想了半天才隐约有个印象，原来以前在另外一个朋友家见的面。他连与对方见过面都忘记了，这叫谈对象吗？

　　后来，千寻百觅，终于找到了一个对象，匆匆忙忙成家了——因为，年龄已经不小了，父母也着急了，他也有些心灰意冷了。从前的对于爱情的梦幻渐渐破灭。可是，过不了几个月，他们就分手了。经过沉重的打击，他才明白，他追求的并不是自己需要的。结婚成家主要找的是一个贤惠明理的另一半，而不是模特和花瓶，也不是画上的美女，如果是这样的话买一幅画挂在墙上就算了，何必结婚呢？找对象其实说白了，就是找一个能够相守的一起过日子的人而已。

　　不明白自己真正的需要，而盲目地跟着感觉走，使生命绕了一个大大的弯路，又回到了起点。人生能经几番折腾呢？这样的寻寻觅觅对于事业又造成了多大的损失呢？确实难以估量。

　　他后悔地说，早知道这样，第一个第二个都是最佳选择，以后的约会纯粹就是一种形式，并不是自己的需要。如果不是找对象耽误了好多年，也许已经在事业上功成名就了，而今还在苦苦地挣扎。

　　杨杰是一家公司的室内设计，业务能力强，搞的平面设计在公司受到了业界的好评。其中，给美丽商厦搞的室内设计，受到客户的青睐，给公司带来了可观的经济效益。他有点飘飘然了，在全公司举办的演讲比赛活动里，他用心地准备，获得了台下数百名职工热烈的掌声。公司领导也格外看好他。年末，为了参加公司的歌咏活动，他又是练歌，又是学跳舞，忙得不亦乐乎。他的多才多艺，再次受到了人们的交口称赞。他有点忘乎所以了。

　　可是，不久，部门负责人找他谈话了，说他不久前的一个室内设计图纸有重大错误，遭到了客户的投诉，公司计划解雇他。

这时，杨杰才傻眼了。如果失去这份工作，他的生活就受到了影响。靠演讲去赚钱不可能，他只是公司的佼佼者，这样的人在社会上一抓一大把。靠唱歌他当不了歌星，不如二三流的歌星唱得好，他仅仅是个业余爱好。

于是，杨杰才明白了什么才是自己的需要。那就是自己的室内设计，只有干好这个工作，才会在公司有出路，其他都是点缀。对于室内设计来说，人们看重的不是你的唱歌和演讲水平，而是你的设计水平。

认识自己的缺点

有一天，我发现了另外一个自己。

我来到了一个商场，突然看见了镜子里的一个人，恍惚中知道那就是我。

与镜子里的人对望，那就是我啊，小平头，黑眉毛，厚嘴唇。记得母亲说，嘴大吃四方。我又有些不认识我。好多年我忙忙碌碌，拖着疲惫的身体四处游走，为了事业和理想。如今，躯体由年少到年轻，头发不似以前的蓬乱了，眼睛不如以前童真。

许多年前，我就发誓干一番事业，追逐功成名就。可是，少年时的理想实现了吗？改变命运了吗？对着镜子我问自己，镜子里的那个人无语，也静静地看着我。好像不认识似的。多少年了，我不了解镜子里的我，认识不到自己的缺点。

我端详着镜子中的自己，不禁发问，你认识这个人吗？他有什么缺点，对人生造成了巨大损失。**这个冥顽不灵的人，这个自以为是的人，别人的劝告听不进去，直到一切注定后，才后悔不安，才开始反思。**

人的一生中，每个人都有成功的机会，由于自己的缺点遮蔽了成功的阳光，结果与成功擦肩而过。

如果认识不到自己的缺点，就不会改正缺点，如果不改正缺点，就不会成功。

缺点不是缺陷，身体的缺陷无法弥补，但是，缺点是可以改正的，劣势会变为优势。

有多少人一生渴望成功，却姑息自己，对于缺点恋恋不舍，纵容自己的缺点。如果连缺点都不愿意下工夫努力改正，那么，能成功吗？能苛求别人吗？

走向成功的第一步，就是从改正缺点开始。对于自己的缺点一次都不要姑息，一分一秒都不要留恋。

把缺点贴在墙上，发誓从今天开始，做一个全新的自我，与所有的缺点告别。

把缺点视为阻止自己成功的最大敌人，不共戴天，绝不与之为伍。

真正成功的人，能够认识到自己的缺点，并且改正缺点。

认识到自己的缺点还不算，还必须认识到自己的无知。

投资奇才巴菲特从不涉足 IT 业，对此，比尔·盖茨评价道："这个家伙，从不否认自己对该领域的无知。正因如此，他才能稳扎稳打，坚持自己的投资之路。"世界之大，每个人都有自己的知识盲点，都有许多不懂的地方。**我们要选择自己的长项，不要在无知的地方消耗精力。**改革开放以来，有许多公司一度相当繁荣，引起人们瞩目。但是，过上几年之后，这些公司就出了大问题，原因就是盲目扩张，在自己无知的领域投入了大量的资金，以致投资失利。

勇敢承认自己的无知，不要在未知的领域投入大量精力和心力。就可以集中精力，在熟悉的领域里做出更大成绩。

忠言逆耳，闻过则喜

忠言逆耳利于行，良药苦口利于病。忠言往往听起来不顺耳，但是，指出了我们的缺点，对于完善自己有益处。甜言蜜语听起来顺耳，其实，对于人是无益的，仅仅获得听觉上的快乐而已。

古代有一个笑话，某位老师送弟子去外地做官，临别时告诫弟子道："听到阿谀奉承之言，不要喜形于色，要检讨自己。"弟子道："恩师的话是金石之言，弟子一定牢记在心，作为座右铭。"老师听后满意地笑了："只要你能按照这句话去做，将来前途不可限量。"弟子恭恭敬敬道："恩师放心吧，此去千里，我无时无刻牢记你的教诲，你的话是金玉良言，我要刻石立碑，终生铭记。"老师闻言情不自禁，夸弟子道："刻石立碑大可不必，作为座右铭还是可以的。"弟子听后不禁笑了，他的奉承话至少对于老师还是管用的。

奉承之言，连老师对于学生都不能幸免，可见人们对于奉承之言的喜爱程度。**聪明的人懂得什么是奉承之言，什么是金玉良言；明白自己该听什么，深知自己该信什么。**

唐太宗李世民雄才大略，开创了贞观之治，物阜民丰，国家富强，成为世界上最强盛的国家。贞观之治与唐太宗善于听取不同意见及逆耳之言是分不开的。

一代贤相魏征不仅帮唐太宗制定了"偃武修文"的治国方针，也时时刻刻修正着唐太宗的错误。他给唐太宗讲"兼听则明，偏信则暗"的治国道理，也常常犯颜直谏。有一次，唐太宗问魏征说："历史上的皇帝，为什么有的明智，有的昏庸？"魏征说："多听各方面的意见使人明智，只听单方面的意见使人昏庸。"他还列举了历史上尧、舜和秦二世、梁武帝、隋炀帝等例子，说："治理天下的国君如果善于听取不同意见，就能下情上达，有人要想蒙蔽也蒙蔽不了。"

魏征发现唐太宗的失误就当面指出，据理力争。有一次，魏征在上朝的时候，跟唐太宗争得面红耳赤。唐太宗实在听不下去，想要发作，又怕在大臣面前丢了自己接受意见的好名声，只好勉强忍住。退朝以后，他憋了一肚子气回到内宫，对长孙皇后气冲冲地说："总有一天，我要杀死魏征！"长孙皇后说："有犯颜直谏的忠臣，才显出你的英明。"唐太宗不愧贤明的皇帝，火气过后又特别欣赏魏征，更加虚心接受谏言。魏征的去世让唐太宗伤心至极，痛哭流涕。他评价魏征道："以铜为鉴，可以正衣冠；以古为鉴，可以知兴替；以人为鉴，可以明得失。今魏征逝，一鉴亡矣。"正是魏征的一次次的忠告，使唐太宗开启了贞观之治。据史料记载，魏征在贞观年间给唐太宗谏奏的事项达200多个，内容涉及政治、经济、文化、对外关系和皇帝私生活等。

真正成功的人，都是善于听取逆耳之言的人。

因为，逆耳之言是智慧，是人生不可缺少的良药。

任何人都会犯错误，任何人都不是全能全知者，所以听取逆耳之言是人生的常修课。

听不得不同意见，一听到之后就本能地拒绝，好像很丢面子。但是，反过来也想一想，如果因为没有听取别人的忠告而铸成大错，到时候后悔都来不及了，岂不是既丢了面子，也丢了"里子"？我有个朋友叫延平，要投资建材业，有人劝他要慎重些，看准了市场后再投资也不迟，但是，他看到房地产市场火爆，正是时机，不肯听从劝告，结果在他投资的同时，当地建材市场一哄而上，形成了激烈的市场竞争局面。由于对建材市场了解不足，加上卖方市场转为买方市场，他的投资失败了。

一挥手间，几十万元损失了。

一句话，价值几十万。拒绝了一句忠言，损失了几十万。**如果破产，就从这时开始了；如果命运有转折点，就从这时转折了。**

逆耳之言是忠告，是帮助。朋友的帮助不仅仅是财物上的帮助，更是智慧的帮助和启迪。

有句话说，听君一席言，胜读十年书。也可以这么说，听人一忠言，胜赚几十万。

听得进意见的人，是智者；听不进意见的人，是愚蠢的人。智者也许有一时之羞，而愚蠢的人一世蒙羞。

找出生命的亮点

基督教认为，人是上帝的产物，上帝不会造废品，所以，每个人在世上都有他独到的功用。人一辈子可能就是在探索、寻找自己的本性。只是有的人是带着目标，而有的人是漫无目的。

周国平说："每个人都是一个独一无二的个体，都应该认识自己独特的禀赋和价值，从而实现自我，真正成就自我。"我认为，每个人作为一个个体存在，都有自己的价值，都有自己闪光的地方，人只有找出自己生命的亮点，才能使生命闪烁出美丽的光彩。

张海迪是当代著名作家、中国残联主席。被人们称为"八十年代新雷锋"和"当代保尔"。她5岁患脊髓病导致高位截瘫，无法上学，便在家中自学完成中学课程。15岁时，张海迪跟随父母，下放到聊城农村，给孩子当起了老师。她自学针灸医术，为乡亲们无偿治疗。她虽然没有机会走进校园，却发奋学习，学完了小学、中学的全部课程，自学了大学英语、日语和德语，并攻读了大学和硕士研究生的课程。她写的《轮椅上的梦》一书在日本和韩国出版，而《生命的追问》出版不到半年，已重印4次，获得了全国"五个一工程"图书奖。2002年，她长达30万字的长篇小说《绝顶》问世，获得"全国第三届奋发文明进步图书奖"、"第八届中国青年优秀读物奖"等。另外，她自学了十几种医学专著，向有经验的医生请教，学会了针灸等医术，为人们治疗疾病达1万多人次。

只有残疾的肢体，没有残疾的心灵；只有残疾的肢体，没有残疾的人生。

张海迪虽然身体高位截瘫，可是，她在事业上经过自己的努力，达到了成功的顶峰。原因在于她找准了自己人生的亮点，自学中医、外语，进行文学创作，自强不息，取得了丰硕的成果，令许多身体健全的人汗颜。

每个人都有生命的亮点，只要我们去努力寻找，就会掘到生命的金矿。即使在一片沙漠之下，都有可能蕴藏着巨大的能源，何况人呢？**一个人不是没有长处，而是在长处没有被开发之前，就自我放弃了；一个人不是没有能力，而是没有为自己的能力寻找到闪亮的舞台。**

其实，**我们每个人都是因为没有用武之地而导致了一生的平庸。**每个人都是自己生命当中的主角，只要找准了人生的亮点，就会活得更加精彩。大别山区有一个著名的将军县，据说这个县里出了56位将军，都是20世纪30年代参加红军，南征北战建立了卓越功勋的人。有人百思不解，一个县里怎么能出这么多的将军？其实，原因很简单，当时的战争环境给那里的人们提供了广阔的舞台，是战争把这些人的人生亮点展现出来了。如果放在和平环境里，这种现象是不会发生的。正像辛弃疾所说："汗血盐车无人顾，千里空收骏骨。"意思是汗血宝马拉着运盐的车辆，奔驰在千里盐路上，默默无闻。

有的人总是看不起自己，把自己看得一文不值，一说做点事情，就说我不行，自己否定自己，那么谁会肯认你？

成功的最大敌人，就是退缩和自我否定。

在没有尝试之前，不要自我否定；在没有成功以前，也不要自我否定。事实上，**每个人都是神秘的，都蕴藏着生命的能量，**只是由于没有努力发现自己，激励自己，从而白白浪费了生命的年华，以致于默默无闻，一无所成。

作为一个渴望成功的人，一定要认识自己，发现生命的亮点，因为这是成功的密码。

每个人都是奇迹

尽管经过无数科学家对宇宙世界的探索和观测，目前还没有在太空中任何地方发现生命的痕迹。这个在太空中一刻不停旋转的地球，繁衍着人类。地球已经有 50 亿年的历史，相比地球来说，太阳系包括了 8 颗行星（不包括冥王星）、至少 165 颗已知的卫星和数以亿计的小天体。这些小天体包括小行星、彗星和星际尘埃。太阳系里八大行星和小行星及小天体所占比例微乎其微，太阳拥有太阳系内已知质量的 99.86%。银河系中有 2000 多亿颗恒星，太阳只是银河系里的一颗恒星。

在无穷的宇宙中，在无穷的时间中，地球甚至犹如一粒微尘。但是，在地球上有人类创造的伟大的古代文明和现代文明。

每个人都是宇宙的奇迹。

我从茫茫的宇宙中来，从某个无以名状的神秘的地方，经过无法用时间计算的长途跋涉，来到了这片神秘的土地上。

以前的我是谁，以前的我曾经创立了怎样的奇迹，我不知道。我作为时间的一个片段，作为宇宙的见证者，我的生命从诞生起就负有了神圣的职责。

我是宇宙中的唯一，我是自己的唯一。没有人能够代替我的存在，没有人能够完成我的生命，没有人能够肩负我的人生使命。

世界上没有绝对相同的树叶，没有绝对相同的蚂蚁，更没有和我一模一样的人。我就是我自己，我是自己的上帝，只有我能够拯救自己，只有我能够改变自己的命运，因而如果有神灵的话，我就是自己的神灵。

我的躯体、我的四肢、我的血脉、我的大脑、我的思想、我的心灵、我的神经、我的意识，是一个完美的系统，是一个小宇宙。

生命只有一次，我要肩负起我的责任，掌握我的命运，我要使我的生命**尽善尽美**，使我生命的能量全部爆发出来，完成我肩负的前无古人后无来者的使命。

只要我尽力了，努力了，付出了，就会有收获。只要我认准了自己的目标，采取了正确的方法，持之以恒地奋斗，就会成功。

成功其实很简单，只要努力和付出就够了。这是宇宙普遍的法则，不分高低贵贱和贫富悬殊，只要你努力就会成功；只要你加倍努力，就会更加成功；只要你努力一生，那么你就是成功者。

抛弃所有的偏见和成见，抛弃自卑和烦恼，一句话，我要成功。

我不辜负只有一次的生命，我要尽到对于家庭父母的责任，尽到对于社会的责任，尽到对于生命的责任。我要成为人类文明的传承者，为人类文明添砖加瓦，发光发热，贡献一份力量。

每个人来到世上，都带着使命。那就是充分张扬自我，发挥自己的聪明才智，使生命之火燃烧得最亮最耀眼。如果不是那样，卑贱地、龌龊地、奴役地、憋屈地活着，那不符合生命的本意，不符合宇宙的规律。

宇宙的美妙，太空的浩瀚，星辰的耀眼，日月的运行，让我们终生仰望，从而获得巨大的哲理和启迪，获得巨大的源源不断的能量，去开辟自己的人生之路，向成功的峰巅不知疲倦地攀登再攀登。

第六章　热爱 热情 激情

　　热爱是事业成功的根本点和爆发点，没有热爱就不会焕发内心的激情和渴望。

　　任何事物都有一条神秘的通道，承载着幸福和密码，只有找到这条通道，才能达到事物的极致。

　　热情是一种阳光的心态，是一种从内心向外辐射的生命之能量，光明，剔透，晶莹，是善的结晶，是美的化身，是幸福的标志。

　　热情是健康的良药，是心灵的甘露，是驱逐烦恼和苦闷的醍醐。

热情源自热爱

　　所有事业的成功都来源于炽热的追求，没有热爱，就不会成就事业。

　　安徒生于 1805 年 4 月 2 日出生于丹麦的一个鞋匠之家。小时候家庭贫困，家里没有钱让他上学，后来在慈善学校读书，由于学习勤奋，终于考上了哥本哈根大学。他特别喜欢《一千零一夜》里的童话故事，尝试着写童话故事。先后写出了《豌豆上的公主》、《海的女儿》、《皇帝的新装》等脍炙人口的童话故事，在读者中很受欢迎，但是，由于出身贫民，没有得到上流社会的承认，他被文坛排斥在外，备受歧视。但是，安徒生对于童话创作依然抱着极大的热情，先后用 10 多年间创作了大量的童话故事，其中著名的还有《夜莺》、《丑小鸭》、《卖火柴的女孩》、《母亲的故事》等。安徒生的童话故事终于受到了全世界儿童的喜爱，成为世界名著。

　　不管遭受怎样的打击和挫折，都没有扑灭安徒生对于童话故事的创作热情，正是凭借着这种热情，安徒生十几年如一日坚持创作童话故事，终于取得了成功。

　　如果没有这种持续不懈的创作，遇到打击就心灰意冷，停止创作，另谋高就，世界文学宝库就缺少了**安徒生童话这颗璀璨的明珠**。

　　只有发自内心的热爱，具有不达目的誓不罢休的精神，才会在事业的荒原上披荆斩棘，闯出一条属于自己的道路。也只有来自于内心的热爱，才能抵御各种冷遇和寂寞。

　　斯蒂夫·乔布斯是苹果电脑的创始人，被誉为"美国英雄"。还在上大学的时候就热爱上了电脑。当时，市场上的电脑体积庞大，价格昂贵，他就购买了许多电脑元件，琢磨组装了一台电脑，决心把这种电脑推向市场。1976 年，他和沃兹等人一道创办了苹果电脑公司，第一批的订单是 50 台，凭借着对于事业的热爱和未来的憧憬，他们忘我地工作，夜以继日，不知劳苦，完成客户的订单。到了 1980 年，苹果电脑很快推向了市场，它美丽的外观，实用的功能，深受客户的喜爱，乔布斯在很短的时间内成为亿万富翁。然而，在激烈的市场竞争中，随着其他品牌的介入，苹果企业陷入危机。乔布斯不得不辞去董事长职务。乔布斯离开苹果后制作了一部《玩具总动员》动画片，声名鹊起，于是，又被选为苹果企业的董事长。再次胜任后，他与微软缔结联盟，对产品进行大力创新，生产了便携式苹果电脑，再度占领了市场，使苹果公司在电脑市场中占据重要位置。乔布斯被评为美国最成功的管理者，他对于工作的热情，对于事业的热爱，不断进取的精神，受到了人们的高度评价。

　　乔布斯热爱电脑，创立了苹果公司，由于市场的失败离开了董事长的职位。但是，失败的打击，并没有熄灭了他内心热爱电脑事业的火焰，反而更加熊熊燃烧，最终获得了成功。他深有感触地说："热爱我所从事的工作，是支持我不断探索前进的理由。**你必须找出你的热爱点，对于工作如此，对于爱人也如此。工作占据你生命的很大一部分，从事你认为具有非凡意义的工作，才能给你的人生带来自豪感。而从事一份伟大工作的唯一方法，就是去热爱这份工作。**不要安于现状。如同任何伟大的浪漫关系一样，伟大的工作在热爱中创造奇迹。"

只要认定了目标，就必须热爱工作，无条件地追求到底。有些人也想达到目标，羡慕别人的成绩，可是，就是不喜爱自己的工作，不钟情于自己的事业，那将是一事无成的。

热爱是事业成功的根本点和爆发点，没有热爱就不会焕发内心的激情和渴望，不会主动地想方设法做自己认为该做的事情。当我们看到有些人对待自己的工作和事业，无动于衷，懒洋洋地做事和应付的时候，至少可以判断他的内心缺失热爱。成功是和热爱联系在一起的，失去了热爱就不会成功。

热情迸发巨大的能量

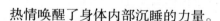

热情唤醒了身体内部沉睡的力量。

每个人来到世界上，都带有一种无限的创造力，只是没有适当的机会被激发出来。热爱，就是开辟人身体内部沉睡力量的巨斧，一旦被运用到事业中，就会开发出意想不到的矿藏。

每个人来到世界上，其实都是一张白纸，热情使人在生命的白纸上画出最美丽的图画。**在日复一日的时间长河里，唯有热情给我们带来了光明，驱散漫长的黑夜和心灵的寂寞。**

每个人来到世界上，必须有热爱的东西，必须焕发内心的热情，否则，就宛如处在荒漠之上，没有绿洲，没有滋润，生命之花就会过早地凋谢。**热爱、热情，才证明了我们的生命，证明我们在这个**

世界上的期盼和留恋，证明我们真正地有价值地活过。

热情是生命燃烧的媒介物，是生命的方向。

帕布罗·卡萨尔斯是西班牙杰出的大提琴演奏家。4岁开始学钢琴，11岁改学大提琴，23岁时举行第一次独奏音乐会，并筹建巴塞罗那交响乐队。他每年都要在世界许多国家和地区举行200次以上的音乐会。他的演奏风格自然，线条纯净，乐句完美，音色情绪变化无穷，格调高雅。他为许多作品灌制的录音成为演奏家们公认的楷模，赢得了全世界音乐家的尊重。在他90岁高龄的时候，仍然每天坚持练琴四五个小时，当乐声不断地从指间流出时，僵硬的双肩又变得挺直了，看似枯竭的双眼又焕发了神采。

由于热爱，竟然使身体僵硬的老人，片刻间变得四肢灵活，演奏出动人的乐章，热情实乃青春的元素，生命的助燃剂。

我国著名经济学家骆耕漠先生，一生致力于社会主义经济学的研究，尤其是对于改革开放初期我国经济学理论问题的探索有杰出贡献。他92岁时还在写回忆录《往事回忆》。我去看他，他双目失明，坐在藤椅上样子显得很疲惫。他交谈时很吃力，可是，谈着谈着，当谈到他60余年前主管新四军经济工作，如何突破敌人的经济封锁、开展生产自救运动时，老人原来有气无力的嗓音突然间洪亮了，讲话时挥着手臂，好像当年指挥着千军万马那样，浑浊的眼睛刹那间有了神采，刚开始吃力的交谈、不连贯的话语，刹那间消失了，判若两人，那一刻，他思路清晰，滔滔不绝，好像有说不完的话，对于半个多世纪前，某天发生什么事情，好像就在昨天一样。我惊呆了！

我明白了什么叫热情，什么叫焕发青春。对于自己所钟爱的事业，热爱确实能够调动身体里的能量。美国作家莫尔兹说：**"热情无疑是我们最重要的秉性和财富之一。热情使我们青春永驻。**这意味着任何年龄的人只要具有自我完善的强烈愿望，他都可以找到永不衰老的源泉。"

热情不仅对事业有帮助，是事业成功的密码，而且对于我们的身体健康有着无法替代的作用。我们注意到，**对生活和工作有热情的人，脸上容光焕发，神采迷人，特别有精神**，而失去热情的人，百无聊赖，死气沉沉，无精打采，四肢无力，身体好像不健康似的。

有个女孩子叫娟娟，小时候由于一次意外的事故，失去了双手，生活不能自理，然而，她并没有悲伤，看着别人蹦蹦跳跳欢快地上学，她拖着残疾的身体也要上学。当别人写出了漂亮的书法，她想我为什么不能行？中国汉字的内在的雄健美丽，唤醒了她对于生命的热情。她没有双手，就用嘴含住毛笔，一笔一画地艰难地练习书法，刚开始写的字难看极了，让小朋友们嘲笑。但是，她内心里却有最美丽的书法。

练了无数次，经过了 6 年后，她的书法已经很美了，受到了人们的推崇。人们看到她用嘴写出来的书法，无不啧啧称奇。到了十六七岁时，她想女孩子怎么能不会绣花呢？她喜欢上了绣花。没有双臂怎么办呢？她坐在椅子上，把双脚抬起来，一只脚拿针，一只脚穿线，光穿线就穿了几个小时才成功。每次一针一线绣出一朵花，都满头是汗，腰酸背痛，但是，她坚持下来了。当我们看她表演时，双脚自如地绣着美丽的花儿，比某些正常人的双手还要灵活，我们不禁留下了热泪。

没有双手，可以写出最美的书法；没有双手，可以织出最美丽的图案，这一切源于什么，就是热爱和热情。娟娟能做到的事情，身体健全的人并不一定能做到，也不一定比她做得更好。这说明了什么？热爱和热情，可以弥补先天条件的不足，可以改变生活的现状，激发生命的活力。

卡耐基说：**"热爱不只是外在的表现，它发自于内心。热情来自于你对自己正在从事的工作的真心喜爱。"**

痴情和入迷

中国科学院学部委员、著名数学家陈景润 1973 年在《中国科

学》发表了"1+2"的详细证明并改进了 1966 年宣布的数值结果，在国际数学界引起了轰动，此项研究成果被公认是对哥德巴赫猜想研究的重大贡献，是筛法理论的光辉顶点。他的成果被国际数学界称为"陈氏定理"，写进美、英、法、苏、日等国家的许多数论书中。

陈景润攻克哥德巴赫猜想难题时，生活特别艰难，住着 6 平方米简陋的房子，面对的是世界级的难题。在一盏昏暗的煤油灯下，伏在床板上，用一支笔，耗去了几麻袋的草稿纸。有一次，陈景润去图书馆，找到了一个安静的地方，认认真真地看起书。他一直看到中午，觉得肚子有点饿了，就从口袋里掏出一只馒头来，一面啃着，一面还在看书。下午下班时，图书馆管理员大声地喊："下班了，请大家离开图书馆！"可是陈景润根本没听见，管理员以为大家都离开图书馆了，就把图书馆的大门锁上回家去了。天渐渐地黑下来。陈景润朝窗外一看，心里说："今天的天气真怪！一会儿阳光灿烂，一会儿天又阴啦。"他拉了一下电灯开关，又坐下来看书。到回家时，已经是深夜了。

这种痴迷，这种热爱，使陈景润摘取了哥德巴赫猜想皇冠上的明珠。

任何事物都有一条神秘的通道，承载着成功的密码。我们必须用情，才有可能达到事物的极致。如果只是泛泛涉猎，走马观花，应付差事，那是不会成功的。只有投入、痴迷，才会取得进步。

热爱产生热情，带来激情，使人痴迷，是通向成功之路的幽径。如果对事业抱着无所谓的态度，对于成功不是发自内心的热爱，那么就不会成功。**爱是双方的，你不热爱成功，成功就不热爱你；你不热爱事业，必然不会成就事业。**

纽约中央铁路公司总经理佛德瑞克说："热忱是成功的秘诀。**成功的人和失败的人在技术、能力和智慧上的差别通常并不很大，但是如果两个人各方面都差不多，具有热忱的人将更能得偿所愿。**一个人能力不足但是充满热忱的人，通常会胜过能力高强但是欠缺热忱的人。"事实上，成功者和失败者的差别什么？就是对于同一件事情的热爱程度。生活中取得成就的人，总是那些勤勉工作，热爱工作的人。而懒懒散散、三心二意的人，怎么能够期望他在工作和事业上有所成就呢？

有因必有果，有什么样的因结什么样的果。扪心自问，你热爱自己的事业吗？你对于工作有热情吗？你做得怎么样？是全身心地热爱、全身心地投入，还是三心二意，遇到困难就低头，遇到挫折就想退缩。如果是后者的话，说明你的热爱是假的，是经不住考验的。真正的热爱是任何困难和力量都无法阻止对事业的热衷，无法浇灭你心头的热情之火。这样的话，离成功就不远了。

热爱使人痴迷，痴迷使人入门。

一个人干一件事，如果没有热爱，抱着当一天和尚撞一天钟的心态去做事，即使当上一辈子和尚也难入佛门。同样的，如果不热爱工作和事业，甚至当做一种负担，那么，干上五年十年还是一个样，不会有什么长进。我们看到，有许多人干了一辈子工作还在原地踏步，有个尊敬的称号叫"老员工"，其实，话外之音就是甘于平庸。

俗话说，熟能生巧，意思是对某种工作熟悉了，自然就会明白其中的玄妙之处。这有一定的道理，但是，却不一完全对。比如，人们从上幼儿园就开始练习写字，一直到大学毕业，几乎天天都写字，可是，许多人的字却拿不到桌面上，不能说丑陋吧，起码不好看。按说，整天写字，几十年还写不好吗？这是为什么？就是因为没有热爱，没有用心。只是把写字当做一种手段而已，并没有投入地去写，缺乏对于写字的热情。所以，我们看到许多人穿着整齐，文质彬彬，可是，一让他写个字就露馅了。这些人并不是没有写过字，而是没有对写字投入，没有把热情注入字里行间。

只有热爱了，真正地全身心地热爱了，才有资格期待成功。

判断一个人能否成功的标准是什么？就是热爱。

如果没有成功，只要热爱着，终究会成功。如果已经成功了，说明曾经肯定是热爱的。

人生是依靠热情来推动的。

人生不能没有激情

我们看歌唱家演出时，声情并茂，动情处浑身抖动，声音穿云裂帛，绕梁三日，余音不绝，被感染的台下的观众，跟着他一起歌唱，一起手舞足蹈，整个演出场所形成了一个共鸣场。

一潭死水，如果没有浪花和涟漪，没有鱼儿飞跃游动，时间长了，水就臭了。瀑布就不一样了，它跳跃着，飞泻着，涌动着，从几十丈高的山崖上跃下，像一条银练悬挂，激荡不已，显示出大自然的神奇。李白《望庐山瀑布》："日照香炉生紫烟，遥看瀑布挂前川。飞流直下三千尺，疑是银河落九天。"这是一种多么雄浑的自然景观。许多地方都有水，唯有庐山瀑布让人心旌摇曳，不是因为别的，是因为庐山瀑布含有激情。

激情，把庐山的水和别的地方的山涧溪水区别开来，同样是水，只因为山涧溪水平静地流淌，被落叶覆盖，成为小虫子的乐园，而不为世人所赞美。而庐山的瀑布因为有悬崖，跌落在悬崖上的水流激荡飞旋，变幻出如此美妙的风景，让诗人赞美不已，写出了千古绝唱。

意大利人马可尼是无线电的创始人，1874 年 4 月出生于波罗尼亚。人们今天所经常接触的收音机、电视、手机都和他的研究成果分不开。他小时候特别喜欢物理学，勤奋好学，读了好多有关物理学的书籍，尤其对于电磁波传递声音特别热爱，立志要把这一梦想变为现实。如今这项成果已经普及了，但在当时的人们看来这简直是天方夜谭，连他父亲也认为他是个不合时宜的"空想家"。

马可尼怀揣着这种梦想，以无比的激情投入到自己的事业中。

他在自己家的庄园上搞起了物理试验室，里边摆满了各种各样的实验用品，如电线圈、磁铁、耳机等。经过了一次次实验，都失败了。但是，他仍然满怀激情，总结其中的经验和教训，改变实验方法和设置。有一次，他在楼上放好了发报装置，一按电钮，楼下就传来了令人振奋的电铃声，而楼上和楼下没有线来连接。实验获得初步成功后，他进一步改进装置，把电磁波信号传到了两公里远的地方。但是，进一步进行实验，需要大量资金资助，他于是给意大利邮电部门写信，期待得到帮助，可是，杳无音信，受到了无比的冷遇。马可尼并没有灰心，带着自己的研究装置来到了英国，到处宣传和推广他的发明，并进行了多次无线电收发表演，希望得到人们的承认和推广。1897 年 5 月，马可尼把无线电信息传到了 10 多英里之外的汽船上，同时，又从维多利亚海岸把信息传递给了皇家游艇上的威尔斯王子，使人们振奋了。于是，他在英国政府支持下成立了马可尼电报公司，在他的推动下无线电通讯技术终于给人类带来了巨大的帮助，对通信业、航海业、电信业起到了不可估量的作用。

在人生的道路上，尽管会遇到种种挫折冷遇，但是，只要满怀激情投入事业，终究会得到人们的认可。

那种发自内心的激情是一直燃烧的火焰，鼓舞着人们去探索、奋斗、前进，直到摘取了成功的桂冠。

如果丧失了事业的激情，被挫折击垮，就会功亏一篑，半途而废。事业的成功，不仅需要努力奋斗，而且需要激情的维护。缺少了激情，是不可想象的。

激情令人视野开阔心胸宽广

人若有了激情，就会变得心胸宽广、目光远大、轻松愉快，还将消除心灵上的一切皱纹。激情是事业的保障，是生活里的灿烂阳光。

在生活中，失去激情的人，总是带着悲情的目光看待世界，看一切都是灰色调的。对于他们来说，稍微发生一点挫折和不快，就会怨天尤人，内心郁闷，与自己过不去，痛苦万分。把这种心情投射到生活中，必然使工作变成了一种额外的负担，怎么能干好工作呢？又怎么能在工作中体现自己的人生价值呢？许多人工作拖拉，浮皮潦草，懒洋洋的，就是没有热情的原因所致。

失去热情的人，对于事业更是为害甚大。事业是人生的目标和价值所在，有多少人孜孜矻矻，一生追求，还不一定能实现人生的目标，如果对于事业连热情都没有了，还能取得人生的成功吗？如果没有自己的事业了，活着有什么意义，还不是行尸走肉和造粪机器而已？

没有激情的人，对于生活是无所谓的，对于工作是无所谓的，也就失去了责任心和主动性。

怀揣激情的人，内心有种使命感，就如同登山，对于脚下的坑坑洼洼，悬崖峭壁，浑然不在意，因为他的眼睛里燃烧着希望，目标是云雾环绕中的山巅。常见有的人百无聊赖，无所事事，整日里愁闷不堪，甚至于看破了红尘，那是因为他心里没有爱，没有对生活和事业的热爱。从而使生命像断了线的风筝一样在天空中随风飘荡，浮浮沉沉，折戟沉沙，不知流落到哪里，或是在人家的房顶上，或是垃圾堆里，或是挂到树枝上被岁月剥蚀。这就是风筝的命运。

激情使人心中燃烧着对成功的向往，对未来执著的追求，对生活坚定的信念。处在这种精神状态之下，人的心胸会变得宽广起来，不会为生活中鸡毛蒜皮的事情而烦恼不安，不会因为暂时的失望而唉声叹气，**因为心中有明天，还有什么样的事情能让他烦忧？**就如船行驶在长江的激流之中，浪遏飞舟，如离弦之箭，两岸美景一闪而过，心中全是激动和陶醉，还会注意生活中的些许不快吗？

所以，我们发现，在生活中烦恼不已、斤斤计较、无所作为、情绪悲观的人，都是对生活缺少了热情的人，都是心中没有人生目标的人。因为他们没有了明天，所以连今天都没有了。就用悲伤、狭隘、小人之心来填补今天，弥补生活。

富有激情的人则不同，因为热爱，因为心中有一团火焰，所以他们所生活的地方，都特别温暖，在他们所经过的地方，都带着光明，那是热情之光，是生命之光。

热情是一种阳光的心态，是一种从内心向外辐射的生命之源，光明，剔透，晶莹，是善的结晶，是美的化身，是幸福的标志。

诗人说道：

年年岁岁，

只在你的额头留下了皱纹。

但你如果在生活中，

缺少激情，

那么你的心灵里，

就会到处布满皱纹。

谁愿意和一个内心阴暗，垂头丧气，心胸狭隘的人打交道呢？谁不想和一个满身阳光也给别人带来阳光的人在一起呢？

激情是冬天的太阳，是春天的风，是沙漠的水，是漫漫人生之路的明灯，照亮了我们踽踽而行的道路。

激情是健康的良药，是心灵的甘露，是驱逐烦恼和苦闷的醍醐，使人们在一天又一天重复的生活里，挖掘生命的意义。

全身心地投入

读到一则故事，很受启发。

有个铁匠的儿子上大学后不努力学习。铁匠知道后与儿子谈话，他把儿子领到铁匠炉旁边，操起一把大铁钳，把烧得通红的铁块，放在铁垫上狠狠捶了几下，丢入了身边的冷水中。嗞的一声响，水沸腾了，一缕缕含着铁味的水蒸气在空中飘散。铁匠对儿子说："水是冷的，铁是火热的，当把通红的铁块丢进水中之后，水和铁就开始了较量，它们各有自己的目的，水想使铁冷却，铁想使水沸腾。生活何尝不是这样呢？生活好像冷水，你就是燃烧的铁，如果你不想被水冷却，那么你就要让水沸腾！"铁匠的儿子听了铁匠的话之后，反省自己，把心思全部用在学习上，取得了优异的成绩。

事实上就是这样，如果你想有所作为，你就要像铁拥抱水一样，全力地投入，奋不顾身地努力，进行艰苦的较量，用生命的激情和不屈的意志，把平庸的生活这盆冷水煮沸，使生活沸腾。除此以外，我们对于平庸的生活还有什么更好的办法去改变它呢？

海伦·凯勒又聋又哑又盲，可是却成为世界著名的作家，她的事迹家喻户晓。她的成功没有别的原因，就是全身心地投入。海伦·凯勒学习认字时，得靠老师一遍遍地提醒和身体触动，才能感知字母，并经过不知多少遍的感觉和领悟，才能逐渐明白字母的意思。她看不见字母，听不到发音，无法用语言传递每个单词的意思，只能靠身体的有节奏的触动，用心去感知每个字母以及单词的意思，想象一下这是多么艰难。生动的单词，对于开始学习的她来说，是没有任何感知的，枯燥、乏味、难以明白。可是，海伦·凯勒是那么的专注，那么的不厌其烦，配合老师把每一个字母刻在心里，把每一个单词融入了脑海，她不仅认识了许多单词并且用这些单词写出优美的文字，成为一名作家。

全身心地投入，发生了奇迹，改变了通常意义上的不可能。

当我们没有成功时，总是试图找许多理由，推脱自己的责任，比一比海伦·凯勒，我们还有什么理由呢？

许多人常犯的错误是没有热情和激情，冷漠麻木，所以，在生活中蜻蜓点水，浅尝辄止，没有留下自己的痕迹。自然，抱着这样的态度去干事业，是不会走多远的，成功与这些人无缘。

我们要反躬自问，我投入了吗？我尽全力了吗？我用心努力了吗？这样就会明白失败的原因所在了。

正如法国作家司汤达说："伟大的热情能够战胜一切，因此，我们可以说，一个人只要坚持不懈地追求，他就能达到目的。"

生命的岩浆

小时候，我家里穷。记得父亲那时抽的旱烟，就是未经过加工的烟叶晾干揉碎后，放在烟锅里抽。那时，父亲舍不得用火柴点烟，都是用石炼互相激烈撞击后爆出的火星引燃了棉球后点烟的。回想起那一幕，我意识到，两块石炼经过激烈撞击后产生了火星，那么，当我们的内心和事业、工作热烈地结合后，一定会爆发出更加耀眼的火花吗？

艺术家的灵感不就是这么诞生的吗？

在创作的酝酿阶段，体验生活，感受生活，寻找一个突破口，就像滔滔奔涌的洪水，寻找着闸门，一旦找准了闸门，打开了创作的思路，千言万语便如脱缰的野马，在纸上飞奔。

激情的酝酿期是艰难的，也是郁闷的。因为，没有找到出口。身体的劳顿、内心的煎熬、思维的冲突交织在一起，互相冲撞、混合、拥挤，事业的艰难于此可见一斑。问题是有人在这种困境中退缩了，有人坚守住了。退缩的人饱尝悔恨和失败的懊恼，而坚守的人在事业的激情中注入了活力，找到了突破口。

一旦激情开启了成功的大门，那么就是"君不见黄河之水天上来，奔流到海不复回"了。在激情驱赶下，成功的驭手驾驭着命运的烈马，奔向了无比快乐幸福的境地。

科学家的发明，不就是在经过长时间的努力后，瞬间灵光一闪完成的吗？当科学家寻寻觅觅，苦其心志，终于在某一天某一刻，发明了一种东西，在成功的瞬间，他们的喜悦、激动、幸福，谁人能知，谁人能比？

不论做任何事情，都是要有一股热情的。凭借着满腔热情，我们才有可能在经过坚持不懈的努力之后，到达成功的彼岸。

　　观察火山爆发时的壮观景象，那从地心深处不断升腾的岩浆，冲开地壳的覆盖，冲破大山的压迫，掀开了几万万年的岩石，红彤彤的液体冲向天空，遮蔽了太阳，遮蔽了天空，顷刻间一切都变了，周围的一切都被岩浆所融化。

　　坚硬的岩石、高高在上的大山，在岩浆面前如此脆弱；那壮烈的火山爆发场景，令人叹为观止。

　　我们对待事业，要像岩浆一样炽热，要像火山爆发一样充满激情。因为那是改变我们生命和命运的事情。我们要持久不懈保持对于事业的执著追求和热爱，任何力量都不能阻挡我们前进。

　　千万不要一曝十寒，不要仅有三分钟的热度，那只会使我们离成功愈来愈远。

　　可惜的是，大部分人，甚至可以说是 **90%的人，都常常会犯这样的错误。因而，纵观人类历史，成功者总是少数。**

　　巴尔扎克说："热情是普遍的人性之一，假如人类根本没有热情，那么宗教、历史、艺术以及风流韵事，都将变成没有价值。"

　　他把热情上升到了"普遍的人性"的高度，可见，在巴尔扎克看来，热情对于人生有多重要。由于他是一个作家，偏重于从人类精神层面来探讨这个问题，其实，从广义上说，热情贯穿于人类所活动和创造的所有领域。有哪个领域，不靠热情能够寻幽探微而走向极致呢？

　　我们把这句话引申一下，**人性中不缺少热情，而是缺少持续的热情。谁把热情能够持续下去，谁就会向成功更进一步！**

第七章　破除障碍　高歌猛进

箴言录

美好的东西，人人向往之，你只有比别人做得更好，更努力，才会接近你的设想。

最大的障碍，不是来自外部世界，而是来自于内心。

人生中必须做的事情，是逃不过去的。事情放不坏，但是，能把你的心情放坏。

一个障碍克服不了，紧接着另外一个障碍就更难克服了。

大多数情况下，并不是障碍打败了我们，而是我们的心打败了我们。

人生的障碍

每个人都想成功，但是，许多人并不一定能够成功。当我们确立了人生的目标之后，阻止我们成功的因素就是障碍。

有时候，人们都不明白什么是障碍，就轻易地停止了对于目标的追寻。这种停止或者是下意识的，或者是一种惧怕心理。目标和障碍之间并没有缓和的余地，要通向目标就要战胜障碍，就要克服各种各样的阻力。

有个大家耳熟能详的故事叫愚公移山。愚公家前面有一座大山，出入极不方便，给生活带来了许多麻烦。愚公计划带领全家老小把这座山搬走，这座山靠人力搬需要多少年啊，于是智叟就出现了，他劝愚公别做这种傻事，愚公回答道："山一天搬一点就会少一点，山不会增多，子子孙孙却没有穷尽，只要坚持下去，终有一天要把大山搬走的。"愚公不理睬智叟的话，带领全家老小开始了搬山的工程。后来他的行动感动了上天，天神派神仙帮助愚公搬走了横在愚公家门前的山。

愚公家门前的山自古就有，世世代代多少年了，只有到了愚公这一代才搬走了山。他以前的家人不是没有意识到大山造成的障碍，而是无视障碍，也许连战胜障碍的想法都没有，所以障碍一直是障碍，山一直阻挡前进的道路。愚公认识到了障碍，不管有多少艰难都要搬走它，结果真的搬走了它。

许多情况下，都是人为的因素阻止我们前进的方向，而不是障碍本身的原因。

扫帚不到，灰尘照样不会自己跑掉。**要做的事情放着不做，谁也不会代替你去做**。日积月累，就会成为包袱。只要我们开始去做，哪怕一点一点去做，时间长了就会产生意想不到的效果。只怕遇到障碍退缩到一旁，在恐惧害怕中打发日子。

试想我们的经历，有过多少障碍阻止了我们的前进。由于没有战胜障碍、妥善处理障碍，成为我们日后的梦魇，甚至影响了我们的一生。障碍并不可怕，关键是我们要调整自己的状态，面对障碍，想方设法，克服障碍。

人生是不可替代的，每个生命都有自己的轨迹。

没有播种就没有收获，没有作为就不会有成功。每个人都希望人生一帆风顺，一路坦途，要风得风，要雨得雨，但是，这只是美好的期盼，**每一个目标都需要做出踏踏实实的努力，才有可能实现目标**。如果不去努力，那么，你的目标也许就成为人生道路的障碍。

我们分析障碍，有的是客观原因，有的是主观原因。但是，只要经过主观努力，至少会克服许多障碍，改变我们的人生。

人生就是要向障碍进军。没有障碍是不可能的，要干一番事业，必然要碰到障碍；要得到一样东西，必然会遇到障碍。**美好的东西，**

人人向往之，你只有比别人做得更好，更努力，才会接近你的设想。不做努力，坐享其成，天下没有这样的好事。即使有这样的好事，也绝对不会轮到你。有的人中彩票发了横财，你也试图去靠彩票发财。如果抱着这样的目的去买彩票，十有八九是梦想成空。

有作为的人生、有梦想的人生就是踏踏实实做人、做事，奋斗、拼搏，战胜所有的障碍，实现梦想。

许多障碍都是积累起来的

一步赶不上，步步赶不上。一个障碍不扫除，随着时间的推移，有可能形成多个障碍。因为任何事物都是相互联系的，互相依存的，不可能孤立地存在。当你这件事情处理不好形成障碍的时候，和它有联系的其他事情也有可能成为人生潜在的障碍。就像小时候做数学题，加减法学不好，不会做题，那么乘除法就更难了，肯定是做不好的。平面几何的题做不好，立体几何的题肯定也做不好。**我们埋怨人生太多不顺利的时候，就要反思一下，是不是以前的障碍逐渐积累，影响了现在的发展。**

我有个小学同学由于各种原因，没有考取大学实现人生的梦想，结果走不出贫困的环境。现在，家里没有钱，孩子上学需要花钱，种地需要花钱，盖房子需要花钱。只好出外打工，拿的是最低的工资，受的是一般人不愿意受的苦。打了工年终回家时，想办法向老板讨工钱，有时不给就不给了，只好忍气吞声，吃亏了事。

如果当初用点功好好学习，有个好的工作，他哪会出现以后这些人生的麻烦？一个障碍不扫除，结果衍生出其他的障碍。当初的障碍也许是很小的，就像一加一那么简单，只要课堂上认真听讲，课后认真做作业，就会成为一个好学生。作为一个学生是多么幸福啊。每当许多人回忆学生时代时，都会充满了幸福，自然就后悔那时没好好学习。那时，稍微用点功何至于长大后为生活到处奔波，疲于奔命呢？学生时代，要做的其实很简单，就是好好学习，如果不好好学习，掌握知识，以后要面对的就是流血流汗，在生活中挣扎，哪个容易哪个艰难，一眼就可以看出来。

我们逃避一个障碍的时候，想不到却给人生留下了更多的隐患和障碍。

谁也不能拯救你的灵魂，只有你自己才能拯救自己。**人生的道路只有自己走，别人帮你也得靠你自己。**当我们面对障碍，不思进取，却用其他的方式麻醉自己时，比如娱乐、喝酒、打牌等方式。借助酒精、娱乐的麻醉作用，也许以后会衍生出更多障碍。

逃避是一时的，不会是永久的。当我必须写某些文章时，面对思路不畅也会产生逃避情绪，不愿意去写，找几个好友去喝茶。可是，之后要做的事情就是必须坐下来，面对电脑屏幕，去思考问题。哪怕一上午一个字也写不出来，也不要紧，**只要能够坐下来就会有收获。**

当我们试图逃避责任时，却被紧紧束缚，无法摆脱。**是的，你该做的、必须做的、注定要承担的怎么能够逃避的了呢？**逃避了一时，能够逃避了一世吗？在你逃避的时候，在你麻醉自己的时候，难道感觉不到心灵的隐痛吗？不是正在承受一种心灵的焦灼吗？不是身心备受煎熬吗？

事实是，人生是无法回避的，不管拖延多久，该面对的还是要面对，最后你都要坐下来，一一还账。

人生就是这样的。一个障碍克服不了，紧接着另外一个障碍就更强大了。

不能图一时侥幸，躲过或逃避障碍。人生不会有那么多的侥幸，自以为聪明，反而被聪明所误。许多情况下，躲过了初一躲不过十五。如果抱着贪图侥幸的目的去做事做人，十有八九是要碰壁的。

必须做的事情是逃不过去的。事情放不坏，但是，能把你的心情放坏。随着时间的推移，没有做的事情越放越麻烦，虽然你可以不做，但是却无法绕过去，搞得心情很烦躁。而且每天都要面对，时刻都处于逃避状态，时间久了，心理产生了阴影，加大了障碍。

敢于面对障碍，战胜障碍

对于障碍，我们怎么办？是逃避、退让，还是进军、冲击？这是衡量成败的关键。

报载，美国有线电视新闻网著名主持人拉里·金，出生于纽约，父亲因心脏病去世，他依靠公众救济长大成人。小时候他特别渴望长大后当一名播音员，学校毕业后他去了迈阿密一家电台当管理员，经过一番努力成为主持人。他写了一本有关沟通秘诀的书，书名叫做《如何随时随地和任何人聊天》。书里详细叙述了他第一次担任主持人的尴尬而有趣的经历。他说，如果有人碰巧听到他主持节目，一定会对这个节目嗤之以鼻。

那天上午，他走进了电台，上节目前坐卧不安，来回走动，不断地喝咖啡和开水来润嗓子。节目开始时，他先播放了一段音乐，音乐结束后轮上他讲话了，当他准备开口说话时，喉咙忽然就像被人割断似的，张着嘴却一句话也讲不出了。无奈之下他只好连续播放音乐，但是，他总要开始讲话的，突然他不胜悲哀，自己的口才是这么差啊！"原来，我还不具备做专业主播的能力，或许我根本就没胆量主持节目。"

关键时刻，老板突然走了进来，对垂头丧气的拉里·金说："你不要紧张，只要开始谁都有第一次，不要紧张，开始吧！"

老板鼓励之后，他再次尽力地靠近麦克风，似乎竭尽全力地说："早安！这是我第一天上电台，我一直希望能上电台……我已经练习了一个星期……15分钟前他们给了我一个新的名字，刚刚我已经播放了主题音乐……但是，现在的我却口干舌燥，非常紧张。"拉里·金结结巴巴地一长串说了出来，只见老板不断地开门提示他："这是项沟通的事业啊！"终于能开口说话的他，似乎信心也唤回来了，就这样，他第一次完成了自己的主持节目。从此以后，他不再紧张了，开始了主持生涯的辉煌时期。拉里·金的经验是"谈话时必须注入感情，表现你的热情，让人们能够真正分享你的真实感受。投入你的感情，表现你对生活的热情，然后，你就会得到你想要的回报。"

当人们在电视里看到他口若悬河、出口成章地主持节目时，相信许多人羡慕得不行。以为他似乎天生下来就这么能言善辩，巧舌如簧。在这成功的背后，谁知道他刚开始迈入主持人这个行业时的那份紧张、那份不安，甚至要退却的故事呢？由此我们可以看出，**对于人生来说，只要你想做，什么都不是障碍，如果有障碍的话，最大的障碍就是自己。**

拉力·金在老板的鼓励和自己的努力下，终于克服了初上电台的障碍，走上了成功的道路。假设一下，当时如果没有老板在后边不断地鼓励催促，他如果败下阵来，从主持播音室溜了出来，还会有今天吗？那么，他可能还是一个一说话就脸红紧张的人，而不是现在闻名的主持人。

障碍的产生是方方面面的，客观的障碍先不用谈，因为它就在那里放着，只要你努力就可以改变。关键还是主观的障碍。现代社会，由于生存竞争激烈，工作和生活的压力增大，人们的身心承受着来自方方面面的压力。

心理学家研究发现，大多数情况下，并不是障碍打败了我们，而是我们的心理打败了我们。也许我们战胜障碍只用了三分力气，可是，克服心理障碍就用了至少七分力气。许多时候，**人们不是把精力用在事业上，而是用在事业以外的"心路历程"上去。**

在这里，我要大声疾呼：这确实是在做无用功，确实是在浪费生命！

生命本不该这样的，比如花开花谢，花还会在意人们对它的美丑评价吗？比如云卷云舒，云还会在乎人们对它的说三道四吗？

而人就不同了。因为他有成功以外的"心理因素"在作祟，所以平白无故多了许多忧愁和悲欢。你要讲话去讲就对了，何必管那么多呢？可是，人就要去想，就要作心理煎熬，自作自受，而后的结果就是打败自己。试做考量，比如有人要做一件事，来来回回想：我行不行，别人怎么看我，失败了怎么办，结果是心情变坏，紧张不安，发挥失常——前前后后心理上的一切不良反应是有害于事业的，都会阻止你的成功。

所以，我们在做任何事情的时候，首先要果断地抛弃不健康的心理因素，抛弃多余的有害无益的心理煎熬。

几种心理障碍

一般的心理障碍主要有恐惧性障碍、焦虑性障碍、自我否定性障碍、抑郁性障碍等。

一、恐惧性障碍

对于所做的事情，由于畏惧可能产生的后果，而下意识地采取了强制性的回避和逃避心理，表现为恐惧、紧张、慌乱等。有的人不敢当众讲话，发表自己的看法。一遇到人多的地方特别是大场面，就浑身紧张，手足无措，嘴唇哆嗦，以至于发挥失常。

其实，如果放在平常，这些人讲话是没有问题的，口齿伶俐，谈锋甚健，可是一到关键时刻，就不行了。原因在于恐惧性障碍给人造成的紧张状况。越是人多的时候、关键的时候，越会紧张，越容易失常。有什么好的办法克服这种障碍呢？没有，唯一的办法就是战胜恐惧，适应这种场合。人一辈子总要讲话，发表自己的言论，表达自己的愿望，不会讲话怎么能行呢？哪一个事业的成功者不需要面对公众场合呢？而且讲话是事业成功的重要组成部分。最好的办法就是勇于面对，克服障碍，站在公众场合讲话。

逃避是逃避不了的，除非你心甘情愿地接受失败。如果仅仅接受一次失败就算了，但是，由于障碍的连锁效应，就会面临终生的失败和羞辱。有些事情你总是要做的，这次不做下一次还要面对，不能因为你的恐惧而逃避一生吧？比如讲话，你不可能一生只讲一次话，你如果缺乏这种精神，那么终生都只能平平淡淡。一次不成功，也许会带来更大的恐惧，但是，不管有多么恐惧，一定要告诉自己，继续下去，勇敢地冲上去，直至成功。事实上，讲话多了，自然就老练了，自然就不害怕了。许多能说会道的人，刚开始当众讲话时都害怕过，也并不比其他人好多少，但是，他们最后战胜了恐惧，取得了成功。

二、焦虑性障碍

对可能发生的事情所产生的紧张不安，心烦意乱，忧心忡忡，胡思乱想，以致于失眠、不安、影响到身体健康，这是较常见的心理障碍。据历史记载，战国之际的伍子胥是楚国大夫伍奢的次子。楚平王即位后，伍奢担任了太师。但是，楚平王听信了少师费无忌的谗言，杀害了伍奢，伍子胥赶忙逃走。楚平王下令到处张贴伍子胥的画像，命人捉拿子胥。伍子胥先去投奔宋国，由于当时宋国内乱，又去投奔吴国。一路上慌慌张张，东行数日，来到了昭关。昭关前面便是滚滚奔流的大江，形势险要，并有重兵把守，过关真是难于上青天。面对巍巍昭关，伍子胥特别焦急，一夜心神不宁，思虑过度，天亮时满头黑发就全白了，显得很苍老，像个老头，与以前判若两人。这种相貌，与城头捕拿他的画像不太像了。伍子胥稍作更衣打扮，在混乱中侥幸逃出了昭关。

焦虑性障碍于事无补，但是，对于人的心理和健康影响却是巨大的，现代社会中人们的亚健康状况和精神疾病莫不与此有关。患上这种心理障碍的人，不是积极主动地想方设法，应付困难，而是把心思和精力用在患得患失，自我折磨上。

孟明原来是服装设计员，有不错的业绩。正赶上单位竞聘部门经理，他报名参加了。由于服装设计部门相对独立一些，和公司领导层的其他业务领导在工作上联系较少，孟明一方面担心别的领导不了解他，一方面又担心别人送礼和拉关系，心理负担加重。竞聘结束后等待的日子，坐立不安，心事重重，一会儿担心自己演讲发挥得不太理想，一会儿担心自己与领导关系不紧密，想来想去，焦躁不安，口舌生疮，竟然病倒了。

还有一个特例。有一个人炒股票，选准了一只股票，一时心血来潮把十多年的积蓄都投进去了。于是，心理上的折磨随之而来。每天起床后要做的一件事就是盯着屏幕看股票，股票长他就高兴，往下跌就揪心揪肺。可是，中国的股票要跌起来那是飞流直下三千尺，这下他的心理防线崩溃了，走向了极端。真是发财梦未成，身体先给毁了。

三、自我否定性障碍

这是一种典型的心理障碍，缺乏自信心，自我贬低，不敢迎接困难和挑战，总是处于被动状态。发展下去使人对生活失去兴趣，不愿进行社交，产生悲观失望的情绪。性格内向的人患这种心理障碍的人居多。

遇到困难不是迎难而上，而是把困难想象得特别大；遇到机会不是冲上去把握机会，而是往后退缩甚至放弃机会；遇到挫折不是总结经验和教训，而是轻易地否定自己的能力，等等，这都是自我否定性障碍的典型表现。自我否定性障碍缺乏自信心，存在自卑心理。

对待许多事情和问题，自我感觉是"我不行""干不好怎么办""别人会笑话"等心态。这对于事业来说绝对是错误的，会给人生带来不利后果。一句"我不行"，在否定自己的同时，不仅把自己的机会给推开了，限制了自己的发展空间，而且在别人心里对你形成了不良的评价。这次机会给你你不要，以后再有机会也不会给你了。何况，做任何事情你不做怎么知道自己干不好呢？人生就是不断改变的过程，所以才有希望，如果墨守成规，一成不变，那么还有什么意义？

成功者的心态应当是这样的，"行，我能行"、"我必须把握机会"、"不行我也要想法改变现状"。遇到机会，自然要紧紧把握；遇到困难，首先要具备的是战胜困难的勇气和信心。困难往往是机会的代名词，是成功的阶梯。**一旦战胜了自卑心理和恐惧情绪，将会发现，人生的道路突然变得宽广了**。办法都是人想出来的，智慧也是在困难中逼出来的。**所以喜欢向困难挑战的人，也往往离智慧最近**。

一定要告诉自己，遇到任何挫折和困难，都不要否定自己，只有更大限度地发挥自己的才能才会有出路。即使真的被困难包围，退缩能有什么用呢，只有迎难而上，逆势飞扬，才是唯一的出路。

对于习惯于自我否定的人来说，克服心理障碍最好的办法就是：任何情况下一定要相信自己，相信明天。

四、抑郁性障碍

这是自我对于心理机能和身体行为的过度限制，沉陷在某种阴影之中难以自拔，从而造成心理障碍。表现为心情郁闷，情绪低落，悲观厌世，消极被动。

抑郁性心理障碍与失败和挫折的困扰是分不开的。遭受了某种打击，一时难以解脱，被失败的氛围所笼罩，人生低迷，事业处于低谷状态，容易产生抑郁性心理障碍。我有个朋友叫王长青，在某机关做公务员，人际关系不错，民意测验评价也较高，在一次竞选处级岗位时志在必得，演讲时也洋洋洒洒，对答如流，人们都看好他。但是，由于有人暗箱操作，他却意外地落选了。本来答应竞选成功后，和好友庆贺一番也不见了回音。他先是闭门不出，整天把自己关在办公室，羞于见人，继而沉溺在酒海中不能自拔。平常来往的几个朋友也不主动交往了，他认为这次失败以后在仕途上也就完了。

真正的成功者不是这么想的。**生活中有九十九次失败，要做第一百次冲刺；有一百次失败，要做一百零一次冲刺；一次失败哪能决定命运？一次打击就萎靡不振，跌倒不起，那以后呢？还能面对生活吗？**千万不能悲观厌世，自怨自艾，更不要把自己关在自我折磨的心狱里每天自我审问，自我惩罚，自己给自己判了刑期。要明白陷入这种抑郁性障碍对于身心和事业是有百害而无一益的。生活是丰富多彩的，你只要走出去，就会看到蓝天白云，莺歌燕舞。闭关自守，折磨自己，只会更加绝望和伤心。

对待生活，一定要保持积极向上、乐观奋斗的态度。我们常提到热爱生活，热爱人生，并不仅仅是热爱事业的成功和辉煌，还要热爱失败和挫折时的生活，因为那也是人生的组成部分。尤其在这时候，要更加珍惜自己，珍爱生命。抑郁性障碍的标志就是心理悲观，情绪不好，只要遇到这种情况，就要想方设法，把心情变得快乐起来，主动做事和承担，多和志同道合的朋友在一起聊天探讨，把这种心态克服在萌芽之中，千万不能让它左右了你的生活和心情。

两种外在障碍

人生的外在障碍有几种形式，有的是客观形成的，有的是言行不慎造成的。只有找出障碍的症结，我们才能想办法克服这些障碍。

一、具体困难所造成的障碍

这是常见的障碍，在成功之路上任何人都会遇到。

只要想成功，必然要做事，要做事就会存在困难，每个人都要具备起码的对于困难的心理准备和承受力。成功是什么呢？成功就是向困难挑战。**困难是成功最好的伴侣，是成功的必由之路。**困难是成功的影子，没有困难，成功就不会存在。希望成功，又百般逃避困难，这会离成功越来越远。

困难是客观的，不会增大也不会减小，决定因素在于态度和方法。正确的态度就是正视困难，一切从实际出发，具体问题具体分析，采取有效的科学的方法，解决问题，战胜困难。

有的困难是客观的，有的困难却是想象出来的。一定要注意，不要纸上谈兵，坐而论道，光谈困难，摆困难，而不去寻找解决困难的办法，就会让困难压倒。经常碰上一些人，不是在谋事，而是在"谋困难"，不做事还好说，一做事就千难万难，肚子里全是苦水，说的全是困难。我观察过很久，这种人处处都有，就是不做事，就是爱发牢骚，就是说得头头是道却不落实，这种人往往不会成功。

不解决困难，想象或夸大困难，就会把困难变成人生的包袱，压在肩上，进而成了心理负担，转变为心理障碍。于是，烦闷焦躁、心事重重。小李和几个人想开一个厨具商店。找到朋友小赵商量，小赵一听说后不是积极出主意，而是百般阻止，说你们能行吗？万一赔了怎么办？市场竞争这么激烈，你们能竞争过人家吗？从头到尾说的话没有一句是关于如何经营，如何竞争，如何想办法，归根到底说到最后就是两个字：不行！要做事，就不要和这样的人打交道，你有多大的信心都会被他所瓦解。

想象困难，其实就是制造困难，打击自己。只有解决困难，才能走出困境。

二、言行不慎引起的障碍

什么叫人生？在人群中生活就叫人生。什么叫活人？在生活中处理人和人之间的关系就叫活人。

所以，说话做事，不能随随便便，必须注意形象。一言既出，驷马难追。更有人说："一言兴邦，一言丧邦。"切不可图一时之快意，添人生之障碍。有时候，无意间的一句话，成为别人的口实，进而阻止了自己的人生发展。你连原因都不知道，就稀里糊涂地制造了障碍。

李刚在一家企业任文秘，出手很快，文章写得漂亮，就是有个缺点心直口快，口无遮拦，这就犯了大忌。一次，和几个同事在一起吃饭，闲聊中谈到公司的经营情况。他就说这个月的业绩平平，经理很不满意，有的经营户投诉你们，货物周转缓慢，以后可要注意啊。谁知，其中一个人就找到了某个经营户，一番理论，不欢而散。事情闹到了经理那儿，原来是李刚无意间泄露了经营户的名字，经理大为恼火，把李刚调离了文秘岗位。

这就是言语不慎给事业造成的障碍。李刚还希望在这个公司好好努力，展现才华，以后升任副经理呢。就此一闹，岗位也失去了，辛苦经营的事业也没有了。李刚自然也愤愤不平，本来是几个公司好同事，透露点经营的事儿，提醒提醒他们，结果却闹得纷纷扬扬，始料不及。

有时候，无意间的一个行为就会影响到别人，让人对你有了恶感，平白多了人生的障碍。王大刚在一家杂志社任编辑部主任，平常和社长处得不错，在业务上也可以，编了几期杂志都叫好。社长有意重用他，和他谈话，计划上报主管部门，任命他为副总编。王大刚感激不尽，转念一想，要想升职还要取得总编的支持，就主动和总编套近乎，把自己对于杂志的编辑理念和设想全盘端出。本来社长和总编之间就有隔阂，这事恰恰又让社长知道了，社长心怀不满，也没有表露出来，但是，从此王大刚提拔的事情也就放下不提了。

在生活中，说不定无意间的某个行为，就会给工作和事业造成不利的障碍。有时候是一时高兴，有时候是弄巧成拙，很难达到尽善尽美。尤其在人际关系复杂的单位，有时候处理不当，就会动辄得咎，处处受阻。

我干脆给自己规定一条，不说闲话，不做闲事，不评价人，不做无益事。每个人都想自由自在，随心所欲，兴之所来，一吐为快。可是，生活是有游戏规则的，不允许你这样，违反了游戏规则，就会付出代价。一时之痛快，必然造成多时之麻烦，甚至波及事业成败，职位变动。因此，言行之间一定要恰当，不可随心所欲。

只要你开始了，就在变化

人生的旅途上布满了障碍，也充满着希望。人生是这么奇特，这么有魅力，具有辩证法。人们希望前途光明，一路平坦，但是，平坦的大道却没有风景，没有引人入胜的成功。你越是历尽艰难，收获也越大。所谓世之奇绝瑰丽之处，常在于悬崖峭壁之上。超越了障碍，就超越了自己，超越了事业。

人们易犯的一个错误就是想象障碍，逃避障碍；放大困难，缩小自己；本来不是障碍，最后转化为障碍。这种人可谓是想象的巨人，行动的矮子。观察生活中，绝大部分人——可以说十之八九的人，都曾经犯过这种错误。一生的绝大部分时间，都用在了想象障碍上，只有极少部分时间真正坐下来做事。

这实在是人类的悲哀。试想工作和事业、健康和幸福，难道还不是被人生的这些障碍断送了吗？许多人患了心理疾病和精神疾病，难道不是因为这些障碍处理不当而引起的吗？这些令人讨厌的烦忧、痛苦、忧郁、折磨不都是障碍造成的吗？试问，哪个人没有遭遇过或多或少的障碍呢？心理学家和成功学家要关注人生的障碍，对此进行细致的研究和探索。我们的目标就是要解除人生不必要的障碍，创造美好幸福的生活。

解除障碍的最好办法，就是行动，而不是想象！

世界上的事情，不怕有多难做，就怕开始行动。不管再难的事情，只要你敢于面对，开始去做，就会发现并没有想象中的那么艰难。

障碍首先是心理现象。经常可以碰到一些人说什么什么太难了，困难一大堆，说这话的人心理状态一般都不太好，存在畏难情绪。还没有真正开始去做，就在想象中把困难放大。只要去做，怎么会有那么多困难呢？即使有困难也是具体的困难，而不是一大堆关于困难的形容词。

世上知难行易，认识真理也许是艰难的，但是，只要我们勇于行动，就会在实践中增长我们的知识和能力，获得经验和教训。如果不去行动，你连一点机会都没有。如果被心理障碍所征服，那么，你的生活就会被扭曲。

千里之行，始于足下。

伟大的成功者，从来都是行动者。

让我们从现在就开始吧，只要你开始做了，就会发现一切已经改变。

只要你做，障碍就在减少。

第八章 排除干扰 适应环境

箴言录

人类难以控制环境，然而却能支配自己。

我们认为别人的环境好，其实还有人正在羡慕我们的处境呢。

不经历更加恶劣的环境，就无法理解原有环境的好处；不到山穷水尽的地步，就不会珍惜现有的环境。

我们应当做的就是适应环境，顺应环境，利用环境，让环境为我服务。

艰难的环境正是考验和培养我们毅力和耐力的场所。

一味地苛求环境，不如从培养自己的抗干扰力做起。

人与环境

人是自然界物种进化的产物。在漫长的宇宙演化中，地球之上经过了神奇的物种变化，诞生了人类这种高等动物。人来自于自然，依赖自然界而生存。人总是生活在一定的环境中，以环境为出发点，完成事业和工作。

环境是人成功的必要条件。在人生的成功之路上，必须处理好与环境的关系，使环境成为事业起飞的平台。无视客观环境，或者过度地要求环境，对于发挥自己的能力，都会形成阻碍。

环境给人提供了生存空间和物质条件。我们的衣食住行和工作事业都需要一定的环境作为保障。离开了环境，人的存在是不可想象的。人不可能生活在真空中，不可能脱离社会而孤立存在。即使生活在真空中，也是一种环境。人们的生活和环境息息相关，不可须臾分离。我们可以逃离某种环境，但是，不可能脱离环境。人生就是不同环境的转换而已。在一定的环境之下，人们只有适应环境，利用环境，才能完成自己的事业和使命。

古代人倡导的天人合一思想实际上就是人与环境和谐相处的美好境界。古代的山水画中有许多反映人与环境的关系，浩渺的江水，垂钓的渔翁，神秘的山林，自在的隐士，都向人们昭示了人们对于自然环境的向往。也暗示了人在自然环境中，体认生命真谛，感悟天地人生的哲理，过一种适宜和诗意的自在的生活。

美好的环境是每个人都向往的。翻开中国的历史，为什么有那么多的隐士？他们或抛弃功名利禄，隐居在山野之中，过一种超然世外的生活；或约志同道合的人，弹琴作画，吟诗赋词，互相唱和。我国南朝时期的著名文学家、思想家陶弘景，20岁左右就担任南朝诸王的侍读，才华横溢，名满天下，后来向往田园生活，挂朝服而辞官，回归于自然之佳境。梁武帝多次请陶弘景出来做官，他都予以拒绝，屡请不出。赋诗《诏问山中所有赋诗以答》道："山中何所有，岭上多白云。只可自怡悦，不堪持赠君。"这种修为对于一般人来说是很难做到的。国家每有吉凶或征讨大事，都派人向他咨询。他从36岁起，在茅山隐居40余年，人们称作"山中宰相"。魏晋时期的"竹林七贤"嵇康、阮籍、山涛、向秀、刘伶、王戎及阮咸，他们蔑视礼法制度，傲视权贵，7个人经常会聚在当时的山阳县（今河南修武一带）竹林之下，饮酒作诗，清谈玄学，研究老庄思想，过着一种逍遥放达的生活。

隐士所要求的无非就是一个与自己的身心性情相结合的自然环境。

但是，人生有许多事情常常是身不由己的。对于环境的选择也是如此。碰到不利的人生环境怎么办？是怨天尤人，郁郁寡欢，还是面对环境，适应环境，不失青云之志，这就是成功者和失败者各自的选择。

宋代的大文豪苏轼因为对于王安石变法有不同意见，做事受到排挤而离开京城去杭州、湖州等地任知州。期间，通过诗文反映社会生活和现实，又被何正臣、舒亶、李定晦等人弹劾为"包藏祸心"、"讽刺皇帝"，被突然逮捕送交御史台论罪。苏轼在狱中备受诟辱，几置死地，幸得多方营救出狱，被贬为黄州团练副使，近于流放。但是，在如此艰难的人生境遇中，他没有怨天尤人，被环境所征服，而是以雄健豪放、清旷淡远的态度，抒发了对于生活的热爱情怀，这时期的许多诗词成了名篇。如他创作的词《定风波》："莫听穿林打叶声，何妨吟啸且徐行。竹杖芒鞋轻胜马，谁怕？一蓑烟雨任平生。料峭春风吹酒醒，微冷，山头斜照却相迎。回首向来萧瑟处，归去，也无风雨也无晴。"通过在春雨中的潇洒姿态，表现出了搏击风雨，笑傲人生的豪迈之情，寄托着旷达超逸的胸襟、超然世外的情志。

苏轼一生多次被贬，甚至坐牢，从杭州、湖州、密州，一直到当时的蛮荒之地儋州（海南），受尽了各种各样的打击和折磨，但是，在恶劣的环境中他没有沉沦，而是不断磨砺自己的意志，成为中国历史上著名的文学家和政治家。

物竞天择，适者生存

每个人都离不开环境，**聪明的人适应环境，把环境作为事业的起点，愚陋的人与环境相抵触，把环境作为事业的阻力**，从而止步不前。

生物对于环境的适应性是很强的。

19 世纪法国生物学家拉马克认为，生物对环境有巨大的适应能力，环境的变化会引起生物的变化，生物会由此改进并适应环境；

环境的改变还会引起生物习性的改变，习性的改变会使其某些器官经常使用而得到发展，另一些器官不使用而退化，由于器官的用进废退的原则，微小的变异逐渐积累，终于使生物发生了进化。达尔文在1859年出版的《物种起源》一书中系统地阐述了自然选择原理的进化学说，生物都有繁殖过剩的倾向，而生存空间和食物是有限的，所以生物必须"为生存而斗争"，在同一种群中的个体存在着变异，那些具有能适应环境的有利变异的个体将存活下来，并繁殖后代，不具有有利变异的个体就被淘汰。如果自然条件的变化是有方向的，则在历史过程中，经过长期的自然选择，微小的变异就得到积累而成为显著的变异。达尔文进化论认为，世间万物在优胜劣汰的竞争中，通过变异、遗传和自然选择的发展过程，决定了每种生物的命运。

干旱的沙漠，河流稀少，一年四季缺雨。许多植物在沙漠上根本无法生存，然而，有一种植物叫骆驼刺，却能在沙漠上坚强地生存，耐热耐寒，耐旱耐水，抗盐碱顶风沙，成为一道难以替代的风景。原来，这种植物对于沙漠的适应性是非常强的。骆驼刺的叶子很小，呈现为针刺状，可以减少水分的流失；根系非常发达，地面上的高度还不到一米，而地下部分竟然深入到了二三十米，长得非常长，可以吸收沙漠地下的水分。沙漠地带茫茫无际，气候变化无常，狂风飞沙，把人都能卷走。可是，在一次次狂风过后，骆驼刺依然坚挺地扎根于沙漠之中，适应了沙漠的恶劣环境。

在非洲草原上，随着人们的猎捕，狼群越来越少了。可是，人们却发现那里的长颈鹿也渐渐减少了，鹿群里的鹿没有以前反应敏捷，看见猎兽迅速地躲开。而且生病率大大提高，繁衍艰难。动物学家进行了考察分析，建议人们禁止猎捕狼，并且在草原上放养了狼。多年之后，鹿群又开始繁衍起来，恢复了以前的健壮的体质、奔跑的速度。这是为什么呢？当狼群追赶鹿群的时候，鹿群只有拼命地逃跑，才能躲开侵袭，虽然老弱病残反应迟缓的鹿被捕食了，但是，整个鹿群的身体素质不断增强，繁衍的后代也身体健壮。而当鹿群的天敌狼群消失后，鹿群的生活优裕，不再经常奔跑，对于草原的适应性和生存力也降低了。

优胜劣汰是自然界的生存法则，**要想在环境中生存得更好，必须适应环境，甚至是去恶劣而艰苦的环境中去锻炼，塑造自己的性格和生存力**。否则就会在激烈的竞争环境中，被自然所淘汰。正所谓温室的花朵经不起狂风严寒，人工的植物园培养不了栋梁之材。人类社会也一样遵循着这样的法则——在竞争中求生存。这种竞争激烈程度，在当今市场经济条件下表现得特别明显，因为市场经济就是一种竞争型经济。如果我们不懂得适者生存，纵然我们有先进的知识与聪明的头脑，在当今人才济济、竞争激烈的社会中，也很难有立足之地。

"物竞天择，适者生存"，生物通过生存竞争和自然选择，能适应环境的生物保留下来，不能适应的生物在自然界的进化中被逐渐淘汰。

《孟子·告子下》道："人恒过，然后能改。困于心，衡于虑，而后作；征于色，发于声，而后喻。入则无法家拂士，出则无敌国外患者，国恒亡。然后知生于忧患，而死于安乐也。"意思是，人们常常犯错误，然后认识到错误之后纠正错误。内心困扰，思虑阻塞，而后才能奋起；面容憔悴，吟咏叹息，才能明白事理。对内没有守法的臣子和辅佐君主的拂逆之士，对外没有敌对和忧患，国家就会灭亡。因此说忧愁患害使人生存，安逸享乐使人灭亡。

有一个人养了一只画眉鸟，每天喂食喂水，给它很丰厚的待遇。后来，这只鸟被放飞到自然中了，可是不久人们却在离家不远的地方发现了画眉鸟的尸体。海阔凭鱼跃，天高任鸟飞。可是，这只鸟由于长时间地被人喂养，不用去觅食，也不用去自己筑巢，已经丧失了生存的能力，离开了优越的环境自然就不适应了。

所以，人们必须学会适应环境，有意识地去艰苦的和生存竞争激烈的环境中锻炼自己，造就自己，增长阅历和能力，才能适应社会，脱颖而出，成就一番事业。**现代社会，物欲横流，生存的竞争**

比任何时代都激烈，甚至残酷，只有强大自己，才能适应竞争激烈的社会。适者生存，劣者淘汰，这是人类社会的必然选择。

心想事成，每个人都希望成功，希望幸福，而这就在于你对身边事物的认同感，能够适应环境，并且利用环境发展，就会取得成功，否则就会寸步难行。适应环境不是一味地迎合，也不是抹杀自己的存在和个性，而是利用环境发展自己，成就事业。无论任何艰难的环境，都是可以利用的，都可以作为我们的起飞点，环境选择了我们，我们利用了环境，将来的某一天，我们会为艰难的环境而自豪，因为艰难的环境提高了自己的能力。

不存在十全十美的环境，决定的因素在人

世界上不存在十全十美的事物，同样也不存在十全十美的环境。对环境过分地要求和追逐，而不是在现存的环境中，努力做事，为未来铺平道路，这样的话势必做不好事情。

其实，环境是物质存在的一种方式，不依赖于人的主观意志而转移。而我们总是祈望环境听命于自己，按照自己的心中所想而设置和改变环境，这多半是不现实的。

失败者总是有许多理由，最常见的理由是环境不好。那么，试问，人世间有绝对好的环境吗？回答是否定的。一个人如果处处都要求客观环境，把客观环境作为自己事业成败的根本因素，那么，这样的人是不会成功的，也是无所作为的。原因是，每个人首先是要通过自己的努力才能成功，而不是靠想当然的客观环境。环境是成功的一部分，也是靠人去认识和利用的，并不是阻碍人成功的绊脚石。

从环境上找借口的人，绝对不会成功，因为他本身就错了。颠倒了人和环境的关系。环境本来是人的从属物，反而成为人的主宰；环境是为人服务的，人反而被环境所决定。这就是唯环境论的失败

所在。

学校是不是读书的好环境？可是有的人在学校里却读不好书，考试名落孙山。人来人往的闹市里是不是读书的环境？可是有的人闹中取静，在闹市里看书看得津津有味，对于周围的嘈杂之音充耳不闻。监狱里是不是读书的环境？回答当然是否定的。可是，有的人却在监狱里读书学习，成为思想家，写出来皇皇巨著。

什么是好的环境，谁能说清？内心安处是吾乡！

我所在的乡村特别偏远，连个像样的新华书店都没有，学校里破破烂烂，到了冬天西北风呼啸，教室里没有暖气，只生一个时常自动熄灭的铁炉子。小时候读书点的是煤油灯。教外语的老师发音不准，只是个小学毕业生。可是，在我们这样的学校，每年都有人考上了大学，后来还有人考上了中国社会科学院经济学博士，成为著名的经济学家。

反观拥有名校名师环境的学生，并不见得个个都优秀，有许多人竟然高考落选。这就说明，**决定因素在于人的努力**。只要在一定的客观条件具备的条件下，主观的努力占了99%以上。

同样是面对社会的动荡，有的人随波逐流，心神荡漾，无所事事，有的人抓住机会利用时间学习知识和文化，当动荡结束后，金榜题名，一鸣惊人。

同样的蓝天下，同样的土地上，同样的人群里，人与人的差别是多么大啊！

同样是乞丐，朱元璋建立了明朝江山；同样是读书人，有的手无缚鸡之力，任人宰割，曾国藩却成为一代名将和政治家；同样都在一个教室读书，有的到大街上卖猪肉，有的成为中国百强企业的领袖。

一定的环境下，人的因素是第一位的，每个人的努力决定了自己的命运。

过分强调环境因素的人，很可能是不用功的人，也是懒惰的人。这样的人，往往放弃主观的努力，对于自己的无所作为寻找种种借口。环境是变化的，天外有天，哪有绝对好的环境？只有相对好的环境。

过分强调环境的人，对于生活中的外在的环境，这也不满意，那也斤斤计较，挑剔别人，挑剔环境，从来不从自己做起。最后不适应环境，而被环境所遗弃。离开了一定的环境，人还能做什么呢？不从自己所在的环境出发，扎扎实实，勤勤恳恳，努力奋斗，必然一无所成。

判断一个人是不是努力，从他对待环境的态度上就可以判断出来。爱挑剔、爱计较、爱发火的人，对于环境的适应力差，延伸开来，那么，他做事的能力也就差，成功的机会也就少了。

在生活中经常见到这样一种人，纸上谈兵，牢骚满腹，说三道四，冠冕堂皇，这种人对于别人的要求如此苛刻，对于环境的要求如此在意，浮在生活的表面大做文章，而不是很深地融入生活，融入事业，这种人在哪里都有，是很难成功的。而且，对别人的苛刻何尝不是对于自己的苛刻？对别人过分苛刻还会有朋友吗？别人还会接近你吗？**对于环境的苛刻何尝不是对于自己的限制？要求越高限制越多，生存能力就越低，**成了需要保护的珍稀动物，成为什么都不能做的低能儿。

心远地自偏

面对嘈杂的环境怎么办？

我有一个朋友，对楼上的声音特别讨厌。尤其是晚上休息，一听见楼上有响动，就烦恼不堪，时间久了，对这种声音极为敏感，以至于失眠。多次找邻居协调，对方先是满口答应，后来找得多了，就反感了，产生了不愉快。他对邻居说，只要你上边安安静静，我就是天堂的生活，别无所求。可是，邻居说，我很安静啊，为了不影响你，连椅子脚上都缠了棉布。于是，二人产生了隔阂。

但是，对于安静的环境的要求促使他还要去找邻居理论，可是，这样的事情有理说吗？就是个双方互相体谅的事情。你不可能让邻居不要走路、孩子不要玩耍、不要洗漱，只要走路肯定会有声音，只要洗漱就有水声。他开始反省自己了，是不是自己的要求太高了呢？对于自己的孩子的脚步声、外边的汽车声听而不闻，而邻居只要有点小小的响动就注意上了，这不是自寻烦恼吗？

为什么要把注意力集中在邻居的动静上呢？有许多事需要集中精力来做，有许多美好的事情可以滋润心灵，为什么让不愉快的事情在心头盘绕不已呢？为什么不想想美好的事物呢？为什么每时每刻想的就是不愉快的事情呢？

对别人苛刻就是对自己苛刻，不放过别人就是不放过自己。

你要求于人的，别人凭什么按照你的意志去做？对于别人的过错耿耿于怀，心存不满，别人也许不知道，即使知道了也许并不在意。可是，自己呢？整天愁闷、生气、不开心，不仅不利于身体健康，而且影响了事业，阻碍了理想的实现。

关键是让什么占据自己的心灵，在意的是什么。如果你在意的是环境，对环境不满意就停下自己的事业和理想，那么，理想和事业在你的心目中就太轻了。如果因为环境而郁闷烦恼，那就更不值得了。

阻止人们前进的不是远处的高山，而是路上的小石子；让人烦恼的不是人生的大事，而是生活中的鸡毛蒜皮的小事。**有的人对小事极为用心，甚至不惜和人争斗，而对于有关前途的大事却听之任之，无所用心**，这样的人真是本末倒置。王菊在某机关是个干事，工作努力，但是，成绩不大。有一次，李芳和几个同事提起她的工作，笑话她能力差。这话不知怎么就传到了王菊的耳朵里，她听了后登时火冒三丈，去找李芳理论，说李芳侮辱了她的人格，非要让李芳给她道歉不行。全机关人都知道了这件事。最后领导出面才平息了。

话说回来，即使李芳给王菊道歉又如何？就能提高了自己的地位吗？别人无非是一句闲话而已，用得着大动干戈吗？作为王菊来说，工作多年没有多大起色，不反躬自省，严格要求自己，反而因为别人的一句闲话就闹得满城风雨，值得么？与其这样，不如从检讨自己出发，努力奋斗，改变命运，等自己真的强大了，工作出色了，所有的攻击不攻自破，何必劳师动众？

东晋大诗人陶渊明有句诗："心远地自偏。"意思是只要自己有一颗悠远而宁静的心灵，所处的环境自然就会是美好的。所谓大隐隐于市，小隐隐于野。真正的具有一定思想境界的人，无论身处何地，都能悠然自得，心旷神怡，继续自己的事业，实现人生的抱负。

培养抗力

温室里的花朵，经不起风吹浪打；高山上的青松，风雪中更加挺拔翠绿。

我们要求于环境的是什么？无非是符合自己的审美情趣和人生需要。可是，环境作为外在的事物，并非能由我们左右得了，并不会处处适应我们、迁就我们。那么，就此谋求改变环境，改变不了环境的话，就进而折磨自己，停止自己的事业吗？

多数人在嘈杂的环境面前，心烦意乱，只有少数心怀高远目标的人，在纷乱的环境中，依然保持自己的一颗清净的心，去执著地完成自己的事业。

抗干扰力具有非同寻常的意义，是人生必须具备的修养和能力之一。

不具备抗干扰力，就不可能特立独行，完成属于自己的事业。什么叫成功，成功就是不管不顾地、持之以恒地去做自己认定的事业。稍有干扰就心神不定，一有风吹草动就烦恼不已，这能成功吗？

古代有句名言："两耳不闻窗外事，一心只读圣贤书。"窗户里的是圣贤书，里边说的是治国安邦之大业，窗户外的市井世界，声色犬马，古代人的境界多高啊！**事实上并不是窗外没有事情，没有纷扰，而是志在青云之上的立志者听而不闻罢了。**

著名教育专家尹建莉在《好妈妈胜过好老师》一书中说，现在的家长对于孩子特别娇惯，孩子在家里写作业时，家里静悄悄的，连电视都不敢开，生怕影响了孩子的学习。她的孩子在做作业时，大人该开电视就开电视，该说话就说话，而孩子似乎不受丝毫影响。尤其是孩子中考期间，距她家不远处正在施工，别人家的孩子受到困扰，家长又是找施工方理论，又是采取措施封闭门窗。中考结束后，尹建莉问起自己的孩子有没有受干扰，孩子竟然没有记得楼房外建筑施工这回事。

培养抗干扰力是十分重要的，社会是一个大世界，什么样的境遇都会出现。我们一味地苛求环境，不如从培养自己的抗干扰力做起。

据说，古代有的人为了培养自己的注意力，读书时专门到闹市去。闹市里人声鼎沸，人来车往，尚能读书，还有什么环境不能读书的？还有一个传说，以前人们练书法时，让人站在背后出其不意夺手中的毛笔，如果夺不下就说明具有了一定的书法功力，如果轻易夺下毛笔，说明笔者功力尚浅。这都是对于人的注意力的考验，也是试验抗干扰力的方法。

风声雨声，人声车声，鸡鸣犬吠，莺歌燕舞，这世界何尝安静过？要寻找安静的环境除非到深山老林中过与世隔绝的生活，但是，现代社会是不可能的。我们处处离不开物质文明和精神文明的产品。**只有从自己的内心深处求得安宁，求得一块净土。只有具备了抗干扰力，才可以抵御这些形形色色的外界对于人的侵扰。**

其实，从心理学来看，人的大脑本身就具有选择性。据心理学家实验，选择 20 个人同时看一部短片，然后让他们叙述，不同的人叙述是不同的。甚至连短片中主人公的衣服颜色、发型都有多种不同的描述。由此说明，人们的大脑记忆是有选择性的。当我们的注意力集中时，对于特定的事物就容易注意，对于它们之外的事物就采取了排斥的态度。

抗干扰力就是要培养我们注意力的专注程度和主动选择性，忽略对于我们不利的环境的影响，从而**让环境为人服务**。

艰苦的环境往往拯救人生

有的人不是从自身努力，而是抱怨环境。

有的人不是奋发图强，而是止于艰难环境，听天由命，任由命运摆布自己。

春秋后期越王勾践与吴国交战，战败后勾践投降吴国，成为奴仆，为吴王夫差驾车，他的夫人则为夫差打扫宫室。勾践住着柴屋，吃着残羹冷炙，受尽了国家灭亡的凌辱和打击。3 年之后，勾践被夫差赦免，回到了越国。国家一蹶不振，一片萧条，老百姓过着艰苦的生活，每年还得向吴国进贡粮食丝绸和珍宝。勾践睡在柴房里，穿着粗布衣裳，粗茶淡饭，吃饭前都要尝一尝苦胆的味道。在大臣文仲和范蠡的协助下，勾践制定了"十年生聚，十年教训"的方针，对内积极发展生产，对外结好秦国、楚国。经过 20 余年的艰苦努力，奋发图强，一举灭亡了吴国，报仇雪耻。

勾践成就灭吴大业的前提是这样的，一是战败投降，去吴国为奴，国家凋敝，人民生活水深火热，二是回国后引以为戒，卧薪尝胆，复兴国家。他每天不住宫殿，而住着柴房，甚至每天吃饭前都要尝一尝苦胆的滋味，用这样的环境提醒自己，磨砺意志，最后完成了复国的大业。

越是艰苦的环境越能锻炼人，越能尽快地接近成功。所以，**对于想成功者来说，艰苦的环境也许是求之不得的**。

如果勾践忘记亡国之耻，生活在玉盘珍馐、锦衣玉食之中，那么，他还能振兴越国一雪前耻吗？

优越的物质条件只能满足人的口腹之欲，对于人的成长未见得是好事。一帆风顺的工作也许可以使人少受些苦，但对于人的成长也许不利。

沃尔特·迪斯尼是动画片"米老鼠和唐老鸭"的创造者，他一生获得了 32 次奥斯卡金像奖，创造了迪尼斯乐园和庞大的传媒业。迪斯尼家境贫寒，在芝加哥美术学院毕业后带上他的画作到一家报社应聘，被不客气地拒绝了。由于没有钱租房子，他只好住在车库里。他在车库里每天吃饭睡觉，并且坚持作画。画画时老鼠在地上跑来跑去，扰得人心乱不堪。可是，迪斯尼却在老鼠的嬉戏中得到了创作的灵感，他每天观察老鼠的一举一动，完成了米老鼠动画片的创作，于 1932 年获得了奥斯卡特别奖。如今米老鼠和唐老鸭的动画形象早已深入身心，成为大人小孩都喜欢看的动画片。

对于别人来说令人厌恶的环境，却诞生了人类动画片的传奇，艰苦而恶劣的环境下，迪斯尼却建立了美国最负盛名的迪斯尼公司。这不能不令人想到艰难的环境对于人的成功的神奇作用。

是的，每个人都希望有个好的工作和生活环境，可是，生活中不如意事常八九，人生能够按照你的意愿设计吗？

遇到不如意的环境和恶劣的环境怎么办？**成功者的选择是知难而上，战胜艰难，发展自己，强大自己。**

的确，人生许多情况下，对于环境没有别的更好的选择，你生气、不安、抱怨、苦闷都无济于事。真正要做的就是在艰难的环境下，依然坚持自己的理想，为实现人生的成功而奋斗，而努力。

你太在意环境了，环境不会改变，也许你不在意，环境就改变了。关键是我们要把自己的事业放在首位。

改变不了环境，就改变自己；改变了自己，也许世界就改变了。

改变不了环境，就改变心态。换一种心态辩证地来看待以前的环境，你将会发现任何环境都不像我们所抱怨的那么糟糕。

马云说："没有绝望的环境，只有绝望的人。"他在创建阿里巴巴的过程中，曾经内外受困，不被人看好，可是，在屡屡面临困境的情况下，他坚持下来了，如今阿里巴巴成为互联网世界的成功典范。

接受并且善于利用环境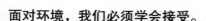

面对环境，我们必须学会接受。

接受环境，顺应环境，发挥自己的优势，进行自己的事业。

首先，环境是客观存在的，以一己之力难以改变环境。其次，对环境的种种不满、挑剔、抱怨无济于事。第三，接受环境，才能发展自己，人不可能脱离环境而存在。

与环境对抗，拒绝环境，最终连生活都拒绝了。有些大学生毕业后进入社会，来到了新的工作单位，感到特别失落，因为这个社会和课本上书斋里所说的社会是不一样的。现实与理想总有那么多的距离。

谁适应了环境，谁就有继续追求下去的本钱；谁适应了环境，谁就能够借助环境发展自己。没有一定的环境做保障，连最起码的生存条件也不具备，何谈理想、事业？

有些人自命清高，与世俗格格不入，那么，世俗也不会容纳你。清高有什么用？自命不凡有什么用？一切在现实面前还不是梦幻泡影，被一一击碎？

生活是特别有趣的。往往理想主义者、自命清高的人，最后在现实中屡受挫折之后，变得更加世俗和庸俗。**抛弃理想的人不是没有理想的人，而是整天把理想挂在嘴上的人。**回想在大学毕业时，同学们充满激情的毕业留言，如今还让人感动。翻开我的大学毕业纪念册，上边是一个个青春的倩影，一句句令人热血沸腾的宣言。有这样的豪言壮语："此生或者轰轰烈烈，或者默默无闻"，"十年后中国将出现一个哲学家，人们到处传颂着他的名字"，"我的理想是改变命运，扼住命运的咽喉"等等，这些都是20来岁的大学生的毕业留言，岁月流逝，如今怎么样了呢？

有的人毕业后分配到了乡村中学，如今默默无闻，为评职称而发愁；有的人成为老师，可是，只会照本宣科，想着赚钱，那时的理想早已荡然无存。而另外的两个人，那时看上去很实际，好像没有多少的豪言壮语，如今却令人刮目相看。阎四清在大学毕业后分配到了市电视大学，后来自学法律课程考上了律师，奔跑于全国各地办案子，如今事业辉煌，是省城某律师事务所所长、名律师。王立红大学毕业时，分配到了某小城的一所中专学校任老师，学校是工商类的，与所学的专业不对口。可他没有沉沦，而是努力学习，他的课受到了学生的喜爱。6年后毅然辞职来到了省城，先是当记者，后来打工，再后来成立了文化公司，搞图书和报刊发行，是全国几家知名刊物在山西的总代理，事业干得风生水起，在业界很有名气。公司事务之余，提笔写作，出版了专著《旅游地理》，实现了多少年前的作家梦。

张晋峰毕业于兰州大学地理系，毕业后在大学当老师，业余时间研究哲学和近现代史，思想敏锐，观点犀利，在国家级报刊上发表了多篇重要的理论文章，对于宇宙的演化和人类思想史有着深刻的见解，现在为某学报主编。徐国强在大学时学习成绩优秀，不料毕业时分配到某个市级党校，但是，他视野开阔，勤奋好学，关心国家大事，探讨现代化进程中的社会学问题和思想建设，如今在学界颇有声望。

面对现实环境，你也许无能为力，但是，你可以调整心态，改变自己，适应现实，发展自己。环境再不好，你都没有理由放弃。

有梦在，有理想在，一切就是暂时的，未来一定会牢牢把握在自己的手里。只怕是为了梦想而挑剔环境，借口环境不好，而放弃了梦想。最后，连人生的底线也守不住了，沉沦下去，放弃了理想和梦想，彻彻底底成为一个没有理想和追求的人。

只要面对任何艰苦的环境，都怀抱梦想，矢志不移，那么，最后不仅会实现自己的理想，而且环境也自然改变了。

环境是因人而异的，不同的人在同样的环境下，有着不同的"环境"。同样在一家公司，有的人为别人打工，有的人由为别人打工到让别人为自己打工。同样来到了一家公司，起步是一样的，后来就不一样了——有的人在原地踏步，有的人由于表现突出，成为了公司的管理者。

因此，可以说，同样的环境下，由于心态、方法不一样，"环境"也会不一样。**由于努力的程度不同，未来还会呈现出更大的差异性。**

实际上，环境对于每个人来说都不是绝对的，而是相对的。作为万物之灵的人，面对环境时，**只要内心的人生坐标稍微改变一下，那么你所处的环境也就改变了。**

环境是梦想飞翔的家园

无论环境如何变化，我们都必须具备适应环境的能力。**适应力是因自信而带来的坚持，是事业发展所必须做到的。**

地球上的万物事实上都有认识自己的本能。优胜劣汰，适者生存，它们往往表现在对环境的适应性上。所以，松树不因为深山寒冷而生长在平原，麦子不会因为春天干旱而播种于夏天，企鹅不会因为热带气候温暖而离开寒冷的南极。

适应环境，强大自己，是万物在生存发展中的规律。

离开环境，不要说事业，就是连最基本的生存问题也无法解决。

然而，这个简单的规律，却常常被人们遗忘和忽视了。

环境困扰着人们，折磨着人们，甚至摒弃了人们。

有的人借口说环境不好，而放弃了自己的梦想；有的人借口没有适当的条件，而荒废了事业和学业。

有的人因为环境而毁了自己，有的人被环境淹没了，有的人在环境中失去了自己。

人们赞扬莲花的高洁拔俗，所谓"出污泥而不染"，洁白的莲花尚且在污泥中能够生存，依然散发芬芳，那人为什么不能在不好的环境中提升自己呢？难道人的认识水平还不如植物吗？

有一种瑜伽术叫做冥想。对于人的身心健康很有作用，也对于我们与环境的关系有一定的启发。**再不好的环境，通过我们的思维都可以变作有用的环境。**只要我们善于想象，善于寻找环境的有利之处，就可以放飞我们的理想。

中国古代仁人志士是很重视身心修养的。有道是："泰山崩于前而目不眨，迅雷盈于耳而心不乱。"他们把对身心的修养作为人的重要品格之一。我心里不受干扰，谁能干扰我？

是金子在哪里都闪光，成功者无论面对任何环境都可以笑得那么灿烂、活得那么漂亮。

我们也许不可以选择环境，但可以选择奋斗。

我们以环境为平台，构筑理想的家园。任何环境下，都不要忘记自己的理想、梦想，都要坚守自己的理想，放飞自己的梦想。

第九章 珍惜时间 创造生活

箴言录

时间是物质存在的量度，是衡量世间一切事物的标志。

你热爱生命吗？那么别浪费时间，因为时间是组成生命的材料。

把活着的每一天看作生命的最后一天。

人生不要说在某个领域，即使在某个领域的某一个分支上也是没有尽头的。

拖延的人喜欢找借口，喜欢明天，喜欢选个日子开始，喜欢一切都准备好了动手，其实，等一切都准备好了，一切就都晚了。

大部分人都是在别人荒废的时间里崭露头角的。

离开时间的物质是不可想象的

时间是怎么产生的？时间有没有起点？自古以来，无数哲人进行过思考和探索，但是，始终没有找出最终的答案。有的人认为时间无始无终，有的则认为时间有始无终。物理学家对宇宙的诞生提出了种种假设。有一种观点认为，宇宙是从某一个奇点上诞生的。自从宇宙诞生之日起，时间就一直不断地向前运动，永无止息。

时间是物质运动过程的连续性，和空间一样是物质存在的方式。物质的存在是一个持续性的过程，由不同的阶段构成。时间是物质

116

存在的量度，是衡量世间一切事物的标志。

时间的特点是一维性，它不会倒退，失去的不会再回来，不可能重来。正像人从母腹中孕育成婴儿，由少年、青年、中年到老年，绝不会从相反的方向，由老年到中年、青年、少年、婴儿，再退回到母腹中。又如把水泼到地面上，溅起水花，四散开来，不会再由水花聚拢飞回到杯子里去，因此人们说覆水难收。

迄今为止，有什么东西不在时间中生存？有没有脱离时间之外的物质？这是无法想象的，也是不可能的。

我们所看到的、所没有看到的，所想象的、所没有想到的，都存在于时间中。时间是事物存在和发展过程的记录，是人们描述事物存在过程及其片段的参数。事物总是按照一定的先后次序运动的，这种运动变化过程具有持续性和不可逆性。

时间的连续性，构成生命的连续性。人常说，种瓜得瓜，种豆得豆。这里蕴含了一个很深刻的时间定律。即任何物质都是连续性的，都是遵守因果律的。有原因就有结果，结果来源于原因。没有无因之果，也没有无果之因。所以说，播种意味着收获，付出意味着得到。**当我们珍惜时间，勤奋努力时，肯定会增长知识、才干和财富。**

时间不会倒置，不会由此物移至彼物。任何物质和生命只能在自己的过程中接受时间的安排。当你浪费了时间，上帝不会把别人的时间嫁接到你的身上。每个生命的时间都是一定的，都是属于特定的个体的。懒惰者浪费时间，贪图享受，只能羡慕别人的收获，为自己的两手空空买单。

自古以来，人们就对时间进行了种种表述。人们按照地球绕太阳的公转和自转以及月亮绕地球旋转一周的时间，把时间表述为年月日和春夏秋冬、二十四节气等，又根据昼夜间的变化把一天分为12个时辰，再分为时刻等。在周代之前人们用漏壶计算昼夜，把一昼夜分为一百刻。到了汉代，用太阳方位计时法制作了圭表，测量日影的长短，用来计量时间。圭表由两部分组成：一为直立于平地上的测日影的标杆或石柱，叫做表；一为正南正北方向平放的测定表影长度的刻板，叫做圭。由于用日影的长度单位计量时间，所以文人形容时间的珍贵时说"一寸光阴一寸金"。

至于爱因斯坦的相对论所提出的时间和空间的非绝对性，离我们的现实生活太远，另作他论。有些科学家提出的反物质、负时空和负能量的设想，科幻作家构想的时空隧道等，既是对于时间的重视，也表现了人们对时间的探索，而我们只能踏踏实实地生活在现实中，去面对人生的种种事情。

任何事物都是在时间中存在从而体现自己的价值的。离开时间的物质是不可想象的。我们无论有多少理想、志愿、事情，都必须以时间为载体，在时间中去完成。离开时间，再伟大的人物也只能是无所作为。

两千年前的孔子周游列国，推行自己的政治抱负，力图实现自己的志向，但是，随着岁月的流逝，事业的艰难，人生的坎坷，站在滚滚东去的大河边，发出浩叹："逝者如斯夫，不舍昼夜。"时间就像那东流之水逝后不会再来，永远向前运行，自然引发了胸怀伟大抱负和理想的哲人的慨叹。

时间就是生命

有的人说时间就是金钱，有的人说时间就是效益，说白了，时间就是生命。

人世间还有什么比生命更加珍贵的？《圣经》说，即使把整个世界都给我，如果没有了生命，那么这一切又有什么意义呢？难怪鲁迅说："时间就是生命，无端地空耗别人的时间，其实无异于谋财害命。"当我们浪费时间时，实际上就是在浪费自己的生命。

生命是以时间的方式计算的，也是以时间的方式表现的。

在时间的运行中，人生在一天天变化，岁月在一天天消逝。

朱自清的《匆匆》写道："燕子去了，有再来的时候；杨柳枯了，有再青的时候；桃花谢了，有再开的时候。但是，聪明的，你告诉我，我们的日子为什么一去不复返呢？——是有人偷了它们罢：那是谁？又藏在何处呢？是它们自己逃走了罢：现在又到了哪里呢？

我不知道它们给了我多少日子；但我的手确乎是渐渐空虚了。在默默地算着，八千多日子已经从我手中溜去；像针尖上一滴水滴在大海里，我的日子滴在时间的流里，没有声音，也没有影子。我不禁头涔涔而泪潸潸了。”

燕子来去，杨柳枯荣，时序推演，周而复始。朱自清慨叹道，是谁偷走了我们的日子呢？它们藏在何处呢？其实，不是谁偷走了我们的日子，而是**日子一刻不停地流逝，我们稍一放手它就流逝了**。

谈笑之间、歌舞之间、凝眸之间，日子都在流逝。它从来不等待我们，从来不延缓片刻。因此，李白《宣州谢朓楼饯别校书云》道：“弃我去者，昨日之日不可留；乱我心者，今日之日多烦忧。”昨日抛弃我而去，难以挽留。今日之日奔涌而来，千头万绪，令人心乱。然而，如果不珍惜，又会流逝。因此李白感怀：“俱怀逸兴壮思飞，欲上青天揽明月。抽刀断水水更流，举杯消愁愁更愁。”凌云壮志与举杯消愁，人生失意与时不我待，相互对照，起落无迹，仰怀古人，壮思欲飞，驾一叶扁舟又怎能离开人世的江湖？欲上青天揽明月的志向，牵动了李白的如潮思绪。

人的生命是有限的，是有时间性的。生命由分分秒秒时时刻刻构成，每一分每一秒每一刻都是生命的一部分。

面对无穷的宇宙，庄子道：“吾生也有涯，而知也无涯。”人的生命是有限的，而知识是无限的。

哲人叹道：“羡宇宙之无穷，哀人生之须臾。”宇宙的无限，人生的短暂，是无数有志者的心痛！人生要成功，要干事业，首先从珍惜时间开始。不珍惜时间，一切都是空谈。

陶渊明作诗道：“盛年不再来，一日难再晨，及时当勉励，岁月不待人！”意思是人生的美好时光一旦失去了就不会重来，一天里不会有第二个早晨，应当及时努力，勉励自己，奋发图强。岁月是不会等待人的，它总是一往无前地运行。

古人道："百金买骏马，千金买美人；万金买高爵，何处买青春？"由此可见，时间胜过人世间的一切财富，金钱买不来时间，换不来青春。在我们的生命历程中最值得珍惜的不是财富，不是寻欢作乐，而是时间。我们不应当碌碌无为，荒废时光，应当积极进取，勇猛精进。

多少事，从来急

富兰克林："如果有什么需要明天做的事，最好现在就开始。"

马克思，22 岁时被称为德国最伟大的哲学家；恩格斯，21 岁时发表论文批判当时德国著名的哲学家谢林的思想体系，现在出版的《马克思恩格斯全集》第一至第五卷，都是他们 30 岁以前的著述；毛泽东，26 岁时主编《湘江评论》，28 岁成为中国共产党的创始人之一；牛顿，23 岁时发现了万有引力定律，开始从事微积分的研究；爱因斯坦，26 岁时发表了《狭义相对论》，他的理论多年之后才被人们逐渐认识其中的价值，其以后所有的成就都是建立在相对论基础上的；瓦特，23 岁时开始研究蒸汽，29 岁发明了蒸汽机。迈耶，28 岁时发现热力学第一定律；克劳修斯，26 岁时发现热力学第二定律；凯尔文，27 岁时发表了《能量衰变原理》，揭示了热力学第三定律……果戈理，22 岁发表《狄康卡近乡夜话》，26 岁写成传世之作《钦差大臣》；唐代诗人李贺仅仅活了 27 岁，却留下了流传千古脍炙人口的佳作。

明末清初的爱国主义思想家、著名学者顾炎武提出了"天下兴亡，匹夫有责"。他自幼勤学，6 岁启蒙，10 岁开始读史书、文学名著。11 岁那年，他的祖父要求他读完《资治通鉴》。顾炎武勤奋治学，一是给自己规定每天必须读书 200 页，二是限定自己每天读完后把所读的书抄写一遍，三是要求做笔记，写心得体会。他的著名的学术著作《日知录》就是这样写出来的。钱钟书、郭沫若等现代名人在小时候都注重珍惜时间，10来岁就对中国古代的经典名著了然于胸，打下了坚实的国学基础。

相比于他们，我们今天的大学生或者创业者20多岁时，不仅事业无常，连起码的安身立命的工作也找不好，整天在为工作和生存而奔忙，难道我们不应当珍惜时间，努力掌握知识，为改变自己的命运而奋斗吗？

不论做什么事情，都要有时间观念，都要有一种紧迫感。人生不满百，常怀千岁忧。人生要做的事情很多，不能消极等待。

以为时间多的是，何必急在一时，到关键时候，才明白正是平常的不努力，导致了机遇的丧失。机遇不是等来的，是寻找和相遇。记得我那时在学校念书时，父亲常对我说：**"平时多流汗，战时少流血。"**意思是平常多吃苦，学习本领，到关键时候才能少付出不必要的代价。有的人平常不珍惜时间，总是把事情一推再推，到了考核评价的时候，已经晚了。正所谓平常不努力，急时抱佛脚。求东求西，不如平常努力，而且能求到吗？哀求得来的东西有用吗？

冰冻三尺，非一日之寒。积累是时间的渐进过程，是一种慢功夫。俗话说，三年不鸣，一鸣惊人。又道，十年寒窗苦，成名天下闻。就是要做持之以恒的努力。平常不努力，临时加班加点，点灯熬油，是难以成事的。平常不着急，临时满头大汗，日急慌忙，已经晚了。

有些人，声称无事可做，人生怎么可能无事可做呢？要做的话，这一生能做完吗？再有十个一生都是做不完的。

有些人感到无聊、空虚，烦闷难消。不去做事，无所事事，自然就会空虚无聊。声称空虚、无聊的人首先应当感到脸红，因为他在白白浪费仅有一次的人生，这简直是对于自己的不负责任。

充实的人生每天有着做不完的事情，空虚的人生使时间成为痛苦。人生不要说在某个领域，即使在某个领域的某一个分支上也是没有尽头的。

爱迪生经常说："浪费，最大的浪费莫过于浪费时间了。人生太短暂了，要多想办法，用极少的时间办更多的事情。"

斯宾塞道："必须记住我们学习的时间是有限的。时间有限，不只由于人生短促，更由于人世的纷繁。我们应该力求把我们所有的时间用去做最有益的事。"

一生两次获得诺贝尔物理学奖和化学奖的法国科学家居里夫人说："我只惋惜一件事，日子太短，过得太快。一个人从来看不出做成什么，只能看出还应该做什么？"流逝的时间，匆匆地做事，有多少事情能够真正做成，做到完美？

短短的人生，一眨眼不就白了少年头吗？

万事毁于拖延

拖延不仅给人带来压力，也是对时间的浪费。细想人生，有多少事不是毁于拖延二字。

时间对于每个人都是平等的，人与人的智力、器官相差无几，都有大脑，都有一双手，按说人生不会有太大的差别，但是，差别却是巨大的。观察我们周围，同样的环境、同样的条件、同样的境遇，人生的成就却是截然不同的。想起上小学时，班里 40 多个学生，同样的学校、同样的老师、同样天天上课，然而多年之后，有的同学生活在都市，有的成为某个单位的领导，有的勤劳致富家资百万，有的成为医生学有专攻，也有的人生落魄郁郁不得志，有的穷愁潦倒借贷无门，有的生活在贫困线上，这一切的根本原因是什么，除了所谓的特殊原因之外，最主要的是拖延造成的。

只要每天做完该做的事，这世上还有什么事不可成？作为学生，每天听课，掌握当天的知识，做完该做的作业，攻克遇到的难题，不把问题堆成堆，不拖延，肯定就是好学生。作为成人，确立好自己的人生目标，制定好人生计划，做完每天该做的事，每天都实现自己的一个小目标，坚持下去就一定会收获人生的大目标。只要不拖延，天下没有不可为之事。

格言道，当日事当日毕。有的人把这句话作为座右铭，时时提醒自己。确实，这是一句需要贯彻一生的话，是我们一生努力的前提。路是一步一步走出来的，任何目标的实现，都需要脚踏实地的努力，来不得一点虚伪。自然的法则就是如此严峻，不尽人情。平时优哉游哉，事事推脱，高枕无忧，身安体泰，到了紧要关头求天哭地都是无用的。

拖延使人生疲惫不堪，负担加重。拖延不仅加重了人生的负担，而且加重了心理负担。一日不作，一日心里不安，心里老有事，以致于其他的事也不能做，事事相加，事事重叠，像山一样堆积到心头，会把人压得喘不过气来，神经衰弱，烦躁不堪。许多时候，现代人说疲惫，说生活压力大，我看主要的原因也与拖延有关，如果把当天的事做完，每天能有多少事？再回头看看，我们一天报怨生活节奏快，人生疲惫，可是我们真正能做多少事？做了多少事？

拖延贻误了机会。机会不是等来的，不是靠来的，不是别人的恩赐，而是奋斗来的。有句话说得好，机会总是给那些有准备的人。树上有苹果，也得自己动手摘；上帝要扶你，你也得能站起来，如果站不起来，再扶有什么用，扶起来还会倒下。每天拖延，该做的事不做，不具备实力和知识，到时候机会一闪而过，成为水中月镜中花。此外，机会来了，犹豫不决，一再拖延，也会令机会白白失去。

拖延是失败的根源。人生要有所作为，立大业，成大事，但如果事事拖延的话，全是空谈。**拖延的别名就是不做事，不努力，不奋斗**。把一切事都往后推，无限期地拖延。这样的话，与人共事，失去了信义，失去了朋友；干工作则不被重用，甚至会失去工作，丢掉饭碗；即使有理想也会停步不前，无所作为，难成大器。看看芸芸众生，每天忙忙碌碌的人，有多少人不是在吞食拖延的恶果？那些一生受尽坎坷、命运多舛的人，哪个不与拖延有关？拖延导演了多少人间的悲剧？

明代洪应明《菜根谭》道："天地有万古，此身不再得；人生只百年，此日最易过。幸生其间者，不可不知有生之乐，亦不可不怀虚生之忧。"深深体味此语，悟时间之珍贵，任何当做之事都不可拖延。积极上进的人生应当是时时进取，从不拖延！

文嘉《明日歌》："明日复明日，明日何其多，我生待明日，万事成蹉跎。世人苦被明日累，春去秋来老将至。朝看水东流，暮望日西坠。百年明日有几何，请君听我明日歌。"

又道："今日复今日，今日何其少！今日又不为，此事何时了！人生百年几今日，今日不为真可惜！若言姑待明朝至，明朝又有明朝事。为君聊赋今日诗，努力请从今日始。"

人啊，最大的缺点是拖延，最大的失败也是拖延。如果不是拖延，不至于不成功；如果不是拖延，不至于总有那么多的措手不及和悔恨。

要做好一件事，干一番事业，最好从今日开始，从现在开始。

拖延的人喜欢找借口，喜欢明天，喜欢选个日子开始，喜欢一切都准备好了动手，其实，等一切都准备好了，一切都晚了。

达尔文说："完成工作的方法是爱惜每一分钟。"

没有计划是对于时间的最大浪费

想要成功的人，必须明确自己的目标，制定详细的计划。

一个不知道明天要干什么的人，注定不会成功；一个不知道自己人生目标的人，也注定不会成功。

我们经常可以看到生活中有一些人，起早贪黑，忙忙碌碌，可是却无所作为，成绩不大，离成功很远。原因是什么呢？就是没有计划人生，设计人生，尽管做了很多，付出了很多，却总是在原地踏步，走不了多远。还有的人做事拖拖拉拉，马马虎虎，事倍功半，甚至做完了达不到要求，又得从头做起。

这都是由于没有明确的计划造成的失败，没有计划，就是对于时间的最大浪费！

中国的经济发展按照五年计划，一步步走向世界的前列。每个五年计划，从各行各业都提出了具体的目标和计划，都具体到精确的数字来表示经济要达到的目标。正是依靠这样严密而科学的一个个五年计划，中国的经济取得了令世人瞩目的成就。

　　每个成功者一定是善于制订计划、按时完成计划的人。我们的梦想、事业和工作，都是要按照计划一步一步完成的。没有计划，没有目的，眉毛胡子一把抓，不仅浪费了时间，而且无端消耗了精力。没有计划的人，在时间的长河里如同没有方向的小舟，随波逐流，潮起潮落，时时刻刻会有触礁的危险，不会驶向人生的远方。建筑一座楼房，如果没有设计图纸、施工进度，想怎么盖就怎么盖，盖到什么程度就算什么程度，那么这座楼是很危险的，不仅承重有问题，时刻有倾倒的危险，而且不知何时能盖好。一座楼房尚且如此，漫长的人生，我们如果不进行规划，在竞争激烈的社会，不仅会被时代所淘汰，而且会在一个个的人生考验中走向失败。

　　我们常常羡慕成功者的成就，感到高不可攀，其实，成功者没有三头六臂，他们和普通人一样，只是因为成功者能够踏踏实实做好普通的每一件事，所以成功了。普通人不愿意做好每件普通的事因此不能成功。只要我们做好计划，努力完成每个计划，就一定会成功。

　　我曾经进行过研究，**发现那些在工作中和事业中取得一定成绩的人，都是对于生活有着明确的目标并且制订计划完成计划的人。**而那些三天打鱼两天晒网的人，注定都是工作不出色的人，也是没有事业的人。我的一个大学同学叫王成群，现在是一家上市公司的副总，年薪百万元。记得在大学毕业 10 年聚会时，他谈起了他的工作和生活，那时他大学毕业分配到一家企业。他说他有个计划，5 年内要当"三长"，第一年家长，第三年科长，第五年处长。家长自然是结婚成家，有一个温柔贤惠的妻子，过着美满的生活。科长是经过工作上的努力，成为企业人事科的科长。处长就难了，他计划的是 5 年，实际上用了 7 年。但是，他说，**人生只要有了明确的计划，你就成功了一半。你就不会干一些和计划违背的事情，就不会**

白白浪费许多时间和精力在其他无关紧要的事情上。

只有有了明确的计划才会有明确的行动。比如，作为一个电脑经销商，首先应当明白计划选用什么品牌的电脑作为公司的主营产品，调查有多少显性客户和潜在客户，计划发展多少客户，及时推出新的品牌产品，采取什么手段进行营销，一周销售多少台，一个月、一年销售多少台，什么时间回访客户并做好售后服务，3年或5年内公司达到何种规模等。

只要这样做了，就一定会取得好的成绩。只要努力了，就一定会得到想要的。如果不努力，一切都是天方夜谭。

我们应当明白，如果你想要成功，就必须过一种有计划的人生，规划好自己每天的生活。要在这个日新月异、竞争激烈的世界里成为成功者，**必须在明确的计划指导下去行动。缜密的计划是对于时间最好的珍惜。**没有计划的人，总是给浪费时间留下许多借口。

明确的计划，是人生的动力。

有了明确的计划，人的精神状态也会发生改变。

零星的时间成就大事

有个名人说，时间就像海绵里的水，只要你挤还是有的。换句话说，时间就像海绵里的水，是挤不完的，**它永远留着最后一滴，等待有心人来利用。**

有些人常常抱怨没有时间，推脱太忙了，以至于许多该做的事情没有做。既然该做的事情都不做，那么你该得到的也不能得到。

时间在哪里？观察一下生活中人们是如何白白浪费掉时间的吧。

有的人陪别人聊天，尽管不愿意，却碍于情面；有的人陪别人吃饭，吃得肚胀难受，喝得头昏脑涨，耽误了工作；有的人在替别人闲操心，遥远的某个国家有一对夫妻不和，他兴趣盎然，天天关注，夜不能眠，这不仅是八竿子打不着的事，就是一万竿子也不沾边的事，竟然也如此关心；有的人偶尔听了别人的一句闲话，左思右想，气得不行，烦恼不堪，白白生了气，浪费了时间；有的人在街上看到两个人吵架，围了一圈又一圈，里三层外三层，吵得喋喋不休，看得津津有味；有的人一上班就打开电脑，看什么新闻，聊什么天，看好友动静，不知不觉就过了一半个小时；有的人唱歌，一曲又一曲；有的人上网玩游戏，一场又一场；有的人打牌，一日又一夜；有的人逛街，一条又一条，等等。

时间在我们的凝眸之间，在我们的手指缝里，在我们的聊天中，在我们的烦躁中，在我们无端的烦恼中，在我们的休闲中，在我们的放纵中悄悄地溜走了。

据说，爱因斯坦在等人的时候也从不浪费一点时间。有一天，爱因斯坦等候一位朋友。朋友还没有到，他就站在路上徘徊，思考一个数学问题，在心里进行演算和推理。过了很长时间，朋友匆匆而来，很抱歉地对爱因斯坦说："不好意思，我有事来晚了！"爱因斯坦却说道："没关系，你没有浪费我的时间！因为在等你的时候，我已经解决了一个数学难题。"

没有这种执著，没有这种对于时间的爱惜，是不会取得成就的。

著名经济学家骆耕漠家境贫寒，1929年浙江省工商学校毕业之后，参加了北伐军，后来由于宣传进步思想被捕入狱，在监狱里度过漫长的6年时间。可是，从监狱一出来，他就在上海有关报刊上发表了中国经济问题研究的学术文章，受到了经济学界的关注。之后，他担任了新四军后勤部部长，新中国成立后担任了国家计划委员会副主任，对于国家的经济建设和恢复做出了重要贡献。他是如何成为经济学家的？原来是在监狱里，利用零星的时间阅读了马克思、恩格斯、费尔巴哈等许多人的著作，为以后研究中国经济问题打下了基础。而有的人在这种环境里，不要说学习恐怕连精神都崩溃了。

其实，只要你用心，时间就无处不在。当我们坐在火车上时，不管周围如何嘈杂，可以自己打开一本书，认真地阅读，汲取知识；当我们排队等待购物时，何必烦躁焦灼，可以仔细构想一下自己的计划，有什么还没有做，有什么需要完善；当我们开会时，为了那程序式的讲话而昏昏欲睡，何不拿出笔来，写写自己的感想，写一篇优美的散文或诗歌。当我们不得不在饭局上应付时，何不和客人谈谈自己的工作，把话题从无聊的段子中引开，既收获了心得，也改变了自己的形象。

宋代政治家、文学家欧阳修，官至翰林学士、枢密副使、参知政事、兵部尚书，既是范仲淹庆历新政的支持者，也是北宋诗文革新运动的领导者，为唐宋八大家之一。人们常说千古文章四大家：韩、柳、欧、苏（唐代韩愈、柳宗元和北宋欧阳修、苏轼）。苏轼、苏辙二兄弟、苏洵及曾巩、王安石都是欧阳修的弟子。他著作等身，成就斐然，诗、词、散文均为一时之冠。别人问他成功的秘诀时他道：**"余生平所作文章，多在三上：乃马上，枕上，厕上也。"** 原来他的文章都出自零星的时间，是在马上、枕上、厕上完成的。这才叫做珍惜时间，也只有把别人不在意的时间利用起来，才成就了欧阳修的千古美文。

福特道："据我观察，大部分人都是在别人荒废的时间里崭露头角的。"上帝给予人的时间都是一样的，也是公平的，善于利用时间的人，等于延长了生命，比别人走得更远。

做好了就快了

好不仅是做事的起码要求，也无形中节省了时间，提高了效率。

记得以前在生产队干农活的时候，有一项农活是锄草，就是把庄稼地里的杂草除去。有的人锄草不用心做好，不是不小心把庄稼给伤害了，就是杂草除不尽，挨队长的骂，还有的因为干得不好得返工，从头开始锄草。结果别人干完了，他还在干。

观察那些锄草用心细致的人，不仅锄草锄得干净，而且干活也干得快，效率高。为什么呢？因为他一遍就做好了，不用重复再浪费时间。

有的人写字，写了一辈子也写不好，歪歪扭扭，很不规范。有个小孩写作业，字写得不好，大的大，小的小，笔画顺序也不对，笔尖点来点去，让人着急，并且老写错字，错了就得涂改，甚至重写。十分钟能写完的作业，他能用一个小时，而且还写不好。家长问我怎么办，我说必须首先练好字，把字写好了就写得快了，写好了就提高了效率。刚开始写字时，一笔一画，先后左右，看上去麻烦，可是，如果不按照这样做，是写不好字的。一旦练好了字，打好了基础，以后写起来就快了。看看书法家，写起字来龙飞凤舞，又快又好，令人叫绝，是因为他们写得好，写得好了自然就快了。学习好的学生，作业做得好的学生，一般情况下，字也写得好。而字写得不好的学生，学习也好不到哪里去。

有的人认为萝卜快了不洗泥，做好了就不快，马马虎虎就是快，这是偏见。如果做不好，再快还不是白做，还不是得重来，重来花费的时间远远多于做好所用的时间。

好是一种捷径，是一种程序。对的永远是快的，开汽车如果路线不对，越跑得快，离目标越远；好的总是快的，看那些电脑基础学得好的人，操作键盘时手指翻飞，宛如蝴蝶翩翩，恍若神助，而那些电脑技术掌握不好的人，手指不知道往哪里放，慢如蜗牛，让人着急得出汗，原因就是对于电脑技术掌握得好与不好。

做不好，就是慢；做不好，就是浪费时间。好学生高考，一朝金榜题名，实现心愿；差学生高考名落孙山，还得从头再来，一耽误就是一年。

我们一定要记住：**好就是质量，也是效率**；好延长了时间，节省了时间。

在人生的成功之路上，我们无论做什么首先要做好，做好了不仅开拓人生的领域，而且无形中延长了时间，使我们走得更远，把事业做得更大。

第十章 坚定的信仰 远大的理想

箴言录

信仰是对于人生的信念和精神崇拜，是人心灵的产物，反映了人生价值体系。

积极的信仰给人以生活的动力，给人以百倍的信心和勇气。

信仰不仅是而且永远是人类精神的家园和心灵的归宿。

理想是每个人对于未来的希望和愿望，是一种理性的欲望，也是人生最大的欲望之一。

理想是人生的北斗星，是人生不竭的精神力量，激励着人，鼓舞着人，向生活迈进，向挑战进军。

当一个人被一种强烈的人生信念所鼓舞时，他的精神是充实的，意志是饱满的，信心是十足的。

思考信仰

苍茫人世间，人类的指向在哪里？无际无边的宇宙，人类的归宿在哪里？人类依靠一种什么样的力量，坚定地走在生命的旅途上，完成自己的事业，实现自己的抱负，这种力量就是信仰。

信仰是对于人生的信念和精神崇拜，是心灵的产物，反映了人生价值体系。从物质和意识的领域来理解，信仰就是一种意识，是强大的精神力量，规范人们的行为。对于塑造人们的价值体系，完善自我和超越自我有着重要的意义。

信仰的产生是很久远的。在远古时期，由于生产力的低下和科学的不发达，人们对于自然界过度依赖，因而产生了朴素的信仰。自然界的风雨雷电，日月星辰的有规律的运转，生老病死的现象，都不是人力可以掌控的。人们面对神秘自然现象，产生了一种恐惧心和敬畏心，感觉到这种超自然力的强大和主宰性，由此信服、仰望、崇拜，从而依赖、敬畏、守候，把这种精神的信念作为指导人生的真理，这就是信仰。

图腾崇拜和信仰有着密不可分的关系。由于远古人类无法把握自身的命运，对于自然界的各种神秘现象知之甚少，对于人类社会背后的推动力量和规律认识不足，因而把自己的命运寄托于自然界的某种物象之上，以此来庇护自己的命运。古代人们的图腾崇拜有太阳、月亮、龙、蛇等。人们用心目中的形象来塑造这些崇拜物，附上各种美丽的超自然的传说，尽其所能在心理上和行为上维护这种图腾，把图腾作为生命和族类的守护神。图腾崇拜有着种种禁忌，随着时间的发展形成了一系列礼仪系统，影响着人们的生活。凡是对崇拜物不利的解释都从心理予以拒绝，从生活的方方面面维护着图腾在心目中的地位。

宗教信仰具有广泛的社会基础和强大的力量。从理论上说，人类是自然界的产物，是无限生物进化链条上的一个环节，而宇宙是无穷无尽的，人类有文字记载的历史不过5000年左右。有限的人类不可能完全认识无限的宇宙世界，所有的科学发明和创造只能是更接近真理，不可能完成真理。由于对于终极目标的解释不会有最终的答案以及人对于自己归宿的不可把握，就产生了宗教。目前，世界有三大宗教，即佛教、基督教、伊斯兰教，信仰者存在于社会的各个阶层，遍布于世界各地。宗教信仰包括了经典著述、宗教仪式、圣迹传说和宗教生活等种种方式。信徒们严格遵循着宗教的种种戒律和规定，并时时进行自我反省和忏悔。一有违逆之处，就立即纠正。宗教信仰蕴含着人们对完满性和终极性的向往和追求，有的信仰者为了所信仰的宗教不惜过着艰苦的生活，甚至甘于抛弃世俗生活的荣华富贵。

信仰是人生的坐标，是人们价值观和人生观的基础。人作为具有思想和语言的高等动物，如果没有可以相信的，没有用精神所仰望的东西，就等于没有根基，不会做出任何事业。没有信仰的人就如浮萍在水，东游西荡，随波逐流。凡是有所作为的人，都是具有人生信仰的人。信仰植根于人们的心灵深处，贯穿于人们的日常生活和言行中，掌控着人生的航程，支撑着人生的事业。信仰是一种精神的仰望，是心灵源源不竭的甘露，滋润着生命的旅途。

具有信仰的人，明白自己为什么活着，活着要做什么，最终要实现什么。整个人生是明晰的、有计划性的和有目的性的。必然时时处处规范自己、约束自己、把握自己。如果这样的话，世上还有什么难关不能攻克？还有什么困难不能克服？所以说，人必须有信仰，信仰是人生的支柱。

信仰和理想密不可分

信仰是人生的价值取向，对于实现理想起着灵魂的作用，决定着人们的理想，对于确定人生的理想至关重要。一个人如果没有信仰，也就无所谓理想。

理想是对于未来的想象和希望，是人生价值目标的重要体现，规定着人生的远期目标。

理想不同于幻想，也不同于空想，它是建立在一定的客观现实基础上的，具有客观必然性，正确地反映了个体的实际状况和现实，符合事物变化发展的规律。**理想具有合理性，根据性，通过切实的计划和努力是可以实现的。**不然就叫空想，或者是幻想。

一个人活在世上，必须有所信仰，明白人生的意义是什么，价值是什么，为什么而活着。否则，人生就是空洞的、干瘪的。信仰的缺失，带来的是灵魂的空虚，人生的无意义。有的人信奉人生的价值在于奉献、人生的价值在于奋斗、人生的价值在于实现自己的理想等，有的人信奉宗教、有的人信奉共产主义理想，还有的人的信仰是消极的、颓废的，如有的人认为人不为己、天诛地灭，有的人追求及时行乐，有的人信仰金钱，认为钱是万能的等。

积极的信仰给人以生活的动力，给人以百倍的信心和勇气。消极的信仰会失去人生的价值，即使获得一时的成功，也会由于信仰的错位，最后给人生带来重大的损失，甚至毁掉自己的事业。比如，有的人信奉金钱，崇拜金钱，处处以金钱为目的，攫取财富不择手段，甚至于抢劫掠夺，失去亲情和友情在所不惜。有的人热衷于权力，人心无尽，在仕途上一路攀登，为了权力铤而走险，毁于一旦，或者是滥用权力，贪污腐败，最后锒铛入狱，身败名裂。

因此，信仰对了，理想就会实现，信仰错了，理想最终会化为泡影。信仰是理想的支柱，是理想的方向盘。汽车跑得再快，如果方向盘出问题了，不仅不会到达目的地，而且会出车祸；楼房建得再高，如果根基不扎实，越高越有危险，建成了摩天大楼，也许会从天上倾塌。

处于转型期的社会，风雨激荡，人才辈出，取得成功的人比比皆是，每年的福布斯排行榜记载了上百位富豪人物，然而取得巨富的排行榜上的人物，并不见得幸福，有的人家庭不幸，妻离子散；有的人东窗事发，转眼间成为囚徒，财富也随着他们的遭遇眨眼间转移，成为一段惨痛的记忆。

为什么，原因之一就是由于**人们的信仰出了问题**。人们也许可以凭借自己的努力奋斗，实现自己的理想，然而，如果缺失信仰或者信仰错了，即使取得了辉煌的成就，也最终会把自己毁灭掉。这样的事例屡见不鲜。现在人们形容某些人穷得只剩下钱了，说这些人没有了信仰，没有了人生积极向上的追求。我们看到许多人信仰倾斜，价值观错位，一旦拥有了财富，就不认识自己了。一掷千金，醉生梦死，寻欢作乐，没有明天。生活的糜烂，情趣的低俗，不仅断送了前程，毁了为之奋斗的理想，而且走上了歧途，难以挽救。人们在娱乐场所、歌舞酒店、高档消费场所，不难见到这样的人，什么都有，就是没有信仰；什么都有，就是没有亲情；什么都有，就是没有了追求。名贵首饰、名牌服装、名车豪宅，成为这些人的象征，也成为这些人的枷锁，甚而是埋葬灵魂的墓场。

所以说，人生必须有正确的信仰，它决定了人生的幸福，是人生成功的保证。

信仰创造奇迹

据说，中国企业界几位叱咤风云的人物，如李彦宏、张朝阳、陈光标等人，重走红色道路，几年来每年都要进行红色之旅。为什么这些人对于红色旅游如此推崇呢？张朝阳参观上海一大旧址时说："中国共产党如何在各种困难情况下，把握形势、制定策略、凝聚力量，这远比 MBA 教科书深刻。"

人们举出了几个数字，从 53 人到 8000 万人，即中国共产党从建党初期的全国 53 名党员发展到了 8000 万人；从 1921 年到 1949 年，用 28 年时间建立新中国，这是任何党派无法比拟的，是人类历史上的奇迹。创造这种奇迹靠的是什么，就是坚定的信仰。如果没有这种信仰，就不会战胜艰难险阻，就不会建立新中国。面对血雨腥风，方志敏庄严宣告："敌人只能砍下我们的头颅，决不能动摇我们的信仰！因为我们信仰的主义，乃是宇宙的真理！"这种掷地有声的大无畏气概，对于信仰和理想的坚定的追求，令人感动，令人深思。

这就是信仰的力量，它让人战胜物质的贫乏，身体的疲劳，心灵的迷茫，向着目标坚定地前进；它让人甘愿忍受常人难以忍受的折磨，忍受常人难以承受的痛苦，一往无前，绝不停止。为什么在长征的道路上，红军面对敌人的前堵后追，爬雪山，过草地，走在荒无人烟的地方，吃树皮，啃皮带，能够到达目的地，其原因就是这些 20 世纪初的人，他们坚信共产主义的理想，那是他们为之奋斗和终身追求的目标。在他们的灵魂里燃烧的是信仰的火焰，为了理想和信仰，没有任何艰难险阻能够阻挡前进的脚步，改变人生的方向。

在我们为事业而奋斗的道路上，必然会遇到艰难险阻。有的人遇到挫折就后退，悲观失望，失去了信心。原因就是这些人缺乏信仰，**一个有信仰的人，他的内心是强大的，不会被困难所吓倒**。在西藏的布达拉宫前边，人们经常看到有些信徒步行上千里，一步一拜，走向心中的圣殿。如果没有信仰，他们不会这样忍饥挨饿，风餐露宿，在长达半个月以至于几个月的旅途中坚持下来的。

有信仰的人，也许会和普通人一样遭遇失败，但是，不会被失败屈服，不会在失败面前垂头丧气，而是在失败中更加充满信心，向失败挑战。同样，也不会在成功面前骄傲自满，停止前进的脚步，他会超越自己，超越目标，他的目标就是永远向前，做到更好。

信仰的力量是无穷的。信仰能够创造奇迹。正如一首歌中唱道："我的信仰是无底深海，澎湃着心中火焰，燃烧着无尽的力量。"

现在的人为什么人生那么多痛苦，那么多烦恼，就是因为缺乏信仰；为什么在无限的物质生活里迷茫、彷徨，就是因为缺乏信仰；为什么在吃穿不愁的情况下，愁容满面，仍然是因为信仰的缺位，没有信仰的人，即使拥有一般人难以企及的财富，也会感到极度的空虚，感到精神的贫穷。

因为，信仰不仅是而且永远是人类精神的家园，是人类心灵的归宿。精神的家园荒芜了，丢弃了，势必会无家可归，到处流浪，成为一个"乞丐"。我们一定要牢记，没有信仰的人，是没有家的人。精神家园的荒芜比物质的匮乏更加可怕，它会毁掉一个人的事业，剥夺一个人的幸福。

确立正确的理想

苏格拉底道："世界上最快乐的事，莫过于为理想而奋斗。"

人是具有欲望的动物，每个人都会有各种各样的欲望。人类的欲望激励着人去做各种事情，为实现欲望而不懈努力。成功学家阿特金斯说："欲望是推动世界运转的动力，只是在大多数情况下我们不大承认。看看你周围的世界，你就能看到欲望对于人类的所作所为的影响。"

欲望的特点之一是控制力。当人们迷恋某种东西时，当一种强烈的欲望存在于人们的内心时，欲望之火就熊熊燃烧，焚烧着人，人们称之为"欲火焚身"，人们此时唯有欲望，甚至忘记了自持，忽视了各种规矩和约束。当然，欲望有好和坏之分，邪恶的欲望驱使人做不理智的事情或者犯罪；服从于理想的欲望，会激励人去忘我地工作，废寝忘食，夜以继日。

其实，平常我们走在大街上，观察众人就会发现，**具有理想的人，他的神情是专注的，精神是焕发的，目光是有神的，浑身洋溢着活力**；而没有理想的人，目光飘移，神情涣散，东游西荡，无所事事。

理想让我们的人生积极向上，每天知道要做什么，每天有事可做，使日子如同串联起来的珍珠熠熠生辉，每一天都显得光彩夺目。而丧失理想的人，则会度日如年，抛掷生命，把美好的人生看做囚徒般的日子，百无聊赖，如同中毒一样，无可奈何。

理想是每个人对于未来的希望和愿望，是一种理性的欲望，也是人生最大的欲望之一。人们尽管有着各种各样的欲望，但是，还能有什么欲望比对于理想的实现更加强烈？更加使人焦灼不安？理想区别于一般的感官欲望和物质欲望。理想存在于人类的心灵深处，是对于未来愿景的描绘，人们所做的许多事情都是以理想为核心的，都是为理想服务的。

只有树立了人生理想，才使人生具有了远景规划，从长远的观点出发，制定人生的计划，安排要做的事情，自觉地约束自己的行为，把自己的行为贯穿于始终。没有理想的人，生活杂乱无章，没有目标，随波逐流，时时面临危机。

我们确立理想时，一定要高瞻远瞩，不要陷于庸俗化和短视。有的人说自己的理想是拥有一套房子；有的人说自己的理想是拥有一份好的工作，那么有了一份好的工作之后呢，就停步不前了吗？有的人说自己的理想是过一种安逸的生活；有的人说自己的理想是拥有名车，等等。我们看到这些人的理想都离不开物质的享受，离开精神的需求比较遥远。

这其实是信仰的问题，理想的确立和信仰是分不开的，是受信仰所支配的。没有正确的信仰，就会使理想短视，就会使人生庸俗化。信仰决定了理想的价值取向。以上所述，其实都是信仰缺失之下所产生的愿望，算不上理想。信仰是精神因素，理想是在信仰支配下形成的人生的目标。一个人应当有自己的事业，物质生活不能等同于人生的事业，人生的事业应当超越于物质生活之上。对社会有所贡献，能够发挥自己的人生价值，才会真正使生命焕发出百倍的活力，闪烁美丽的光彩。同时，理想还**应当提升人的精神境界，塑造人格魅力，改变人生的命运，超越自己，并且能够把握命运。**物质的东西总是暂时的，它来来往往，在世间游走，今天在你手里，他日已经成为陌路，人们称人无三代富，也就是这个道理。如果把自己的理想仅仅局限于物质的享受和追逐，难免会被物质所奴役，成为"物奴"。我们今天看到的房奴、车奴、股奴，能说他们是有理想的吗？

爱因斯坦道："每个人都有一定的理想，这种理想决定着他们的努力和判断的方向。就在这种意义上，我从来不把安逸和快乐看做生活目的的本身。"作为 20 世纪最伟大的科学家之一，爱因斯坦的话确实振聋发聩，令我们反思现代社会。是不是由于物质的极度繁荣，这个社会的人们汲汲于追求物质财富，崇尚灯红酒绿，使我们的价值尺度发生了倾斜，出现了扭曲，不再谈论崇高，不再有高尚的理想情操，不再追寻精神的力量，而导致了现在人们精神的软骨病？

如果一个人把物质享受作为理想，那么他还会奋斗吗？还能正确面对困难吗？还会有真正的理想吗？物质的富裕，伴随的却是精神的贫血。我们确立理想时，一定要树立远大的目标，具有高尚的情操。

理想演变为一种精神的力量，引导人们前进

拥有理想的人生是不一样的人生。

因为，这样的生活是有目标的，有规划的，他不会无所事事，浪费生命；不会当一天和尚撞一天钟，应付人生。

因为，精神生活是充实的。在他的心里是对于美好理想的向往，为理想而不懈努力，从而实现自己的理想。

具有理想的人，由于对于人生有着远大的规划，心中向往着实现理想的那一天，所以他的生活是充实的，心理是健康的。我的一个朋友叫小春，自小就想成为一个出色的木匠。他小时候喜欢绘画，去庙宇里，看到各种壁画就随手在地上画。后来，成了一个乡村小木匠，他走南闯北，白天给人干木工做家具，晚上住在农民家里，风餐露宿，受尽了苦头。他给人做家具，设计的图案很有特点，人们都喜欢找他做家具。他很有心，经过乡村的古建筑或者风景区的古建筑，他就揣摩结构布局，研究木工雕刻，他的木雕受得了专家的肯定。我去晋祠看他时，他手里拿着刻刀，转眼间就雕刻出一个栩栩如生的古代人物。再后来，他从事古代建筑修建工作，曾经在新加坡、颐和园做过古建筑工程。

我问他从走村串巷到成为古建筑的专家，是怎么过来的。他告

诉我在寂寞贫苦的日子，有时揽不上活，吃了上顿饭下顿还没有着落，可是，成为一个好木匠的理想支撑着他，给了他力量。于是，挺过了贫穷、挺过了失意，后来由一个农村的木工竟然成了古建筑专家。

船的力量在帆桨，人的力量在理想。

人生谁没有过失意？谁没有过低谷？在那些日子里，是什么支撑着人战胜困难？那就是理想！

理想是人生的北斗星，是人生不竭的精神力量，激励着人，鼓舞着人，向生活迈进，向挑战进军。

居里夫人道："如果能追随理想而生活，本着正直自由的精神，勇往直前的毅力，诚实而不自欺的思想而行，则定能臻于至善至美的境地。"正是由于理想，使小春从一个木工成为一个专家，改变了生活的轨迹。如果没有理想的话，生活在农村闭塞的社会里，脸朝黄土背朝天，被日子推着走，他的生活将是另外一种结局。我来自于农村，每当回到村里看到人们艰辛的日子，坎坷不平的乡路，晚上黑灯瞎火，看不到一丝光亮，我就有些被现代生活所抛弃的感觉。也许，如果不坚持自己的理想，自己和小春的生活也是这样的吧。

坚定信仰是根本，是前提和基础。只有信仰坚定，才能经受长期的、复杂的、严峻的考验，在纷繁复杂的社会生活中不迷惘，走出成功的人生道路。

信念之火熊熊燃烧

伟大的信仰，正确的理想，带来的是执著的信念，不屈的意志。

如果有信仰而没有理想，一切都是空中楼阁，画中之饼；如果有理想而没有信仰，那么即使理想实现了，心灵也会空虚。

人生的信念，应当是信仰和理想的统一，心中有所信，有所念，才会产生信念。当在信仰的指导下，确立了人生的理想之后，信念就随之产生了。

当我们依靠自己的信仰树立了远大的理想，信仰、理想、信念三者就紧密结合到一起了，驾驭着我们的意志奔向明天。事实上也确实如此，正确的信仰、远大的理想，加上信念的力量，不仅仅是三者简单的相加，而是三者融合后产生的人生精神的高能量爆发出一种无法言说的神力，推动着我们前进。

具有人生信念的人，是强大的人。当一个人被一种强烈的人生信念所鼓舞时，他的精神是充实的，意志是饱满的，信心是十足的。因为，他对人生有正确的价值观，精神上有支柱，生活上有目标，这些鼓舞着他，激励着他，奋发图强，一往无前。托尔斯泰道："没有理想，没有坚定的方向；没有方向，没有生活。"

有谁仔细盘点过自己的生活呢？日子一天天来了，又一天天去了，日子就像一张张洁白的稿纸，等待每个人书写自己的人生，等待每个人塑造自己的历史。唯有有信仰、理想伴随，我们的日子才有光彩，人生才特别充实。没有信念的人，就如同大树缺乏根基，没有贯通的叶脉，因干枯而衰竭。有些人每天干工作，可是，干来干去，一生总在原地徘徊，原因是他没有理想；有些人有美好的理想，可是，好多年过去了，却依然是一张白纸，理想无法实现，因为他缺少对于人生坚定的信念。遇到艰难的考验和挫折时，退缩了，放弃了。甚至当部分地实现自己的人生目标和理想时，却骄傲自满，不知继续努力，于是离理想越来越远。

信念，是人生的指南针，是人生的动力，是战胜困难的法宝。当我们遇到困难时，信念帮助我们战胜困难；当我们遇到失败挫折，人生极度失意时，依靠着信念的力量，坚持下去，不言放弃；当我们取得成绩时，信念告诉我们，人生是漫长的旅途，必须不断努力，才能到达更加遥远的地方。**人只要活着，就不会有止境，就不能放弃努力，就不会有终点，就不会达到顶点。**

信念，是人生不竭的源泉，鼓舞着我们奋斗不止，再攀高峰。我们看到，许多人的失败都是因为缺乏信念。我们明白，正是信念燃烧的熊熊之火，激励着人们在有限的时间里，创造生命的奇迹，推动着人类前进的脚步，迎来文明的曙光。

当然，谁也不是完人，每个人在追求事业的道路上，难免会遇到种种考验，烦恼、苦闷、痛苦、挫折等不可避免地都会出现，但是，正是靠着坚定的信念，我们依然怀着崇高的理想，面对艰难复杂的人生，迎接着我们预料到的和意外的困难的挑战，竭尽全力去战胜这些艰难。

每一次的考验，都增加了我们的人生阅历，丰富了我们的知识；每一次的挑战，都锻炼了我们的意志，使我们理想更加接近，而且更加坚定了我们的信仰。信念之火一旦燃烧起来之后，将成为燎原之势，使我们的人生充满了热情，照耀着我们事业的道路和方向。

第十一章　好习惯 好人生

箴言录

好的习惯助人成功，坏的习惯使人失败。

所有的习惯都是后天养成的，既然是后天形成的，那么就可以通过程式化的练习，养成一种好的习惯和性格。

人们对于所害怕的事物从心理上有一种恐惧感，加上心理因素的再描绘，就会害怕不已。

成功者，首先是一个勤奋的人，没有勤奋，就没有突破，就不可能超越别人，取得成就。

你敢于挑战艰难，生活就赋予你重任；你寻找机会，生活就会给你机会；你渴求上进，生活就会给你提供台阶。

节俭是一个人品德的象征，也是一个人终身携带的护身符。

习惯决定命运

习惯是经过反复重复后形成的较为固定的思维模式和行为模式，它是人们自觉的、下意识的行为。习惯在人们的大脑和行为之间建立了一种便捷的联系，具有程式化的特点，它减少了人们的盲目的行为，提高了做事效率。

我的孩子玮玮上一年级时，第一次开家长会，王慧茹老师讲的第一句话就是——好习惯，好人生。从小培养孩子的良好的学习习惯和生活习惯、成功习惯是至关重要的。这句话给我留下了深刻的印象。

良好的习惯对于一生非常重要。心理学家威廉·詹姆士说：播种思想，收获行动；播种行动，收获习惯；播种习惯，收获性格；播种性格，收获命运。显然，人们在思想指导下所产生的一系列行为，由行为所谱写的人生之歌，最终成为命运的交响曲，决定了人生的走向和成败。

许多在人生道路上的成功者，也许有这样那样的经历，有各种各样的条件，但是，最终起决定作用的还是他们良好的习惯。陈省身是世界著名的数学家，被誉为继欧几里德、高斯之后几何学界的里程碑式的人物。他从小就爱学习，喜欢看书，善于思考，对于他的数学研究起了莫大的作用。达·芬奇学画时坚持每次画几百个鸡蛋，直到满意了才罢休，这种执著的习惯，使他在艺术上有了很大的提高，之后才画出了蒙娜丽莎那样的名画。

有的人自以为是，夸夸其谈，还自鸣得意，可是，一旦种下了不良习惯的种子，肯定要结出失败的恶果。马谡是三国时期蜀汉大臣，才气过人，通晓兵法，受到诸葛亮器重。诸葛亮北伐魏国，攻占祁山，魏军纷纷败退。诸葛亮派马谡当先锋，王平做副将，守护重要阵地街亭。马谡带领人马到了街亭，在街亭旁边的一座山上安营扎寨设下埋伏。王平劝告马谡说在山上扎营太冒险，应当坚守城池，稳扎营垒。马谡骄傲自大，不听劝阻。结果被张郃率领魏军围困，水断粮绝，不攻自破。马谡由于失守街亭，被诸葛亮挥泪斩首。这时，诸葛亮回想起刘备评价马谡的"言过其实，不堪大用"的话来，后悔不及。马谡的骄傲自大、固执己见的习惯，正是他失败的根本原因。

习惯不是天生的，而是后天培养的。培养好的习惯，历来为人们所重视，因为人们的道德、行为、处事等基本上是由习惯组成的。人们的行为都受到习惯的约束，一旦养成了好习惯，日积月累，终身受益。叶圣陶说："教育就是培养习惯。"有的人细心，有的人粗心，人们往往把这看做性格问题，其实是习惯养成的。

人们常说江山易改，本性难移，说的是人的习惯和性格一旦养成后就很难改变。其实，不是这样的，这是一种托词。**所有的习惯都是后天养成的**，既然是后天形成的，那么就可以通过程式化的练习，养成一种好的习惯和性格。培养好的习惯也并非想象的那么难，最主要的就是掌握培养好习惯的原则。

心理学专家认为，要培养一个好习惯一般需要 3 周的时间。如何培养呢，就是**在所确定的时间里坚持练习，持之以恒。**

当然，习惯不仅是培养的结果，而且也是坚忍不拔的努力。培养一种好的习惯不容易，坏的习惯养成了要改正也要付出巨大的努力。首先要坚持，要具有忍耐力。比如早上起床锻炼，就要克服爱睡懒觉的毛病，要战胜懒惰的心理思想。其次，不要有丝毫的放纵心。有的人戒烟戒酒不成功，就是对于自己的放纵，存在"最后一次"的心理。这次是"最后一次"，下一次还有"最后一次"，找理由安慰自己，这种侥幸往往养不成好的习惯，却放纵了坏的习惯。第三，要具有高度的认识和自律性。习惯都是由细小的行为累积起来的，在日常生活中对于坏习惯要有清醒的认识，坚决拒绝坏习惯的浸染。什么事该做，什么事不该做，要约束自己。一个不自律的人，什么坏习惯都会沾染，一个对于坏习惯没有辨别能力的人也会沾染坏习惯。只要在心灵上绷紧警觉的神经，不让坏习惯从细小的事情上沾染自己，就会把好的习惯保留下来。

习惯决定命运，决定我们的成败。一种习惯一旦养成后，就沉淀下来甚至成为人们神经反应的一种功能。人生关键时期的决断、机会的把握都是习惯在起作用。

好的习惯，才有好的人生；好的人生，才有成功。当我们养成了好的习惯，人生就会轻松许多，也许就自然而然成功了。

勇敢面对生活

人们有一种心理，对于自己害怕的事物，本能地回避，其结果是越害怕越回避，越回避越害怕，从而不敢面对。

要养成害怕什么，就要勇敢面对什么的习惯，这样你就会从不会到会，从不能到能，从生疏到熟练，不断破解障碍，为成功铺下光辉的道路。

回溯人类的发展历史，可以想象，在科技不发达的岁月里，人类受到种种生存的威胁，的确也遭受过许多灾难，由此在基因里注入一种害怕的心理。对于不熟悉的或者对人造成过伤害的事物本能地逃避。有的人害怕打雷，有的人害怕小虫子，这种心理倒没有什么。但是，如果养成一种害怕的心理习惯，势必会对人生的成功造成影响。

凡是对于某种事物害怕的人，大都存在习惯性的心理暗示，下意识地逃避，并且想象得很严重，自己吓唬自己，因而退避三舍，躲之不及。在这种习惯性的畏惧心理驱使下，形成了习惯性恐惧。古代有个杯弓蛇影的故事，说的是有个人叫乐广，一天请一位好友来家里吃饭，墙上挂着一张弓，随着酒杯的晃动好像有条蛇在杯子里游动。朋友喝完酒后就病倒了，脸色发青，病情严重。乐广十分关心，就登门拜望。朋友说那天去他家喝酒时杯子里有一条蛇。乐广一听就明白了，说那是挂在墙上的弓在灯光下反射到酒杯里造成的。朋友不信，乐广就把朋友请到家里，请他坐在原来的位置上喝酒，随着酒杯的晃动就出现了弓的影子，朋友恍然大悟，病一下就好了。

这个故事告诉我们，解铃还须系铃人，心病还须心药医。由于人们对所害怕的事物从心理上有一种恐惧感，加上心理因素的再描绘，越是逃避，越是害怕不已。其实，**真正面对时并没有想象的可**

怕，所谓的害怕是被心理所描绘的假象欺骗了。

这种心理在我们的生活中是常见的。有的人害怕见生人，一见生人就紧张；有的人害怕困难，一遇到困难就下意识地逃避；有的人害怕别人说三道四，做事畏首畏尾，如此等等，偶尔一次逃避情有可原，如果养成了对于陌生的东西逃避的习惯，那么，对于事业、理想和工作都会造成莫大的损失。

人们大凡所害怕和逃避的都是比较陌生的东西。陌生缘于不了解，不了解就会有害怕心理。试想一下，人生不可能原地踏步，每个人都要长大，人生的历程就是不断向前探索，处处害怕陌生，又如何能够实现理想？见到生人就回避，那么你的朋友永远是熟悉的几个人，没有新朋友，你的人生也就不会有大的变化，同时，也不会扩大人生的空间，为人处世就会受到局限。困难与成功相伴，克服困难一方面提高了能力，另一方面使我们走向成功，如果习惯性地逃避困难的话，人生就永远和成功无缘。不做事没有人说，只要做事就难免别人议论，怕什么议论？伟大人物就是在别人的议论中和反对中成长壮大的，一遇到议论就退缩，势必一事无成。

习惯性的害怕和逃避心理，阻止了开拓精神、创新精神和勇敢精神。因为我们无论干什么，都会面临一系列的困难和陌生的事物，都需要我们敢于走前人没有走过的路，开创自己独特的事业，有所创新有所发明，只有这样才能取得成功。可是，害怕心理和恐惧心理处处掣肘、事事退缩，这些都是与开拓、创新、勇敢背道而驰的，是阻碍人们成功的绊脚石。

要克服这种习惯，**最好的办法就是确立一种行为准则，害怕什么，就面对什么。**比如要克服遇到困难就逃避的习惯，就反其道而行之，遇到困难就面对，专门找困难解决。只要养成这种面对困难的心态，那么还怕什么困难？又如害怕与陌生人打交道，那么就主动与陌生人打交道，把陌生人变为朋友。如果能够多交几个新的朋友，对事业和人际关系都是一个改善。再如害怕别人议论自己，那么就把事情做得再大点、再漂亮些，搞得满城风雨，人人皆知，不就是最好的广告宣传？把自己搞成了名人岂不更好？

害怕，说明了弱小，克服了害怕就会变得强大起来；害怕，说明了能力的欠缺，一旦自己掌握了丰富的知识并提高了能力，就进步了；**害怕，告诉我们还要继续努力，人生就是不断奋斗的过程。**

要善于养成害怕什么就面对什么的习惯，这是人生成功必须面对的课题。同时，这也是一条走向成功的捷径，因为，害怕提醒了我们存在的弱点和努力的方向，使我们更加接近完美了。

天道酬勤

万事皆从勤奋中来，有句古话说天道酬勤，自然发展的客观规律是要酬答那些勤奋的人们。只要努力付出，就一定会有所收获；只要洒下辛勤的汗水，一定会开出成功的花朵。世间万事万物都遵守平衡的法则，辛勤劳动实际上是一种能量的转化，这种能量是不会消失的，必然在事业上、工作上体现和反映出来，凝结为事业的一部分。

任何成功者，首先是一个勤奋的人，没有勤奋，就没有突破，就不可能超越别人，取得成就。相声大师侯宝林先生小时候只上过3个月的小学，读过半本《六言杂字》，可以说文化水平相当低。可是，为了说好相声，他肯吃苦，不怕累，特别勤奋努力。据说从12岁开始做学徒起，一直到成了名32岁，20年里总共只休息过5天。他当学徒时生活条件极为艰苦，忍饥挨饿，为了挣钱糊口，四处赶场子。为了提高相声水平，他时刻注意观察生活，了解各种人物的生活特征和语言神态，借鉴京剧、话剧、民间艺术，研究心理学、绘画、书法等知识。有一次，侯宝林想买一部明代笑话《谑浪》，找了好多书店都没有，得知北京图书馆有这部书，就坚持10多天到图书馆把这本书抄了下来。通过这样的勤奋，才使他的相声艺术达到了时代的高峰，赢得了人们的喜爱。

　　没有耕耘，就不会有收获。只要播下种子，或迟或早，就一定会有果实的，绝不会白白付出。

　　勤奋是一种坚持，是毅力的考验。有时候，勤劳的人看似终日劳作，没有什么收获，也和一般的人一样，不怎么突出，其实，这只是暂时的假象。水滴石穿，绳锯木断。量变积累到一定程度就会引起质变。**没有天生的伟人，所有伟大的人物刚开始都是凡人。**天才的第一声啼哭和普通人没有什么区别。哪一个成功者刚开始不是混迹于凡人当中？试想一下，同在一个地球上，同在一个蓝天下，同在一块土地上，是什么把人们区别开来？就是勤奋。经过时间的大浪淘沙，勤奋使人水落石出，有的人卓尔不凡，建功立业，有的人普普通通，平庸无为，想想你小时候的同学、同一个城镇或者同一个村庄的人们的差距，就明白了。10年前的同学朋友，10年后的今天，是不是不一样了？

　　大多数人没有什么区别，人的区别不在于智力高低，而在于是否勤奋。

　　聪明人如果不勤奋，照样只是一个凡人而已。绝不会给聪明增半丝光彩。据说，曾国藩小时候有一天在家里读书，一篇文章读了多遍都没有记住，天快亮了也不休息，嘴里反复地念念叨叨，不厌其烦，就是记不住。当时，家里恰巧来了一个小偷躲藏在梁上，等得不耐烦了，就从梁上跳下来，对曾国藩斥责道："这么笨还读书？我给你背一遍！"说完话后，当场一字不错地把那篇文章背诵下来，扬长而去，留下曾国藩一个人发呆。这个梁上君子至少在记忆力方面比曾国藩聪明，可惜的是没有用在勤奋和走正道上，后来不知所终，可能还是小偷吧。曾国藩看似笨点，可是通过他的勤奋努力，一步一步成为国家栋梁之材，立下了不朽的功勋。

　　世间的一切都是勤劳的双手创造出来的，**一个人一旦懒了，万事休提，什么也干不成。**有些人日上三竿也不起床，一有时间就要睡觉，一有空闲就要享受。懒人的皮肤是松弛的，筋骨是羸弱的，身体是不健康的，生活是没有希望的，懒字当头，毁人一生！生活中的那些游手好闲的人、大腹便便的人、鬼眉溜眼的人、爱睡懒觉的人，是可悲的人，也是让人厌弃的人。这种人无论再有什么理想、再智商高、再有什么优越条件，一个懒字一切都等于零了。

勤快的人走到哪里，思想身体都闲不住，都在时代的洪流中乘风破浪，所以他们得到的更多。勤快的人，未雨绸缪，任何时候都不会措手不及；勤快的人，笨鸟先飞，总是追赶着机会，所以他不会失去机会；勤快的人，经常劳作，生命在于运动，所以他们的身体健康，不会臃肿肥胖，不会有现代病。懒惰的人，懒字如同慢性毒药，蚕食心灵，消磨意志，浪费黄金时代，对于人毫无价值。

天道酬勤，勤快是福。一个人一定要养成勤快的习惯，这种习惯养成了无论对于事业和理想，对于生活和工作，都大有裨益。

优秀的习惯

优秀的人鹤立鸡群，卓尔不凡，一眼就可以看出来。

因为优秀是一种习惯，表现于人们的为人处世言谈举止之间，每个人都可以看到。

优秀的人无论做什么都抱有一种积极的心态。柳宗元由于参加政治革新，30 多岁时被从京城贬官至永州，一贬就是 10 年。当时永州是蛮荒之地，生活环境特别艰苦，前途更加渺茫。他的母亲跟着他来到永州的第二年就去世了。但是，柳宗元并没有停止人生的追求，他广泛学习历史文化，从事文学创作，写出了《封建论》、《非〈国语〉》、《天照》和《永州八记》、《黔之驴》等散文名篇，被贬永州的 10 年，是柳宗元最为失意和落魄的 10 年，也是他生命和创造力最旺盛的 10 年。他传世的作品共计 600 余篇，其中有近 400 篇作品写于永州，使他成为唐宋八大家之一，在中国文学史上具有重要的地位。

柳宗元道："虽万受摈弃，不更乎其内。"意思是虽然在人生中一切都不得意，受到当政者的摈弃，但是，其内心的追求是不会改变的。这种内心的追求就是优秀的品质，就是注入心灵深处的优秀习惯。他在永州写的《江雪》："千山鸟飞绝，万径人踪灭。孤舟蓑笠翁，独钓寒江雪。"那种天地般的情怀，冰天雪地里的坚守，令人赞叹，心向往之。

优秀的人无论做任何事情都会尽力做好。他不是为了别人的赞扬或要求去做好，不是为了怕惩罚而做好，在他们看来这是自自然然的，不需要人督促的，既然做事就要做好，才能心安。因而绝不采取应付了事、马马虎虎的态度做事，而是兢兢业业、勤勤恳恳地做事。抱着这种心态做事，没有做不好的事情。自然就会超凡拔俗了。华泰联合证券副总裁马卫国说："每个人的人生定位不同，生活态度自然就不同，志存高远的人，必定将追求优秀作为自己的人生目标，作为一种近乎本能的习惯。"他分析公司职员存在"三重三轻"的思想：一是重查阅文件轻实地走访，过于依赖发行人，对其他中介机构出具的文件未进行审慎核查；二是重申报材料轻基础底稿制作，对待工作从功利思想出发，只重表面文章；三是重上市保荐轻持续督导，尽职调查工作局限于制作申报材料所需，对材料上报后的持续调查不关注。这种分析对于其他行业的人员也是一个启发，当我们考察一个人是否优秀时，其实是很简单的，就看他怎么对待工作，怎么做事。

优秀的人是找事情做，而不是等待做事情。遇到困难，他们是第一个站出来挑战困难的人；对于工作，他们有一种近乎完美的心理情结；对待事业，他们孜孜不倦，要做到极致。他们不会等靠要，坐失良机。所以，他们会化解危机，得到机会。机会的出现是公平的，但是总是给了优秀的人，而不是无所事事的人，话说回来，不给优秀的人又能给谁呢？难道是那些无所作为的人吗？

一个人优秀不优秀，就看他有没有优秀的习惯。在这个功利化的现代社会里，培养优秀的习惯是具有长远意义的，对于一生都具有决定的影响。优秀的习惯是通过每时每刻、每件事情中培养的，而不是突然之间就具备的。我们要从平时的各个方面，有意识地要求自己，把每件事情都做到优秀。这主要靠自觉，靠决心，别人不可能每时每刻盯着你，在这个竞争激烈的社会里，不优秀就会被淘汰，就会有优秀的人进入。自己种的苦果只能自己品尝。

具有优秀习惯的人，在每个生活的细节里、在每个环节里，都表现出与众不同；在哪里都是一道风景，闪耀着人格魅力。因为他的言谈举止都是优秀的，他的生活、工作、事业都是优秀的。当我们习惯优秀时，无论在任何时候任何环境中，都能够发挥自己的才智，都能够脱颖而出。

胡适说："生命本没有什么意义，你要能给它什么意义，它就有什么意义。"你敢于挑战艰难，生活就赋予你重任；你寻找机会，生活就会给你机会；你渴求上进，生活就会给你提供台阶。生活中的机遇和平台，都是自己平常的所作所为创造的。

有条有理

好的人生，首先有一个好的环境和好的习惯。

有条有理和整洁整齐的习惯，对于事业和生活有着极大的作用。

把家收拾得干净整齐，窗明几净，再配上几盆兰花、竹子等，就可以使你回到家感到神清气爽，有一个好的心情。家里环境优雅，音乐环绕，自然使人心情舒畅，感受到家的温馨。有的人家里实在太乱，找个东西都要翻箱倒柜，昏天黑地，由此引起了吵闹，破坏了好心情。而且这样乱的家，连客人来了都感到不好意思，也是对于客人的不尊重。

把书房收拾得整整齐齐，进行归类，常用的书、不常用的书、工具类书、专业类书分别摆放，用的时候特别好找。有许多人家里的书到处乱放，东一本西一本，沙发上有，卧室里有，饭桌上还有，乱七八糟，特别混乱，到时候找一本书要费好大的劲，把书房翻得底朝天，白白浪费了时间和精力。

好习惯要从小养成。好学生都是很整洁很爱干净的学生。书包、书、学习用具放得很整齐，书本也保护得很好，不会随意涂抹，也不会不卫生。作业本也干干净净，每道题都很认真，公式定理运用得体，演算具有逻辑力。有的小孩子把课本、作业乱放，做作业的时候，到处乱找；上学的时候，不是丢了书，就是忘记带作业本，手忙脚乱，因此迟到，又要挨老师批评，影响了学习。

把办公室收拾整齐，各种材料和用品有条不紊，归纳放置。把马上要处理的文件放到显眼的地方，当即处理。明天要处理的今天提前准备好，第二天上班，一进办公室就可以迅速地投入工作。这不仅方便了工作，提高了效率，而且让人受益终生。一旦需要什么材料，就可以尽快地准备好。

这是一种态度问题。看看你的办公室、书房的摆设，就可以看出你对于工作和事业的态度，在忙什么或者是什么都不忙，大抵知道你是一个什么样的性格，存在什么样的缺点，能做多大的事情，是一个什么样的心情。那些没有条理和什么都乱七八糟的人，首先是态度有问题的人，这样的人在事业、工作、理想方面肯定不会做出什么成绩。粗心大意，马马虎虎，何以担当大任？从这里看人最直观，也最真实，　个人连自己装门面的事情都做得这么乱，是不堪重用的。

这种习惯的养成，对于性格也有莫大的益处。平常养成了有条有理的习惯，思考问题也就养成了具有针对性、条理性、简洁化的习惯，做人也就养成了有条有理、认真利索的习惯，处理事情也会按照这种习惯从容应对，有理有节，不卑不亢，侃侃而谈。

生活的方式每天每时都在伴随着我们，要养成好习惯，其实很简单，就是从我们生活的细节做起，从具体的事情入手，从每天做起，那么，你的人生将是有条理的人生，将有助于一步步实现你的计划。

节俭的习惯

《弟子规》道:"衣贵洁,不贵华。上循分,下称家。对饮食,勿拣择。食适可,勿过则。"意思是衣服不在贵贱,只要整洁就可以了。对待吃喝适可而止,不要过分追求。

中国古代把节俭看做一个人的重要品格。诸葛亮说:"夫君子之行,静以修身,俭以养德,非淡泊无以明志,非宁静无以致远。"节俭使人懂得物质的来之不易,懂得珍惜,去掉贪念和奢侈的心态。

可是,如今的社会奢华之风令人触目惊心。

由于物质生活的日益丰富,以及社会、舆论的误导,享乐主义盛行,中国古代优秀传统文化中的节俭观早被许多人抛到太平洋去,丢到爪哇国了。每当看到学校的食堂、大小会议、酒店每天丢弃的食物,真让人感到暴殄天物,毫无人性,难道就不怕上天报应吗?要知道饥饿的年代,人们啃树根,吃野菜,食不果腹,饿殍遍野,甚至易子而食,这样的惨剧多么令人感伤。

奢华滋生欲望,使人失去节制。也蔓延到一部分孩子,比吃喝,比名牌,比享受,而不是比道德、比修养、比知识、比节俭,这样的比较会使心灵遭受污染,会生活在痛苦之中。不是吗? 有的人见到穿着不如别人,就感到丢人,极力想买名牌;有人开的车不如别人,就想方设法去换车,又没有那么多钱,自然就会滋生欲望,于是,就开始了贪污犯罪。一个人想过奢华的生活,自己又没有那么多钱,就会走向邪道,伤德败家就为时不远了。我们看到现在社会上的种种犯罪,不是和贪图享受有关吗? 这样的社会风气,使我们感到一种恐惧,一种不安全感。总有一天,人们会受到奢华的惩罚。

奢侈是败亡之道。纵观古代朝代更迭,每当朝廷腐败成风、挥霍无度时,也就是王朝灭亡之际。家庭也是如此,富贵之家穷奢极欲,子孙为所欲为,不学无术,家族必然败亡。人常说没有三代富,指的就是人们在富贵中必然丧失志节，坐吃三空，道德沦落，从而败家亡国。李商隐《咏史》道："历览前贤国与家，成由勤俭败由奢。何须琥珀方为枕，岂得真珠始是车。运去不逢青海马，力穷难拔蜀山蛇。几人曾预南薰曲，终古苍梧哭翠华。"正是对于历史的精辟的总结。《左传》道："俭，德之共也；侈，恶之大也。"节俭，体现在所有的美德上，是美德之冠上闪亮的明珠。而奢侈是万恶之首，任何时候都是遭人们摈弃和嫉恨的。

养成节俭的习惯，使人保持一种珍惜物质的态度，能够保持自律。懂得一粥一饭、半丝半缕皆来之不易，就会学会尊重劳动，珍惜劳动成果。

养成节俭的习惯，使人能够适应艰苦的生活环境，吃苦耐劳，艰苦奋斗，有助于事业的成功。凡是那些通过自己奋斗走向成功的人，许多都是在节俭的环境中长大的。

节俭是一个人品德的象征，也是一个人终身携带的护身符。养成节俭的习惯，终身受益无穷。

不计较

活在世上要和人打交道，在与人交往的过程中难免会出现一些家长里短的事情，有些事情的是非曲直一时是难以说清的，也没有必要说清，说清了价值也不大，**潇洒一些，糊涂一些，看开一些就完全就可以了**。随着时间的流逝一切都会消失，没有必要太计较了。

可是有的人有一种习惯，就是凡事爱较真，喜欢计较些鸡毛蒜皮的事情，结果把自己也搞得筋疲力尽，不胜其烦，身心不愉快。小李是某机关的职员，平常好面子，有一次单位选拔几个人参加业务技能竞赛，没有把他列入名单。小李听说后很不服气，心想为什么有别人没有我呢？难道我比其他人差吗？同时，联想到单位一次组织旅游把他也给漏了，于是，断定别人看不起他、小看他，自尊心受到了伤害。这种事情又不能给人说，说了丢面子，不说就憋在心里，自己受气。越是这样，越感到别人事事与他过不去，把他排斥在外了，气得晚上睡不着觉，怎么也想不通，自己哪方面得罪人了，是不是有人故意和他作对。想着想着，几乎都想换个单位了事。

后来与人谈心，小李才明白这是遇事爱计较的习惯心理。其实，**任何事看开些，没有什么大不了的事，天塌不下来，即使塌下来还有高个子顶着，何必计较这些呢？**

从情理上讲，别人小看你，你能把别人怎么样？你能控制了别人的言行吗？你能够求别人不要这样对你吗？社会这么大，别人怎么看你是别人的事情，你左右不了，你能左右的就是你的心情，把自己该做的做好就对了。大路朝天，各走一边。**做好自己比什么都重要。**

太计较别人对于你的态度和评价，其实是为别人活着，而不是为自己活着。看重别人，活在别人的目光中，将会失去真实的自己。这其实也是一种不自信的心理表现，错在把别人的言行作为自己的标准和方向。这么"看重"别人，对于自己也是一种折磨，一种精神上的痛苦。因为，别人的闲言碎语、一举一动，对于你的细小的看法和态度，你都这么反应过敏的话，你的快乐也就没有了，每天生活在左右摇摆、心理失衡的状态中。

既然在这个社会上生活，就要有宽容心、潇洒心，不要固执，不要计较。古人说："见得天下皆是坏人，不如见得天下皆是好人，有一番熏陶玉成之心，使人乐于为善。"对人要从好的方面想，从好的方面去理解。那么，别人对你也是向善的。本来，许多情况下，你眼中的别人对你的"轻视"，也许只是你的认识，只是你太看重自己的结果。**也许，别人对于你本来就没有轻视的意思，每个人忙自己的事还忙不过来呢，别人为什么要对你"念念不忘"呢？**

同时，即使一切如你所想，有人真的看不起你，也不要计较。踏踏实实做人，勤勤恳恳工作，孜孜矻矻追求，有人小看就让他小看去吧，任他们轻视、鄙视、议论，毫不理睬，毫不计较，说到当面也听而不闻，只要你做好自己，就让所有的不快随风而过吧，一切都会过去的。

从此之后，世上人笑我、骂我、轻我、辱我，视而不见，听而不闻，红尘滚滚，任由他去，我只做我自己就够了。

善待批评

前边提到不计较是指对待那些子虚乌有的闲事和别人对你的态度而言，但是，对待批评不应当如此，而应当认真反省自己，完善自我。

每个人都不可能是完美无缺的，会存在这样或那样的缺陷。既然是这样的，人们就不可避免地会受到别人的批评。

在生活中有的人特别自我，见不得别人评价自己和批评自己。对别人的批评有一种下意识的抵触情绪。别人当面或者背后说几句闲话，就窝在心里，时时难忘，好像揭了自己的伤疤一样的难受。总要找机会闹个明白，为什么别人这样说，出于什么目的。

遇到批评，感觉到自尊心受到了伤害，自我价值没有得到肯定，于是，就竭力地维护自己，试图证明自己，于是强化了"自我感觉"。因此，对于批评者有意见，又找机会攻击批评者。这样的话，在别人的心目中就变得比较另类，也就疏远了和别人的距离。

有道是良药苦口利于病，忠言逆耳利于行。实际上，别人的议论或者批评，之所以使你不满或者感觉受到伤害，说明从一定程度上击中了你的"短处"，指明了你的缺点。如果能够善待批评，虚心接受批评或者议论，就会提高自己。

一遇到批评就下意识地百般辩解，极力狡辩，这样的人真是白白受了批评，不仅不会进步，而且会继续坚持自己的缺点。要知道别人批评你，肯定你有不对的地方，首先要审视自己，看自己哪里错了。有个建筑工程师设计一座桥梁，花费了几个月的心血终于完工了。他的一个同事看了图纸后，对于桥梁的承重设计提出了修改意见，他毫不客气地拒绝了。按照他的图纸建成桥后，过了一段时间就成了危桥，造成了巨大的经济损失，他受到了严肃的处理。如果他虚心接受同事的意见，就不会发生这样的事了。想起来他真后悔啊。

其实，赞誉的话好听，但是，对人实在没有任何意义，也不会使人进步。照镜子再美有什么用呢？还不是你？但是，照镜子的目的就是要发现自己的瑕疵和不足，而不是要找到自己的美丽。生活中能有人批评你议论你，其实是难得的，也是你受人重视的标志。真的没有人批评你议论你了，你也就被人遗忘了。真正使人认识自己发现自己的还是批评之言。可以说批评之言是难得的，是每个人进步的阶梯。与你关系好的、对于你漠不关心的人，一般是不会批评你的。批评你的人或者是希望你进步，或者是发现了你的缺点，总是对你很有用的。

善待批评不仅是一种修养，更重要的是你的姿态。认真分析，就会发现批评你的人首先是与你共事的人，他们发现你的不足，诚恳地希望你改正，以便在学习和工作上取得进步。其次批评你的人，也许是对你有某种意见的人，如果你极力拒绝批评，就会增加别人对你的意见，甚至会激化矛盾。虚心接受批评，用礼貌和谦虚的态度对待批评，不仅化解了矛盾，而且赢得了别人的好感。接受批评不仅发现了自己的不足，使自己取得进步，而且与批评者取得了良好的沟通，把"对手"变为朋友，何乐而不为呢？

不要一听见批评，就好像有多大的事，好像别人和你过不去，把批评你的人看做对手。世界上没有不挨批评的人，关起门来还要骂皇帝呢？一般来说，批评你的人不会对你有多大的意见，也不会有多大的恶意，可能仅仅是表达一种看法，而且还是真心希望你取得进步的人。善待批评，就会改变别人的看法，改正缺点，更加向善。处理得好，就会与批评者成为知己，有这么一个知根知底的知己，你将会取得更大的进步，少犯很多错误。

　　别人批评，确实自己错了，就要虚心接受，努力改正错误。如果不是自己错了，也要对别人礼貌，感谢别人对你的"关心"，能有一个经常指点你的人存在，起码要少走很多弯路。

　　善待批评，是一种智者的行为，是聪明的表现。虚心的人，任何时候都会受到别人的欢迎。在我们的一生中，不知要做多少事，遇到多少相知不相知的人，批评自然难免。学会善待批评，是人生进步的捷径，是别人对你的无偿的馈赠。

第十二章　可贵的冒险精神

箴言录

冒险精神实际上体现了一个人的开拓精神。

我们要敢于抛弃安逸、享受，寻找新的生活，开辟新的领域。

天生一个仙人洞，无限风光在险峰。

不能盲目冒险，尽量降低风险率，减少损失，即使失败了，也不会有太大的损失。

有时候，冒险是人生最大的保险。

冒险精神是创新的前提，不敢冒险就不会有创新。

成功者大多数都是冒险者。

狭路相逢勇者胜，这个世界属于具有冒险精神的勇敢者。

冒险精神是成功者必备的素质

成功是每个人的梦想，但是没有人可以躺在安乐窝里成功。所有的成功都意味着对于现状的突破，对于过去的告别，当我们告别的时候其实就是一种冒险。平平常常是不可能成功的，总得失去某种东西，受到某种打击，连这些心理准备都没有，那就与成功无缘。

喜欢安逸的生活，会消磨人们的意志，失去冒险的斗志。人类似乎存在这种惰性，对于刚刚出生的婴儿，里三层外三层包裹得紧紧的，关闭门窗，只怕见风受凉，可是，这样的话，挡住了风，新鲜空气进不来，极大地降低了婴儿的抵抗力。中国人习惯于娇惯孩子，冬天里又是毛衣，又是羽绒服，稍有刮风下雪，就戴上了口罩，只怕孩子受冻，可是，伤风感冒的恰恰是这些孩子，因为他们不能适应冬天寒冷的气候。据说某些国家，小孩子在冬天大雪纷飞的时候，仅仅穿着单衣在雪地里玩耍，不让穿厚衣服，目的是为了锻炼孩子的毅力和意志。

而现在生活富足了，有些人斗阔比富，羡慕锦衣玉食的生活，这种追求享受型的生活方式，使得人们的性格趋于保守，不愿意去冒太大的风险，改变现有的生活方式。所以，我们时常看到许多企业，刚开始经营时雄心勃勃，一旦赢了利，需要扩大规模或者开发新产品时，就发生了分歧，因为人们墨守成规惯了，不愿意或者不敢冒风险了。现代社会生活日新月异，产品更新换代快，一个企业如果不能适应市场的发展变化，及时推出新产品，就会在激烈的市场竞争中被淘汰。比如，汽车的车型层出不穷，不断翻新，每一款都是对于市场的探险，稍有不慎，就会面临极大的商业经营损失，而如果止步不前，又会遭到消费者的遗弃，怎么办？还得具有冒险精神。否则，只有死路一条。德国的老牌汽车沃尔沃由于产品老化，经营不善，被中国企业收购，就是一个明显的例证。

缺乏冒险精神，就只能忙于维持现状，如果真能维持现状倒也可以，恰恰是相反，不仅会失去现状，而且失去了未来。

逆水行舟，不进则退。或者前进，或者落伍，在时代的浪潮中，**你站着不动，别人不会站着不动；你站着不动，别人不会停下来陪你虚度光阴。人生是一场赛跑，只要停下就将被超越。停下来意味着不去探索了，不去追求了，这样势必造成了思想上的保守和僵化，导致了不能适应新的变化，接受别人的意见，限于孤立。**

人生是有目标的生活，没有目标会一无所成。不敢冒险，就会失去新的目标，失去新的目标，也就同时失去了旧的目标。因为，旧的目标不能叫做目标，它只是人们前进道路上的一个里程碑，说明了过去。

不敢冒险的人与成功无缘，成功要求我们抛弃躲在屋檐下的生活，去一个广阔的天地里开创新的生活，经受风风雨雨。过去的安逸生活将不复存在，生存环境将被打破，前面的路不知道，布满了荆棘，一切都得靠自己努力争取。这充满艰难的生活，正是冒险者的生活，在选择走向成功的同时，也就选择了冒险，成功和冒险是紧密联系的，形影不离。有的人想成功却不敢冒险，那么他的想法是假的，或者说是还不够强烈。

冒险是人性的特征之一

冒险精神，其实在我们童年时期就存在，属于人性的基本特征之一，只不过随着岁月的流逝，这种特征被泯灭了。

襁褓中的婴儿对于世界充满着好奇心，一出生就用啼哭来证明自己的存在。几个月后便在床上到处爬，试图找到床的边缘，即使掉到床下也在所不惜。孩童时期，每到年节对于鞭炮特别喜欢，每逢放鞭炮都要去看，小心地从大人手里接过鞭炮然后自己点燃，就是要听那一声震耳欲聋的爆响。

记得小时候大人不让玩水，说水很危险，里边有水鬼专门害小孩，可是我们这些小孩子就是爱水。中午放了学，偷偷来到了池子里，三下五除二脱了衣服就下了水，不会游泳，就模仿着大人来回在水里扑腾。沿着池坡，一点一点往池中央探索，石头划破了脚也不顾，就这样农村的孩子学会了游泳。

现代人喜欢的攀岩、蹦极、冲浪、坐过山车等运动，莫不是冒险性格的表现。这些运动，都包含着对于危险的挑战，甚至包含着对于生命的威胁，但是人们照样乐此不疲，为什么，就是因为人的天性中包含着冒险细胞。

冒险和好奇心是分不开的，而人人皆有好奇心。好奇心是天生的，与生俱来的。许多人总喜欢奇闻轶事，听奇奇怪怪的故事，对于探险的故事充满了兴趣，这就是好奇心起作用。从审美心理学的角度来看，美就是使人心情愉悦的精神享受，而机械性的重复和熟悉的东西，往往使人产生审美疲劳，所以美一方面是令人愉悦的事物，另一方面还必须是新鲜的事物。冒险正是满足人们新鲜感的方式之一。

对于雷电的好奇，发明了避雷针；对于大海的好奇，发明了潜水艇；对于天空的好奇，发明了宇宙飞船，好奇心萌动着人类的求知欲，求知欲膨大了人类的心胸，带来了冒险的勇气和信心。沿着人类的历史足迹，不难发现，冒险改变了我们的生活，冒险带来了飞跃，带来了观念的变化。

冒险满足人们的心理需求，塑造人们勇敢的性格，开创美好的明天。人类历史之所以不断走向文明，不断有新的科学发现，就是自古至今都有一批又一批冒险者的存在。

所谓的冒险，就是对于未知事物的一种探秘，对于未知的生活领域的扩张，对于事业前沿的开拓。

然而，由于冒险潜在的危险性，冒险失败的事例，给人们带来的教训，人类又在以另外一种方式不断抵御着冒险，逃避着冒险。所谓的经验、所谓的结论、所谓的权威，其实都是对于冒险的阻挠。人们的潜意识里一方面对于事物有着冒险心理，一方面又天然地具有趋利避害的心理。由于冒险意味着对于权威、经验、结论的突破，加上冒险后需要承担的后果和责任，在趋利避害的心理影响之下，冒险似乎又成了一种贬义词。

其实，社会文化的教育训诫功能时时存在，什么可以干，什么不可以干，似乎都规定得明明白白，稍有背离就会受到阻止。现实社会的各种各样的规章制度、法律法规，都是对于人性的一种限制。当我们长大成人后，每个人似乎都是从一个模子里出来，循规蹈矩，谨小慎微，失去了人性中最宝贵的冒险精神。

要成功，就得向前进，就要冒险。安安稳稳的生活也许安逸，但是，却使人在避风港中丧失了活力和斗志。

人类的冒险心理是怎样逐渐弱化的？仔细分析，是在遭受了文化的灌输和生活的打击后弱化了甚至是消失了的。冒险肯定要付出代价，要奋斗就会有牺牲，要得到就要付出，付出一点代价并不应当成为我们退缩的借口，而应当激起我们更大的求知欲和探险欲。

对于冒险者，社会文化应当给予的是鼓励，而不是阻挠，更不是吓唬。在阻挠和吓唬的机制下，培养的就只是懦夫了。

冒险改变了生活

什么最能直接改变我们的生活，回答只有两个字：冒险。

"险"的意思就是危险、威胁、风险，冒险带来的心理感受是刺激、新鲜、紧张，带来的结果有可能是成功、失败、变化，带来的收获是经验、教训、成长，由此可以看出，冒险从心理、生活、能力等方方面面给我们的生活带来了变化，那么，我们有什么理由不冒险呢？

是的，冒险也带来了失败、挫折、嘲弄，但是，不冒险连成功的机会都没有。思考一下，不冒险就不会失败吗？大错特错！

不冒险也许不会带来显性的失败，带来的却是一生的失败。首先，冒险者的失败是看得见的，只不过是他往前边走了一些，路走错了，不冒险的人只是原地踏步，对于前边的路连了解都谈不上，所以，冒险者的失败其实也是不敢冒险的人的失败。其次，冒险者的成功属于冒险者，不冒险的人没有成功的机会，终生与成功无缘。由此可见，冒险者的失败是一时的，不冒险者的失败是一生的，成功属于冒险者。

人们常说，好男儿志在四方。前路茫茫，变化莫测。没有冒险的准备，不去冒险，行吗？

我国历史上著名的丝绸之路，是由西汉时期的张骞开辟的。

西汉初年，北方游牧民族匈奴是西汉最大的威胁，不断南下，掠夺人口、牲畜和财物，进犯汉朝的边境。公元前 139 年，张骞受汉武帝之命，带领 100 余人出使西域，计划与西域游牧民族大月氏联合起来，夹击匈奴。但是，沿途许多地方都被匈奴所控制，兵荒马乱，此行充满了危险。张骞进入河西走廊后就遇到匈奴的骑兵，一行人进行抵抗后被俘虏，被扣留了 10 年。公元前 129 年，张骞丢下妻儿，冒着生命危险逃跑了，继续往西域行进，到达了大月氏所在的地区。他在那里进行考察，了解当地的民情风俗和生产生活状况，一年之后启程回归。在归途中，又被匈奴抓住当了俘虏，后来寻机逃离，回到了长安。

张骞出使西域，开辟了举世闻名的丝绸之路。东起长安，经过河西走廊，到了敦煌后，向西南出阳关至楼兰，经过塔克拉玛干大沙漠，经于阗、大月氏、条支等地，最后到大秦帝国（罗马）；向西北出玉门关，经轮台、龟兹、疏勒等地到安息（伊朗）。丝绸之路的开辟，使得西域的葡萄、苜蓿、大蒜、胡萝卜等农作物传入中国，使中国的丝绸、铁器、农产品、瓷器传入了西域、波斯和印度等国，加强了汉朝和西南少数民族以及邻近国家的友谊，对于东西方的文化交流起了巨大的作用，在中国历史上写下了辉煌的一页。

可以说，没有张骞的冒险精神，就没有丝绸之路在汉代的开辟。战争的威胁、生命的脆弱、两度被匈奴俘虏，前后长达 13 年，这样的精神铸就了丝绸之路，成就了张骞的功勋，改变了汉代人们的生活。

井蛙观天的生活虽然安逸，没有风险，不经风雨，但是，井底之蛙过的永远是黑暗潮湿、没有意义、没有光明的生活。

没有变化的生活，没有明天的生活，不仅没有任何价值，而且会使精神世界萎缩，生命质量下降，身体素质降低。

人活着，应当改变自己的生活，正所谓，人往高处走，水往低处流。

冒险等于发现

　　平地里没有风景，因为一马平川。身边没有奇迹，因为以前都已经司空见惯。

　　所谓冒险，就是走别人没有走过的路；所谓冒险，就要敢于付出代价。

　　玄奘在没有去印度取经前，本来只是一个普通的僧人。他家境贫寒，很小的时候就出家做了和尚。当时，佛教的流传年代久远，许多经籍得不到合理的解释，各派学说纷纭，没有统一的结论，玄奘因此决心到印度学习佛教。公元 627 年，玄奘从长安出发踏上去印度取经的道路。一路上历经坎坷，穿过荒无人烟的大沙漠，途经难以行走的覆盖着万年冰雪的天山，沿途受到一些部族的围攻恫吓，生命常常悬于一线。尤其是经过人迹罕至的天山一带时，风雪交加，缺衣少食，一连好几天没有食物吃，同行的人中有好几个人饿死冻死。但是，在最艰难的条件下，玄奘不管前路如何凶险，坚持下来，终于到达了印度。他到印度后拜访各地佛寺，交流佛学观点，传播中国佛教文化，受到当地佛教人员的欢迎。

　　公元 643 年，玄奘带着 600 余部佛经回到了长安，受到唐朝皇室和佛教界的欢迎。在唐太宗李世民的大力支持下，在长安设立了译经院，组织许多人译经，共译出佛经 75 部，1335 卷，撰写了《大唐西域记》。吴承恩《西游记》就是以玄奘为原型创作的。玄奘去印度取经，危险重重，前后经过 17 年，行程 5 万余里，经过译经之后，校正了前人对于佛经的误解误读，对于佛教经典有着独到的发现，为佛教文化在中国的传播做出了重要贡献。玄奘的西行，使他成为中国唐代著名的高僧、佛教唯识宗的创始者、旅行家，与鸠摩罗什、真谛并称为中国佛教三大翻译家。

　　马可·波罗是意大利著名探险家。1271 年，马可·波罗和家人拿着教皇的礼品，带领从人一起去东方。他们从威尼斯进入地中海，然后横渡黑海，经过两河流域来到中东古城巴格达，从这里到波斯湾的出海口就可以乘船去中国了。然而，不幸遇上强盗被关押起来，赶到脱离危险后从人都不见了，只剩下他和他的家人。由于没有船只，只好改走陆路。越过荒凉恐怖的伊朗沙漠，跨过险峻寒冷的帕米尔高原，终于来到了中国。马可·波罗呈上了教皇的信件和礼物，拜见了元朝皇帝忽必烈之后，受到赏识，被留在元朝任职。

在中国逗留期间，马可·波罗利用他的身份去了中国许多地方，游览了名山大川，了解当地的风俗民情，考察经济文化，做了详细的记录。20多年后，马可·波罗回到了意大利。1298年，马可·波罗参加了威尼斯与热那亚的战争，在战争中不幸被俘，关在狱里，完成了《马可·波罗游记》。该书记录了13世纪中国发达的城市建筑、先进的工商业经济、华美廉价的丝绸锦缎、完善方便的驿道交通等。该书向世界打开了一扇东方文明的窗口，促进了中西交通和文化交流。因此，可以说，马可·波罗和他的《马可·波罗游记》给欧洲开辟了一个新时代。

冒险就是探索，就是发现。

地球的南极是一个面积大约1425万平方千米的多山大陆，绝大部分被1219米的冰层覆盖，气温比北极还低。没有发现南极之前，南极对于人类来说充满了神秘感。挪威探险家罗阿德·阿蒙森从小就喜欢大海，经常跟随着渔民去大海里捕鱼。长大后，他驾着船第一个穿过北冰洋，又从大西洋到了太平洋！但是，他对于神秘的南极充满了向往，于是抛弃了优裕的生活，决心去南极探险。1911年10月，罗阿德·阿蒙森一行5人乘着由几十条爱斯基摩犬拉的4架雪橇，向南极极顶驶去！探险队为了使回程不迷路或不挨饿，一路上每隔8千米便设一个路标，100千米便建一个小型粮食仓库。然而，越往前行，气候越是变化无常，风雪交加，寒冷刺骨，难以立足，随时都有生命危险。前边山势连绵不断，陡峭异常，为了减少粮食消耗，他们不得不开枪打死了立下汗马功劳的爱斯基摩犬。有一天，遇到暴风雪，几个人把绳子拴在腰上，手拉手往前走，随时都有掉下冰窟的可能。就这样，于当年 12 月，罗阿德·阿蒙森探险队到达了南极最高点。他们堆起一座圆锥形石堆做标记，并把国旗插在上边。

冒险开发了人类活动的领域，扩展了人类的生存空间。正是有像罗阿德·阿蒙森等人的探索，人类在地球上有了许多重大发现。

机会存在于冒险之中

机会是人生的转折点，是改变人生的关键。当人们回忆人生的风风雨雨时，常常慨叹没有把握住机会，这是许多人的遗憾。

可是，机会并非平平常常就会来到，许多机会其实存在于冒险之中。想起改革开放之初，许多人舍不得铁饭碗，不敢抛弃眼前的薪金微薄的工作而去下海经商，可是，那些敢于抛弃铁饭碗的人商海拼搏，刹那间成为人人仰慕的致富者。刚开始炒股，许多人舍不得金钱，只怕赔钱，第一批炒股的人赚钱了，以后眼红炒股的人大多赔钱了。前七八年，房地产市场刚刚起步，人们不敢投资房地产，后来房地产价格节节上升，翻了好几番，许多人后悔当时如果把钱放到房地产上，何愁没有财富啊。

其实，当看到别人赚了钱，这时后继者一拥而上，倾力而为，看似风险小了，可是机会也少了，恰恰是危机时刻来临了。如今炒股的、下海经商的、购置房产的，远不如当初的人们收获大。

人生的成功，就是不断地主动出击，把握机会，勇于冒险。2008 年 7 月 30 日，亚太华商领袖论坛在海南省博鳌召开，来自 30 多个国家的知名华商领袖、中国知名企业代表近 500 人出席了论坛，企业年销售收入过百亿元，被誉为中国电缆大王的远东控股集团董事局主席、首席执行官蒋锡培，荣获了"亚太华商领袖论坛卓越贡献奖"。

1980 年的夏天，17 岁的蒋锡培高考落榜了，上大学的梦想破灭了。在家人的鼓励下，蒋锡培摆起钟表修理摊。经过数年辛辛苦苦，起早贪黑的经营，虽然赚了一些钱，收入也比较稳定，可是就这样小打小闹，只能平平庸庸地活着。于是，他毅然收起了钟表摊开始了新的创业。1985 年，他带着省吃俭用挣得的 30 万元，回范道乡创办了范道仪表仪器厂，专门生产闹钟的零部件。然而，由于经营不善，30 万元血本无归，一夜之间负债累累。

在挫折面前，他没有灰心丧气，又开始经营电缆业务，来回奔波在江苏到浙江的路上。当时，生意很好做，到 1992 年，他还清了所有债务，赚了 500 多万元。此时，正是又一轮改革开放的最佳时机，范道乡镇政府领导和他谈话，希望将他的企业变成集体企业，这样就可以获得很多优惠政策。但是，前提是得将 500 多万元家业归为集体所有，等于一夜间自己的资产归零。但是，为了企业的长远利益，蒋锡培冒险走出了这一步棋，由于企业身份变了，各方面大开绿灯，企业当年销售额就突破 5000 万元。回忆当年的冒险举措，蒋锡培深有感触地道："其实作出这样的决定，我心里也是忐忑不安的，500 万元啊，在当年不是一个小数目，但既然选择了冒险，我就只有往前冲了。"

分析蒋锡培的成功之路，我们发现，他最大的特点就是与时俱进，敢于冒险。他在十几年间，进行了 4 次企业改制，经历了从民营企业、集体企业、混合所有制企业到民营股份制企业集团的转变，每一次改制都是一次冒险，也是对于机会的把握。蒋锡培领导的企业曾经连续 10 多年以 40% 的速度飞速成长，凭借的就是智慧、胆识和冒险精神。蒋锡培总结道："**企业就是由无数次冒险组成的。**""**因为如果没有这种冒险精神的话，你是当不了企业家的。**"

从蒋锡培身上，我们充分感受到了冒险对于人们事业的促进和改变。虽然也有危险，也会受到挫折，但是，如果没有冒险精神的话，人们就永远不会有大的进步。

敢于向权威挑战

　　冒险要有"明知山有虎，偏向虎山行"的精神，要敢于突破旧的思想框框，勇于发现新的东西。

　　那些迷信的人、对于权威顶礼膜拜的人，是不敢冒险的。因为，他们的思想不解放，心灵被套上了无形的枷锁。

　　冒险就是挑战，即使面对权威，只要认为自己做得对，也要坚持自己，敢于向权威挑战。

　　伽利略是意大利天文学家、物理学家、力学家和哲学家，也是近代实验物理学的开拓者，被誉为"近代科学之父"。在伽利略的时代，一两千年以来人们都信服亚里士多德的观点：不同重量的物体，从高处下降的速度与重量成正比，重的一定比轻的先落地。伽利略经过再三的观察、研究、实验后，发现如果将不同重量的物体同时从同一高度放下，两者将会同时落地。于是伽利略大胆地向亚里士多德的观点进行了挑战。伽利略提出了新的观点：轻重不同的物体，如果受空气的阻力相同，从同一高处下落，必然同时落地。这个观点遭到了当时许多学者的反对，有人说："除了傻瓜外，没有人相信一根羽毛同一颗炮弹能以同样的速度通过空间下降。"为了捍卫自己的理论，伽利略决定用事实来说话。1590年的一天，伽利略在许多人的围观中，登上了意大利比萨斜塔。他一手拿10磅重的铅球，一手拿着1磅重的铅球。说道："先生们，两个铅球要落地了。"说完，两手同时松开铅球。结果由塔上同时落下的两只铅球，同时穿过空中，轻的和重的同时落在地上。在事实面前，那些嘲笑伽利略的学者不吭声了。

　　伽利略从实验和理论上否定了亚里士多德关于"落体运动法则"，从而提出了"自由落体定律"，即在忽略空气阻力条件下，重量不同的物体在下落时同时落地，下落的速度与重量无关。伽利略对运动的基本概念，包括重心、速度、加速度的理论，在经典力学史上是一个里程碑。恩格斯称他是"不管有何障碍，都能不顾一切而打破旧说，创立新说的巨人之一"。

伽利略挑战了权威，尽管受到了各种各样的嘲笑和打击，但是，他成功了，发展了物理学的力学理论。那些维护所谓权威的学者，叽叽喳喳，如雀聒噪，可是，都成为失败者，经过时代的大浪淘沙，如今湮没无闻。

冒险就要敢于打破迷信，不能被世俗的观念和结论所束缚。

意大利科学家、哲学家布鲁诺从小喜欢读书，15岁那年当了多米尼修道院的修道士。他读了哥白尼的《天体运行论》之后，受到很大的启发，改变了他的观念。他在《论无限、宇宙及世界》这本书当中，提出了宇宙无限的思想，他认为宇宙是统一的、物质的、无限的和永恒的。在太阳系以外还有无以数计的天体世界。人类所看到的只是无限宇宙中极为渺小的一部分，地球只不过是无限宇宙中一粒小小的尘埃。他进而指出，千千万万颗恒星都是如同太阳那样巨大而炽热的星辰，这些星辰都以巨大的速度向四面八方疾驰不息。它们的周围也有许多像地球这样的行星，行星周围又有许多卫星。生命不仅在我们的地球上有，也可能存在于那些人们看不到的遥远的行星上。

布鲁诺的这些观点，给予束缚人们思想长达几千年之久的地球中心说以沉重的打击，对于宗教神学是极大的挑战。使同时代的人感到茫然，为之惊愕！甚至被尊为"天空立法者"的天文学家开普勒也无法接受，感到一阵阵头晕目眩！在天主教会的眼里，被视为异端，于是逮捕了布鲁诺，把他囚禁在宗教裁判所的监狱里，接连不断地审讯和折磨竟达8年之久！1600年2月17日，布鲁诺在罗马的百花广场上被施以火刑。布鲁诺后被人们称为"继哥白尼之后的天文学家"。

没有冒险意识，就没有创新精神

所谓冒险，就是突破，敢于标新立异，独辟蹊径。

不敢冒险，是缺乏进取心的表现。没有进取心，就不会想着做事，不做事就不会有冒险的想法。冒险的心理产生于现实的基础之上，通过对于现实的分析，明白利弊，决定取舍，然后采取行动。

尤其是对于企业家来说，冒险就是对于市场的预测、判断和投资，一旦瞄准了市场，就要把握机会，敢于出击。经济学家樊纲道："企业家精神就是创新精神，创新精神就是冒险加理智。"风险是显而易见的，大量的资金投出去了，变成了产品，产品无人问津，市场反响不佳，就意味着失败。如果新的产品投资成功，对于企业的发展、市场的开拓无疑具有重要意义。对于企业来说，不冒险是不行的，不冒险就是守旧。市场竞争是激烈而残酷的，新产品不断涌现，更新换代频繁。如果不投入新的产品，就会在竞争中被淘汰，如果投入新产品就会有风险，二者之中必居其一。

一些老牌企业之所以今天还能够保持活力，就是由于它们的革新精神和冒险精神。在保留企业老品牌的同时，能够跟上时代的步伐，及时革新，推出新产品。福特公司是世界著名的汽车公司，它在 2008 年削减北美地区大型卡车和 SUV 的产量，同时增加小型车和跨界车的产量。福特汽车公司首席执行官马克·菲尔茨道："我们正把福特在北美地区的生产运营模式改造成一个精简、灵活的体系，使之具备充分的商业竞争力。我们将不断依据现实需求调整产能。我们也将为所有的整车厂配备高度柔性的生产线，以确保我们能对消费者不断变化的需求作出快速反应。此外我们正增加四缸发动机的产能，以满足消费者日益增长的需求；同时扩大新款发动机、六挡变速箱以及其他节油产品的产量。"

企业的本质就是适应市场而不断创新，每一次创新都是一次转型，需要付出巨大的资金和人力，使企业获得新的发展机遇。没有冒险精神，谨小慎微，瞻前顾后，一切都无从谈起。海尔集团张瑞敏道："创新精神取决于管理者的自我创新，为什么有的企业难以持续发展，原因在于管理者往往沉溺于昨天的成绩，难以自我创新战胜自我，海尔的理念是只有创业没有守业，不断打破昨天的思维定势，去争取更大的成功。"

长安福特公司于2007年推出一款新车福克斯，这是一款具有赛车血统的汽车，比较能够体现"活得精彩"的品牌形象。该公司推出这款车是基于以下判断：一是福克斯很好地体现了活得精彩的品牌形象；二是销量达到一定的规模。长安福特有一个大胆的想法：鼓励和帮助中国的消费者在日常生活中增添更多的精彩。把"活得精彩"作为广告语，对于这句话的定义为"充满活力、冒险精神、年轻的心"。长安福特所做的一份调查显示，74.3%的消费者认为，"活得精彩"是年轻人心目中最重要的生活价值观，年龄段越低的年轻人和一线城市，这一比例更高。通俗地讲，就是只要你每一天做一些与众不同的事，就是活得精彩，并以此为基础推广一系列的"精彩中国挑战"营销活动。

只要想发展，就得做事，做事就难免出事。但是，只要能好好总结每次的经验教训，无论成功还是失败，做就会把不好的变成好的，从而超越自身。

心理学家发现，冒险精神是人的重要性格特征。每个人都具有潜在的冒险细胞，只不过经过社会的熏染，各种习俗和规定的制约，现实中遭受的打击和挫折，使得这种性格因素被戴上了紧箍咒。当我们一旦具有了保守思想，不敢冒险时，就说明了我们已经在退缩，难以发展了。随着冒险精神的缺失，人们的想法、行为、心态就变了，在生活中就会处于被动的地位，被忽略和遗忘，成为时代潮流中的局外人。保守和冒险、冒险和进取、进取和成功，本来就是紧密联系的，当一个人从心理上缺失了冒险精神后，生活和事业就开始停步不前了。

具有冒险精神的人，寻求一种改变生活现状的乐趣，尝试一种新生活的可能性，由此焕发了生命的活力。它与通常意义上的简单的冒险是不一样的，比如蹦极、爬山、坐过山车等。这种冒险是一种简单的感官刺激，寻求的是简单的感官兴奋，在一瞬间和短时间内就可以完成。而具有冒险精神的人寻求的冒险，是一种从本质上对于人生的改变，对于事业的提升，对于未来的塑造，它包含着人生的智慧和耐久的毅力。这种冒险不是鲁莽、不是对于生命的不珍惜，而是理性、智慧、经验的结合。具有一定的科学性、可行性和成功率。

冒险提高了风险防范能力

在教育界，专家们提出了一个新观点，就是要加强对于受教育者的"受挫"教育。现在人们的生活基本上解决了温饱问题，对于孩子溺爱有加，处处保护，家人们在孩子的天空里撑起了一把巨伞，遮风挡雨，不让孩子受一点点委屈。这样做的目的，实际上使孩子从小就丧失了一种抵抗风险能力。

其实，一个人的成长和他的抵抗风险能力是相辅相成的，没有抵抗风险能力，就不会成长。人生之路漫长，许多事情是无法预测的，没有抗风险能力的话，一旦遇上风险就会手足无措，束手待毙。

哲人说，**最致命的危险就是未觉察危险。安于现状，安于平庸会带来潜在的危险。**守在巢中的鸟儿，风和日丽，衣食无忧，可是，一旦风雨来临，雷电交加，就会惊慌失措，在巢中摔下来，在风雨中失去了佑护，从而受伤。难道不是这样吗？没有走过险路、一帆风顺的人，在生活中是很脆弱的，生活的安宁和幸福一旦打破了，就会一蹶不振。人们常说，落架的凤凰不如鸡，高傲的凤凰一旦离开了圈养它的鸟笼，生存能力能与四处觅食、离开主人照样活的鸡相比吗？

敢于冒险不仅开辟了新的生活领域，而且提高了生存能力、抗风险能力，全面提高了人的素质，改变了一个人。

人生是永不停止的旅行，每一天都是新的，每一天都应当有引人入胜的风景。我们时时刻刻在寻找新的目标，满足现状将被淘汰。所以必须敢于告别过去，勇于拒绝平庸。

危险并不可怕，最大的危险就是害怕危险。有些人一提冒险，就担惊受怕，畏缩不前，好像会要了命似的。事实上敢于冒险的人反而风调雨顺，平平安安，而不敢冒险的人一辈子磕磕碰碰，一片树叶也会砸伤脑袋，没有平安的时候。我们看到社会上呼风唤雨、享受人生的人，难道不是敢于冒险的人吗？

冒险才能冒尖，不冒险就不会冒尖。冒险是富人和穷人、成功者和失败者区分的标志。大多数人安于风平浪静的生活，所以庸庸碌碌，辛辛苦苦。为什么说乱世出英雄，就是因为在乱世里人们的生存受到了危险，不冒险无法生存，同时乱世里打破了阻碍人才成长的条条框框，使人才脱颖而出。太平盛世，使人性的某些可贵的品质在种种规则面前消失了。

冒险精神使人在社会中勇敢作为，大胆作为，成功作为，表现为百折不挠、坚忍不拔意志，敢于迎接挑战，充满信心地迎着危险和困难勇往直前，直至最后的胜利。这样的人往往领袖群伦，改变社会，是社会进步的推动者。

第十三章　持之以恒的毅力
坚持不懈的努力

箴言录

　　成大事者最可贵的品质是毅力。

　　所谓毅力，就是持续不懈的努力。

　　成功不是一蹴而就的事情，需要经过长年累月的坚持。

　　不厌倦，不放弃，不失去，不停止，这是必须具备的心理素质。

　　毅力就是行动的能力，在人生为事业而奋斗的过程中，等站到同一个起跑线上，毅力决定了谁是最后的胜利者。

　　大多数人一生都是摇摆的路标，没有朝着同一个方向，一直走到底，因而一生与成功无缘，只是别人风景的点缀。

持续不懈的努力

　　所谓毅力，就是持续不懈的努力。为了实现人生的目标，能够坚持到底，取得胜利。达·芬奇说："顽强的毅力可以克服任何障碍。"

　　苏轼《晁错论》道："古之立大事者，不惟有超世之才，亦必有坚忍不拔之志。昔禹之治水，凿龙门，决大河而放之海。方其功之未成也，盖亦有溃冒冲突可畏之患；惟能前知其当然，事至不惧，而徐为之图，是以得至于成功。"意思是自古能成就伟大功绩的人，不只是有超凡的才能，也一定有坚忍不拔的意志。从前大禹治水，凿开龙门堤口，引导河水流入大海。当还没有成功的时候，也有洪水泛滥的巨大隐患；只是大禹能够事前清楚如何能够治理好洪水，当水患发生后就不感到害怕，而从容地寻找处理的方法，所以最后获得了成功。

遥想当年大禹治水，科学不发达，没有现代化的测量仪器和交通运输工具，纯粹靠人力肩挑背驮来修堤筑坝。他带领人们走遍黄河的各个支流，疏通了堵塞的河流，风餐露宿，整天泡在泥水里，把平地的积水导入河道。为了疏通河道，三过家门而不入，尽心竭力，经过了十几年的努力付出，终于取得了成功，消除了黄河的水患。这种持之以恒的精神，永不言败的毅力，真让人感动。

什么叫毅力，这就叫毅力。毅力是百折不挠的意志，为实现目标而一往无前，不为任何困难所屈服的优秀品质。

要做成一番事业，不仅需要知识、能力，更需要毅力。雨果道："世人缺乏的是毅力，而非气力。"一语道破了成功的关键。当人们的知识、能力和毅力结合到一起时，才能真正发挥才干，做出一番事业来。我们在生活中，时常会遇到这样的人，好像怀才不遇、郁郁不得志的样子，这可能也有别的原因，但是，一定和毅力有关。

一个人，有能力、有知识，有什么理由不得志呢？

我花费时间观察这些人的作为，就发现了其中的症结。**这种怀才不遇的人，说得多，做得少，夸夸其谈，总感到不得志，却不愿意踏踏实实去做具体的工作。**每做一件事，都是浮皮潦草，浅尝辄止，好像是大材小用。这种缺乏毅力和恒心的做法，即使再有才华有知识，又能做成什么呢？

别人不认可你，你也不认可自己吗？为什么做事那么不认真？那么没有毅力？

人们的思维总是存在一种自己不知道的误区，好像别人越打击，越破罐子破摔。别人把你放在一个不重要的岗位上，你更要认真，做好，做大，让人认可。而有的人却恰恰相反，面对不满意的职位，不是积极地去做，而是牢骚满腹，应付差事，不好好去做，不持续地去做好，理由是不满意目前的职位。我们认为，正因为不满意，那么你才要做得更好，得到认可，而不是对着干，消极地干。我有个朋友叫李国庆，特别有绘画天赋，在一家杂志社工作。领导分配他去设计杂志的版式，而让别的人去画杂志的插图。李国庆于是带上了情绪，设计的版式很草率，线条结构随手而绘，缺乏美感，于是，领导不高兴了，说连最基本的设计工作都干不了，大学的绘画白学了吧。于是，对他有了看法，让他先把设计搞好再说。其实，李国庆在大学也学过设计，搞版式设计并非难事。但是，他由于有情绪，缺乏耐心，坐不下来对于杂志和每篇文章的版式动动脑筋，把这件事做好。

这就是自古至今那么多怀才不遇的人失败的原因。他们忍耐不了别人对于自己的才华的轻视，于是，以一种轻蔑的态度去做事情，把事情做砸了，使别人进一步加强了负面印象，于是，这种人更加怀才不遇了。

无论做任何事情，既然去做，就要有毅力做好。没有毅力，是任何事情都做不好的。

克服困难，培养毅力

拿破仑说过："胜利属于最坚忍的人。"

世界上没有一帆风顺的事情，做任何事情都会碰到困难。小困难需要小的毅力，大的困难需要大的毅力。毅力是人的一种心理承受力，是事业和工作的重要能力，人们的知识结构、体力、智力都差不多，人生的差别从毅力上开始区分开来。

要有意识地培养毅力。德国儿童教育家卡尔·威特在培养孩子的耐心时是下过一番工夫的。他认为人一生总会在学习和生活上遇到很多难以预料的问题和困难，他经常教育孩子，确定目标后就要全力以赴，在孩子还只会趴在床上时，他们就用各种方法鼓励遇到困难的孩子坚持，坚持，再坚持。一次，为了提高孩子的数学能力，给孩子布置了一道远远超过孩子实际水平的数学题，之后孩子坐在书桌前开始做了。过了好长时间，他推开门，只见孩子满头大汗，脸涨得通红，还以为孩子病了，孩子说没事，继续做题。一直过了好长时间，进去之后，孩子还在苦思冥想。卡尔·威特心有不忍，劝孩子如果实在不会做也没有关系。但是，孩子坚持要做，看到孩子这么有毅力，卡尔·威特很高兴，支持孩子继续下去。不久，孩子一蹦一跳地从书房里走出来，高兴地道："我做出来这道数学题了！"

在那一刻，卡尔·威特和孩子一样激动万分，为孩子的成功的坚持和可贵的毅力而自豪。他问孩子：做题的过程中有没有想过放弃，孩子道："想过，它确实太难了。好长一段时间我都觉得头痛欲裂，真想跑出来对你说做不出来，但每每这时，**心中就会响起一个声音，坚持，坚持，再坚持**！所以我发誓坚持到底，非做出来不可。"正是通过这样的培养和努力，卡尔·威特的孩子10岁被哥廷根大学录取，13岁写出了数学论著《三角术》，14岁被授予哲学博士学位。

成功就是确定目标后永不放弃的坚持。每个人都具有成功的潜质，人一辈子如果专心做一件事，坚持到底就会成功。可惜的是，我们许多人一生中随波逐流，浅尝辄止，都是在左右摇摆中度过了。

被誉为亚洲销售女神的徐鹤宁在推销演讲课程时，遇到一位家产上亿元的企业家，对于课程有偏见，毫不留情地拒绝了徐鹤宁的推销。徐鹤宁就想办法和她套近乎，买和她同样品牌的服装穿在身上，多次去拜访她。但是，只要一提到授课，那位企业家当即拒绝，改谈别的话题。但是，徐鹤宁决不放弃，时刻盯住机会推销自己的演讲课程。一次，徐鹤宁来到了那家企业，正巧在开会，徐鹤宁一见机会来了，拉着她的手，带着几乎哀求的腔调对她道："你就给我20分钟时间，我上台讲一下就行了。"企业家看到她那样虔诚，那样着急，被感动了，但还是生硬地道："你只讲20分钟。"谁知徐鹤宁一讲课，不仅感染了台下的听众，把企业家也感动了，人们洗耳恭听，原定的 20 分钟课程延迟到一个半小时。在这节课上，徐鹤宁成功地推销了 30 余人的课程，价值 20 万元。

徐鹤宁说，她开始做销售的时候，早上 5 点起床，晚上 12 点才回家休息。虽然有困难，但是，困难正是我们前进的阶梯，虽然会遇到绊脚石，但我们要把绊脚石变成前进的垫脚石。事物都是辩证的，不存在绝对的阻力，只要善于应对，就可以成功。正是靠着这样的毅力，才使她一步步走向销售女神的宝座。如今，年仅 20 多岁的徐鹤宁，由刚到深圳时的一无所有，在短短几年内拥有了自己的豪宅和价值百万元的宝马车。

一如既往，不改初衷

水滴石穿，聚沙成塔。

成功不是一蹴而就的事情，不可能不劳而获，需要通过长年累月的坚持。而一些人不要说坚持长年累月了，持续几个月就叫苦连天了。尤其是现代社会里，物质生活发达了，信息丰富了，优越的物质生活使人们变得懒惰，更容易见异思迁。这也是人们不成功的原因。

徐霞客是明代著名的地理学家，从小喜欢看与地理、游记、方志、历史有关的书籍，特别想游遍祖国的名山大川。22 岁那一年，告别母亲和妻子，准备好行囊去旅行。从那一年开始，一直到 56 岁去世，在长达 30 多年的时间里，考察了泰山、天台山、黄山和大渡河、金沙江、澜沧江，走过了江苏、浙江、云南、山东等 19 个省市。那时的旅行，山高路远，主要靠步行来旅行。有时攀登悬崖，差点摔下万丈深渊；有时，冰天雪地，在齐腰深的雪地里攀山，稍不留神，就有危险；有时，在深山老林，遇上虎狼猛兽，命悬一线；有时在旅行中遇上了强盗，被洗劫一空，只好忍饥挨饿，求助路人，继续赶路。靠着这样的毅力，徐霞客旅行最远的地方，甚至到了中缅交接的腾越（今云南腾冲）一带。

在他的巨著《徐霞客游记》里，记载了大小河流551条，湖泽59个，潭、溏、池131个，收录了岩溶地貌、山岳地貌、红层地貌、流水地貌、火山地貌，并且记录了我国广大地区的手工业、矿业、农业、交通运输、商业贸易、城镇村落的分布和兴衰。他还在广西、贵州、云南3省区，亲自探查过270多个洞穴，对洞穴的方向、高度、宽度和深度作了具体记载，论述其成因，指出一些岩洞是水的机械侵蚀造成，钟乳石是含钙质的水滴蒸发后逐渐凝聚而形成的等。这本书对于我们今天的历史地理、气象学、环境科学、农业地理等的研究，提供了宝贵资料。

谁能把一件事情连续做30多年，没有任何报酬，无怨无悔，始终如一？徐霞客做到了。宋代政治家王安石道："世之奇伟瑰怪之观，常在于险远，而人之所罕至焉，故非有志者不能至也。"这源于徐霞客的坚韧不拔的毅力，不屈不挠的坚持。

由此反思我们的精神状态。人们整日在信息社会里心旌摇曳，轻易就停下了脚步，随便就跳了槽，简直就是移动的小草，永远不会长成参天大树。树高千尺，根深百丈。千年松柏，之所以伟岸挺拔，阅尽人间春色，就是因为它能在一个地方扎下根来，几百年上千年都不挪窝。这样的精神，弥足珍贵，对于我们飘蓬般的现代人，是一个绝妙的参照。**它还给我们一个启发，即使生活在特别恶劣的环境，寸草不生的地方，只要坚持下来，在石头上也可以长成一道风景。**我们不是经常可以看到在山间的石头上，长着那么倔强的松柏吗？风无意间把种子撒到石头缝里，而种子是不会走的，不像人一样到处游荡，它就安心在石头里坚持，坚持，期待一场雨，期待一场风，然后就此坚持，风霜雨雪，矢志不移。

人啊，缺的不是智慧，不是体力，而是毅力。每个人都有天分，而我们大多数人辜负了自己的天分，做每件事情都是那么马马虎虎，虎头蛇尾，不能善始善终。

失败是毅力的磨刀石

在失败面前，是知难而退，还是迎难而上，这是对毅力的考验。

从事写作的人，都有过"三更灯火五更鸡，夜点明灯下苦功"的经历，但是，绝对都有过失败的经历，写出文章来，希望等到名家的肯定，投稿之后那种望眼欲穿的期待，有焦灼有不安，又有一份奢望。可是，起初等来的往往是一封退稿信，甚至连退稿信也没有，石沉大海。

美国作家福克纳 1949 年获诺贝尔文学奖，1951 年获美国全国图书奖，1955 年和 1963 年两次获普利策奖，是著名的现代派作家。福克纳的祖父是庄园主、作家，他特别崇拜他的祖父，9 岁的时候说："我要像曾祖父那样当个作家。"他小时候个子矮小，家庭不富裕，希望通过写作来证明自己，但是，屡屡失败，默默无名。1931年创作了《圣殿》，揭示了南方法律界的腐败、社会的暴力与罪恶，以及人性的失衡。他兴冲冲地交给出版商，却遭到了退稿，退稿信这样写道："我的天，我可不敢将手稿变成铅字，否则，你我两人都难逃法网。"面对这样的嘲弄，福克纳没有停止手中的笔，而是继续坚持创作，一生创作了 19 部长篇小说和 100 余篇短篇小说。后来，《圣殿》成为福克纳最为畅销的作品。

纳博科夫是美国后现代派小说家，成名作为《洛丽塔》。创作的灵感始于 20 世纪 40 年代前后，当时他在巴黎因病而卧床休息。读了报纸上一则关于猿的报道，此猿经过科学家的调教会画简单的图画，于是激发了创作灵感。纳博科夫写了一篇短篇小说，由于自己不满意，1940 年移居美国后就把它毁掉了。但是他总想把它再写出来，1949 年才开始写《洛丽塔》，断断续续到 1953 年底完成。1954年他开始找出版商出版，但连续遭到四家出版社的拒绝。一封退稿信是这样评价这部书稿的："小说荒诞绝伦，与精神病人的梦呓别无二致，且情节安排上纠缠不清……作者竟厚颜之至，要求出版此书，我对此大为惊讶。我看不出出版此书有何益处，我建议将手稿埋入地下 1000 年。"在走投无路的情况下，无意中一位朋友介绍给了巴黎的一家出版社，这才出版。

这样的讽刺和挖苦令人伤心，但是，并不能动摇纳博科夫的信心和决心。他的创作一直没有中断，一生创作了 17 部长篇小说。由此可见，**毅力是坚定的意志，是不服输的精神。在别人否定你的时候，你仍然坚持；在挫折面前绝不退缩。**狄更斯道："顽强的毅力可以征服世界上任何一座高峰。"

当抱定写作的理想，废寝忘食地写作，却屡屡被退稿所折磨时，我们应当怎么办？没有更好的办法，只有写得更好！

王羲之的墨池——锲而不舍

王羲之自幼酷爱书法，12 岁那年偶然发现父亲藏有一本《笔论》的书法书，就孜孜不倦地阅读起来。他父亲担心他不能保密家传，不让他读这本书。王羲之却特别痴迷，坚决要求父亲答应他学习这本书。王羲之曾经师从卫夫人学书法，得钟繇书法之真谛。王羲之练习书法很刻苦，博览秦汉魏以来篆隶的碑刻，用心体会，心摩手写，用功之极。抽空用手在衣服上来回写，时间长了连衣服都被手指划破了。他从不放过学习的机会，看见鹅仰天而叫的神态，很有动感，竟然对他的书法的运笔颇有启发。练习书法达到忘情的程度。一次，他练字竟忘了吃饭，家人把饭送到书房，他竟不假思索地用主食蘸着墨吃起来，还觉得很有味。当家人发现时，已是满嘴墨黑了。据说，在王羲之练习书法的池子里，由于常年就池洗砚，时间长了，池水也变黑了，人们称之为"墨池"。现在绍兴兰亭、庐山归宗寺等地都有被称为"墨池"的名胜。

由于王羲之锲而不舍的练习，他的书法艺术达到了超逸绝伦的高峰，成为中国历史上的最著名的书法家之一，被人们誉为"书圣"。

荀况："锲而舍之，朽木不折；锲而不舍，金石可镂。"人世间的事情，贵在一个坚持，没有毅力虽举手之劳的事情，亦不能为也。从王羲之的学书故事，我们看到，痴迷、专注、坚持，是成功者必备的素质。世上无难事，只怕有心人。只要有决心，有恒心，何愁不能成功？

当王羲之想成为书法家的时候，他的全身心的投入、知难而进的精神，就主导了他的生活，成了他念念不忘的事情。他无时无刻，竭尽所能，努力去研究书法，弘扬书法，自成一体，终成大家。在所有成功者走过的足迹上，我们看到的不是智商、智力的高低，而是那种奋发有为、不屈不挠的毅力。凭着这种精神，世界上没有什么障碍可以成为他们的阻力，所有的阻力都会成为前进路上的动力！

这使我想起了马克•吐温的话："人的思想是了不起的，只要专注于某一项事业，就一定会做出使自己感到吃惊的成绩来。"面对事业，人们要做的一件事，就是用自己无所阻挡的毅力，扼住命运的咽喉，掌握自己的命运，成就人生的大业。

惟其如此，才会有所成就。

克服心理上的厌倦

米开朗琪罗道："天才是永恒的耐心。"

走向成功的道路不是一帆风顺的，可能会遇到许多意料不到的情况，需要人们花时间来处理。整天做同样的一件事，时间长了难免会感到厌倦、无聊、乏味。这其实正是锻炼耐心的时刻。

人们仰慕成功者，只是看到他们成功之后笼罩在身上的光环、鲜花和掌声，可是，背后的艰辛、枯燥，常人是无法切身体会得到的。乒乓球手练球时，旁边放着几百颗乒乓球。就这样，一个动作每天重复练习几百次上千次，身边是不会说话的球案子，眼前是飞旋的白色的乒乓球，练得手腕疼了，胳膊麻了，还得照样练习。因为，不这样做就不能掌握要领，提高水平。一天又一天，一月又一月，一年又一年，每天都不间断。但是，即使这样练了，进步还是很慢的，因为成功首先是对于人们耐力的验证。

王皓是具有代表性的新一代直拍选手，其直拍横打技术日臻成熟，形成了完整的攻防体系。直拍反手的"拧、拉、撕、弹、冲"五大技术均已炉火纯青，在与任何一位横拍选手比赛时反手都能占有明显的优势；正手杀伤力大，中远台对拉能力强。可以说正手不弱，反手超强。但是，连续参加了两次奥运会，都与冠军擦肩而过。与韩国柳承敏的比赛由于心理因素输了；与队友马琳的比赛在许多人看好的情况下也输了。面对比赛的失利，怎么办？就是提高自己。改变自己打球时缺少变化、直线少斜线多、发球单一的状况。练了多少年了，比赛了无数次了，还要坚持下去，提高球艺。而且随着时间的继续，张继科、马龙这样的新手也崭露头角，屡屡夺冠。在训练场上，28岁的王皓照样和这些新人在一起练习，一起比赛，输了，继续来；再输了，再来，只要想走下去，就得忍受种种考验。全国人都在看着他，球迷都在关注着他，咬住牙，坚持下去；摔倒了，来不及抚摸伤口，又投入新的角逐。

放弃是很简单的，也是轻松的，但是，丢掉的却是所有的努力和心血。不放弃，就要忍受寂寞、空虚和失败的考验。

每一个成功者，都会遇到这种情况。在最郁闷、最黑暗的岁月里，百无聊赖，折磨不断，不知何时是出头之日。事业的停止，别人的冷眼，寂寞的踽踽而行，没有掌声，没有笑声。只有自己对于自己的鼓励，只有自己对于自己的苛求。

越是艰难的时刻，越要赋予生活以意义。有时想，如此努力，图了什么？即使放弃了，也比许多人高。这样想，也许是正常的，但是，这样做的话，就与一般人无异了，就不是成功者了。在日复一日的重复中，在生活像钟表一样乏味单调的走向中，在所有的意义消失而曙光还没有来临时，成功者要做的是一不做，二不休，做下去本身就是意义，本身就是精彩。尼克松道："胜利的道路是迂回曲折的，像山间小径一样，这条路有时先折回来，然后伸向前去；走这条路的人需要耐心和毅力。累了就歇在路边的人是不会得到胜利的。"

成功者就像一支射出的箭，只要射出去了，就不会回头了。每一支箭其实都有着它的使命，它诞生的那一天就是**寻找自己的目标，为目标而生活，而飞升，而落下**。

所谓"山重水复疑无路，柳暗花明又一村"，也许就在你失意、徘徊、苦闷、痛苦的时刻，成功正跟在你的身后，如影随形，选择适当的时机横空出世，可惜的是，许多人在这个时刻放弃了，从此与成功无缘。

不厌倦，不放弃，不失去，不停止，这是必须具备的心理素质。

化嘲讽为动力

拿破仑道："达到目的有两个途径，即势力与毅力，势力只为少数人所有，但坚韧不拔的毅力却是多数人都有的，它的沉默力量往往可随时达到无可抵抗的地步。"

任何人都不会从根本上离开别人的视线，逃避别人的评价。尤其是想做一番事业的有志者，人们的评价和批评会更多。

琼瑶是著名的作家和编剧，由她的小说改编的电视剧屡创佳绩，受到观众的推崇。可是，总有一些人如同苍蝇嗡嗡，对于她的电视剧说三道四。新《还珠格格》自湖南卫视开播还不到一周的时间，就出现了很多质疑和批评的声音。有说剧情很雷人的，也有人说角色不够逼真的，有的说不如原来的版本经典的，等等。还有人竟然以年龄作为话题，说李晟是"史上最老小燕子"。对于外界的种种说法，李晟刚开始有些伤心，但是后来看开了，她道："我相比她们在演的时候，的确是年纪大一些。但是我觉得，只要在戏里画面呈现出来的感觉，导演、琼瑶阿姨都觉得没问题，那就不是我该想的事情了。我只想把这个角色完成好。"李晟在成为小燕子之前，事业上其实也经历了很多的磨炼，她甚至差点就从台前走到了幕后。从一个不出名的演员和导演助理，突然成为万众瞩目的新还珠女一号，虽然年龄问题让某些人诟病，但这反而证明了李晟的实力。

越被议论，越被否定，越要有毅力，去坚持走自己的道路。琼瑶的电视剧就是在一些人的不断的挑刺和批评声中，获得了亿万观众的认可的。**如果没有那么多的批评声，也许不会有如此多的观众。有时候，看开了，批评实际上就是激励，就是最好的广告宣传。**在人们的批评中，检讨自己，改正不足，完善自我，做得更好，证明自己。这才是成功者的心态。

马拉多纳是巴西著名的足球明星，在世界上也享有很高的知名度。在一场关键的国际比赛中，他抢到了球往前带球，此时，对方的球员们采取了各种办法，甚至违规行为来阻止马拉多纳射门。有的人在前边堵截，有的人拉扯他，有的人用腿别他，马拉多纳机智地奋不顾身地往前冲去，一个漂亮的射门，成功了！他带领的足球队赢了。

比赛结束后，有记者采访马纳多纳，问道："你带球射门的过程中那么多人在阻止你，在拉扯你，你不生气吗？"马拉多纳回答道："这有什么可生气的？正是因为他们的推推搡搡，拉拉扯扯，甚至为了阻止我射门而不惜犯规，使我成为球星，如果没有他们的阻止，我不会成为球星的，我要感谢他们才对。"

在做自己的事情时，我们要善于把别人的阻止变作自己成功的动力。而不要因为别人的阻止，使自己生气，烦恼，最后走向失败。

成功了难免被人议论，失败了更不会被人们放过。世人就是这样的，闲言碎语，冷嘲热讽，总不会止歇。我们发现，一些人在别人的冷嘲热讽中，从此一蹶不振，闷闷不乐，失去了自己的生活，甚至改变了人生的轨迹。我有一个朋友叫李凝，是一个很有才华的人，在单位也颇为领导所器重。可是，就是心眼有点小，受不了别人的闲言碎语。领导本来要提拔他，由于某种原因暂时放下了。有人就跳出来说他的能力不行，是领导的跟班，没有提拔说明了领导已经疏远了他。在种种非议面前，李凝特别难受，对自己的为人和能力都产生了怀疑，借酒消愁，请了病假。过了一段时间后，竟然离开单位另谋职业了。

我真为他惋惜！常言道：哪个人前不说人，哪个背后不被说。做事情怕被人议论是不足取的，如果因为别人的议论而放弃了自己的追求，更是令人惋惜的。人是环境的依赖者，人不可能脱离环境而成功，除非生活在真空中。爱迪生道："伟大人物的最明显标志，就是他坚强的意志，不管环境变换到何种地步，他的初衷与希望仍不会有丝毫的改变，而终于克服障碍，以达到期望的目的。"对于别人的冷嘲热讽，你重视它它就影响你，折磨你，你听而不闻，一如既往，它就奈何不了你。

相信自己，有能力把别人的挖苦打击变作生活的动力，化作非成功不可的豪情壮志。

毅力是成功的保证

毅力就是行动的能力，在人生为事业而奋斗的过程中，都站在同一个起跑线上，毅力决定了谁是最后的胜利者。居里夫人道："人要有毅力，否则将一事无成。"无数事实证明，最后的胜利者都是那些坚信自己、坚持到底的人。

国外有一个著名的毅力测试。一个教育工作者找来一群孩子，拿来一堆糖果告诉孩子们道："我有事离开一会儿，现在你们每人有两块糖果，你们谁能坚持到我回来，就会奖励谁更多的糖果。"当他走后，有些孩子耐不住了，就动手吃了这些糖果。许多孩子等不到他回来，就吃完了糖果。他回来后，发现只有极个别的孩子忍受着，没有动糖果。多年后，他又做了一项调查，发现凡是当初能克制自己，没有在他回来前吃糖果的孩子，长大以后发展前途好，事业有成。而那些提前忍不住吃了糖果的孩子，一生都平平庸庸，没有大的发展。

在田径比赛中，有的运动员因为不慎摔倒了，等他爬起来后，明知道是最后一名了，但是，拐着腿仍然艰难地跑到终点。这是什么精神？这就是毅力。这个运动员最受观众关注，获得的掌声也最多。

人生的输赢，最终是毅力的较量。有的人做了许多事，一件也没有成功，有的人只做一件事，却取得了瞩目的成绩。原因何在？如同烧开水，烧烧停停，一会水热了，不烧了就又凉了，这样下去水是不会烧开的。有的人一生就是这样，干任何事都是干干停停，朝三暮四，最后都消耗到过程之中。而只有耐着性子，一口气烧开了水，就会成功。

别人可以给你机遇，可以给你财富，但是毅力是不能给予的，成功是不能给予的，只有靠自己的勤奋努力，奔跑到终点。

所有的成功者，目标可以不同，性格各有优劣，但是，无一例外的是他们都具有毅力。

第十四章　口才改变命运

成功者的奇迹，至少有一半是由口才创造的。

口才是人格魅力的重要特征，得体的语言、雄辩的言辞、幽默的话语，能拉近人和人的距离。

人常说好马出在腿上，好汉出在嘴上。

赞美别人是一件于己有利、于人有益、滋养身心的快乐之事。

鲁莽行事，不加掩饰，把自己的言行全部表现出来，不叫做事，而叫坏事！

口才就是才能

人人都有口，口才未必有。

口才是人的语言表达能力，对于工作、事业、社会交际起着至关重要的作用。有人认为，人们事业的成败与口才有90%的关系，没有好的口才，在现代社会处处受到制约，每走一步都会付出极大的代价。

口才是人格魅力的重要特征，得体的语言、雄辩的言辞、幽默的话语，能拉近人和人的距离，使人在顷刻间留下美好的印象。来去匆匆的人世，擦肩而过的人群，在这个熙熙攘攘的年代，能和你坐下来促膝而谈的人并不多，许多情况下人们仅仅凭见面的前几分钟的谈吐，就决定了对一个人的印象。

语言是交流思想表达感情的工具，表达的方式有两种，即是口语和书面。只有将自己的思想准确表达出来，才能感染别人，达到交往的目的。口语表达是人们普遍运用的语言表达方式，每个人每天都离不开。书面语言则作为知识、思想的载体，在特定的场合运用。

口语作为人们须臾不可离开的交往方式，是展现能力的桥梁，渗透到我们生活的各个环节。思想家感人肺腑的演讲、老师传道授业的讲课、政治家具有感召力的演说，常常吸引着我们的目光；知己间的知无不言，恋人间的柔情蜜语，朋友间的肝胆相照；同学间的学习交流，同事间的工作交往，陌生人间的互相问询，口语表达无所不在。口语表达的好坏直接决定了效果，影响到了人生的许多方面，校正着命运的方向。

也许你的求职演说就是你人生的第一站，也许你的工作汇报决定了你的升迁，也许你的爱情表白成为一支丘比特神箭，也许你的无意间的说话改变了你的人生轨迹，也许你与陌生人的交往成就了你的未来。

口才，决定了人们的生活质量和生活走向。

人世间有许多职业，其实就是以口才作为工具的，没有好的口才，就不能胜任。如政治家、外交家、教师、演员、相声、主持人、播音员等，可以说，拥有好的口才，就具备了生活的最起码的能力。难怪有人说，人才未必有口才，有口才肯定是人才。更何况，就业不仅要笔试，而且要面试、口试，如果没有好口才，连工作都不好找，更遑论其他？总不能找个人代你面试和说话吧？

拥有了好的口才，就拥有了一个广阔的人生舞台，心灵就拥有了一个广阔的天地。内心的思想、感情、知识都可以通过口语源源不断地表达出来。口语不仅是人生工具，也是心灵的窗户，开阔了人们的胸襟和心灵。滔滔不绝的人、能说会道的人，怎么会有烦恼呢？怎么会抑郁呢？怎么会出现亚健康的状况呢？怎么会没有知心朋友呢？这样的人不会孤独、不会烦恼，能够化解生活中的种种问题。

人常说好马出在腿上，好汉出在嘴上，再有能力如果不说出来，人们也不会知道，只能是沙里埋金，遮住光华，备受冷落。有些人只会干不会说，不仅埋没了自己，而且无形中造成了障碍，带来了不便。有些人口生莲花，不管能力如何，给人的第一印象都不错。而且凭着嘴上的功夫，在工作和生活中如鱼得水，得到了种种便利。虽然是金子在哪里都闪光，可是埋在土里是不会闪光的，宝剑不用也会生锈的。何况光阴如梭，青春不再，埋没太久什么都会耽误。

常常有怀才不遇的人，心情郁闷，郁郁不得志，可能有其他的原因，但是，一定和不善于表达有关。

口才是一张最漂亮的名片，甚至胜过了人的长相。其貌不扬的人有好口才，照样受人欢迎。而漂亮帅气的人如果唯唯诺诺，不善表达，马上就会让人看扁。所谓绣花枕头、徒有其表。

口才显示智慧

口才是智慧的表现，可以扭转被动的局面。人们在生活中，会碰到种种情况，遇到种种意料之外的事情，没有敏捷的思维，善于应变的口才，就会陷于比较被动的处境。

据《世说新语》记载，魏朝时期钟毓和钟会兄弟两人在少年时就有着美好的声誉，以聪明多才而出名。魏文帝曹丕听说了二人的名声，就对其父道："把令公子叫来，我要当面考考他们。"二人奉圣旨觐见，钟毓脸上流汗，魏文帝问道："你为什么面上有汗？"钟毓道："见了你诚惶诚恐，汗流如雨啊。"看到一旁的钟会镇定自若，魏文帝就问钟会道："你为什么不出汗呢？"钟会答道："战战兢兢，汗不敢出来啊！"一问一答，令人叫绝。钟会的回答，既表示了对于魏文帝的敬畏，又巧妙地与钟毓所说的汗流如雨相对应，充分表达了思维的智慧，也使得魏文帝对于钟氏兄弟另眼相看。

有了钟毓的"诚惶诚恐，汗流如雨"回答，钟会对于魏文帝的回答是很难的，把不出汗的原因归结为从容不迫虽然可以应付，但是都不如"汗不敢出"贴切、智慧，既反映了他对于魏文帝的敬畏，也起到了奇妙的效果。

汉武帝的文治武功在中国历史上是很有名的，他还有一个爱好，就是喜欢求仙问道，梦想长生不死。有一次和宠臣东方朔在一起谈起了长生之道，汉武帝道："听相士们讲，人中和长寿有着密切的关系，人中越长越长寿，一寸长的话就可以活一百岁。"

东方朔不以为然，但又不好直接驳斥汉武帝，就用迂回的语言艺术说服汉武帝。他抬出了中国古代的长寿之祖彭祖，对汉武帝道："陛下听说过彭祖吧？"汉武帝说听过，东方朔接着问："彭祖活了多少岁？"汉武帝道："八百岁。"东方朔又问："彭祖身高多少？"汉武帝道："身高七尺。"东方朔反问道："陛下，彭祖活了八百岁，那么他的人中一定是八寸了，八寸长的人中，那么脸肯定也有七尺了吧？这样的话，七尺长的脸如何怪诞且不论，你想一想，七尺长的脸怎么会长在七尺高的一个人身上？"汉武帝不觉一愣，接着就和东方朔相视而笑了。

东方朔巧妙的回答，驳斥了相士荒谬的言论，使汉武帝明白了人中的长短和长寿并没有必然的联系。

人们之间的交往首先表现为语言的交往，好的口才是语言的艺术，也是能力的象征。语言是交往的开始，也是突破口。一个人有没有能力，在语言上就显示出来了。一个人即使再有能力，如果在语言上显示不出来，也就有可能被埋没。所以，口才之于人生，实在是至关重要，可以说，一口兼百能。

春秋时代有个著名的宰相，叫晏婴，是齐国人。曾经辅助齐灵公、齐景公治理国家，取得了很大的政绩，声名远播。一次，受国君之命出使楚国。楚王知道他身材矮小，其貌不扬，就事先设圈套想羞辱他。当晏婴到了都城的城门之下，只见城门紧闭，旁边有一个小洞，守城人让他从洞里钻入，以讥讽他的身材。晏婴从容自若，对来人道："我出使楚国就从城门进入，出使狗国就从狗洞入城。"来人一听，无以应对，就赶快把城门打开，请晏婴入城。不料，楚王一着不成，又在接见晏婴时故伎重演。楚王对晏婴道："你这么矮小，竟然作为使臣出使楚国，岂不是有辱齐国，难道齐国没有人了吗？"晏婴道："齐国人才众多，挥舞衣袖，如同天上的云彩；洒下汗水又如天降大雨。可是派遣使臣时是有区别的，出使国力强大而礼节周到的国家，就派遣身材高大的人去；出使国力弱小而缺乏礼节的国家，就派身材矮小的人去。我这样的人，也就只能来贵国了。"楚王听后面露愧色。

但是，楚王不善罢甘休，在为晏婴举行的宴会上，让人捆绑着两个人从旁边经过，楚王问："这两个人犯了什么罪？"答道："他们是齐国人，犯了偷盗之罪。"楚王回过头来问晏婴："你们齐国人怎么到楚国当强盗来了？"晏婴回答道："橘生淮南则为橘，生于淮北则为枳。叶子相似，味道却不同，一种很甜很好吃，一种很难吃。为什么呢？水土不一样啊！他们在齐国时是很守法的老百姓，到了楚国之后就成了强盗，这可能是环境的原因吧。"

楚王本来是借嘲弄晏婴来达到羞辱楚国的目的，不料却被晏婴的智慧所击败。晏婴的口才不仅维护了齐国的尊严，出色地完成了出使楚国的使命，而且在强大的楚国面前树立了自己高尚的人格。

口才改变命运

口才与人的命运是息息相关的。好的口才对于改变人生具有决定的作用。它可以充分表达和展现人们的才华，实现人生的抱负。

战国时期著名的纵横家张仪，早年师从于鬼谷子，学成之后前去投奔楚王，以展现自己的才华。可是，一次楚国的宰相请他喝酒，酒席上丢失了一块玉璧，就怀疑是张仪偷走了。于是，就把张仪抓起来严刑拷打，追问玉璧的下落。张仪并没有偷走玉璧，自然不知道玉璧的下落，坚决不承认。张仪因此失去了在楚国的差事，只好回到了家中。妻子很是心疼，道："原以为你出来寻找明君，发挥自己的才学，不料却遭受此次酷刑，没有谋到一官半职，却被打成了这个样子，以后可怎么办呢？"张仪不以为然，对妻子道："你看我的舌头还在吗？"妻子道："牙齿打掉几个，舌头还在。"张仪道："只要舌头在就行，我要用我的口才去征服诸侯国。"张仪治好了伤，又去拜见楚王，叙说政治主张，分析诸侯国的形势，希望得到重用，可是，楚王对于张仪并不感兴趣，张仪只好投奔了秦国。到了秦国后，张仪凭借卓越的口才，说动了秦王接受他的连横政策，来对付六国的合纵政策，对于秦国统一天下立下了汗马功劳。

如果当初楚王听从了张仪的政治主张，重用张仪，张仪就不会向秦国进献连横政策，那么楚国的历史就可能重写。张仪在人生失意、穷困潦倒之际，能够激发自己奋斗下去的希望是自己的口才。有了好口才，满腹才华就可以表现出来。

毛遂自荐是个耳熟能详的故事。

战国时期，秦国围困了赵国都城邯郸，赵国派平原君去楚国讨救兵，希望楚国与赵国联合起来抗击秦国。平原君决定从门客中挑选20人去楚国。可是，只挑出19个，还差一个。这时，毛遂走了出来，要求跟随平原君一同前去。平原君问毛遂当了几年门客了，毛遂回答3年了。平原君说3年的时间早该如锥子般露头了。毛遂说如果你把我放在口袋里别说是冒尖了，连整个锥子都露出来了。毛遂说服了平原君，跟着一同来到了楚国。可是，平原君和楚王谈了一整天没有丝毫结果。这时，毛遂手提宝剑走上了帐下。毛遂对楚王道："楚国自以为强大，拥有精兵强将，可以称霸天下，可是，秦国曾经攻下了楚国的都城，烧毁了楚国的祖庙，然而，你却无动于衷，连我都感到羞耻！赵国远道而来与你商议抗秦大计，并非只为了赵国，也是为了楚国啊！"一席话说服了楚王，与赵国缔结了联合抗秦的盟约。秦国在赵国和楚国的联合之下，只好撤兵。平原君感叹道："毛遂一到楚国，一席话建立了联合抗秦之策，提高了赵国的地位。毛遂比百万雄兵还有用。"

真可谓"一言兴邦，一言丧邦"，毛遂以雄辩和勇气，挽救了赵国的危难，也改变了自己的命运。

毛遂自荐成功靠的是什么？首先是口才。没有好的口才，就无法完整地表达思想和见识，更无法受到重用。口才可以说是人生事业的必备工具，是我们走向事业成功的桥梁。没有好的口才，再有能力，也很有可能被埋没。这个世上芸芸众生，人山人海，你不想方设法崭露头角，靠谁来发现你呢？难道不听古人感叹："千里马常有，伯乐不常有吗？"**从古到今，有多少胸藏万卷的人，不是由于口才而湮没无闻吗？**

口才改变人生

罗佩萍，是中国身价过亿元的年轻女子之一。美国新百伦公司执行董事和中国区总经理，是公司最年轻的最高决策层成员、唯一的华裔女总经理，也是全世界3大运动品牌最年轻的女 CEO。她是台湾屏东县人，17 岁那年早早地背上行李，去美国旧金山州立大学国际贸易专业读书。毕业后，去了一家贸易公司，担任了业务员。在工作之余，她研究市场的动向，特别是关注一些品牌的服装和鞋子。她发现新百伦的运动鞋非常好穿，虽然卖得不多，但销量稳定，再看看当时的台湾市场，没有人代理，于是机会来了，罗佩萍跳槽，带了两个帮手，成立公司。

那时，罗佩萍才是个 20 多岁的小姑娘。她一个人冲到美国公司的大本营，要求谈判，试图做新百伦在台湾的代理商。可是，她一没有资金和实业，二没有名气，谁会相信她呢？这个时候，罗佩萍发挥了出色的口才能力，说服了这个全美第二大运动品牌公司的老板。她对主管说你只要给我 20 分钟就行了。对方被她软磨硬缠，感到这个姑娘真有意思，就随口答应了。不料这一谈不得了，几句话就改变了罗佩萍一生的命运，使她从一个公司的最底层的业务员，一举成为全美第二大运动品牌公司在台湾和大陆的代理商。她把新百伦的历史、现实、未来说得头头是道，把这种品牌的运动鞋子的特征、款式、性能等，说得滴水不漏。预先商量好的 20 分钟不够用，延长到 6 小时，罗佩萍拿下了代理权。到今天，新百伦在中国拥有三大类型商铺：运动专卖店、休闲运动专卖店、儿童运动专卖店。2011 年 3 月 27 日，大本钟奖监委会和组委会在伦敦召开新闻发布会，宣布罗佩萍获 "2010 年度大本钟奖之美国十大杰出华人青年" （雄鹰奖）称号，同时获奖的还有邓文迪、杨致远、姚明等人。

为什么美国新百伦公司能把在中国大陆和台湾的代理权，交给既没有资金也没有公司的两手空空的罗佩萍呢？很多人都想不通，因为那时罗佩萍只有 20 岁左右，她的所谓公司只是 3 个人的 "皮包公司"。靠的是什么？就是罗佩萍的出众的口才，而不是任何别的什么。她的口才征服了百伦达公司，成全了她的事业。

有的人确实有才华，但是，由于没有好的口才，如同明珠暗投，不为人知，给人生设置了严重的障碍，贻误了事业。遇到慧眼识人的伯乐还算幸运，假如没有伯乐，一生就会坎坎坷坷，郁郁而不得志，困顿一生。

人生有许多障碍，缺乏好的口才是最大的障碍，会影响到人的一生。我有个朋友空有满腹才华，但是，表达能力实在太差，以至于一生郁郁不得志。谈对象时，口才不好，爱情不成功；社交时不善于表达，社交不成功；单位里提拔优秀人才，上台演讲结结巴巴，影响了提拔。

工作各方面都不逊色，但是，一当众讲话就面红耳赤，半天说不出一句话来。拙于讲话像个噩梦，伴随了生活，造成了难以估量的损失。

锻炼口才

　　口才不是天生的，而是经过后天锻炼出来的。在私下口若悬河的人，在大庭广众下也许木讷无言，一句话也说不出来。

　　也许第一次上台讲不了几句话就没有说的了，或者准备了许多话，一到了讲台上就一句都想不起来，语无伦次，面红耳赤，这些都是正常的现象。这就需要一个锻炼过程，要敢于当众讲话，不要自卑，也不要恐怕自己当众出丑，讲得多了就流利了，也就有话说了。

　　出丑不要紧，关键是不要失去勇气，而是要多找机会当众讲话。我以前的一个朋友，刚当上了一家公司的经理，讲话时照本宣科，慢慢吞吞，就像是学生回答老师问题一样。职工私底下笑话他连话都讲不了，小看他。可是，由于工作的需要他免不了要讲话，给领导汇报工作、每月召开例会、到外地开会交流经验等，到了这个位置上，每天当众讲话就是家常便饭。

　　随着时间的流逝，几年后，他讲话已经很有水平了，滔滔不绝，思维清晰，和以前判若两人。

　　还有一个朋友叫吴明，上大学时就口吃，和他在一起，一句话的每个字都重复七八遍，你比他都还着急。大学毕业后在一家杂志社工作，突发奇想，想办一个口吃矫正班。读者就按照他提供的电话号码给他打电话。他接电话时，对方口吃，他也口吃，电话里上演了口吃比赛。对方虽然说不出来，但是，心里想他都这么口吃，还办什么口吃矫正班，不是骗钱吧。

　　可是，多年以后，吴明可以当着几百人演讲，还经常到外地讲课，谈新闻写作和实践。对待口吃，必须有信心改正。古希腊演讲家德摩斯梯尼，开始演讲时发音不清，说话气短，还有爱耸双肩的毛病。多次当众出丑，甚至被观众哄下了讲台。他并没有因失败而退缩，每天坚持登山，虽然累得气喘吁吁还要高声说话和朗读，克服气喘的毛病。为了克服说话时爱耸肩的毛病，练习演讲时，在双肩上边各悬挂一柄剑，剑尖对准了双肩，稍一耸动双肩，剑尖就会刺进肩膀。经过苦练，德摩斯梯尼终于成了世界闻名的大演讲家。

有的人怕自己形象不好，在公众场合出丑。其实，你每天都在亮相，何必怕别人说三道四？只不过由大街上、单位换到了人员集中的讲话的舞台上。

加拿大的总理让·克雷蒂安，小时候由于先天生理缺陷，相貌丑陋，左脸局部麻痹，嘴角畸形，讲话时嘴巴总是歪向一边，还有一只耳朵失聪，而且说话口吃，吐字不清。经常受到孩子们的嘲弄，他身上的毛病太多了，简直是集中了许多不善于讲话的小孩的缺点。但他不向命运低头，为了矫正口吃，每天嘴里含着小石子讲话，有时舌头被小石子磨烂了，但是，依然坚持不懈。后来，他上大学学习法律专业，获得法学名誉博士学位后，从事律师工作，先后任加拿大财政部长、司法部长兼总检察长。1993 年 10 月，参加全国总理大选时，对手居心叵测地竟然利用电视广告夸张他的脸部缺陷，但是他仍然以高票当选为总理。让·克雷蒂安演讲时虽然嘴角歪斜，却口若悬河，妙语连珠。有一次，前保守党部长史第文斯讥笑他用一边嘴讲话，他马上反击说："我用一边嘴讲一种话，不像你用两边的嘴讲两种不同的话。"妙语双关，令史第文斯面红耳赤。

让·克雷蒂安这样的口眼歪斜的人，都赢得了无数人的信任和拥戴，我们一般人有什么理由自惭形秽，轻看自己呢？关键是要自信，自信改变着别人对你的看法，影响着别人对你的态度。

演讲是每个成功者的必修课。因为，你的思想、设想、措施要得到落实，就必须把它告诉相关人员，使人们明白。如果憋在心里的话，谁会知道？又如何变为现实？孙中山道："身登演讲台，其所具风度姿态，即须使全场有肃穆起敬之心；开口讲演，举动格式又须使听者有安静平和之气，最忌轻佻作态。"在我们演讲时，我们必须具有自己的风度和气质，使每个听众被你的演讲所打动和折服。

善于赞美别人

善于赞美别人，是做人的艺术，同时也反映了一个人做人的境界。

赞美是一种很简单的是事情，张口就来，毫不费力，可是，有的人就是太吝啬了，舍不得赞美别人两句。

赞美别人，也是一种善行。佛教的布施有好几种，一是布施钱财，二是布施佛法，三是布施善言。赞美别人的优点和长处，鼓励别人为善，何尝不是一种美德？

我小时候喜欢写作文，上课时痴迷于看《水浒传》之类的小说。有同学向班主任老师严仁义反映，严老师翻了翻我看得有头没尾的书，当着全班同学的面夸奖我，说我以后肯定能够当作家。本来以为老师要没收我的书，至少免不了一顿批评，却不料受到了老师的表扬。就这一句简单的赞扬的话，温暖了我少年时的心灵。我朝着这个目标奋进，长大后出版了好几本书。而回想起我的高考之路，更是一言难尽。由于我起初受到了学好数理化走遍天下都不怕的思想影响，选择了理科，使我的语文特长发挥不出来，一连参加3次高考，均名落孙山，家里贫寒，父母辛苦种地，收获的粮食卖了钱，全供应我读书考大学。这时，有的人风言风语就开始了，说我不是考大学的料，就这样子还想脱离农村，这辈子休想。这时，我多么需要一句温暖的话语啊。可是，听到的却是这些，多么伤心！第四次参加高考，我毅然由理科转到文科。万荣中学的教导主任冯老师很欣赏我，拿上我的作文在别的班级传阅，鼓励我只要努力一定会考上大学的！

我由理科转文科是一步险棋。因为在那个特殊的年代，离高考已经不到一年了，我从来没有学过历史、地理，这两门课需要从头学起，那时，这两门课高考时各占100分，我能行吗？可以说是背水一战。顶着高考失败的压力和别人的冷嘲热讽，铭记着冯老师的鼓励，我努力学习，奋力拼搏，终于在第二年的高考中圆了大学梦。事情过去好多年了，但是，冯老师在关键时刻对于我的鼓励怎么能忘记得了？

赞美实在是品行的反映。同是人类，在别人遇到危难、处于艰难、承受失败等时刻，我们何必吝惜自己的一句话？赞美一下别人吧！一句赞美的话，一句鼓励的话，胜似冬日的炭火和久旱时的甘露，也许会影响到一个人的一生。

有能力帮助人就伸出友爱的双手，没有力量就发自内心地鼓励赞美别人。赞美人实在不需要你付出多大的努力，也不需要你倾家荡产，就是一句话而已，那也可以说是功德无量啊！可某些人就是做不到。不仅有伤做人的道德，而且会带来隐患。因为也许是你一句伤人的话语，让人记恨一辈子，一旦时机成熟，你就要承受恶言种下的苦果。所以说，为人处世，伤人的话语不要说，多说赞美的话语。赞美的话语使人如沐春风，难以忘怀。

赞美是人际关系的润滑剂，人和人有矛盾，适当地赞美别人几句，也许就化解了矛盾。你在背后说几句欣赏别人的话语，传到别人的耳朵里，就会从心里认可你。

赞美别人是一件于己有利、于人有益、滋养身心的快乐之事。你赞美了别人，别人就会赞美你，认可你。你内心踏实，晚上睡觉安稳，有益于身心健康。如果说了别人的坏话，老是惦记着哪一天别人知道了，要算旧账。一有风吹草动，就心里不安，只怕别人知道了，会找麻烦。这又是何苦？日久见人心。别人不会因为你说坏话而改变什么，而你却因为说了别人的坏话，内心不安，做人有失德行，身心有损健康，实在有百害而无一利。

赞美的话人人爱听，赞美的话于身心有益。我们不妨在生活中多说善言，那也是一种身心的修养。

赞美别人反映了一个人做人的风范，体现了一个人做人的胸怀。真诚地赞美别人，在有人遇到困难、失意、挫折时，用赞美的话鼓舞人。在有人取得成绩时，发自内心地赞美别人，分享别人成功的快乐，把别人的快乐当做自己的快乐，与世界和天地同乐。到了这个份上，就算活出来了，人们都会由衷地支持和帮助你。

美国钢铁大王卡内基谈自己的成功秘诀时说："我以为我自己最大的优点，是能够鼓起人家的热忱。要叫人家能够尽心竭力，最好的办法是赏识他、赞美他，上司的指摘，是最容易消灭部属的信心的。我还没看见一个人，在被吹毛求疵时，能比在被赞赏时把事情办得更好。"

当然，赞美必须出于真心。有的人对于上司极尽谄媚，说不尽的甜言蜜语，唱不尽的赞歌，简直令人感到肉麻。转过脸对于同事和下级却是冷若冰霜，反唇相讥，这就是另外一回事了。不属于我说的赞美的范畴。

沉默是金

人生在世要善于说话，但是，也要学会沉默。有些事不能做，有些话不能说。人们做事少，说话多。所以，人看待人，大部分还是从说话上判断的。

人常说，祸从口出，人生的麻烦大部分是言语不注意引起的。甚至人生的灾难也是由于说话不检点引起的。

"我只告诉你，你千万别告诉别人，一定为我保守秘密。"你都不能保守你的秘密，别人会为你保守吗？一旦第二个人知道了，第三个人也就知道了，秘密也就不是秘密了。

实际上，不该说的话，人们也明白不该说，明知道不该说，但是，后来就说了，不仅说得很多，而且把最不该说的也说了。

为什么人们会失言呢？大致有七种情况：一是激情说。谈起来高兴，忘乎所以，慷慨激昂，口若悬河，把不住闸门，咕哩咕咚就全倒了出来。比如议论熟知的人，别人说这个人的缺点，说这个人的隐私，你产生同感，就顺着人说了起来。不几天，你说的话已经传出去，伤害了你的熟人，自然也就得罪了人。**二是知音说，**谈得投机，仿佛遇到知己，恨不得把心都掏出来让对方看，把自己的隐私都告诉了人，这下就被动了，就受制于人了。许多朋友反目为仇，许多亲如兄弟的人大动干戈，许多爱情变为悲剧，就是因为说出了不该说的话。**三是无意说。**俗话说，说者无意，听者有意。也许你认为是无关紧要的事，顺口就说，结果在当事者看来就严重了。因为，每个人都有自己的价值观，都有心理可承受的范围。在你看来无关紧要的事，也许在别人看来是尊严、是自尊心、是丢了面子。**四是虚荣说。**喜欢与人攀比，喜欢与人较劲。别人取得了成绩，你不服气，就揭短处。别人有钱，你装作穷人就罢了，却顺着杆子爬，把自己的老底也抖搂出来了。如果有人反过来求你借钱怎么办？如果有人起了歹意怎么办？有个人打麻将输得钱不少，为了挣回面子，吹嘘说家里还放着两千元。打完麻将回家，家里失窃，家人被害，这就是失言之祸。**五是引诱说。**不说话是不说，别人一引诱，就沉不住气，都给说了。既不考虑后果，也不掂量掂量，这样的人真是没有涵养。一旦说了，后悔都来不及了。于己，于人，都没有好处。六是炫耀说。见过什么，听过什么，哪位领导说什么，哪位要人说什么，这种话传得最快，对自己最不利。守不住自己的嘴，谁敢用你？搞不好把自己可能遇到的贵人都推到门外了。**六是饶舌说。**与饶舌者和爱搬弄是非的人多交谈。这些人无所事事，惹是生非，或添油加醋，或捕风捉影，搅得人不安宁。人生的烦恼和无奈与这些人是分不开的。

其实，谁都明白什么该说，什么不该说，都知道不说的道理，之所以说了，原因在于各种主观客观情况，在于外因的作用。但是，主观还是起决定作用的。只要你不说，谁能撬开你的嘴让你说呢？不能说的话说了，于己于人都没有好处，后悔、懊悔、忏悔，都没有用了，可以说有百害而无一利。说话反映了一个人的水平，反映了自我修养和人格。见了什么说什么，到处传话，谁能信任你，谁敢和你打交道呢？你还会有朋友吗？所以，关键还是要提高修养，具有涵养，做个有道德有修养的人，做个具有信赖度的人。

不要张扬

低调是做人的修养，并不仅仅是做人的方法。

做事张扬，得意洋洋，溢于言表，是做人的大忌。取得了一点成绩，就到处炫耀，只怕天下的人不知道，必然招致悔恨。因为，你的得意之处也许正是别人的失意之处，这就会受到一些人的嫉妒，势必会中伤你，说你的坏话，带来不必要的烦恼。

有些中伤你的话，泛泛而谈就罢了，一旦传到相关人物那里，就会对事业和工作产生影响，甚至影响你的发展。所谓人言可畏，三人成虎，就是这个道理。有些事情，人们是忌讳的，所谓忌讳的意思，就是不能说，不能提。人类的文化发展了几千年，忌讳文化存在于各个民族和地域之间。宗教信仰、风俗习惯、服饰打扮、语言习惯，都存在差异。不该说的说了，怎么能不让人反感？也许万事俱备，一句话就断送了好事。

言多必失，因言招悔。人外有人，天外有天。人生取得一点成绩有什么沾沾自喜的？又何必向人炫耀呢？过分的张扬，必然说错话，有些话说的不妥当，引起别人的猜忌和反感。本来引以为高兴的事，落得个心里懊悔，闷闷不乐。人们特别反感张扬的人，加上言语失当，就会借机诋毁。这时，有的人看热闹，有的人看笑话，有的人幸灾乐祸，有的人落井下石，你拥有的也许就失去了。

没有做成事，先宣扬出来，使众人知道。事情做成就罢了，假若没有做成，岂不成了笑柄，让人嘲笑。事没有做，先去宣扬，免不了某些人从中阻挠，使你的计划受到了破坏。林子大了，什么样的鸟都有，你知道别人会怎么对待你？当面奉承者未必支持你，讨你欢喜者也许利用你。

木秀于林，风必摧之。过分的张扬，到处吹嘘自我夸耀，岂不成了靶子？一些闲人正愁找不到事干，于是，攻击必然会接踵而至。不如你的人，也许会趁机加入进来，四面受敌，何以忍受？又何以应付？这时，事业就会在许多阻力中半途而废，以前的雄心壮志也就跑到了九霄云外了。

人们说，韬光养晦，就是说收敛自己的锋芒，修养自己的实力。即使真的有能力都还要掩藏，何况仅仅有一点小小的成绩？低调，就是静下心来，沉住气，坚忍不拔，一丝不苟，执著地追求理想，成就事业；低调，就是谦虚，就是专注，就是安静。两耳不闻窗外事，专心地做好自己的事业。把你的事业做好了，一切就都好了。

人生，不知有多少事都坏到了张扬上。因为到处乱说，鲁莽行事，不加掩饰，把言行全部暴露出来，不叫做事，而叫坏事！有些事属于秘密，不可轻易对人言；有些事恐怕引起人们的误解；有些事知道的人越少越好，一张扬，一宣传，就全完了。人啊，看住自己的嘴，那是你做人的城池。

低调，是做人的美德，是做人必备的修养，是做人的最起码的水准。谁愿意和一个满嘴漏风、到处惹是生非的人在一起打交道？谁愿意和做什么都沉不住气的人做事？有什么放在心里，**高兴时在心里笑，待人谦和，做事低调，沉稳干练，要做的事一定能做成。至于其他的，任人们去评价。**

第十五章　人生就是人际关系

箴言录

建立个人的品牌是至关重要的。有了良好的品牌，无论对于事业和生活都有巨大的帮助。

诚信在任何社会任何时代都是弥足珍贵的做人的品德。

古今中外的成功者，都是具有个人品牌优势的人，在他们的身后都凝聚了人心、人力，从而使事业走向成功。

我为人人，人人为我。

宽容的心，具有凝聚力、向心力，是人际关系的纽带。

每个人的价值，在于社会和他人对于你的承认。

人际关系是人生的根据

一个人来到世上，注定了就是社会的产物，依赖社会关系而存在。离开了社会和他人，每个人都是不可能成长的。

如果世上只有自己一个人，没有亲朋好友、没有陌生人，那么活着又有什么意思？无边的寂寞、孤独、烦恼，将会笼罩这个世界。

有人说，我们的社会是关系的社会，每个人在社会交往中和他人形成了各种各样的关系，人的名字、称呼、职衔本身就是社会关系的代码。

马克思认为，人是社会关系的总和。人际关系是人们在生活和社会活动中所建立起来的一种社会关系。简单地说，人际关系就是人与人之间的关系。

每个人活在世上，并非独来独往，也不可能真正的独来独往，他举手投足之间都和社会有着密切的关系。他的家庭是社会的基本细胞，衣服是工人提供的，粮食是农民提供的，走的路是前人走出来的，受的教育是家庭教育和社会教育。从家庭层面来说，人受到亲属关系的制约，在父母的养育之下成长，存在于亲属关系之中。一句话，一个人离开他人是不可能存在的。

每个人活在世上，都要面对人际关系的处理，因为在人们的生活中时时刻刻都面临着人际关系。在家庭有家庭关系，在学校有同学关系、师生关系，在单位有同事关系和上下级关系，在社会有朋友关系，在外有老乡关系、战友关系，与异性交往有恋爱关系、婚姻关系，加入组织就存在组织关系，等等，可以说，凡是和你认识的人、打交道的人，甚至不认识的人，都存在着一定的人际关系。人际关系如同一张密密麻麻的网，将人们织进社会当中，给每个人以定位，是每个人生活的坐标，制约和帮助着人们的事业和工作，给人们施展才能的舞台。

人际关系是人生的必需，是事业和工作的桥梁。在学校里必须处理好师生和同学关系，尊敬老师，友爱同学。老师传授知识和人生智慧，如果不尊重老师，作为学生来说肯定是失败的。同学关系是学生学习和交往的保证，互相帮助、互相学习，才能提高自己的素质，同学关系搞不好的话，同学远离你、不帮助你，怎么能进步呢？在单位必须搞好同事之间的关系，所谓同事，就是共同从事一项事业，是互相依存互相促进的，没有了同事的帮助和照应，一个人在单位是待不下去的，更不会出类拔萃。离群索居的人是不可能成就事业的。

每个人生活在社会当中，都要受到人际关系的影响。有的人说，**看一个人的品位怎么样，就看看他与什么人交往；看看一个人有没有前途，从他的朋友中就可以看得一清二楚。**可以说，一个人有怎么样的人际关系，就会有怎么样的生活方式，在一定程度上决定了一个人的事业高度和生活质量。

建立个人品牌

雁过留声，人过留名。

个人品牌，是个体人生观和价值观的体现，是在社会交往中建立起来的整体形象。有的人急公好义，乐于助人；有的人雷厉风行，处事果断；有的人守口如瓶，沉默是金；有的人心细如发，工作认真，等等。

个人品牌就是凝聚力、向心力，对于事业发展的重要性是显而易见的，几乎可以作为某种凭证。它不是一种宣传，而是口耳相传，是一种自然而然建立起来的公信力。《水浒传》里的宋江在江湖上被称作"及时雨"，只要一提起他的名字人人敬仰，那么多的梁山好汉，不同性格、不同经历的各种人，不管是武功高强的十万禁军教头林冲，还是脾气暴躁性格鲁莽的李逵，统统都服宋江，这就是他的品牌。如果没有宋公明的个人品牌，恐怕梁山上是不会汇聚一百单八将的。

在日常生活中也是一样的。人们提起某人的名字也许会竖起大拇指，道一声此人可交，或者是嗤之以鼻。实际上就是对于个人品牌的评价。有的人只要一句话就把事情办了，有的人求东求西，找人担保，信誓旦旦，也许还得不到人们的信任。生活就是这样的令人深思啊。

建立个人的品牌是至关重要的。有了良好的品牌，无论对于事业和生活都有巨大的帮助，反之，一旦给人形成了不良的印象，建立了不良的品牌，纠正起来是很费劲的。

人们最讨厌的是那些无所事事乱翻闲话、打小报告的人，给这种人起了个外号叫"长舌妇"，又谓之曰"小人"。世间本无事，庸人自扰之。正是有了这些闲人，世间才无端多了许多纠纷，增了许多仇恨和冤屈。那些爱说闲话的人，不同的层面都有。市井中的这些人搞得邻里之间吵闹不休、鸡犬不宁；单位里的这些人搞得同事之间、上下级之间矛盾交错、人人厌之；官场的这些人搞得官场乌烟瘴气、奸佞当道。

可以说，这种人是世间最不受欢迎的人。碰上这种人，人人义愤，个个声讨。

人们在社会生活中的一举一动、一言一行，都在潜移默化地建立着自己的品牌。个人品牌的建立一方面看怎么说，一方面看如何做。有的人说得头头是道，做起来却浮皮潦草，也许起初人们会被他的夸夸其谈所折服，时间久了就会露出马脚，正如俗谚所云，路遥知马力，日久见人心。时间是最终的评判者，任何人都逃不脱时间的意志。

人们对一个人的评价是通过言行举止来判断的，所谓听其言，观其行，证其果。这三者中任何一个脱节，都会影响到评价。不会说话人们难以认识你，不行动等于光说不练，没有结果则会否定了所说所做。

所以说，建立个人品牌需要通过一步步扎实的努力才能实现，不能靠哗众取宠搏来品牌，也不能靠一时一事来确立品牌，而是要通过一件件事情的作为，长时间的交往来确立的。做事三分钟的热度，不能持之以恒，不会取得好的个人品牌。

做一件好事不难，难的是一辈子做好事。做了一件好事就让人说好容易，如果不坚持了，人们也就会改变看法的。不难发现，生活中有的人起初给人的印象还不错，看上去能说能干，可以交往。可是，随着时间的推移，人们发现不是这么回事。原来，这种人做事或者是虎头蛇尾，或者是一种假象，通过伪装取得人们的信任，以便达到不可告人的目的。

李白的诗歌想象新奇，意境瑰丽，达到了我国古代积极浪漫主义诗歌艺术的高峰，是盛唐浪漫主义诗歌的代表人物。杜甫赞曰："笔落惊风雨，诗成泣鬼神。"李白《与韩荆州书》道："生不愿封万户侯，但愿一识韩荆州。"韩荆州即韩朝宗，时任荆州大都督府长史，兼判襄州刺史。这是李白拜见韩朝宗时的一封自荐书。文章开头引用的这两句话，赞美韩朝宗谦恭下士，识拔人才。接着李白介绍自己仗剑遨游的经历、才能和气节，表现了李白"虽长不满七尺，而心雄万夫"的气概和"日试万言，倚马可待"的才华。

为什么韩朝宗在李白看来具有这样的人格魅力，原因就是韩朝宗的"个人品牌"。他的赏识人才、礼贤下士的作为广为人知，成为美谈，才使得李白前去拜谒，希望能够引以为相知，有所作为。

良好的个人品牌所形成的凝聚力、声誉等对于工作、事业、生活都是一笔无形的资源，时时处处帮助我们取得事业的成功。古今中外的成功者，都是具有个人品牌优势的人，在他们的身后凝聚了人心、人力。

信用是人的名片

在人际交往中，信用是最好的通行证。没有好的信用，就不会有好的结果。

孔子道："人而无信，不知其可也。"意思是一个人如果没有信用的话，不知道他还能干成什么事情。信用是人们立身处世的根本，人以信而立，无信则不立。

社会是由人群构成的，除了依靠组织、法制、团体、伦理的维系之外，还必须要靠信用维持社会的正常运转。齐美尔道："没有人们之间相互享有的普遍信任，社会本身将会瓦解。"任何事情不可能都靠法律来解决，而且一旦发展到要用法律来解决的时候，也就是争执和纠纷出现的时候，说明了人们或组织之间合作的失败。即便是签了合同，如果不遵守合同，那么还不是空话？即使法律维护了正义，可是人们如果不讲信用的话，还是不起作用的。所以，信用对于社会生活和人们之间的交际是极其重要的，不论做任何事情，最后都要落实到信用上，不守信用一切都是空的。

在古代有关于爱情的誓言，所谓"执子之手，与子偕老"、"山无棱，江水为竭，冬雷震震，夏雨雪，天地合，乃敢与君绝"，等等，竟然把守信与天地山河的自然反常现象联系在一起，可见人们对于信用的普遍期待和重视，也反映了人们内心对于不守信用者的极其痛恨。

要建立自己的威信，就必须守信用。无论做任何事情，不答应不做无妨，既然答应了就要做到和做好。你有理由不做，人们可以谅解，但是，如果信誓旦旦却没有做到，就会失信于人。威信靠什么建立，就是一个"信"字，无信则无"威信"。有一家文化企业年初开会时确定，员工完成任务之后的奖励上不封顶，下不保底。人们信心十足，纷纷施展身手，联系各种业务，有的员工竟然创造了几百万元的利润，如果按照年初规定发奖金就可以领到四五十万元，相当于工资的七八倍，难免让某些人眼红，纷纷向领导提意见打小报告，就这样年初制定的奖励规定被修改了，最高奖金也不过数万元。次年，文化公司的效益整体滑落，就是因为不按照年初规定兑现所致。可见，守信与否，关系到一个企业的效益好坏和发展前途。

诚信是任何社会都需要的最起码的行为准则。诚信，不仅要守信用，而且要"真诚"、"诚心"，心底不诚，就谈不上诚信。有的人喜欢玩弄文字游戏打擦边球，虽然侥幸于一时，可是最终毁了信誉。有家电器商店，为了促销，商家宣布了许多优惠策略，如买一赠一等等。可是，顾客购了商品之后，要求赠品时，却是一个保温杯之类的小件，这个"一"，与那个"一"，是几元钱与几千上万元商品的差距，不值一提，就纷纷和商家理论。商家极尽狡辩之能事，不了了之。可是，商家的信用却一落千丈，人们再也不会相信这样的促销了。

一个人是否守信，关系到人们对于他的评价的好坏，关系到是否能够真正融入社会并被社会所容纳。一个人失去信用是不会取得人们的信任的，也是没有人愿意和他打交道的。那么，他将会一事无成。因为，现代社会信息是如此发达，你的作为、信用会在很短时间内人人皆知，形成不良印象，影响了人们和你的合作以及对于你的帮助。在信息不发达的古代，尚且有"好事不出门，坏事传千里"之说，何况现代呢？

不要轻易承诺和许诺，这是人生的大忌。人们说轻诺寡信。由于某种不得已的形势，答应了别人，时过境迁，想毁弃信诺，势必受到攻击。人们常常犯这个错误，或者面子上抹不开，或者别人苦苦相求，就草率答应了，可是自己又力不能及，或者不可能做到，反而招致了更多的麻烦，费尽心力才脱身，所谓吃力不讨好。不仅没有得到赞誉，还得罪了人，失去了朋友，失去了信用。

助人为乐，拉人一把

助人之乐，是大乐。人们的喜悦有各种原因，有得到之乐、天伦之乐、奉献之乐等。无私地帮助别人时，对方的感激、身心的清爽，助人者所获得的幸福感、自豪感、自我评价，别是一种滋味在心头。

助人之乐，是最轻松的快乐。其他的快乐里边也许包含着沉重、痛苦、患得患失，而为善之乐，是一种分享的快乐，也是一种使心灵更高尚更纯净的快乐。为善之乐带来的是心灵与心灵的交流，是温暖和温馨。

人缘都是帮助人帮助出来的。社会之所以称作社会，人之所以区别于低等动物，就在于人们之间的道德约束和无私帮助。如果人们之间缺乏友爱，那么这个社会将是冷漠的社会。

一定谨记，能帮人的时候，就尽量帮人。当别人需要你的时候，如果有能力，何妨帮人一把。古代有衔环相报的神话故事。说的是东汉初年，9岁的杨宝在华阴山下看到一只黄雀被老鹰啄伤，从树上掉到了地上，被蚂蚁所围困，生命危在旦夕。杨宝心生怜悯，就把黄雀带回家，放在箱子里喂养。每天采集黄花喂食黄雀，百余天后黄雀的羽毛丰满，就飞走了。当晚，有一个黄衣童子来到了杨宝的家里，向杨宝拜谢，道："我是西王母的使者，你有爱心，搭救了我，心怀感激。"说罢，就赠给杨宝四枚白环，道："白环可以保佑你的后代位列三公，为政清廉，品德如玉。"后来，杨宝的儿孙果然有四人位列三公，官至太尉，颇有政绩，被后人传诵。

黄雀尚知报恩，何况人呢？这个美丽的传说，是在教导人们要多做好事，多帮助人。所谓种福田，帮助别人就如种田，不仅装点了人世，而且终究会赢来美好的声誉，何乐而不为呢？

对人刻薄、不拔一毛而利天下，这样的人让人痛恨。有的人遇到朋友或者同事，伸出手就可以顺便扶一把，说一句话就可以改变别人的命运，就是不伸手，不开口，冷眼相看，铁石心肠。他也有求人的时候，落难的时候，当初求人时也是低声下气、寝食不安，说尽了好话。那时，他多么想让别人帮一把啊。可是，时过境迁，到了别人和他一样的处境，就变成了铁石心肠。待人如此刻薄、寡情，岂不是小人？难道会有朋友吗？会有好结局吗？

关键时刻帮人的人，被称作贵人。

我的生活中，有幸遇到了赵老师，在我人生最关键、最痛苦的时候，从方方面面给我以巨大的帮助。记得在我换单位后，原单位要分房子，赵老师安慰我，房子算不了什么，走出去天地更宽。鼓励我，让我别泄气。后来，我由于某种原因，又要面临新的抉择，内心彷徨、苦闷，举棋不定。赵老师找我谈心，鼓励我大胆地选择，人生道路是宽阔的，只要你走出这一步，跳出小圈子，就会发现社会、人生比以前要精彩得多。他与我谈心，告我："你勇敢地走出去吧，到新的岗位历练一番，一定会有作为的。万一不行的话，到时候来我这里工作。"我听会如沐春风，如品甘露。后来，他又拿出家里珍藏的好酒好烟，让我用于工作调动。

怀着兴奋、忐忑，我到了新的工作单位。岗位的变化、视野的开阔、事业的开拓，都获得了多少年未有的进展。回过头来，最难忘的就是赵老师对于我的关心，在最关键的时候对于我的精神上的帮助。对于赵老师的感激是发自内心的、是终生的。尘世间人来人往，朋友聚聚散散，大多如过眼烟云。而真正帮助过你的人，尤其在最困难、最关键的时候帮助过你的人，谁能忘记！

古人云，滴水之恩，当涌泉相报。帮助人的人本心并不求报，但是，被帮助者岂能忘记？我们看到，那些朋友满天下的人，受人拥戴的人，都是肯于帮助人的人，助人者强，助人者事业兴旺，天地宽广，人生的半径大。

帮人并不难，可是，有一些人就是不去做，非不能也，乃不为也。虽然他也有过需要帮助时的渴望、经历，但是，此一时，彼一时也。时过境迁，好了伤疤忘了疼，到了别人和他有了同样的情形，可以帮一把，就是不帮；可以添一句好话，就是不张嘴。这样的人不仅是做人的问题，而是人品有问题。

千万别小看了帮人，你不帮人，谁人帮你？社会就是一个我为人人、人人为我的社会。如果唯利是图，有利则为，无利则退避三舍，这样的人是没有朋友的，在工作和事业上也不会有多大的作为。也许能够得益于一时，肯定有一天会被人们唾弃。

有位领导道："帮助别人，快乐自己。"怪不到他能成为领导，领导水平的高低，首先在于你能不能帮助人，因为领导就是服务。帮助别人的那种自豪感、满足感、快乐感，是无法形容的，广种福田，广结善缘，未来永远是美好的。

宽容的心

> 比大地宽广的是海洋，
> 比海洋宽广的是天空，
> 比天空宽广的是宇宙，
> 比宇宙宽广的是心灵。

社会是复杂的，由各种各样的人组成。如大自然万紫千红，百花争艳。每个人都有其个性和特点，千差万别，不能一概而论。人无完人，世上不存在没有缺点的人，也不存在不犯错误的人。

人与人交往，不是和完人交往，而是和各种人交往。要求对方完美，反问一下自己完美吗？要求对方没有缺点，那么自己就那么白璧无瑕吗？

宽容的心，具有凝聚力、向心力，是人际关系的纽带。大凡那些具有宽广胸怀的人，都是朋友众多、支持者众多的人，无论在单位或者在社会上都会赢得人们的尊重和爱戴。

宽容的心，对于事业的发展、人生的成功具有根本的作用。世间所有的事情都是人来完成的，一个人的事业不可能仅仅靠自己来完成，别人的帮助、理解、出谋划策，都是和成功息息相关的。缺少了这些，要成功是不可能的。

宽容的心，对于身心健康有着无穷的益处。太平天国领袖洪秀全道：**"量大福大，量小福小。"** 宽容带给我们的是快乐、幸福感。一个人不宽容的话，对这也看不惯，那也不顺眼，能够快乐吗？你这样对待别人，别人也会这样对待你，碰到的全是阻力，人生就会陷入孤独，了无乐趣。

宽容的心，是生活中的阳光，是田野里的雨露。带给人的是心灵的交流，互相的容纳，驱散了阴暗，带来了光明。和这样的人在一起，感到轻松、自在、舒展。

有些人容不得人，别人无意间议论他，说他的缺点，就记恨在心。从此就好像结下仇了，处处为难。甚至议论者也不知道如何就得罪了他。别人只是无意间议论了他，就把别人列入另册，甚至看做敌人。这真是太不明智了。天下人做天下事，天下人议天下事，只要生活在社会中，就不可能不被人议论。如果这样对待议论你的人，要树立多少"敌人"啊！成天都和"敌人"做最无聊最无价值的"战争"，那么事业呢？什么时候能成功呢？

一些人花费大量的精力不是用来干事业，谋成功，而是与人斗争，与人"斗气"，把自己都输出去了！事业、成功更是成了九霄云外的东西了。

与人交往，一定要学会宽容。水至清则无鱼，人至察则无徒。

与人交往，不要锱铢必较。人们之间的交往，没有绝对的对等。既然是交往肯定存在着是是非非，尺长寸短，要什么事情都算得清清楚楚，不差分毫，不仅不可能，而且连人情也丢了，友情也抵消了。

与人交往，要懂得原谅。生活不会风平浪静，时时有矛盾，处处有矛盾。与人交往，无意间的失误，不小心的过错，都是难免的。要懂得理解别人，学会原谅别人。鸡肚心肠，小眼薄皮，都是没意义的。

与人交往，注意小节。其实，做人就在于细节上的功夫。这是发生在美国的一个真实的故事。有一对年老的夫妻，晚上去一家旅店登记住宿。不巧，旅店客满了。旅店服务员看看窗外黑沉沉的夜空，对两位老人道："虽然我们旅店的客房满了，但是，还有一间普通房子你们愿意住吗？"夫妻二人住进去后，看到虽然是小小的客房，却收拾得整整齐齐，一尘不染。第二天才知道这间客房，原来是那个服务员的宿舍，特别感慨。原来，那对老年夫妻是美国希尔顿酒店的创建者。过了几天，这位服务员收到来自纽约的来信，邀请他去希尔顿酒店当高管。就这么一个简单的细节，改变了服务员的命运，小节难道不重要吗？

低调做人

有些人喜欢张扬，走到哪里都好像随身带了个大喇叭，到处炫耀，恨不得满世界的人都知道。好像别人不知道，他就过意不去似的。

人心忌满，我们做事，千万不要张扬。即使帮助别人，那也要当做分内事，不要挂在嘴上，写在纸上。一方面是对别人不尊重，另一方面也有失厚道。有些事情你帮了，别人自然会记在心上，但是，你如果到处宣传，反而让人心生反感。甚至于由感激而生怨恨。有什么大不了的事，不就是帮了别人一点忙嘛，有必要到处宣扬吗？

　　何况，有的人帮人之后，就摆出来一副大恩人的架势，好像是观音菩萨，处处想让人记住、感恩。这样的人，最招人讨厌。使被帮助的人视作负担、好像被羞辱似的。

　　话说回来，有的人就吃亏在嘴上。本来他也不是那么想的，也不会那么做。但是，口无遮拦，给人的印象好像就是那么想那么做的。因此，帮了人，反而招人嫉恨，甚至以怨报德。古代笔记小说里，记载了一个故事。有个秀才焦王君，喜欢读书，不喜社交，穷困潦倒。一次，他去参加一年一度的当地文人聚会，县官很欣赏他的才学，就向上司极力推荐他，这个秀才后来成了知府的幕僚。地位变了，讲究自然就多了。回忆起从前穷困潦倒的情景，常常如同噩梦。正逢府衙里同僚相聚，县官洋洋得意，和秀才喝酒时，就向人们叙说当年帮助秀才的事情和秀才当年的惨状。许多人听后哈哈大笑，作为笑谈。说者无心，听者有意。秀才因为当众被人揭了老底，心生愤懑，耿耿于怀，后来，竟然在知府面前诬告，找了个案件，把县官给送进了监狱。堂堂县官，转眼间沦为阶下囚，他连气带恨，不久就病倒了。

　　满招损，谦受益。成绩面前更要懂得谦虚，不可骄傲自满。有了成绩，好像就自己能行，别人一概不行。做事时讲究多了，嗓门也高了，脾气也大了。与他说话，感到拒人于千里之外。求他帮忙，好像比小鬼都难缠。这样的人常常遭人嫉恨。一点成绩算什么，天外有天，人外有人。世界之大，比你强的人车载斗量，不可计数。何况，谁也有失意的时候，等到你工作中有了失误，正中下怀，那些被你小看、轻视的人也许会群起而攻之，使你下不了台，直至你溃不成军。

　　要记住，无论何时，**即使自己真的了不起，也不要颐指气使，目中无人**。那样的话只会使你陷于孤立，给事业造成不必要的障碍，给未来埋下预料不到的隐患。每个人不管能力高低，都有尊严，尊严受到伤害，就会不平则鸣。也许能力比不过你，斗气却可以比你耐久；也许一时斗不过你，但是，以后也要想法与你叫板。张飞作为刘备的大将，在战场上所向无敌。可是，对于部下却过于严苛，颐指气使，甚至打骂。《三国演义》记载，张飞因为二哥关羽被孙权所杀很悲痛，常常喝醉酒鞭挞士卒，搞得人人自危。后来听说刘备要起兵伐吴，张飞命令部将将张达、范疆三日内给全军打造白盔白甲，张、范二人感到困难，求告张飞能否宽限几日，张飞大怒不允，并挥舞鞭子将二人暴打一顿。事后，张、范二人害怕，两人合谋，与其完不成任务被张飞处死，不如投奔东吴。于是趁夜里张飞喝得酩酊大醉，醉卧在床，潜入张飞的营帐，将张飞杀了，并提着张飞的首级连夜投降了孙权。

如果在战场上，几十个张达、范疆都非张飞对手，可是，张飞的颐指气使、打骂部下给自己带来了潜在的隐患，不爆发是不爆发，一旦爆发就是致命的。可惜万夫不敌的大将，没有死于战场却死于部下之手。明代吕坤之言："亡我者，我也；人不自亡，谁能亡自？"如此说来，杀死张飞的最凶恶的敌人，不是别人，而是他的为人处世的方法。

与人交往，千万不要对人骄横、目中无人，这些都是无形中的箭镞，是不确定的改变命运的因素，不知在什么时候，或者在你得意时，或者在失意时，射向你，一招致命。

不可或缺性非常重要。要想不可或缺，就需要你不断地把自己的信息、社会关系、善意传达给尽可能多的人。

去想想你如何才能让自己身边的每个人都取得成功。

成为需要的人

在人际交往中，成为人们需要的人是很关键的。如果一无所长，对人们没有用，是不会有太多朋友的。朋友都是意气相投的人，物以类聚，人以群分，什么人有什么样的朋友。

每个人的价值，在于社会和他人对于你的承认。如果一个人活在世上，他的存在与否，与别人没有关系，没有意义。那么，他的人生还有价值吗？

我们要懂得关心人，体现自己存在的价值。有人遇到不高兴的事情，主动地关心一下，帮助开导一番。也许你的开导，是一股暖流，滋润了心灵，使漫天的烦恼一扫而空。有人遇到痛苦，真诚安慰一番，分担一份痛苦。在精神上无异于雪中送炭。

对于别人的烦恼、忧愁漠不关心、不闻不问，这样的人是不会受到欢迎的。生活中确实有这样的人，好像是影子一般漂浮在生活里。独来独往，我行我素，好像不存在似的。

成为别人需要的人，是幸福和满足。试想一下，你的来临，人们笑脸相迎，欢欣鼓舞，如同带来一股春风；你的离开，人们依依不舍，期待着重逢，这样的人是多么值得自豪。

如果遇到困难，肯定会有许多人帮助；如果需要人们，许多人会跟随。这对于事业和工作是无形的财富和潜在的资源。

帮助人是需要能力的，仅仅有热情是不够的。我们需要在方方面面锻炼自己，充实自己，发挥自己的价值。你的能力强，可以帮助弱者；你的知识丰富，可以传授知识；你的情商高，可以启发人们的智慧。

如果光有热情，却缺少相应的能力，人们对于你的需要就值得打个问号。

成为别人需要的人，不是一句空话，而是需要靠能力来证明的。我们不仅要有心，而且要有力。只有丰富知识，增进能力，这样在别人需要的时候，才能有能力站出来，发挥作用。

那些无所事事或者一事无成的人、那些只会纸上谈兵的人，是不会成为人们需要的人。

热心、热情，喜欢帮助人，又具有一定的能力，在社会交往中肯定是会受到欢迎的，也会如鱼得水的。

一个人人际交往的能力、人际交往的成功，对于事业的成功是至关重要的，和事业也是相辅相成的。可以这样说，**成功的人际交往，将会带来人生的成功。**

第十六章　多领域的成功

箴言录

　　丰富的知识，使人从跨领域知识中触类旁通，如鱼得水，从而达到较高的人生境界。

　　拐点中隐含着成功，低谷期孕育高峰期。只是一般人总是把低谷看做低谷，把拐点看做绝境，因而没有走出困境，与成功擦肩而过。

　　知识越多，思考的问题就越多，就越认识到自己的无知，也就更加谦虚了。

　　人生的每一道伤痕或者是失败的理由，或者是奋进的标杆，这就要看我们自己了。

成功不止一个方向

　　人生并不是一成不变的，随着时间的推移，会产生许多变数，需要我们调整人生的航线。如果不及时调整，一味地坚持原来的方向，就有可能走不下去。走不下去时怎么办？是硬着头皮走下去，直到碰得鼻青脸肿，离成功越来越遥远，还是适当地调整方向，走出一条属于自己的道路来。这是很重要的，直接关系到人生的成败。

　　其实，整个人生都是一个调整的过程，不调整是不可能的。不过有时是微调，有时是大调整。从人的一生来看，呱呱落地之始，就开始成长，成长的过程也是变化的过程。在孩提时代开始学习，产生了爱好。随着年龄的递增，有的爱好保持下来了，有的发生了变化，而且还会产生新的爱好。伴随着知识的增加、视野的开阔、人生的选择，人们调整着自己的人生方向和目标，产生了新的方向和目标。

古人说，士别三日，当刮目相看。说的就是人生的变化，也说的是人生的调整。没有变化的人，是不存在的，多多少少总是会有些变化。

在人生的漫漫征途上，每个人其实都是赶路的人，不知道明天会发生什么，不知道会遇到什么样的事情，因为你在路上。许多事情是不以人的意志为转移的，遇到什么样的人，遇到什么样的困难，有什么样的结局，许多时候人只是作为参与者而存在。我们要扭转这种局面，掌控命运的走向，就必须根据客观情况做出调节。

遇到礁石，自然要躲开；遇到险滩，自然要小心翼翼。一味地不变方向，不改变自己，那么只会被现实碰得头破血流。

因此，我们除过专业知识之外，还必须掌握丰富的跨专业知识。作为一个航海家，不仅要掌握航海知识，而且要掌握地理知识、气象知识、各地的民俗风情、生存知识、多种语言等。同理，在人生的长河里，我们要完成一项事业，没有丰富的知识是不行的，否则，人生的航船会面临搁浅的危险。有句话说处处留心皆学问。每一种学问其实都是有用的，或多或少地帮助着我们走向成功。世间不存在无用的知识，就看我们善于不善于利用而已。

单单靠专业知识去成功，从理论上来说几乎是不可能的。因为万物都是普遍联系的，不存在绝对独立的事物。要攻克天体物理难题，不仅要有最基本的物理学知识，而且还要具备宇宙学知识、数学知识、哲学知识，甚至还要对神学有起码的了解。只有拥有丰富的知识，才有可能达到成功。

掘金矿时，也许得到的是银矿或者是铜矿，以至于是钻石。这就在于边缘性知识的开发。有心栽花花不开，无意插柳柳成荫。事情总是这样的出乎意料，给人带来意外的收获和惊喜。然而，意料之外的事情的背后并非仅仅是凭运气，而是有着深刻复杂的原因，与知识的积累和付出是分不开的。

复合型的人才是社会发展的必然要求。由于社会分工的多样化、知识的互相交叉等原因，每一领域的巨大成功都会牵扯到多方面的知识。许多成功的发现和创造都是跨学科领域所产生的结果。

丰富的知识是人生的基点

亚里士多德是古希腊著名的哲学家和教育家，他的一生不仅在哲学上取得了令世人瞩目的成绩，而且在许多领域都取得了巨大成绩，涉及逻辑学、修辞学、物理学、生物学、教育学、心理学、政治学、经济学、美学、博物学等，写下了大量的著作。他的著作是古代的百科全书，据说有400多部，主要有《工具论》、《形而上学》、《物理学》、《伦理学》、《政治学》、《诗学》等。仅仅从他的著作上就可以感受到他的渊博的知识。他的著作逻辑学方面有：《范畴篇》、《解释篇》、《前分析篇》、《后分析篇》、《论题篇》、《辩谬篇》，总称《工具论》；形而上学方面有：《形而上学》；自然哲学方面有：《物理学》、《气象学》、《论天》、《论生灭》；生物学方面有：《动物志》、《动物之构造》、《动物之运动》、《动物之行进》、《动物之生殖》、《尼各马克伦理学》；思维科学方面有：《论灵魂》、《论感觉和被感觉的》、《论记忆》、《论睡眠》、《论梦》、《论睡眠中的预兆》；人类学方面有《论生命的长短》、《论青年、老年及死亡》、《论呼吸》、《论气息》；伦理学和政治学方面有：《尼各马可伦理学》、《优台谟伦理学》、《政治学》；语言学方面有《修辞学》、《诗学》等等。

从这些林林总总的著作中，我们感到，亚里士多德的知识领域的丰富性和广阔性，也明白了他为什么能够在许多领域取得重要的研究成果，原因就是他的丰富的知识，使得他能够从跨领域知识中如鱼得水，触类旁通，从而达到了融会贯通，取得了重要收获。

一般人自然不能和亚里士多德这样的大哲学家相比，可是，尽量多掌握知识，对于我们的成功是大有裨益的。

富兰克林小时候只读了两年书，就去印刷厂当了工人。他利用工作之便结识了书店的店员，业余学习写作，给《新格兰报》投稿，受到了读者关注。掌握了精湛的印刷技术后，1726年他创立了独立经营的印刷厂。1730年创办了《宾夕法尼亚报》，撰写艺术、科学等有关文章，还建立了图书馆，成立了"读书社"。同时，他还从事科学研究，通过了风筝实验，证实了雷电的存在，发明了避雷针；与剑桥大学合作，利用醚的蒸发得到了 $-25℃$ 的低温，创立了蒸发制冷的理论。被吸收为英国皇家学会会员。他也是美国历史上杰出的政治家，美国独立战争爆发后，他参加了美国第二届大陆会议和《独立宣言》的起草工作。70多岁时出使法国，受到了路易十六的欢迎，回国后还担任了宾夕法尼亚州的州长。1781年，81岁的富兰克林还参加制定美国宪法，组织反对奴役黑人的运动。

从富兰克林一生的经历来看，他不仅掌握印刷知识，办印刷厂，是个企业家，还是一个报人、科学家、政治家、宪政专家，看似分离的知识，在他身上得到了完美的统一。他掌握的印刷知识对于他办报纸的事业很有帮助；他的写作特长促使他发表了科学和艺术的文章，对于他的科学研究和提高写作水平，都有作用；同时，他的写作知识对于宪法的起草也有作用。正是这些知识统一到他的身上，使他在各方面取得了成功，而成为杰出的科学家和政治家。

其实，许多成功者都不是只具有单一的知识，他们的丰富的知识，对于事业的成功，莫不起了决定性的作用。因为，人生是无法预料的，从事什么职业有时并非由自己来决定的。丰富的知识使人在变幻莫测的世界里如鱼得水，左右逢源。

灵活的思维，敏锐的眼光

成功是没有模式的，随着时间条件的转换，也会发生相应的变化。这条路走不通，也许还有另外一条路；挫折不会永远笼罩在天空，风雨过去就是彩虹。曲曲折折，反反复复，最重要的是我们要认清道路，把握成功的机遇。不可掉以轻心，失去宝贵的机遇。

至为关键的是，我们在走向成功的道路上不仅要披荆斩棘，勇往直前，而且要具有敏锐的眼光，把握住机会。因为，突然遇到的一个问题，脑子里的一闪念，也许就是契机，就是成功的拐点。辛稼轩词道："众里寻他千百度，蓦然回首，那人却在灯火阑珊处。"苦思冥想而不得的东西，也许就隐藏在某个问题和一闪念之中。

电话发明家贝尔，原来是英国某地聋哑学校的教师，对于生理学有一定的研究。由于受到疾病的威胁，举家迁移到加拿大居住，后来在美国波士顿大学执教。一个偶然的机会，他在对于电报机的观察中，忽然触发了灵感，突发奇想，于是想能不能参照生理学中对于人耳的结构和人的声音的研究，根据莫尔斯电报机的原理制作出一台复式电报机呢？有了这个大胆的设想，贝尔就立即付诸行动，并找来一个年轻人汤姆斯·华特逊作为助手。贝尔设想，试图在复式电报机上互不干扰地同时发出几份频率不同的电报。可是不巧的是，在做复式电报机的发射试验时，电报机发生了故障。于是，贝尔着手进行检修，在检修过程中，贝尔偶尔发现电报上的一块铁片在电磁铁前能够不断地振动，并且发出微弱的声音。更令人惊讶的是，这种声音竟然通过导线传向远方。贝尔对于这个发现兴奋不已，敏锐地想到，如果声波的振动可以转化为电流的话，那么，电流信号就会转化为与原来声音相同的声音信号，这样的话，声音就可以在不同的地方传送了。

贝尔抓住了这个有价值的发现，决心继续自己的试验，发明一种传播声音的机器。他的试验起初受到了电学界一些专家的否定，认为这是一种奇思怪想，不符合电学常识，指责这是一种幻想。贝尔重新开始试验，调整了每个电报振动器，安装了导线，添置了送话器和接收器。试验的过程是艰难的，接收器无论怎么设法调节，收到的声音都很微弱，贝尔并没有灰心，猛然想到了音箱，如果利用音箱共鸣的原理，接收器收到的声音就清晰了。又经过多次努力，世界上第一部电话机就诞生了。

电话的发明，受到了科学界和人们的普遍重视，对于人类的通讯事业做出了重要的贡献。**贝尔作为一个生物学的研究者，成为电话的发明家，这要归功于他的跨学科研究的成功。**如果不是贝尔对于生理学的了解，以及他把握住实验装置振动发出的微弱的声音这种契机，是不会发明电话的。

由此，我们不难发现，所谓的努力需要智慧，需要用心，而不是一味的"努力"和用"蛮力"。这需要把所学的知识灵活运用起来，进行思维对接和知识互补，从而找出成功的捷径。

每个人都想找到成功的捷径，成功的捷径在哪里？就在于丰富的知识、敏锐的洞察力和对于机会的把握。没有丰富的知识，就不会有大成功。许多优秀的成功人士，其实不仅在本行业独领风骚，在其他行业也是佼佼者。比如，苏步青不仅是著名的数学家，而且还是一位颇有建树的诗人。霍金不仅是 20 世纪杰出的天体物理学家，也是一位哲学家，他的著作《时间简史》里对于时间的论述、宇宙的构成，其实谈的也是哲学问题。

拐点成功

付出了心血和汗水，仍然一无所获；经过努力拼搏，面对的是失败和挫折。这时候正是人生的拐点，抓住拐点就握住了命运的缰绳。

中国知名的房地产企业碧桂园的领头人杨国强，是广东顺德北滘人，自幼家贫，17 岁前未穿过鞋。曾经放牛种田、做泥水匠及建筑包工头。20 来岁左右，杨国强加入镇政府属下的北滘建筑工程公司，从底层做起，至 20 世纪 90 年代初，晋升为总经理。后来与多名同乡合资将北滘建筑工程公司买下，并成为大股东。他的房地产之路在起步即遭遇重大挫折。1992 年，他低价买下顺德碧江及桂山交界的大片荒地，投资建设了 4000 套楼房。由于楼市泡沫破裂，碧桂园只卖出了 3 户，面对楼盘滞销，即将破产，一筹莫展。

　　一次，杨国强到广州一所私营贵族学校参观，对于学校的规模深有感触。有人建议他在碧桂园也兴建一所贵族国际学校，吸引有钱人的儿女就读，并以此带动学生家属买楼定居。于是，杨国强立即行动，在碧桂园附近兴建了一所国际学校，与北京名校景山学校合作，并成为其广东分校，一开校便吸引了旅居顺德的外地商人，及当地有钱人的子女入读。学校向每名学生收取 30 万元教育储备金，规定学生在毕业后才能取回。随着学校的开办，碧桂园的楼盘也一售而空，同时，通过零息融资的方法，吸纳了大量的资金用于房地产开发。虽然碧桂园开设的贵族学校学费高达数十万，但同时在顺德碧桂园旁边办起了免费学校"国华纪念中学"，资助穷困学生。在校内的一块石碑上写道："我不忍看天地之间仍有可塑之才因贫穷而隐失于草莽，为胸有珠玑者不因贫穷而失学，不因贫穷而失志，方有办学事教之念。"

　　人生的失望不是绝望，挫折不是止步不前的理由。**在人生的转折关头，我们要学会"拐点成功"，想方设法，多方面拓展事业。**杨国强面临房地产市场的泡沫，事业受挫，大量资金投入房地产无法回笼。在人生的拐点时刻，他灵机一动，投资教育事业，兴办了一所贵族学校，独辟蹊径，反而走出了事业的低谷。

　　拐点中隐含着成功，低谷期也孕育高峰期。只是一般人总是把低谷看做低谷，把拐点看做绝境，因而没有走出困境，与成功擦肩而过。

边缘性成功

　　古希腊的著名哲学家芝诺，是埃利亚派的代表人物，提出了多个著名的悖论，对于古希腊的认识论思想产生了影响。一次，一位学生问芝诺："老师，您的知识比我的知识多许多倍，可是你为什么总是对自己的解答有疑问呢？"芝诺在桌上画了一大一小两个圆圈，并指着这两个圆圈说："人的知识就好比一个圆圈，圆圈里面是已知的，圆圈外面是未知的。大圆圈代表我的知识，小圆圈代表你们的知识。这两个圆圈的外面就是你们和我无知的部分。大圆圈的周长比小圆圈长，因此，我不知道的知识比你们多；小圆圈的周长短，所以你们的疑问就比较少。你知道得越多，圆圈也就越大，你不知道的也就越多。这就是我为什么常常怀疑自己的原因。"芝诺把知识比做圆圈，生动地揭示了有知与无知的辩证关系。

　　知识越多，思考的问题就越多，就越认识到自己的无知，也就更加谦虚了。反而，一个人的学问越少，也许就越自以为是，有了一点知识就喜欢到处卖弄。

　　由此可见，知识给人们认识世界提供了一个界点，提供了一个"边缘"，利用这个边缘或者突破边缘，就是走向成功的捷径。

　　所谓的"边缘"，不仅是指某一门类知识的边缘，而且延伸开来，也应当包括不同门类的知识。比如数学和哲学、物理和数学、哲学和艺术、建筑和艺术等都存在着边缘性的接触。毕达哥拉斯是古希腊著名的哲学家和数学家。他认为数是世界的本源，是宇宙的基本模式，体现了万物和谐的根本精神。他对数学做了许多研究，发现了勾股玄定理，将自然数区分为奇数、偶数、素数等。他用数解释宇宙中的一切存在物，认为数为宇宙提供了一个模型，数量和形状决定一切自然物体的形式。数是一切事物的总根源，有了数，才有几何学上的点，有了点才有线面和立体，有了立体才有火、气、水、土这四种元素，从而构成万物，所以数在物之先，由此推断自然界的一切现象和规律都是由数决定的，都必须服从数的关系。

正是在数学和哲学的边缘，毕达哥拉斯建立起了他的哲学体系，提出了世界观和宇宙生成理论。实际上，许多知识都有相通之处，只有掌握了更多的知识才能给我们的成功提供可靠的保证，并且潜在地帮助我们走向成功之路。世间不存在无用的知识，某些知识即使一时没有用处，但是，书到用时方恨少，它总会在人生的某个阶段适当的时候，给我们提供帮助，甚至决定我们的命运走向。

在现在社会分工日益精细、知识门类众多的时代，边缘性的学科对于人们的成功有着巨大的帮助作用和启迪意义。随着社会的发展，分工越来越精细，不仅需要我们具有专门的知识，而且在边缘性领域取得成功，只有知识多样化，才会对成功有所帮助。

交叉式成功

马化腾在谈起苹果公司的创始人乔布斯时说道："他是我的偶像，也是几乎所有认识的朋友心目中敬重的商业领袖。他完美地把科技和艺术结合，创造了世界上最优雅的产品，不仅留下了市值最高的公司，更留下了人们对他深深的怀念。我们还能再崇拜谁呢？"

人们在评价乔布斯时，指出他不仅是苹果公司的创始人，而且涉猎丰富的知识领域。网上说他是"商界贝多芬、IT业拿破仑、创新教父、理想战士……这些都是贴在苹果前CEO乔布斯身上的标签。乔布斯不仅是CEO，还是首席创新、产品总监，但同时也是一名艺术家，他的音乐品位在产品发布中展露无遗，他还是一名书法、禅修爱好者"。

现代社会，技术创新需要深入到最广泛的消费者中，具有自身的"灵魂"。乔布斯告诉了人们一个"秘诀"："苹果与其他计算机公司最大区别在于一直设法嫁接艺术与科学，其团队拥有人类学、艺术、历史、诗歌等人文教育背景。对创新者而言，这种无形、一时未必收效的资产，最终会让'象牙塔'中的科学走进大众，让冰冷的技术与消费者亲密接触，并反过来深远影响其他产业。"美国《新闻周刊》认为，乔布斯不仅创造了让公司赚钱的各种产品，也改变了个人电脑、音乐、好莱坞影视等多种产业。

　　在苹果公司的产品中渗透着多门类的知识交叉，使苹果产品在互联网事业日新月异的竞争中独树一帜，为消费者所青睐。乔布斯17岁上大学，由于感到所学专业无什么价值，就退学了。退学后最初"不务正业"。在里德学院乔布斯接触到了东方哲学潮流后，19岁时登上喜马拉雅山脉去朝圣，并尝试斋戒、节食、学习书法等，这些经历后来为苹果公司创造了巨大的价值，如他设计的系统字体等成为苹果电脑的卖点之一。乔布斯道："毕加索曾说过'好的艺术家抄，伟大的艺术家偷。'我们从不为窃取奇思妙想而感到羞愧……我认为，令我们的电脑变得伟大的部分原因是，在它身上倾注心血的是音乐家、诗人、艺术家、动物学家和历史学家，而他们恰恰又是世界上最棒的电脑科学家。"

　　全世界从未听说过"计算机合成图像"（CGI）。直到1991年，乔布斯作为皮克斯动画制作公司的董事长与首席执行官，率先把技术的无限可能与娱乐业的炫目魅力紧密地结合起来。皮克斯与迪士尼影片公司签署协议，共同研发制作三部大型动漫电影。其中之一的《玩具总动员》以一群儿童玩具的历险故事深深打动了观众。从改变了音乐商业运作模式的iTunes的发明，到1995年首部全电脑制作的动画电影长片《玩具总动员》的出品，乔布斯在娱乐业留下了不可磨灭的印迹。他在高科技领域的创新声望日隆的同时，他的举措也永久性地改变了好莱坞。乔布斯参与发明的iPod、iPhone和iPad等其他"玩具"不仅改变了全世界使用媒体的方式，而且还把自己和苹果公司深深植进了娱乐的时代思潮。

　　乔布斯在斯坦福大学讲演时谈到了他的成长过程，以及看似"无用的知识"在苹果产品中所产生的神奇效果。他说："在我做出退学决定的那一刻，我终于可以不必去读那些令我提不起丝毫兴趣的课程了。然后我还可以去修那些看起来有点意思的课程。当时看起来这些东西在我的生命中，好像都没有什么实际应用的可能。但是 10 年之后，当我们在设计第一台 Macintosh 电脑的时候，就不是那样了。我把当时我学的那些家伙全都设计进了 Mac。那是第一台使用了漂亮的印刷字体的电脑。如果我当时没有退学，就不会有机会去参加这个我感兴趣的美术字课程，Mac 就不会有这么多丰富的字体，以及赏心悦目的字体间距。那么现在个人电脑就不会有现在这么美妙的字形了。当然我在大学的时候，还不可能把从前的点点滴滴串联起来，但是当我十年后回顾这一切的时候，真的豁然开朗了。"

许多知识其实都是有"因缘"的，对于人们的成功起着潜在而神秘的影响。乔布斯道："再次说明的是，你在向前展望的时候不可能将这些片断串联起来；你只能在回顾的时候将点点滴滴串联起来。所以你必须相信这些片断会在你未来的某一天串联起来。你必须要相信某些东西：**你的勇气、目的、生命、因缘**。这个过程从来没有令我失望，只是让我的生命更加地与众不同而已。"

我们由此得出：乔布斯所说的因缘，就是知识的互相作用，就是知识交叉后所产生的巨大的推动力，指引我们走向成功的顶峰。一些成功并非一己之力所能完成，需要通过多人的合作来完成。如果说流行文化是一个团队运动项目，那么乔布斯无疑是这个团队的"带头人"。

弱点成功

每个人的生活都不会是完美无缺的，可以说人生遍布着缺憾。

面对缺憾，我们怎么办？是**在缺憾中一蹶不振，伤心烦恼，黯然神伤地度过时光**，还是化缺憾为动力，有所作为，走出独特的道路，这是事业成功的试金石。

布莱叶是法国著名的盲人教育家，发明的盲文给盲人的学习带来了巨大的便利。他的父亲是个马具商人，他3岁的时候到马具店玩耍，不慎被马具戳伤了眼睛，后来发生了感染，两年后双目失明了。父母很伤心，但是，并没有放弃对于他的教育。邀请镇上的牧师为他授课，让他学习历史、文学等知识。随着知识的增加，家里送他到镇里的学校正式上学。可是，拿上课本后，布莱叶很难过，摸着平滑的课本，他想如果能有盲人自己的课本就好了。10岁时，布莱叶进入了巴黎皇家盲童学校，选修了语文、数学、历史等课程，学习努力，各科成绩都很好。可是，不方便的是几乎各门功课主要靠听力来完成。虽然有课本，但是采用的是放大的凸版印刷字母，用手触摸起来难以分辨。布莱叶决心想出一种更好的办法来方便盲人读书。

1821年的一天，学校请海军军官巴比埃来做演讲，他给学生们讲到进行夜战时使用的一种"夜字"，用铁笔在厚纸板上刻出凸点字母符号，用6个凸点符号来表示音标和发音方法，是专门为夜间作战时传递命令和作战用的。12岁的布莱叶想到，如果借鉴"夜字"的方法，就可以发明一种专门供盲人阅读的盲文了。布莱叶找来铁笔和厚纸板，刻苦钻研，经过无数次的探索，他用6个凸点的变化来表示盲文字母表，再组合成盲文。这些盲文容易分辨，识字速度快，使盲人可以和健康人一样读书。盲文或称点字、凸字，是专为盲人设计、靠触觉感知的文字。1824年，15岁的布莱叶终于研究出了一套完整的盲文读写方法。1887年，布莱叶的盲文被国际公认为正式盲文。为了纪念这位卓越的创造者，1895年，人们用布莱叶作为盲文的国际通用名称。

布莱叶双目失明了，童年的他在又哭又闹而又无奈之下，可他并没有放弃努力，而是勤奋学习，取得了骄人的成绩。不幸的命运使他成为盲人，他没有向命运屈服，尤其是感受到了盲人读书的不便，而后处处留心，在一个偶然的机会里，由海军作战时使用的

"夜字"而受到启发，发明了盲文。

有一句话说得好，英雄的身上都带着伤痕。**每一道伤痕或者是失败的理由，或者是奋进的标杆，这就要看我们自己了。**

一个口吃的人，也许可以成为卓越的演讲家，比如亚里士多德；一个个子矮小的人，可以成为统兵百万的将军，比如拿破仑；一个流浪的乞丐可以成为皇帝，比如明朝开国皇帝朱元璋。**有弱点并不可怕，就算是"天生"的吧，但是，人生是变化的，"后天"的努力更重要，所有的成功都是后天努力的结果。**

事实上，几乎所有取得成功的人，都是不完美的，都存在这样那样的缺点或弱点，然而，他们成功了。

知识铸造成功

成功者不是天生的，成功者也是普通人。

人生有许多不确定的因素，隐藏着未知的领域，需要我们去破解和克服。人生不是一条直线的运行，从起点到终点如飞箭般到达，而是迂回曲折的，甚至是反复无常的。

我们的知识积累，实际上都在为成功作准备；现在用不上的知识，也许将来就能用上；看似无用的知识，也许改变了你的人生。关键是我们愿不愿意改变自己。

成功是遥远的事情，理想属于明天，甚至需要作出长时间的努力。

但是，知识不是这样，只要我们用心和用功，就可以得到。只要我们涉猎广泛，就可以拥有丰富的知识。知识是随时随地都可以学习的。这些知识是一种潜在的力量，是积聚的能量，是成功的导火索，一旦引爆，就会照亮人生的漫漫长夜。知识的边缘性、交叉性、丰富性等，都是成功的因素，都有助于成功。

不管我们有什么理由，不管我们有什么弱点，不管我们遭遇何种不幸，都不能成为失败的借口，因为，比我们更加弱势的、比我们更加不幸的、比我们更加有理由有借口的人，大有人在，而恰恰是他们成为成功路上的标杆和丰碑。

人生有各种各样的不幸，有各种各样的理由，然而，成功却是相似的，需要我们具备知识，勤奋学习，不断积累，不息地奋斗和努力。

第十七章 细节与成败

细节是事业的成败所在，没有细节就没有优劣的判断。

细节其实是一种修养，是日积月累培养出来的。

一个小小的细节，也许改变了命运。

对待细节首先是态度，而不是能力的问题。

不起眼的细节，背后潜伏着巨大的力量。

天下大事，必作于细。

机会稍纵即逝，必须具备敏锐的洞察力，才会发现和珍惜机会。

人们对于细节的重视，就是对于要害的重视。

细节的魅力

细节是事业的成败所在，没有细节就没有优劣的判断。正是在细节上，人们拉开了距离。

不管你做什么，时间都在不停地运动，分分秒秒，永不停止。我们的生活体现于永恒的时间里，体现在一分一秒中，体现在每一个片刻里，如果割裂了其中的片刻，时间突然消失，一切将荡然无存。

细节是细微的、简单的、零碎的，很容易被忽略，不被人们注意，但是，**细节又是非凡的、显著的、整体的，往往一个细节会改**

变人们的评价，影响到成败。细节上见功夫，人和人的差异不在整体上，而往往表现在细节上。

新东方学校的创办者俞敏洪，生长于江苏江阴县一个普通的农民家庭。他从小热爱劳动，在 14 岁的时候，就获得了县里的插秧冠军。17 岁时，是县里优秀的手扶拖拉机手。他特别勤快，从小学一年级起就一直打扫教室卫生。到了北大以后养成了一个习惯，每天为宿舍打扫卫生，这一打扫就干了 4 年。所以宿舍从来没排过卫生值日表。同时，他每天都拎着宿舍的水壶去给同学打水，把它当做一种体育锻炼。大家习惯了，最后还出现这样一种情况，有的时候俞敏洪忘了打水，有的同学就说："俞敏洪怎么还不去打水？"可是，他并不觉得打水是一件多么吃亏的事情，因为大家都是同学，互相帮助是理所当然的。俞敏洪说："当然，我打水的时候并没有想到我有困难时他们会来帮我。"大学毕业 10 年后，新东方已经做到了一定规模，他希望找合作者，就跑到了美国和加拿大去寻找那些同学。后来他们回来帮助俞敏洪一起创业，给了他一个十分意外的理由。他们说："俞敏洪，我们回来是冲着你过去为我们扫了 4 年的地，打了 4 年水。"又说："我们知道，你有这样的一种精神，所以你有饭吃肯定不会给我们粥喝。"

这些人的加入奠定了新东方发展的基础，使新东方不断地做大，成为美国的上市公司，达到今天的规模。

在上大学的宿舍里，打扫卫生在一些人眼里是多么不起眼的事情，可是，俞敏洪不这么看，把这作为一种习惯，一干就是 4 年。这样的小事，体现了俞敏洪关心大家、始终如一的内在精神。于是，在他创办新东方学校的最关键的时期，昔日的同学毅然与他走到一起，成就了新东方学校的事业。

所谓注重细节，就是从"细处"做起，从"小节"做起，持之以恒地做下去。细节不是一时一地的，不是兴之所至地做事，而是持之以恒、不休不止地去坚持做好一件事。因为细节时时刻刻贯穿于我们的生活中，如果仅仅偶尔注重，不叫注重；今天注重，明天忽视，也不叫注重。我们只有扎扎实实地去做，把行为变作习惯，把习惯变作人生的一部分，才能在细节上取胜。

在日常生活中，细节是一个很容易被忽视的字眼。人们羡慕成功者美丽的光环，敬仰或者崇拜成功者，被成功者所吸引和感召。可是，却没有真正理解和认识成功者。有谁真正注意到细节对于成功的重要性呢？而要真正做到对每一件事都细致入微，却并不是一件容易的事。细节其实是一种修养，是日积月累培养出来的。

由此看来，细节其实就是长期坚持所培养的一种习惯。

细节体现素质，细节预兆明天

对个人来说，细节体现了一个人的修养；对事业来说，细节决定着兴衰。人们之间的差距在哪里？就在于细节。

那是一个下雨天的傍晚，公司下班后人们都急匆匆地回家。在一个露天存车场，看车人给自行车上盖了一块块油布防止雨淋。员工们揭开油布，推上自行车就头也不回地离开了，没有推走的自行车就暴露在雨中淋湿了。这时，有一个员工小张，掀开油布推走自己的自行车后，又细致地用油布把剩下的自行车盖好，以防雨淋。

这个细节被经理看到了，第二天上班，经理把小张叫到办公室，让他担任公司质检部的部长。经理在职工大会上说："我昨天下班时在雨中观察，几乎所有的人推自行车时，把油布一掀开推走自行车就走了，不管别人的自行车是否被雨淋湿，只有小张细心地用油布把剩下的自行车盖好才离开，他的这种品质完全有资格胜任新的职务。"

一个小小的细节，举手之劳的事情，只有一人做到了，差距就此产生了，一个人的命运被改变了。

人人都想改变命运，有所发展，但是，最容易犯的错误是眼高手低、好高骛远。作为平凡的个人，不大可能常常遇到轰轰烈烈的事情，比如让你去制造宇宙飞船，让你当世界五百强的老总，我们只能从小事做起、从细节做起，才有可能成就大事。不注重细节的人，注定成就不了"大节"；不用心做小事的人，大事也做不好。因为，细节是成长的阶梯，是通向未来的桥梁。

不在细节上用工夫，怎么能走向明天呢？因为每个人都不是天生的成功者，不可能咿呀学语时就是天才，人生道路必须一步一步走，上了一个台阶后，再走上一个台阶，没有一步通天的事情。一个又一个细节，架起了通向未来的虹桥。不从细节入手，就隔断了前进的道路，失去了上升的空间。

细节不是心血来潮的行为，而是平常养成的素质。

中南大学数学科学与计算技术学院的大三学生刘嘉忆，经过自己探索，竟然攻克了世界数学难题——反推数学的拉姆齐二染色定理。这是由英国数理逻辑学家于 20 世纪 90 年代提出的一个猜想，十多年来，许多著名研究者一直努力都没有解决。数理逻辑国际权威杂志《符号逻辑》主编、逻辑学专家、芝加哥大学数学系 Denis Hirschfeldt 教授给刘嘉忆发来贺电道："我是过去众多研究该问题而无果者之一，看到这一问题得到最终解决感到非常高兴，特别如你给出的如此漂亮的证明，请接受我对你的令人赞叹的惊奇成果的祝贺！"在 2011 年的美国芝加哥大学数理逻辑学术会议上，云集了来自欧美的许多数理逻辑专家、学者，刘嘉忆在大会上作学术报告，语惊四座，受到了国际数学界的肯定。

当记者采访刘嘉忆时，问他是否有这方面的天赋，他说："谈不上天赋。我只是非常喜欢，每天花很多时间学习数学。我是大连人，父亲在一家国有企业后勤部门工作，母亲是企业的工程师。家里人没有数学方面的遗传基因和教育，上小学时，也没有对数学特别感兴趣。上初中时，一些同学还在为数学教科书上的习题抓耳挠腮时，我就开始自学数论了。数论是研究整数性质的一门理论。对其他同学来说，看这些理论像是在看'天书'，但是我很喜欢。"他又道，"去年 8 月，我自学反推数学的时候，接触到这个问题。我注意到大量文献里提到，海内外不少学者在进行‘拉姆齐二染色定理’的研究。接触这个问题不久，我突然想到利用之前用到的一个方法，稍作修改便可以证明这一结论，连夜将这一证明写出来，投给了《符号逻辑》杂志。"

正是平时对于数学的喜欢，花很多时间学习数学，使他打好了基础。**接触到拉姆齐二染色定理时，对于一般人来说，也许会视而不见，但是，刘嘉忆把握住了这个细节，一举攻克许多数学家没能解决的难题。**

没有对于细节的把握，就没有成功。每个细节，其实都是通向成功的基石，锻造了成功的钥匙。

成败在细节

人们赞扬乔布斯的完美主义和对细节的敏感。作为日理万机的苹果公司总裁，不仅筹谋整个企业发展战略，而且还要细心到关注产品的每一个部件。他曾因 iPhone 上的螺丝问题而炒了员工鱿鱼。一位设计师曾问他："谁会真的去看计算机的内部呢？"乔布斯则答道，"我会"。他曾经说："如果你是个正在打造漂亮衣柜的木匠，你不会在背面使用胶合板，即使它冲着墙壁，没有人会看见。但你自己心知肚明，所以你依然会在背面使用一块漂亮的木料。为了能在晚上睡个安稳觉，美观和质量必须贯穿始终。"正是凭借这种对于细节的重视，他开发的 iPhone、iPod 等数款产品取得了巨大的成功。

他的偏执、独断、情绪化等性格，不是作为缺点被人诟病，反而构成其人格魅力的一部分，带给公司一种独特的风格。这是为什么呢？就是因为他的"偏执、独断、情绪化性格"等，都渗透着对于细节的情有独钟。为了重新设计系统界面，乔布斯几乎把鼻子都贴在电脑屏幕上，对每一个像素进行比对，他说："我们要把图标做到让我想用舌头去舔一下。"他关心的是与产品有关的细节及其带给用户的体验。关注细节更决定着能否为"正确的人为公司做正确的事"创造出自由空间。在乔布斯这样近乎苛刻的管理者的带领下，员工们都是近乎"疯子"般地关注细节，这成为每一个员工进行创新的目标。

甲骨文公司创始人埃里森说，当年他和乔布斯是邻居的时候，乔布斯一件家具也没有，如果不完美他宁愿不添置任何东西。谷歌公司高管维克·贡多特拉讲述了其公司与苹果公司合作，把谷歌地图应用放到 iPhone 上那段时间发生的一件事。一个周末，贡多特拉接到了乔布斯本人打来的电话，表达他对于标题中第二个字母"o"的黄色阴影有误的不满，要求处理这个问题。

其实，对待细节首先是态度，而不是能力的问题。

每个人都有一双发现细节的眼睛，关键是用心不用心，关注不关注。有的人发现了细节，却忽视了，有些人甚至意识到要出问题，却抱着侥幸之心，掉以轻心，以致出现了始料不及的后果。

我国南方某市为了向国庆献礼，建筑了一架大桥。通车前，发现了一个细小的裂缝，施工总指挥提出不能通车。可是，市长认为这是形象工程，不通车有损市政府形象，于是召开市政府会议，以签字的方式通过通车的决议。只有担任施工总指挥的副市长没有签字。谁料通车后的两天大桥塌陷了，伤亡十数人，献礼大桥成为"死亡之桥"。事故发生后，所有的人都处理了，只有那个坚决反对通车拒绝签字的副市长没有受到处分。

小小的裂缝背后竟然是惨祸。许多人都知道，却由于种种原因没有认真对待。细节是多么令人深思啊，难怪有人感叹，细节是魔鬼。

微不足道的细节，带来的却是惊人的后果。

一念天堂，一念地狱

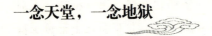

有一个女大学生来到某城市考研之后，成绩不错，正好她的表

妹在这座城市，顺便看望表妹。表妹在一家工厂打工，热情地招待了她。吃完饭后，表妹上班去了，留下她一人在家。她没有关紧防盗门，留了一个小缝隙。这时，一个无业人员正好到该楼上找朋友，朋友不在，路过时看见女孩一人在家，顿生歹意，实施抢劫。女孩极力反抗，又大呼救人，歹徒害怕，情急之下掐死了女孩。一个即将考上研究生的花季女孩，就这样走了。家人悲痛欲绝，呼天抢地，但是，无论如何也唤不回她的生命了。

如果女孩多一个心眼，不要把防盗门露出那么一条"微不起眼"的缝隙，在陌生的地方，关紧门窗，就可能不会发生这样的人生惨剧。一个细节，一念之差，走上了不归路，让人痛惜不已。

西安有个女孩在超市上班，谈了一个男朋友。男朋友的姐夫是个退伍军人，在人大机关当保安。已经是晚上了，这个保安打电话，让她过来聊聊天，女孩听后就不顾一天的劳累过去了。也许是天热的缘故吧，正好办公室有淋浴，保安让她冲澡。女孩冲澡之后，身上水淋淋的，保安见色起意，恶向胆边生，非礼女孩。女孩使出浑身的力量拒绝，保安害怕败露，就把女孩给杀害了。

唉，还是一念之差！天都黑了，和一个男人有什么可聊的？一转眼，不去就算了。既然去了，为什么还要冲澡呢？就不能回家去冲吗？善良的人们，总是不注意保护自己。如果女孩接了电话之后，内心稍微转一下，推脱有事，再如果到了那里，拒绝冲澡，一切就不会发生了。

我们平常做事情，一定要注意细节问题，不起眼的细节，背后往往潜伏着巨大的力量。

生活中这样的悲剧还有很多。

记得我老家有一个人烧砖窑，突然窑口出现了裂缝，人们赶快从砖窑内往出跑。这时，窑主想起里边放着自己的老棉袄，以为小小的裂缝不是什么大事，不听别人的劝告，飞跑进去拿棉袄，还没有等他出来，突然，轰然一声巨响，砖窑塌陷了，他被砖窑埋了。

为了小小的一件棉袄，断送了生命，这是多么不值啊。

一家幼儿园的校车，接上孩子去学校。下车时，忘记了车上还有一个孩子，就把车门锁了。正是夏天，烈日炎炎似火烧，几个小时的时间，车内像蒸笼一样炙热，到临放学时，打开车门一看，那个小孩已然窒息了。为什么下车时，不检查一下呢？稍微操心一点，会发生这样的悲剧吗？生命关天，再巨额的赔偿，能挽回幼小的生命吗？

许多事情，只要我们从细节上注意一点，多一个心眼，也许就会避免令人终生后悔莫及的事情发生。

妙在细节

什么叫细节，细节就是一丝不苟，精益求精。

体育竞技其实就是细节的拼搏，在细节方面较长短。正如跳高运动员每天汗流浃背地在运动场上苦练，而世界上跳高运动员冠亚军之间的差距是多少，不是一米几米，而是以厘米甚至毫米来计算，就是在手指长的地方决胜负。为了这小小的高度，运动员付出了巨大的心血，甚至一生无法企及。

有个成语叫吴带当风，这是对于中国古代画家吴道子的画作的褒扬。吴道子是唐代杰出的画家，在宗教画上成就突出。他的画作，采用了波折起伏、错落有致的"莼菜条"式的描法，所画人物、衣袖、飘带，具有迎风起舞的动势，传神地反映了画里的情景，故有"吴带当风"之称。他的画作注意到了衣服飘起的形式、衣服的褶皱、衣服的动感，让人有迎风之感，这就是他取胜的地方。据说，有一次一个人拿着画作让吴道子看，画的是几个人在吹笙、弹琵琶，还有几个歌女在跳舞。吴道子看了后摇头，画家不明白有什么差错，吴道子指着画说："吹笙人的第三个手指和弹琵琶人的手指不在一个音节上。"画家看了后发现确实错了，连连称道。整幅画作那么多人物，恰恰在一个手指所按的音节上成了败笔。

小小的细节，往往成为成败的关键。

古代有个画龙点睛的故事。说的是梁武帝（萧衍）时期的名画家张僧繇，擅长画龙、鹰、花卉、山水等。梁武帝好佛，凡装饰佛寺，多命他画壁。他的画活灵活现，画的东西跟真的一模一样。有一次，他去一个寺庙去游览，就随意在墙壁上画了 4 条龙，可是没有画眼睛。有人问道："你为什么不画龙的眼睛呢？"他回答道："不能画，只要画上眼睛，龙就会飞走了。"人们听了，不以为然，认为他在说大话。于是，张僧繇提起画笔，给其中的一条龙画上了眼睛。岂知顷刻间电闪雷鸣，这条龙腾空而起，震破墙壁，穿过屋顶飞走了。人们惊得目瞪口呆，叹服不已。

整条龙较之于眼睛来说，不可谓不大，可是，小小的眼睛却是精神凝聚之处。细节往往是关键所在。

细节就是一丝不苟、精益求精

世界上怕就怕认真二字，任何事情只要认真去做，用心去做，就会做好。**所谓的认真和用心，归根到底就是在细节上下工夫。**

细节贯穿于我们的生活。

麦当劳是世界上最大的餐饮集团，开设有麦当劳的国家和地区超过了联合国的席位数。从 1955 年创办至今，在全世界已拥有两万多家餐厅。我们看看麦当劳是如何从细节入手进行管理的。首先是食品质量。为保证食品的独特风味和新鲜感，麦当劳制定了一系列近乎苛刻的指标。所有食品在进店之前都要接受多项质量检查，其中牛肉饼需要接受的检查指标达到 40 多个；奶浆的接货温度不超过 4℃；奶酪的库房保质期为 40 天，上架时间为 2 小时；水发洋葱为 4 小时，超过这些指标就要废弃。产品和时间牌一起放到保温柜中，炸薯条超过 7 分钟、汉堡超过 10 分钟就要扔掉。同时还制定了严格的卫生标准，如员工上岗前必须用特制的杀菌洗手液搓洗 20 秒，然后冲净、烘干。顾客就餐的桌子不仅要把表面擦干净，而且要把桌底擦干净。

麦当劳创始人克洛克说："我强调细节的重要性。如果你想经营出色，就必须使每一项最基本的工作都尽善尽美。"麦当劳总裁弗雷德·特纳道："我们的成功表明，我们的竞争者就是因为他们缺乏对细节的深层关注。"正是由于对于细节的重视，对于顾客无微不至的周到的考虑，才塑造了麦当劳的企业文化，成就了这家企业。

竞争就是细节的竞争，成功就是在细节上做文章。海尔总裁张瑞敏比较中日两个民族的认真精神时曾说："如果让一个日本人每天擦桌子六次，日本人会不折不扣地执行，每天都会坚持擦六次；可是如果让一个中国人去做，那么他在第一天可能擦六遍，第二天可能擦六遍，但到了第三天，可能就会擦五次、四次、三次，到后来，就不了了之。"2011年由海尔集团创造的匀动力洗衣机等四款高端产品摘得了全球工业设计大奖——"iF设计大奖"。这些产品打破了传统漩涡洗涤模式，采用独特的匀动力洗涤，使衣物好像处于"失重"空间，上下翻转，如花开般层层舒展，洗出的衣物更均匀更洁净。环形悬浮内桶设计，使桶壁成环形，注入水时，内桶缓缓上升，悬浮在水面，伴随着衣物的翻转自由摆动，洗涤均匀度高达99.3%。

小小的改动，凝聚了多少设计人员的智慧，给用户带来了多少方便，这正体现了海尔从细节努力的企业精神。什么叫尽善尽美，什么叫精益求精，回答是对于细节的永无止境的追求。张瑞敏深有感触地说："把每一件简单的事做好就是不简单；把每一件平凡的事做好就是不平凡。"

日本松下公司创始人松下幸之助道："无视细节的企业，它的发展必定在粗糙的砾石中停滞。"对于做人来说同样如此，如果不在细节处努力，就会失败。汪中求在《细节决定成败》一书中说："芸芸众生能做大事的实在太少，多数人的多数情况只能做一些具体的事、琐碎的事、单调的事，也许过于平淡，也许鸡毛蒜皮，但这就是工作，是生活，是成就大事所不可缺少的基础。"

在现代社会，只有具备一丝不苟、精益求精的精神，才能把事情做好。作为学生，做一道作业题；作为工人，做一个机器零件；作为企划部，策划一个项目，都需要具有这种精神。美国的阿波罗飞船，需要两万多个协作单位生产完成，其中有数百万的零部件，不能有任何差错，百万分之一的差错，就会导致飞船失控，引起灾难性的后果。前些年我国澳星发射失败，事故的原因是在配电器上多了一块 0.15 毫米的铝物质，正是这一点点铝物质导致澳星爆炸。实践表明，缺失对于细节的关注，必然潜藏着失败的阴影。浅尝辄止，马马虎虎，水过地皮湿，是不会成就事业的。任何时候，认真负责的精神，都会给人带来无穷的益处，使人终身受益。

大事干不了，小事不在意，所谓眼高手低。其实，注重细节、把小事做好是比较难的事，是衡量一个人素质高低的标准。丰田汽车总裁认为公司最为艰巨的工作不是汽车的研发和技术创新，而是生产流程中一根绳索的摆放，要不高不矮、不粗不细、不偏不歪，而且要确保每位技术工人在操作这根绳索时都要无任何偏差。只有把小事做好，把握细节，才能达到光辉的顶峰，铸造辉煌的大业。

细节蕴含机会

什么叫机会，机会其实就是细节的体现。人们常说，机不可失，时不再来。机会稍纵即逝，只有具备敏锐的洞察力，才会发现和珍惜机会。

德国化学家凯库勒从小勤奋好学，对许多科学现象都感兴趣，长大后从事有机化学研究。当时有机化学的实验表明碳在有机化学反应中呈现链状结构。苯是一种重要的化合物，但是，对于苯的实验却发现苯的 6 个碳原子并没有形成一条链，那么苯的 6 个碳原子和氢原子如何排列，许多人百思不解。凯库勒曾经设想了几十种方案，但经过验证后都不成立。对于苯分子的化学结构的思考，一直困扰着他。一天，他在睡梦中梦见碳原子和氢原子突然串联在一起，如金蛇般翩翩起舞，不断扭动，突然金蛇咬住了自己的尾巴，形成了环状结构。梦中醒来后，凯库勒想起这个细节，忽然顿悟，想道：苯分子的化学结构应当是一个环状结构！这个发现，不仅解决了有机化学的结构问题，而且开辟了对于复杂有机化合物的研究领域，为人类探索生命运动，研究蛋白质和核酸等大分子结构奠定了牢固的基础，使凯库勒成为有机化学研究的杰出人物。

人生的关键就在于细节，只要把握好了，人生就改变了，失去了之后再努力百倍也无济于事。平凡的、具体的、零散的事情，很容易被忽视，但它的作用是不可估量的。它也许会改变事物的发展方向，使命运发生转变。

这样的事例是很多的，如牛顿因为一颗苹果落地，触发了灵感，发现了万有引力定律；瓦特因为看到锅开了之后蒸汽不断地顶起锅盖，而发明了蒸汽机；具有"地学界的哥白尼"之称的德国地球物理学家魏格纳，有一天看地图，无意中发现南美洲东海岸的突出部分与非洲西海岸的凹入部分看上去很吻合，好像是西半球和东半球在慢慢分开，于是提出了著名的"大陆漂移学说"，为研究地球构造做出了重要贡献。

细节是科学研究和发明的关键，任何时候都不能忽略。科学研究和发明，其实就是在细节上下工夫。

细节确实与成败密切相关，蕴藏着潜在的机会。米开朗琪罗道："在艺术的世界里，细节就是上帝。"不仅仅在艺术上，而且在社会、人生和科学的各个方面，细节都是人们不可忽视的因素，我们要善于发现细节，找准机会，让细节闪耀出光芒。

《三国演义》中记载，诸葛亮因错用马谡而失掉战略要地街亭，司马懿乘势引15万大军向诸葛亮所在的西城蜂拥而来。当时，诸葛亮身边没有大将，只有一班文官。众人听到司马懿带兵前来的消息都大惊失色。诸葛亮登城楼观望后，对众人说："大家不要惊慌，我略用计策，便可教司马懿退兵。"于是，诸葛亮传令，把所有的旌旗都藏起来，士兵原地不动，如果有私自外出以及大声喧哗的，立即斩首。司马懿追来，"果见孔明坐于城楼之上，笑容可掬，焚香操琴。左有一童子，手捧宝剑；右有一童子，手执麈尾。城门内外，有二十余百姓，低头洒扫，旁若无人。"见了这种气势，司马懿哪敢轻易入城，以为诸葛亮必有埋伏，说道："诸葛亮一生谨慎，不曾冒险。现在城门大开，里面必有埋伏，我军如果进去，正好中了他们的计。还是快快撤退吧！"于是各路兵马都退了回去。

诸葛亮的空城计吓退司马懿，**是从细节入手，如焚香、弹琴、扫街、大开城门等**，让司马懿误认为城中有伏兵而主动撤退。几个细节就吓退司马懿的十几万兵马，挽救了蜀国的命运，不能不赞叹细节的神奇作用。

有人为自己辩护，似乎认为不拘小节、不修边幅是一种风度，是做人的潇洒，其实恰恰相反，这是做人的根本的失败。一个不注重细节的人，不仅小事做不好，大事更做不好。因为所有的大事都是从小事开始的，都要从小事着眼。古人李斯道："泰山不让土壤，故能成其大；河海不择细流，故能就其深。"意思是，泰山因为不拒绝微小的土壤，才能显得无比高大；大江大河因为不拒绝细微的溪流，才能浩渺无边。

细节是成功的基石，是人生的起点。许多时候，我们的目光总是停留在远方，盯住那些伟大的目标。恰恰忽视了现在，忽视了今天，忽视了脚下，怎么会走向美好的明天呢？任何事都要从细节做起，否则就谈不上卓越的成就，更谈不上辉煌的人生。

第十八章 保持内心的喜悦

为快乐而活着

世界上有无数成功，只有与快乐联系起来，才叫真正的成功。快乐就是人生最大的成功。

世界卫生组织对于健康的定义是："一种完整的肉体、心理和社会良好状态，而不仅仅是没有疾病和伤残。"快乐就是心理和社会良好状态的主要体现。人活着没有快乐，即使有金山银山又有什么意义？

在现代物质日益丰富的社会，拜金主义甚嚣其上，遮蔽了我们的心灵，蒙蔽了我们的眼睛。而我们在忙忙碌碌、身心疲惫中，往往忘记了生活的初衷，对于物质的永无止境的贪婪、对于幸福底线的不断提高，恰恰是我们不快乐的根源。

　　前些年，有一辆自行车、每天能够吃到白面馒头就是我们的追求，如果天天都可以吃一颗鸡蛋，简直就是神仙生活了。现在对于年轻人说这些，他们不以为然，好像你在说梦话，觉得不大可能吧，你的幸福底线就如此之低？可是，放到我的少年时代确实如此，这些确实是人生的梦想。然而，如今每个人都会轻而易举地拥有这些，难道就幸福了吗？

　　和我一样，许多人并不幸福，而是深陷在烦恼的泥沼中不可自拔。因为，幸福的标准升高了几十倍。骑着自行车上班是寒酸，是丢人；每天吃鸡蛋据说对身体不好；每天吃白面馒头人人都可以，而全国的饭店里每天扔掉的吃剩的馒头、菜肴不知有几十万吨。住上楼房想着什么时候拥有别墅，有了车子还想有名车。在物质追求的无止境的道路上，我们把快乐丢失殆尽。

　　胡润富豪榜统计的亿万富豪榜中，有一个钢铁老总因为 100 万元的纠纷，与朋友一直相持，始终不松口，最后被当年一起创业的朋友开枪杀害。100 万元与亿万身家相比，不过是零头中的零头，可是，区区 100 万元断送了亿万富豪的生命。生命都没有了，还会有快乐吗？

　　有钱并不一定就拥有快乐，没钱并不一定没有快乐。我每天下班后回家时，看到来城市的收破烂的人们，推着满车的废旧的纸箱、报纸、钢材，穿过拥挤的人群，他们有说有笑，脸上洋溢着快乐的笑容；还看到打工女孩，一天上十多个小时的班，浑身劳累不堪，下班后在街上吃小吃，充盈着青春的气息；甚至看到了唱歌的乞丐，他边弹着吉他，边唱着歌，没有一丝的忧伤。

　　我想，我们又何必不快乐呢？比比这些人，你应当感到庆幸啊。是谁让我们不快乐的？是那个整天欲念不止的自己。不管我们有什么想法，有什么希求，要记住，**所有的这些都应当是为我们的快乐服务的，如果不快乐，就违背了人生的初衷。**

　　快乐是自己的，任何人都没有资格剥夺别人的快乐！

快乐的理由

大千世界，芸芸众生，人没有理由不快乐。在自然界，有鸟兽虫鱼，花草树木，可是，只有我们作为人活着。在我们的周围，蚂蚁在辛勤地觅食，忙忙碌碌，无休无止；麻雀叽叽喳喳，在寒风中瑟瑟，没有语言，没有思想，而我们作为人活着，有思想，有感情，可以用美丽的文字叙述历史。我们没有理由不快乐。

庄子说"夏虫不可语冰"，有的虫子不知道有冬天，还有的虫子朝生暮死，生命只有不到一天的时间。想一想，在大自然中，有无数的生物，有无数的物质，而只有我们作为人活着，这就是我们的幸运，就是我们快乐的理由。

列子记载了一个故事，说的是孔子去泰山游览，路上碰见了荣启期，漫步在城市的郊外，身上穿着用粗糙的鹿皮缝制的衣服，腰间系着草绳，一边弹琴，一边唱歌。孔子奇怪地问道："你为什么这么高兴呢？"荣启期答道："我快乐的理由太多了。天地生育万物，只有人是高贵的，我得以做人，这是我快乐的一个原因；男女有别，而我有幸成为一个男人，是快乐的第二个原因；人出生来到世上，有的人没有见到太阳和月亮，有的人在襁褓中就夭亡了，而我却活到了90多岁，这是第三个快乐的理由。贫穷是读书人的普遍现象，死亡是人生的最终结果，我安心于平常的生活，等待自然的结果，有什么忧愁不乐的呢？"孔子听后感叹道："好啊，你是自得其乐的人。"

作为人活着，天地无私地给予了阳光、空气、水，大地上生长着粮食、瓜果、蔬菜，自然界有美丽的山峦、河流、草原，白天有阳光普照，夜里有月亮、星辰，我们还有什么不满足的，不知道感恩和珍惜，还要把身体当做欲望的工具，无休止地索取，得不到就折磨身体，包括折磨灵魂，何苦呢？

　　史铁生道："生病的经验是一步步懂得满足。发烧了，才知道不发烧的日子多么清爽。咳嗽了，才体会到不咳嗽的嗓子多么安详。刚坐上轮椅时，我老想，不能直立行走岂不把人的特点搞丢了？便觉天昏地暗。等又生出褥疮，一连数日只能歪七扭八地躺着，才看见端坐的日子其实多么晴朗。后来又患尿毒症，经常昏昏然不能思想，就更加怀念起往日时光。终于醒悟：其实每时每刻我们都是幸运的，任何灾难前面都可能再加上一个'更'字。"

　　史铁生说出这一番发自肺腑的话，是因为他受尽了疾病的折磨，痛苦不堪，才深刻地理解了幸福的含义。尽管我们拥有很多，但是，却快乐不起来，因为还有人比我们更多。可是，一旦失去已经拥有的，才悔恨从前的不珍惜，发现幸福其实就在身边。我们的贪婪，使我们不达目的誓不罢休，在滚滚红尘中奔走不已，与快乐擦肩而过。

　　世界著名演讲大师约翰·库缇斯说："每一天都会成为你生命中最美好的一天，不管你觉得自己是多么的不幸，世界上永远还有人比你更加不幸；不管你觉得自己是多么了不起，这个世界上永远还有人比你更加强大。我想跟各位说的是，如果我都可以做到，或者说如果我们都可以做到，为什么你不可以呢？如果我可以做到，那么你也可以做到！你也可以！请记住别对自己说不可能！"

　　他是澳大利亚人，生活中充满了磨难，也充满了奇迹。他天生严重残疾，双腿畸形，内脏错位，骶骨没有正常发育，出生时双腿像青蛙般细小，身体只有可乐罐大小，被医生断言活不过 24 小时，而他却坚持着过了一周又一周。直到现在，他已经幸福地活了 41 年，有了自己的爱情和孩子。他靠双手走路，没有双腿，却学会了游泳、举重和轮椅橄榄球，还获得了澳大利亚残疾人网球比赛的冠军，甚至还考取了驾照。他去过 190 多个国家，进行演讲和励志教育，受到南非总统曼德拉的接见。他敬告世人："你们都可以看到我的残疾，那么，**你的残疾是什么呢？世界上的每一个人都有自己的残疾，请问你的残疾是什么呢？**"

　　是啊，扪心自问，**我们的残疾是什么呢？就是心灵的残疾，是**

缺失了人生的快乐，而不在于任何人和任何环境！

乐观是人生的良药

　　人常说，笑一笑，十年少。常怀快乐的人，不仅身体健康，而且心理年轻。每天愁眉不展，心事重重的人，身体承受着无形的压力，心灵饱受着折磨，时间长了就会得病。脸上的每一道皱纹，不仅是岁月的沧桑，也是不快乐的记录。

　　这是一个真实的故事。东北某地有一个年轻人，单位组织体检，发现他肺部有个阴影，医生据此判断是不治之症。这个年轻人是面带笑容大步流星走进医院的，听到这个检查结果后，却躺着出了医院。于是，单位就安排他住院，吃药，诊疗，用尽了一切努力，眼看着他一天天逐渐憔悴，躺在床上，不能走路了。过了三个月后，单位领导去看望，只见他愁容满面，形销骨立，不能进食，瘦得成了皮包骨头。他提出一个要求，一辈子还没有去过北京，想到北京看看天安门。单位就组织4个小伙子备了一副担架，把他抬到火车上去北京。一行人抬着他下了火车，看了天安门后，有人建议，既然到了北京，再到大医院看看吧。

　　于是，他们又把他用担架抬到一家大医院，医生诊断后说，肺部的阴影是以前患肺结核后留下的，无关紧要，放心吧。这个年轻人一听后马上从病床上坐起来，精神焕发，换了一个人似的。出医院时，担架也不要了，直接走出去了。正赶上中午，就要求到大饭店饱餐一顿。原来健壮的小伙子，由于悲观成为躺在担架上的"病人"，一旦得知没有患病，愁云顿消，快乐无限，竟然也能吃了，能跑了，这就是快乐的力量。

　　有人作诗道：

　　　心有悲喜境自异，

心能转境同如来，

此心安处是吾乡，

不开口笑是痴人。

世人有太多的烦恼，太多的计较，太多的悲伤，太多的抱怨，太多的不安，太多的痛苦，根源在于失去了一颗快乐的心，忘记了人应当快乐地活着。

我们不妨观察一下现代人的病症，如高血脂、高血压、颈椎病、腰椎间盘突出症、胃疼、厌食症、头晕等。原因在于，许多人的工作好像永远干不完，不快乐；许多人每天赶集似地给孩子报班，陪孩子学习，孩子的每个动作都可以成为他不快乐的理由；许多人没有车不快乐，有了车也不快乐；没有房子不快乐，有了房子还不快乐；没有钱不快乐，有了钱也不会快乐。

有的人吃山珍海味、冬虫夏草、千年人参等各种补品，不见得有健康的身体。往往吃补品的人，身体已经有了疾病。我从前在农村，看到那些吃糠咽菜、粗茶淡饭的农民，在干活时唱着蒲剧小调，抑扬顿挫，声情并茂，却无病无灾，健康长寿，他们的生活如此艰难，而心灵却快乐着，任何东西都无法夺走他们的快乐。人世间没有灵丹妙药，真正的灵丹妙药，就是快乐，每个人都可以随时随地拥有，只不过许多人把它丢弃了。

佛教提出四无量心，即慈无量心、悲无量心、喜无量心、舍无量心。"慈，愿诸众生，永具安乐及安乐因；悲，愿诸众生，永离众苦及众苦因；喜，愿诸众生，永具无苦之乐，我心愉悦；舍，于诸众生，远离贪嗔之心住平等舍。"无量，指无有限量，无边无际。其实，其中的脱离苦海、远离贪嗔之心等，都是为人生的快乐服务的，可以说，快乐是四无量心的核心。保持快乐的心态，则气量广阔，心不存忧，月穿无痕，无量无大。

所谓："人清凉境，生欢喜心。"人们修禅学佛，是为了内心的欢喜，这是追求人生幸福的真谛。

李白作诗道："仰天大笑出门去，我辈岂是蓬蒿人。"显示了乐观的人生态度。李白作为唐代杰出的诗人，一生历尽坎坷，他始终保持一种浪漫主义的理想，保持对于人生的乐观的心态，所以才写出了这么豪迈的诗歌。

快乐是最好的精神滋补，滋补得人心旷神怡、春风满面。美丽的心情营造美丽的日子，所有的美丽日子串成一串，就是美丽人生。拥有美丽人生，无论年华几许，无论长得多么普通，都会活得漂亮。

把生气变为浩气

上天造人的时候，为什么也把生气这个劣根性附带到人的身上？漫漫人生旅途，许多人大半的时间不是用在跋涉上，却被生气给耗掉了。传统文化中强调修身养性，无非也是在"气"上用心，养成浩然正大之气。

有人说，让人疲惫的不是人生征途上的崇山峻岭，而是鞋子里边的小石子。在为生计奔忙的过程中，碰到不愉快的事，有些人就生气。生点小气也就算了，有的人生起气来，坐卧不宁，寝食不安，把身体也伤害了。佛经《法华经》道："恶业于心，还自坏形。如铁生垢，反食自身。"生气就如铁生锈一样，天长日久，毁掉的是自己。客观地说，别人气我，我为什么就要生气呢？这不正中了他的圈套了吗？生气于事无补，于身有害，可以说有百害而无一利，可陷于泥淖的人就是想不开，明知不该生气却要生气，这实在是一个悖论。有多少迷途之人因区区小事而憋气，强壮的身体变得骨瘦如柴，美满的生活因此变得愁云满面，毫无乐趣，生气之恶果实在太大了。

心胸狭窄，常爱生气的人时间久了会使性情变得乖戾，刻薄尖**酸，与人难处**。生活是一面镜子，你对它笑它就对你笑，你对它哭它就对你哭。《列子·说符》记载了一个《疑邻窃斧》的故事。有个人丢了斧子，怀疑是邻居的儿子偷去了。他看到邻居的儿子走路的样子，像是偷了斧子；再看他的脸色，也像是偷了斧子；讲话的姿态、动作、表情等样样都像偷了斧子。不久，丢失斧子的这个人在山谷里挖土，找到了斧子。隔日再看邻居的儿子，动作神情一点都不像偷了斧子的人。常爱生气的人就如丢了斧子的人，疑神疑鬼，好像谁也和他过不去，谁也在拆他的台。为人处世，偏执怪异而带戾气，使人敬而远之，成了孤家寡人。久而久之，心理阴暗，度日如年，对人生难免悲观。这样的人难得天地平和之气，以生为苦。清代王永彬《围炉夜话》道："气性乖张，多是夭亡之子；语言尖刻，终为薄福之人。"

真是一语道尽，刻画入微。

不仅如此，生气还会使人失去理智，产生报复心，做下终生后悔之事。常见生活中有些人因小忿而积成大冤，因小事动刀舞棒而酿成大祸，呼天抢地，悔之晚矣。生活中的事情哪有过不去的？要过不去往往是和自己过不去。有的人因为别人一句话不顺自己的意，就铭记在心，时刻不忘，总想找个机会出口"恶气"，等出气之后，也是横祸来临之时。更有些才华横溢、雄才大略之人，因为不忍"小气"而终于误了大事。每读《三国演义》诸葛亮气死周瑜的故事，就让人感叹万分。周瑜乃何等英雄，却因为气量狭窄，命赴黄泉。读《二十五史》，更使人掩卷深思，古来多少干大事的英雄豪杰，就因为在一个"气"字上过不了关，招致灾祸，家破人亡，追悔莫及。

俗话说：宰相肚里能撑船。人生在世，哪能事事如意？哪能人人敬你？凡事一定要多方面想一想，拥有健康的心态，才可以避免生气。要学会宽容，学会糊涂。**许多事情是不能计较的，计较起来就没个完。**碰上让人生气的事，首先想一想是不是自己做得不够，如果别人故意气你更不能生气，否则不正让他达到目的了吗？其次，把眼光放远一点，心胸开阔一点。志在千里的人，何必因为路上的小坎坷而跌倒不起，耿耿于怀呢？生气往往和心态有关，你若不生气心里也就不气了，正如人们常说的和气致祥。

要学会忍耐。忍耐可消气，百忍可成佛。小气可忍，大气也可忍，把那些有碍身心健康和事业的暴戾之气全抛到九霄云外。不要因生气而耽误了人生的进取。

《百忍歌》道："自豪杰以至圣贤，未有不得力于忍者也。是以君子忍人所不能忍，忍人所不堪忍，忍人所万难处之忍。如水之忍，冻而益坚；如金之忍，炼而益精；如松之忍，寒而益劲，忍之为德至矣。"韩信忍胯下之辱而成西汉开国大将，勾践忍亡国之恨，卧薪尝胆，终于灭掉吴国。若如一般人因小忿而拔刀，因小气而闷闷不乐，何能干出事业，取得人生的成功？要知道，遇上不顺心的事，正是修炼人生、锤炼自己性格的时机。人生若能过了"生气"之关，何事不能成？

曾经去看黄河。站在黄河边，黄河以雷霆万钧之势滔滔不绝，滚滚向前，东流入海。但黄河也包容着旅途的一切，如泥沙、石头、山脉、溪流等，如果不裹挟这些，也不能成其滚滚之势。我们应当像黄河那样，具有伟大的格局，包容万物。**把生气的"气"转变为气宇轩昂、生气勃勃、气冲霄汉、气吞万里的"气"。**拥有远大志向，正确处理好生活中各种不顺心的事情，正所谓君子气量大无边，容天容地容万物。别让人生在毫无意义的"生气"之中损耗掉，不要辜负只有一次的生命。

人类所有的理想、梦想源于快乐

红尘扰扰，人生万事。悠悠万事，令我心乐。

每一个人都有理想、梦想，都有人生的追求。在每一个人的内心深处，天然地排斥着痛苦，渴望着幸福快乐，这是人类的天性。

不会有哪一个人的理想字典里写着痛苦和烦恼。

理想是美丽的，人们描写理想的语言太多了：

有人说："世界上最美妙的东西是什么？是美丽的天空，是蓝蓝的大海，还是浩瀚的宇宙？让我来告诉你吧！都不是，世界上最美妙的是理想，它比天空还要美丽，比大海还要奇妙，比宇宙还要神奇。"

有人说："理想，是我们对未来的向往，是我们对未来的憧憬。没有理想的青春，就像没有太阳的早晨。一切成功者都是在理想的明灯指引中过来的。理想，是我们人生执著的目标；理想，是人生不竭的动力。"

还有人说："理想，是一束光，照亮人们前行的道路；理想，是一首诗，等待人们用心去品读；理想，是一首歌，让我们在美妙的乐声中领悟人生真谛。有了理想，就有了奋斗的目标，有了前进的动力。在人生坎坷的道路上，理想催我们前进，让我们有勇气有信心去征服险阻。"

所有的理想都是对于未来美好的向往，对于幸福生活的追求，给人们带来了真正的快乐。

快乐是理想的最终目的。

然而，在追求理想的过程中，难免会失败、受挫折，遇到种种不如意的事情。如果没有理想的话，人们也许还不至于有太多的烦恼和痛苦，正是由于无法实现理想，所以烦恼和痛苦来了。这种烦恼和痛苦是愚笨和痴迷的表现，远离了人生的智慧，也与理想的价值观念相违背。他们忘记了追求理想的目的是为了生活的快乐和幸福，既然违背了，必然会离理想愈来愈远，背道而驰。只有快乐地面对一切，乐观地看待挫折和失败，才能更加接近理想，走向美好的明天。

因为理想、梦想而高兴、快乐，因为实现不了而痛苦、烦恼，因为失败、挫折而折磨自己，这是人类的通病。这都不是理想的本义。

美好的理想，由于人们的快乐观的差异，成为双刃剑。常常看到有的人由于达不到目的，烦躁不堪，自暴自弃，愁容满面，痛不欲生。美好的理想，可以拯救人，也可以毁掉人。美好的向往，由于无法抵达，从而使人不择手段，走上邪路，陷入罪恶的泥潭。

为什么理想也会制造痛苦？

那是因为没有把正确的快乐价值观植入理想中去。

快乐激发了生活的动力，快乐是理想产生的源泉。所有的理想、愿望都是让人快乐的，快乐是人生努力的方向。因此，我们应当把快乐贯穿于理想的每一步，生活的每一个环节，人生的始终！

快乐是成功的保证

要敞开心胸，接纳快乐，让快乐像阳光般照亮生活。

一遇到挫折，就悲观泄气，情绪不振，满脸的忧愁。这不仅对于事业有害，而且往往是失败的根源。某市的副市长，一心想当市长，经过激烈的竞争落选了，感到这辈子不可能升官了，从此一蹶不振，灯红酒绿，借酒消愁，情绪低沉，而且利用手中的职权，干起了贪污的勾当。后来，由于贪污被免去职务，锒铛入狱。

都当了副市长了，还有什么不高兴的？要知道有多少人把副市长作为一生的追求，有多少人可望而不可及。

人们的不满足带来了不快乐，不快乐成为堕落的理由，最终走向了毁灭。

人生如同爬山，这座山是没有峰顶的。世间的人，摩肩接踵匍匐在这座山上，远远望去，都是爬行的人。人们总是只往上看不往下看，所以，总是日日夜夜，不停息地劳作。任何人都爬不到峰顶，如果不回头的话，总是痛苦。因为这个峰顶不是有形的，而是无形的，是那不满足的心灵。

有个笑话，很能给人以启发。说的是有个人，走在路上，看见了自己的影子，总想追上影子，就是追不到。他往前走，影子也往前走；他跑，影子也跑；他停下来，影子也停下来。他就是不服气，一直追，从早晨追到晚上，影子越追越长，怎么追也追不到。于是，整个人倒在了追寻自己影子的路上。快乐，其实就在我们的身上，就在当下，何必苦苦寻觅？

　　王瑞芳初中毕业后，为了弟弟妹妹上学，放弃学业走向社会。她先在一家商店打工，每天起早贪黑，一个月工资只有 500 元。自己零花钱 200 元，剩下的积攒起来交给父母。她每天还坚持写日记，有一次日记里写道："今天我多卖了几件衣服，真高兴。"后来她当了一家公司的清洁工，每天打扫公司的楼道和前厅，灰尘飞扬，但是，她总是笑容满面。在别人看来，一个正值妙龄的女孩子当清洁工是丢脸的事情，她却珍惜这份工作，干得有声有色。她当清洁工之余发挥写作特长，给单位办简报，表现出色，被领导赏识，调到财务部门。面对密密麻麻的数字，她头大了，因为她从来就没有接触过财会工作。她就报考函授大学，自学会计课程。经过自学，考取了会计师职称，下一个目标是注册会计师。除此之外，她还学习开车，考取了驾照。艰难的生活，在她面前，始终充满着阳光。

　　我想，不悲观，不失望，永远有一颗快乐的心，对于未来充满着希望，是她不断进取的动力和幸福之源。拥有这样的心态，积极作为，努力进取，王瑞芳在自己的人生道路上，一定会收获理想的果实。

快乐地干不快乐的事情

　　乐观的人，把不快乐的日子变得轻松，把苦难的光阴变得甜美珍贵，把繁琐的事变得简单可行。

　　杨侯任某国有大型集团总经理助理，他总结道："什么叫高明？即使生活不快乐，你也要快乐；即使不得不做不快乐的事情，你也要快乐地做不快乐的事情。这就是高明。"

　　有时候，人生不得不面对艰难，不得不面对烦恼。当初，杨侯刚来集团时，雄心勃勃，想干一番事业。他先前从事营销工作，有着广泛的客户网络和丰富的工作经验，被评为"省十大青年企业家"。刚到新单位时，领导重用，让他主管集团生产经营。杨侯带领生产经营部和安全部等部门的人员，检查工作，发现问题，纠正问题。力主集团在晋北建立营销网络，同时冒着暴风雪前去考察。他干得风生水起，使单位的销售收入达到了历年最高水平。

正当这时，有些人坐不住了。嫉妒和闲话接踵而来。于是，领导安排他担任遗留问题处理组组长。所谓遗留问题都是集团几任领导遗留下来的难以处理的工作。涉及人事纠纷和多种原因，甚至是法律诉讼，几任领导都没有处理好。把这样的难题交给他，明显是用非其才，大材小用。可是领导已经决定了，也就只好去做。有人为他鸣不平，有人为他叫屈，他一笑置之。他烦恼过，也痛苦过，但是，很快就想开了。他对我说："人是为快乐而生活的，我要快乐地做不快乐的事情！"正是具有这样的胸怀，他完成了领导交给的任务，并在半年后获得了晋升，担任了新的职务。

生活就是一面镜子，你对它哭它就哭，你对它笑它亦笑。快乐是一天，不快乐也是一天，为什么不快乐地度过每一天呢？

快乐是一种价值取向，在任何时候，特别是困难的情况下，也要发掘出生活闪光的一面，寻找到生活的亮点。

许多人都碰到过这样的事情，领导安排你干的事情你不愿意干，有难度，甚至厌恶干这种事情。但是，既然安排了决定了的事情，是无法更改的，与其愁眉苦脸地干这件事，不如快快乐乐地干，而且还要把不愿意干的事情干得漂漂亮亮，干到最好。这就是水平。

快乐是无条件的，不需要理由。

许多人实现了理想才快乐，不然就生气；得到了爱情才快乐，不然就痛苦；得到了升迁才快乐，不然就要苦闷。**明显地违背了快乐的宗旨，违背了快乐的根本。**

问题是，你生气、痛苦、苦闷，对于你的理想、爱情、升迁有用吗？抱有这种想法的人，首先他失去了眼前的快乐。其次，即使得到了理想、爱情、升迁，也不一定会快乐。因为，他的快乐观点是错误的，他给快乐设置了条件。所有的事情都不会是十全十美的，理想、爱情、升迁等概莫能外，往往持这种观点的人，目光是"锐利"的、心灵是"敏感"的，鸡蛋里边挑骨头，最容易发现生活的不完美之处，所以，他的人生是痛苦的。

每天都要笑

曾经看到一家商店里写着几个大字：今天你笑了吗？

感受颇深，这句话也适用于我们每天的生活。我们每天都要问自己：今天我快乐吗？是啊，我们整日奔波，不分时辰，到处寻寻觅觅，没有终止，却把快乐给丢了。

医学家研究，每个人每天笑 15 次，对健康极为有益，可以避免一般的疾病。我们都可以总结一下，每天笑了几次，有意识地笑上15 次。可惜的是，有的人恐怕一整天都没有效果，始终板着个脸，像某些领导见了下级一样。

赵总是某出版社的领导，单位刚成立时，千头万绪，不论业务上、人事上、外事上等，都需要他来处理。每天下班都是在晚上八九点以后。他确立的企业文化是"把工作当做事业，把单位当做家园"。经过短短几年的努力，单位发生了根本性的变化，由起初的缺乏流动资金，没有车辆，到现在的跃居全国良好出版社，迈出了坚实的步伐。

他总结人生的体会时说：**"不管事情再多，再烦恼，我早上一睁开眼，感觉到每一天都是新的，昨天的烦恼一扫而空，我要以快乐的心，信心百倍地迎接每一天。"**他的成功靠的是什么，就是一种乐观主义的思想，今天已然成为昨天，明天还很遥远，笑对生活，笑对艰难，笑对现在，笑对未来。

有一天，一个人来到佛祖前，问道："尊敬的祖师，你居住在简陋的茅棚里，不遮风挡雨，生活简陋，每天仅吃一顿饭，为什么还这样快乐？"

佛祖道："不悲过去，非贪未来，心系当下，由此安详。"

这句话道出了人生幸福的真谛：**活在今天**。

人们缺失快乐的原因，不是由于今天的所得所失，而是由于放不下昨天和明天。因为今天才刚刚开始，昨天的失去令人们追悔痛心，明天的不确定，让人们担心害怕。从而夺去了今天的欢乐，耽误了今天的奋斗，由此无法走向美好的明天。如此循环往复，人生每天都在痛苦和烦恼中度过。过去的已经过去，明天的事情放到明天再说，何必想不开，把自己往烦恼中逼？所以，我们必须放下一切包袱，轻装度过每一天。

有句话说，男子汉大丈夫，拿得起，放得下。这是一种身心的修养，意思是让我们乐观地看待生活，不要被任何困难和挫折吓倒。

幸福喜欢和灿烂的笑脸相依

每个人都喜欢美丽，人什么时候最美丽？当笑的时候，如春暖花开，祥云缭绕，每一个笑着的人，脸上都有一片祥云围绕着，如果不相信的话，你仔细看看，肯定会发现。

快乐和幸福是会传染的，如果你对别人笑，别人就会对你笑。如果你是一个部门的领导，带着笑容上班，那么这个部门的空气就是流通的，每个员工身心都是愉悦的。

看看生活中的现象，足以给我们心灵的震撼。

凡是那些面带笑容、容光焕发的人，往往都是春风得意、事业有成的人。凡是终日愁眉深锁、怏怏不乐的人，寻寻觅觅，凄凄惨惨戚戚，可可怜怜，都是事业无成、失意潦倒的人。快乐的人，看待生活中的挫折，认为是考验，天要幸之，必先苦之；不快乐的人，拥有幸福也是一种痛苦，因为他疑神疑鬼，害怕幸福会失去。快乐的人看待凄风苦雨，突然间豪情万丈，让我在暴风雨中成长吧！不快乐的人听到春雨绵绵，不是感到大地回春，生机盎然，而是有感落红飘零，伤春悲秋。照这种思维，人生就没有快乐的日子。

相学家看人的命运，喜欢看相，有道是印堂发亮，紫气东来；又道是面色发灰，恐怕有不测之祸。实际上，祸福之说，从人们对于生活的态度上就已经印证了。

邱吉尔非常具有幽默感，一次他到国会演讲，一位女议员对他极为不满，站起身来刻薄地说："如果我是你太太，我一定想办法把你毒死！"

邱吉尔听后笑着说："如果你是我太太，不必等到你毒死我，我会先把自己毒死！"

参加议会的人，顿时爆发出笑声，接着是热烈的掌声。邱吉尔的幽默、乐观，征服了与会的每个人。正是由于具有宽阔的胸怀和乐观的精神，邱吉尔领导英国人取得了第二次世界大战的胜利。

所以说，要有美好的人生，必须笑对生活；要实现理想、目标，必须笑对艰难；要拥有幸福，必须笑对一切。

因为，幸福喜欢和灿烂的笑容相依相伴。

第十九章 开发你的潜能

冉冉升起的太阳的光芒照在你的身上，浑身充满了活力。

每一个人，即使他是做出了辉煌创造的人，在他的一生中利用自己的脑潜能还不到百分之一。

每个人都是伟大的，都可以伟大，每个人都具有潜能，一旦潜能开发出来，就会爆发出无穷的生命力。

每个人都是伟大的，人是天地间大自然最神奇的杰作。

每个人都是经过数百万年人类演化的产物，聚集了天地日月的灵气。

每个人都有潜能

宇宙的奥秘深不可测，自然之谜层出不穷，然而，人们将发现，最大的谜终将是人类自己。人是什么？人类的能量有多大？每个人的能力有多大？谁也无法说清。

从人的大脑来看，大约有 140 亿~150 亿个细胞，只有约 10% 的脑细胞被开发利用。其余的脑细胞都处于休眠状态。科学研究表明，人的大脑在理论上的信息储存量，相当于藏书 1000 万册的美国国会图书馆的 50 倍，高达 5 亿本。它的存贮量是 10 的 12 次方至

15 次方，相当于 100 万台大型电子计算机。记忆最长的时间可达七八十年之久。人的大脑比全国的电信网络还要复杂得多。因此说，人的智慧潜能，几乎接近于无限。人的每只眼睛有 1.3 亿个光接收器，每个光接收器每秒可吸收 5 个光子（光能量束），可区分 1000 多万种颜色。人眼通过协调动作，其中的光接收器可以在不到 1 秒钟的时间内，以超级精度对一幅含有 10 亿个信息的景物进行解码。要建造一台与人眼相同的"机器人眼"，科学家预计将花费 6800 万美元，并且这台"机器人眼"的体积有一幢楼房那么大！

神话传说中的顺风耳和千里眼，是人类的梦想，今天已经实现了这一目标，射电望远镜观察到遥远的天空，人造卫星通过图像处理技术可以拍摄到其他星球的图片。在遥远的古代，人们幻想着月球上有美丽的仙女嫦娥居住在广寒宫里，今天人类制造的宇宙飞船已经抵达了月球。

人类的潜能有多大？人类的梦想激发着创造力，开发着人们的潜能。据考古研究，人类的演化经历了四个阶段，即南方古猿阶段、能人阶段、直立人阶段、智人阶段，经过了四百万年漫长的进化，直到十万年前产生了现代人的雏形。而人类有文字记载可考的历史不过五千年左右。随着现代人类学和医学的发展，人类对于自己有了一定的认识，但是还处于初级阶段，还存在许多未解之谜。

美国潜能研究专家奥托在《人类潜在能力的新启示》中说："据最近估计，一个人所发挥出来的能力，只占他全部能力的 4%。我们估计的数字之所以越来越低，是因为人所具备潜能及其源泉之加大。根据现在的发现，远远超过我们 10 年前，乃至 5 年前的估测。"控制论奠基人之一的诺伯特·维纳甚至说："可以完全有把握地说，**每一个人，即使他是做出了辉煌创造的人，在他的一生中利用他自己的脑潜能还不到百分之一。**"

名人的童年

　　古代传说甘罗 12 岁封相的故事。甘罗是战国时楚国人，从小聪明过人。祖父甘茂曾担任秦国的左丞相，甘罗则担任秦国丞相吕不韦的门客。当时秦国企图联燕攻赵，打算派大臣张唐出使燕国，张唐却借故推辞。吕不韦无计可施，甘罗前去劝说张唐赴任。甘罗见了张唐，说："你比较一下，是应侯范雎的权力大呢，还是文信侯吕不韦的权力大呢？"张唐说："当然是文信侯吕不韦的权力大！"甘罗又道："当年武安君白起违令被杀死在杜邮，你不怕吗？"一席话吓得张唐立即服从命令，去燕国出使了。甘罗接着担任秦国的使节去赵国进行游说，针对赵王担心秦燕联盟对赵国不利的心理状态，大加攻心，说："秦燕联盟，势必会占领赵国的河间之地，你如果把河间 5 城割让给秦国，秦王就会取消张唐的使命，断绝和燕国的联盟。你攻打燕国，秦国决不干涉，赵国所得又岂止 5 城！"赵王大喜，答应了甘罗。甘罗满载而归，秦国不费一兵一卒而得河间之地，秦王就封 12 岁的甘罗为上卿。

　　甘罗 12 岁就成为有一定成就的政治家，**而现在这个年龄的孩子每天背着书包，由家长陪送上学，陷入应试教育中不能自拔。**孩子的潜能不知不觉被压抑了、被埋没了。

　　曹植是三国时期的诗人、文学家，建安文学的代表人物，与曹操、曹丕合称为"三曹"。他自幼颖慧，7 岁能写诗，10 岁诵读辞赋，出言为论，落笔成文。难怪南朝宋文学家谢灵运有"天下才有一石，曹子建独占八斗，我得一斗，自古及今共用一斗"的评价。

　　王勃是唐代著名文学家。小时候很聪慧，据记载他 6 岁时就能写文章，语言流畅通顺，辞藻丰富华丽；9 岁时读《汉书》，撰《指瑕》十卷。10 岁时就读完了六经，有自己的独到见解，被人们称为神童。17 岁时，由于才华毕露，在那时就与杨炯、卢照邻、骆宾王齐名并称为"初唐四杰"。

莫扎特被称为"18世纪的奇迹"、"神奇的天才"。1763年，莫扎特3岁时，已显露出相当的音乐才能；4岁时，已经能自己弹奏一些乐曲；5岁时，他不仅会拉琴、弹琴，而且在父母没有教作曲的情况下，写出了《小梅奴爱舞曲》；7岁时，由父亲陪同到巴黎举办个人演奏会。豪华的音乐大厅里聚集着社会名流，莫扎特熟练的琴艺，打动了在场的所有听众，赢得了暴风雨般的掌声。演出后，一位女歌唱家特地跑到后台去拜访他。一时兴至，女歌唱家邀他伴奏一支意大利民歌，可是莫扎特没有接触过这首民歌。女歌唱家说："那么就唱一首你熟悉的歌曲吧！"莫扎特说："不，我能伴奏，你先唱一遍吧！"女歌唱家小声哼了一遍，随即莫扎特说："好，我们开始。"伴奏得十分和谐。

比尔·盖茨8岁时，就开始读《世界图书百科全书》，爱不释手；10岁时，意识到书籍在传递信息中的欠缺，想发明一种机器，能传达书中画面和声音；13岁时，就开始设计电脑程式；17岁时，卖掉了他的第一个电脑编程作品——时间表格系统，价格是4200美元。

我们可以看出，这些人物的潜能在他们的童年时期就显示出来了。然而，另外一些名人的童年时期却平淡无奇，甚至从智力方面还不如一般的儿童，他们的潜能一点也没有显示出来。

20世纪最伟大的物理学家爱因斯坦，在少年时代被老师骂为"笨蛋"。与同龄的孩子比，可以说发育不良。别的孩子一两岁就会说话，他直到上学前才开口说话。上学后，也没有什么明显的特长，学习成绩差，经常被老师责骂。老师说他"**脑筋迟钝，不善交际，毫无长处**"。甚至有一天，老师突然通知他，不要再来上学了。因为这样的"笨蛋"差等生留在学校，会影响其他同学的学习。

爱迪生是发明大王，一生有1000多项发明。可是他小时候却是个令人头疼的孩子。他学习成绩不好。由于他的头长得有点偏，有个医生诊断后说担心他的脑子是不是有问题，长大后生活能不能自理。上了小学三个月就退学了，只好由母亲带到家里培养。可是，长大后爱迪生却成为著名的科学家，对人类的科学事业做出了重大贡献。

在"差等生"中，我们还可以列出一大批名字：德国哲学家黑格尔在中学时曾被人称为"平庸少年"；德国杰出诗人海涅，在学校里是一个尽人皆知的"劣等生"，老师常常挖苦他是从德国山沟里出来的野蛮人；英国生物学家达尔文在日记中写道："不仅老师，家长也认为我是平庸无奇的儿童，智力比一般人低下。"

上帝是公平的，每个人的智力水平和能力其实都差不多。

每个人都是伟大的，都可以伟大，每个人都具有潜能，一旦潜能开发出来，就会爆发出无穷的生命力，被视为天才。

训练记忆力

人们常说，背会唐诗三百篇，不会写诗也会吟。说明了记忆对于学习的重要性。事实上，对于知识的掌握，首先就是记忆，记住了才能灵活运用到实践中去，才能有所创新发展。如果连数学的公式定理都记不住，怎么会做题呢？如果连起码的语文的字词都记不住，自然是不会写作文的。

学生时期，许多知识都需要记忆。有的人表现出了超强的记忆力。例如，有的人十岁就可以背诵《唐诗三百首》，有的人十几岁就背诵了四书，还有的人能把整本的《红楼梦》背诵下来，这都是惊人的。

记忆力不是天生的，经过逐步的训练是可以提高的。记忆研究专家认为，一首二三十行的诗歌，如果看上两三遍就能记住，就说明记忆力比较强。其实，这算不上记忆力好。我的哥哥宁勤荣虽然是个普通人，可是，青年时期的记忆力确实是少有的，完全可以说是记忆力超群。他小时候学习不好，虽然聪明却不好好学习，父母很头疼。到了初中二年级时，认识到了学习的重要性，突飞猛进，到中考时考上了当地的重点高中。那时，正值"文化大革命"时期，没有什么书，他就背诵课文和《毛泽东选集》。经常每天早上天不亮就起床，高声朗诵，把许多重要文章都背诵了。他的记忆力惊人，报纸上一整版文章，大约有六七千字，看上两三遍就能够背诵。别人不相信，他就当众表演，没有失败过。后来发展到听广播上的社论，听完一遍后，就能背诵下来，达到了一目十行、过目不忘的本领。更让人惊奇的是，后来，他上了电视大学，由于是在职学习，单位忙，高等数学课就耽误了。他不要说高等数学差，就连高中数学都没有学好。但是，期末电视大学高等数学考试竟然通过了。人们都很奇怪，原来，他临考试前的半个月，看书看不懂，就把整本的高等数学书都背过了。基础考题自然不在话下，遇到和课本上例题相似的考题，他就参照例题去做，这就是他的秘诀。

他的经验就是每天进行强化记忆，时间长了记忆力就增强了。

提高记忆力的方法有几条：一是重复记忆，把所需记忆的内容不断朗读背诵，达到记忆的目的。古人说，书读百遍，其义自见，意思是书读的多了自然就理解了，就记住了。二是"五到"记忆，即眼到、嘴到、耳到、手到、心到，眼睛看，口朗诵，耳朵听，用手写，用心记。动员每个器官去记忆，全身心感受记忆的内容。读书是个全身心感受的过程，要求集中注意力，专心致志，不能三心二意。有的学生记不住老师的讲课内容，就是由于注意力不集中，思想开小差，并不是脑子笨。三是理解记忆。对于所要记忆的内容深刻领会，明白其中的道理，自然就容易记忆了。四是思维记忆。比如要背诵一篇描写春天风景的散文，作者肯定是要描写春天里的气候、田野里的草木、田园里的花朵等，按照顺序则是眼前、远处、天晴、天阴、早、中、晚等，抓住了这些主要特征，结合文章的具体内容，就容易记忆了。五是联想记忆。比如记英语单词，把英语单词的发音，转变为与汉语相近的物体，就容易记住了。还有许多单词都是某些固定字母的组合，把单词看做一种整体的组合，也就好记了。

　　凡此种种记忆法，运用起来都对记忆的提高有一定作用。但是，**最关键的一是吃苦，二是坚持，三是灵活运用**。有的人怕吃苦，记不住就放弃了，坚持一段时间后就坚持不下去了，这样的话即使再有好的方法都是不管用的。至于灵活运用，就是哪种方法有用就用哪种，目的就是增强记忆力。

　　世界上的一切都需要吃苦才可以得到。有播种才有收获，不去吃苦，害怕吃苦，是不会提高记忆力的。

吸引力法则

　　牛顿的万有引力定律认为，任意两个质点通过重心线上的力量相互吸引。宇宙间的任何物体之间都是互相吸引的。万有引力定律揭示了天体运动的规律，科学史上哈雷彗星、海王星、冥王星的发现，都是运用万有引力定律所证明的。地球上的潮汐现象，也与月亮和太阳的引力有关。

　　不仅宇宙的万物之间具有吸引力，而且人们的精神意识也是相互吸引的。每个人大概都有过类似的经历。当你以消极的态度看待世界时，你的生活、事业等也是不顺利的，充满了不如意。当你以乐观的态度看待世界时，你的生活、事业似乎也变得顺利。持悲观态度生活的人，似乎生活里尽是不如意的事情。持乐观态度生活的人，生活里时时充满了阳光。

　　事实上每个人都不是天生的倒霉，也不是天生的一帆风顺，所有的一切都是自己造成的，换句话说都是自己吸引来的。

　　吸引力法则认为，人们的潜意识向社会和自然界散发着一种神秘的吸引力，你想什么什么就被你所吸引。每个人如同强大的磁场，时时向周围散发着能量，并且吸引着相同的能量。难怪我们看到这么一种奇特的现象，**有的人比赛害怕失败，结果就失败了；有的人害怕出事，结果就出事了；有的人害怕灾难，灾难就降临了**。迷信命运的人，把这种现象解释为命运，好像是天意，本来如此。许多年来，这种现象都无法得到正确的解释，吸引力法则告诉我们，这一切都是自己吸引来的，是自己的潜意识和心灵负面思考造成的。

被失败的情绪笼罩的人，内心恐惧不安，担惊害怕，于是，人世间所有与失败相关的事物都会乘虚而入，进入他的心灵，吞噬他的精神，残害他的身体，因而精神萎靡，身体羸弱，当失败还没有来临的时候，他自己就被自己打垮了。我们不用相面，就可以一眼看到生活中那些悲观的人，他们的神态、气质、身体，包括每一个动作、话语都是悲观的，都夹杂着失败的因素。沉浸在这种情绪中的人，几乎没有一件事是满意的，生活中布满了陷阱。所以，我们看到某些人的悲剧性的人生，之所以是悲剧性的，是因为他的性格是悲剧性的，他的思维是悲剧性的。抱着悲观的态度对待社会，目之所见，心之所想，都是悲观性的，自然结果也就是悲观性的。

悲观、恐惧等负面情绪不仅于事无补，而且有百害而无一益。

当你以一种积极乐观的态度看待世界和从事事业的时候，内心深处的自信、积极的努力，将会吸引着世间甚至宇宙间积极的力量向你汇聚，使你充满了力量。我们看到周围的那些乐观和积极进取的人，他们的工作和事业顺利，浑身洋溢着成功者的气质，身上散发着乐观主义的光芒。他所处的环境、人际关系、上下级关系似乎都形成了一股合力，支撑着他的事业和生活。这就是吸引力的作用。

我们发现，在生活中那些顺利的人似乎一顺百顺，而不顺利的人似乎干什么都不顺利，喝口凉水都硌牙，树叶掉下来都能给脑袋上砸个疤，而顺利的人即使偶尔遇到磨难，也能够化险为夷，更上台阶。这都说明了吸引力法则的力量。

吸引力法则告诉我们，任何时候都要**充满自信、乐观、向上的正力量，坚定、勇敢、执著，这样将会把自己身上、周围、社会等所有的积极因素都调动起来，散发出巨大的能量，形成一种能量场，营造一种氛围，调动所有的积极力量用于事业和人生的目标，这样将没有任何力量能够打败你**。你渴望实现目标和理想，一方面积极地努力奋斗，锐意进取，一方面要相信这一切肯定能够实现，想象实现这些之后的人生境界。

你想什么就吸引什么。这似乎有些不合情理，谁愿意失败？谁愿意看到不好的结果？是的，没有一个人愿意失败，愿意品尝人生的苦果，但是，那些最终失败的人，每天想的却是"我不行"、"如果失败了怎么办""困难太大难以实现"等，这些念头和意识控制着他们的思维和心灵，进而控制着他们的行动，于是，他们就在这种负力量场中恐惧、退缩、低头，结果就失败了。虽然，不愿意失败，但是，心里充满的全是失败的信息，与外界的失败信息相互作用，相互感应，相互反应，就失败了。显然，想法形成意识，意识导致了结果，即想法——意识——结果。这是一种因果关系。

你就是你心里所描绘的你，就是你所希望的你。有的人害怕当众讲话，害怕词不达意，害怕别人嘲讽，抱着这样的想法上台讲演，就看到了心里所想的那一幕——当众讲话时哆哆嗦嗦，颠三倒四，上气不接下气，下边嘘声一片，别人嘲讽挖苦。这样的结果，和他心里想的一模一样，没有丝毫差别。吸引力法则要求排除心理上一切负面的因素、念头、意识，任何时候都要抱着积极乐观的意识对待人生和事业，即使在最悲观的时候，也不要悲观，也要看到胜利的旗帜在飘扬，以成功者的心态面对人生。

事实上，吸引力法则实际上很简单，就是始终具有这样的意识：积极、乐观、向上。你关注什么就吸引什么。你关注成功，你就会成功；你关注理想，就会实现理想；你关注目标，就会实现目标。

共鸣原理

声学上的共鸣原理告诉我们，发声器件的频率如果与外来声音的频率相同时，则由于共振的作用而发声。比如两个频率相同的钟，如果用力敲打其中一个钟，另外一个也会自动发出嗡嗡的声音。发生共鸣后，声音就自然增强了。

同理，人也是如此。人们常说，物以类聚，人以群分。相同志向和追求的人，往往从内心产生共鸣，相互吸引，相互支持，从而凝聚成一股力量。我们的理想追求、所思所想，发自于内心，辐射出一种意识波，发射到社会中，产生一种"振动"，形成一种音频，与志趣相投的人会产生共鸣现象。古人早有这方面的朦胧的体会，有道是门内有君子，门外君子至。如果自己是有理想有事业的君子的话，与你有相同理想的人就会慕名而至，如期而至，甚至你都想象不到的人，也会来到你的家里。为什么有句成语说白头如新，倾盖如故？就是说与你没有共鸣的人即使一直相处也如新朋友一样陌生，而与你有共鸣的人，即使刚刚认识也像交往多年的故人一样亲切。又道是有缘千里来相会。为什么没有缘分的男女，即使成天在一起，一方百般追求，甜言美语，家财万千，难以被丘比特之箭射中，而有缘分的男女即使相隔千里，一见钟情，历经磨难，也会走到一起，无怨无悔呢？这就是共鸣原理的作用。从他们本身而言，由气质、性格、志趣，甚至气味产生了共鸣，哪怕互不相识，也会水流归海般走到一起，这就是共鸣原理的神奇作用。

人们的潜意识、心灵每时每刻都在活动，都在发出一种高频率的波，在芸芸众生中振动，与志趣相投者发生共鸣。这种波在大自然中运行，调动了与之相关的物体，启开了创造大门，铸造了成功的台阶。这种波甚至还在宇宙中运行，冥冥中牵动了宇宙中神秘的力量，那种意识的力量或者更加无以言说的力量，辅助人，帮助人，取得成功。正像人们所说的有如神助。愚公移山，挖山不止，子子孙孙没有穷已，感动了天帝，于是，命令大力神夸娥氏的两个儿子背走了那两座山，一座放在朔方的东部，一座放在雍州的南部。我们的所思所想、所作所为都是一种波，会产生共鸣现象，趋于自己所努力的方向。

这就可以解释一种现象，为什么在同样艰难的环境下，有的人事业取得了进展，而有的人却自甘堕落，那是因为，取得成功的人，自觉地抵制了不良的频率，不与它产生共鸣，自然就奈何不了他。就如在嘈杂不堪的集市上，熙熙攘攘，人声鼎沸，有的人仍然能够聚精会神地看书，因为他的频率没有和集市上的噪音共鸣，噪音就不会影响他。而有的人即使在安静的家里边看书，也不专心，窗外稍有一点响动，就内心不安，烦躁不已，这是因为他与噪音发生了振动，产生了共鸣，被噪音所俘虏。

科学发展告诉我们，自然界有许多神奇的力量，人们还远远没有认识。当人们没有发现 X 光时，X 光就已经存在着；当人们没有发现电磁波的时候，电磁波也存在着。有许多声音，人们听不到，人们的耳朵只能听到 20~20000 赫兹的声波，低于或超过这种范围的声波则听不见，只有借助精密仪器才能捕捉到。它们的存在并不会因为我们的发现与否有丝毫的改变。其实，在我们的周围，充满着各种各样的波，如宇宙射线、声波、光波、电磁波等。美国学者威廉·沃克说："所有研究心理效应的学者都发现了电能、磁能和心理能量的表现形式的相似性，它们是如此的相似，以至于我们能够大胆地将在有关电能和磁能的科学实验中所证明的事实继续用于解释心理现象领域里那些极为相似的现象。"事实说明，大脑活动会产生脑电波，从思考者的大脑以振动的方式发射出来，进而释放和传播能量，与和他有共同想法的人产生了精神上的共鸣，从而发生特定的作用。

人们的思想和意识会潜在地影响到其他人，这是不容置疑的。其实，作为人来说隐藏在潜意识和心理活动中的许多现象还是未知的，今天的科学远远没有认识和作出合理的解释。比如梦、灵感、心灵感应、预感等，科学的发展和兴起才是近代几百年来的事情，对于人体和精神的研究属于起步阶段。所以，我们要善于利用共鸣原理，从心理活动、潜意识、言行举止等方面来激发和挖掘自己的潜能，开发身体深处未知的能量以发展自己。

我们在日常生活中，接触到不同的人，处于不同的环境，在大自然中享受天人合一的境界，其实都存在着共鸣现象。共鸣则心情舒畅，增强创造力，排斥则不适于自己的发展，认识到这点，对于我们的事业发展大有裨益。

挖掘你的潜能

丽江古城有各种各样的民间工艺品，吸引着人们的眼球。踏在青石铺成的街道上，有一种木雕画吸引了许多人。工匠在直径 20 厘米的圆木板上，用刀刻出人们喜爱的生肖图画。这种画首先要勾边，就是在圆模板的边缘刻上装饰性的图案，其次是刻生肖图案，最后是刻上祝福性的语言。平常画家要画一幅画，恐怕也要经过构思、草图、着色等几个步骤，起码得几个小时吧。可是，工匠手拿刻刀，几分钟就在木板上雕刻好了一幅画。尤其是勾边，几乎是不假思索，全靠双手运作，最后勾出的图案正好互相吻合。更让人称奇的是刻字，根本不用草稿，直接旋转木板，用雕刀倒着就把字在刹那间刻好了，比手写都还快。围观的人不禁啧啧称奇。

我们不禁赞叹，这哪里是在刻画，单单这种娴熟的动作已经是一种高超的行为艺术了。与刻画的工匠聊起来，问他为什么会练出这么一种好的艺术能力。他说刚开始练习时，并不是这样的娴熟，先在木板上打好草图，再照猫画虎雕刻，由于刀的用力深浅把握不好，把许多画板都给损坏了。就这样不断地练习，把手也磨破了。刚开始刻一幅画往往需要两三个小时，还特别吃力，后来越来越熟悉，简直就是随心所欲了。他的这种非凡的能力，是通过多年的练习取得的。

还有一位奇人，名叫董洪奇，他的书法堪称"中华一绝"，是中国著名的"铁笔书法家"。写书法时，特意在笔头上放置了 25 公斤重的哑铃，仍然笔走龙蛇，挥洒自如，几十幅大字写下来笔不败，气不喘，右手写字，左手落款，令人惊叹。他的书法奔放自如，大处着眼，小处入手，疏密有度，正侧起伏，得心应手，达到了艺术的高超境界，让世人称奇。给了一般人，就是双手搬动25公斤重的东西都感到吃力，何况放到笔头上写字呢？他的事迹被拍成了电视，他的书法作品漂洋过海，被日本、韩国、加拿大等许多国家的博物馆收藏。董洪奇先生现任铁笔书法院院长、陕西书画艺术研究院副院长、桂林书画院名誉院长、陕西国际书画艺术交流协会副会长、陕西中山书画院副院长等职务。

这种神奇的书法艺术是如何练成的呢？董洪奇是山西芮城县人。刚开始写书法时，临学颜、欧、柳、赵、二王等历代书法大家。小时候练书法时，喜欢把在黄河滩上捡到的小石头放置在笔头上，以锻炼手劲和功夫。后来逐步发展成为一种爱好。先是在笔头上放上半公斤重的东西，以后逐步增加，最后竟然达到了25公斤。为了练习这种书法，他数十年来如一日，不管再苦再累都坚持了下来。

冰冻三尺非一日之寒。**人的潜能在于挖掘发挥，只要努力，就会使潜能爆发出来。**

激发潜能

人的潜能，往往是深不可测。每个人在潜能未发挥之前，都是很平凡的，如果不开发，寂寂无闻，甚至会平凡地度过一生。可是，一旦机遇来临，在一定的时间地点和条件下，所爆发出的生命力，就是难以预料的。

韩愈是中国古代著名的文学家，他3岁丧父，由兄韩会养育，兄故去后又由嫂子抚养。据说韩愈从三岁起就开始识文，每日可记数千言，不到七岁，就读完了诸子之著。13岁能文，少时颇有才华。可是，20岁时赴长安参加考试却名落孙山，只好长期居住在长安，随身带的钱财已经花光了，只好向别人求助。连续参加了4次考试，才侥幸中了进士。考取进士以后又3次参加吏部博学宏辞科考试，但都以失败告终，没有得到一官半职，只好赴汴州和徐州的节度使幕府任职。唐贞元十六年（800 年），韩愈 34 岁时第四次参加考试，才被任命为国子监四门博士。先后任监察御史、国子祭酒、兵部侍郎等官职。由于向皇帝上书减免徭役赋税、反对迎佛骨、指斥朝政等，屡次遭到贬官，先后在广东阳山、潮州等地任职，一直不如意。

官场的不得志，反而激发了韩愈的创作热情，他发起古文运动，提出了"文以载道"的思想。撰联道："书山有路勤为径，学海无涯苦作舟。"创作出了大量的传世诗文，如《原道》、《原性》、《师说》、《进学解》、《送李愿归盘谷序》、《送孟东野序》、《此日足可惜赠张籍》、《石鼓歌》等。他被称作"文起八代之衰"，有"文章巨公"和"百代文宗"之誉，名列唐宋八大家之首。

韩愈屡试不中，前后考试 8 次之多，才得到了官位，却多次被贬，可以说他并非有天生的过人之处，挫折反而让他的文学才华迸发，激发了这方面的潜力，使他成为一代文坛巨擘。

中国近代历史上的著名人物曾国藩，出生于湖南省娄底市双峰县荷叶乡天平村一个普通的农家，年少时颇为钝拙，与和他同龄的孩子比并不怎么聪明，也不具有什么优势。长大后，连考两次会试落选，直到 28 岁时参加第三次考试，才考取了同进士，被授予翰林院庶吉士。他志向远大，困知勉行，不论遭受多大打击，都不灰心丧气，而能再接再厉，坚持到底。正当国家动乱之际，临危受命，由一介书生担负起了挽救朝廷的军事重任，赴湖南建立湘军。他既没有学过军事，也没有带兵打过仗，起初在岳州、靖港等地被太平天国的军队打得大败，几乎要跳水自尽。但是，他性格倔强，屡败屡战，终于成为卓越的军事家和政治家。

曾国藩本来只是个农家子弟，一介书生，为什么能成为受世人推崇的一代政治家和军事家呢？原因就在于临危受命，组建湘军，在恶劣的战争环境中，激发了他的军事潜能和政治智慧。如果不是通过一次次失败而持之以恒考取了进士、不是战争的磨炼使他懂得了带兵打仗，那么他将和他故乡的农家子弟一样过着落后的平淡生活，甚至有可能是任人宰割的生活，终了一生。

我们看看他招募的乡勇，都还不是他家乡的人？可以毫不夸张地说，也不见得就比他差，如果曾国藩不考中进士的话，也许连湘勇都不够格，然而风云际会，他竟然成为统帅数十万湘勇的统帅，挽救了国家的命运。

挫折、战乱，加上持之以恒的努力，反而成就了曾国藩，激发了他生命深处的潜力，发挥了巨大的作用。

唤醒心中的巨人

每个人都是伟大的，人是天地间大自然最神奇的杰作。

每个人都是经过数百万年人类演化的产物，都集聚了天地日月的灵气。**人体精妙的构造、人脑的神奇、人类的智慧，是大自然任何生物也无法比的。**尽管许多科学家不断努力探索外星球上的生物，但是，迄今为止，任何星球上都没有发现更高级动物的充分证据，连生存所需要的最基本的物质条件如土壤、空气、水都没有发现。

每个人心中都有一个巨人，集中了人类数百万年的智慧，赋予数百万年演化所汇集的能量，拥有任何智能机器所无法比拟的完美和信息。**人类的细胞、脉络、智慧、心灵等，是科学永远无法探尽的宝藏，每个人的能量都是无限的。**

然而，由于受到种种世俗的限制，我们的许多能量被湮没了、被窒息了。随着科学技术的发展和物质的进步，人一来到世上就被包得紧紧的，放置在舒服的婴儿房间里，享受着温暖的生活。因而人类的自然性被忽略了。人们接受教育开始，就是浩如烟海的图书和各种知识，限制了人类的想象力和创造力。人们在社会上来往，受到种种陈规陋习和各种约定的限制，受到文化的滋养，也过早地使心灵失去了思考力和辨别力。我们现在的人，实际上是社会和科学联合制作的人，我们的本性和思维在某种程度上都被束缚和异化了。

　　尤其是现在，随着科技的迅猛发展和欲望的极大释放，森林被蚕食，河流被污染，山体被破坏，家园被毁坏，古老的文化和古人智慧的结晶正在被现代人遗忘和遗弃，人们和自然界的联系，越来越变得被动和淡漠，人们的许多自然属性都被遮蔽了。

　　人生百年，漫长的光阴里，是什么支撑着人类的躯体？是人类的意志和灵魂。让我们看看那些由于不幸而患了精神病的人或者植物人，双眼无光，精神失常，四肢无力，不听指挥，就明白精神力量的巨大作用，也就明白了人类是由隐藏在躯体内部那巨大的精神力量所支配的。那种强大的发自生命本源的精神力量促使我们拥有人生的目标、信念、理想，促使我们去行动、追求、奋斗，促使我们排除困难，战胜烦恼，保持一颗宁静而美好的心灵。可是，由于主客观的原因，由于世俗的原因，人们常常有莫名的烦恼、痛苦、障碍，阻止了前进的步伐，掩盖了自身的能力，使潜能被束缚，从而使生命的光辉无法全部发挥出来。

　　生命是有限的，人们所处的环境和时代是有限的，但是，每个人的潜能确实是无限的、不可估量的。人的潜能通过各种形式显现出来，引起越来越多的研究者重视。

　　当地球自转一周，当黎明来临，我们对着东方的天空，迎接着美丽的曙光，拥抱漫天的彩霞，我们似乎获得一种新生！我们突然发现，自己拥有了光明、温暖、力量，让我们佩戴着太阳的光环走向世界，走向未来，走向我们的生活，使我们浑身的生命力和潜能都发挥出来，创造自己的未来，改变人生的命运。

第二十章　提高情商 做情绪的主人

箴言录

> 情绪关系到对于工作、事业和人际关系的处理，关系到个人形象。
>
> 善于把握情绪，做情绪的主人，不要受干扰。要有主动性，不要处于被动。
>
> 我们要警觉自己的情绪状况，一旦发现不良情绪，要及时地进行心理自我清洁，把不良的情绪自动给封闭了。
>
> 要做到世上有事，心里无事；每天做事，每天无事。这是人生的一种境界。

情绪的思考

情绪是个体心理在外界刺激下所产生的主观的有意识的反应和感受，具有心理和生理特征。人们生活中各种各样的事件使人呈现出喜、怒、忧、思、悲、恐、惊等心理和生理状态。情绪是外界事件在人们心灵上的折射和反应，是心灵和生理的惯性状态。面对外部事件，心灵上和身体上引起波动，产生了一系列连锁反应，以应对和思考外界事件。

情绪的表现具有几种特征。

一是感性。高兴时则喜形于色，手舞足蹈，言谈举止都透着喜悦；烦恼时眉头紧锁，垂头丧气，没精打采，对什么都没有兴致；

哀伤时乌云惨淡，心生悲凉，草木山川皆呈现一种悲凉的色彩；愤怒时血气上涌，眼冒金星，怒从心头起，恶向胆边生，恨不得把一切撕碎；恐惧时风声鹤唳，草木皆兵，一有风吹草动，吓得毛发倒立，胆战不已；悲观时对什么都失去了信心，等等。

二是下意识。情绪是伴随着身心的心理和生理现象。心态和思维在一定程度上不受理性所控制。人一旦具有了某种情绪，就会下意识地局限于这种氛围中，不自觉地被它所俘虏。比如相思，明明远隔千里，可是"千里共婵娟"，"才下眉头，却上心头"。又如烦恼，明明知道没有丝毫作用，却是不由自主地去想那些烦心事。

三是影响心态。有什么样的情绪就会有什么样的心态，要调整心态，首先要调整情绪。当一个人悲伤时心态是悲伤的，喜悦时心态是积极的、乐观的。

四是具有传染性。一个人的不好的情绪，会传染给他周围的人。比如，某单位领导不开心，板着个脸上班，会使单位笼罩着一种紧张的气氛，每个人的心里都感到压抑。在家里，一个人不高兴，摔摔打打，会引得整个家庭都不高兴。你说话冲动刻薄，他说话偏激过火；你摔盆子，他就会摔碗，家庭的矛盾总是从小的纠纷引发到大的争端。

五是时间性。当人们产生了某种情绪，总会持续一段时间，寻找到解决情绪的出口，才会消失。有时候时间比较长，笼罩着人们的心灵，控制着人们的行为，使人做出一些非理性的举动。甚至使人们的身心健康受到影响。

情绪会使人意志消沉，没精打采，对生活和人生失去兴趣和信心，任由这些情绪控制自己，久而久之，就会产生不良的后果，付出沉重的代价。我们看到有些人遇到人生的挫折，不是积极主动总结经验和教训，而是丧失信心，情绪低迷，自甘堕落，借酒消愁，一味地沉沦下去，毁了自己。

情绪会引起人们的冲动，产生不理智的行为，做出不理智的事情。有些情绪会使人过激和敏感，在情绪的控制下做出某些非理性的事情，例如心情烦躁、感情冲动、容易暴怒，被这种情绪所操控的人容易在语言上和行为上过激，做出很出格甚至是后悔莫及的事情来。遇上有些事情忍不住，心潮起伏，所谓怒从心头起，恶向胆边生，一旦清醒过来却悔之晚矣。

情绪直接关系到对于工作、事业和人际关系的处理，关系到个人形象问题。情绪就是人的一张名片、生活的晴雨表，人们的工作好坏、心情好坏、生活顺逆等，都可以从情绪上看出来。

情绪可以验证一个人的修养和境界。遇到挫折和困难，有的人心情黯淡、灰心丧气，而有的人泰然处之，信心坚定，好像不当一回事；遇到打击和羞辱，有的人失去理智、不敢见人，而有的人面不改色，照样阳光，显示了一种风度和气度。**追求高远、涵养好的人，情绪不受别人所左右，所谓不管风吹浪打，我自岿然不动。**

控制情绪，做情绪的主人

人们常常受到外界情绪的干扰，本来好好的心情，由于别人的原因，马上乌云满天。好像自己的喜怒哀乐不由自己，而是控制在别人的手里。这种普遍的心理现象，是影响人们情绪的主要原因。由此也可以发现人们情绪不好的原因，就是不能主宰自己的情绪。

要善于把握情绪，做情绪的主人，不受外界干扰。要有主动性，不要处于被动。人们的情绪太容易受外界干扰了。比如下雨天在街上行走，有个人开车车速极快，经过你身边时溅起了许多泥点，把你的衣服弄脏了。你忍不住骂几句，但是车已经开远了，毫无作用。于是，愤愤不平，这样的情绪使你很不开心，一天都生气。这就说明你的情绪受别人干扰和控制了。

也许现在人心浮躁，太容易受到外界的左右了。有些人别人看他一眼，他就还别人一眼；别人说一句他的闲话，他就耿耿于怀，放在心上找机会报复，在一段时间情绪不好，闷闷不乐；即使从不相识的路人，无意间触犯了他，也会斤斤计较，睚眦必报。这在古代人看来，就是"主气"受到"客气"的侵扰。主气的意思就是人们自身的生命之气，堂堂正正之气，受个人控制。客气就是来自主体以外的邪气，影响到人们的身心健康。

其实，认真想一想，许多事情的发生，是随机的、偶然的。人们做出一些不符合情理和不太道德的事情，有修养、性格、遭遇等原因，也有当时的环境、条件、气氛等原因，何况谁也不是故意和你过不去，只是正好让你"赶上"了。所以也不要因为别人的过失而和自己过不去。像前边说的车轮给身上溅起泥点，也许是司机急着赶路，也许是他心情不好，也许是他刚被交警罚了款，也许还有别的原因，种种原因，都不是你应当承担的，为什么要用别人的过失来惩罚自己并且使自己心情不好呢？而有些人由于一时的不忍，而使自己情绪变坏，或者和司机争执，或者口出恶言，引起纠纷，吵架或者打架，引起人们的围观，继而火上浇油，争执升级，一旦一人受伤，轻则住院治疗，破财费事，重则使自己好长一段时间都被这些琐事所包围，那才得不偿失。

有时，情绪的产生是爆发式的。报载，有几个人在一起吃饭，酒酣耳热，高声喧哗，在旁边就餐的人不禁看了一眼，表示不满。岂料看了一眼就招来了杀身之祸。几个人大打出手，把这个人给打死了。现在的人，你看火气有多大！素质有多低！你又不是皇帝，就不能看一下吗？在公众场合高声喧哗，别人就不能表示不满吗？这样的人，这样的脾气，如此飞扬跋扈，必然遭受法律的严惩。然而，生命是这么宝贵，暴虐的情绪不仅害了别人，也把自己送上了不归路。到时候千悔万悔，但是一切都已经晚了。

人常说，幸福是自己的，是一种心理感受。**可是，由于情绪不佳，有的人的幸福随随便便、很轻易地就被别人给剥夺了。**我们要时时检点自己，不要被负面的情绪所影响，不要受负面情绪所控制。

不要积累情绪，使情绪呈现叠加式效应

　　有了情绪不是积极采取疏导的方式，而是采取了积累的办法，直至忍无可忍，伤人伤己。比如，你的一个朋友经常当众取笑你，虽然是善意的，但是却让你下不了台，你一直忍受着，也烦恼着。直到有一天忍受不住而爆发了，于是，多年的朋友因为小小的玩笑而冲突了。其实，碰上这种事情，你可以直言不讳地向他表示你的不满，希望他注意你的感受，只要能够体谅你，一般都会接受你的意见的。不要采取忍气吞声的做法，忍啊忍，终于忍受不下去了才一次性地积攒式地爆发，不仅对友情是一种伤害，也是对自己身心健康的伤害。

　　要及时省察情绪，不要受不良情绪的影响。要明白自己有什么不良情绪，这些情绪的根源在哪里，妥当地处理和疏导情绪，不要使情绪成为心灵的负担。有些情绪积累在身上，会成为一种心理负担，时时承受煎熬。有一家企业钢材产品积压，经销碰到前所未有的困难，资金链紧张。经理吴振国每天望着堆积如山的钢材，愁眉不展，茶饭不香。可是，愁也没用，他三番五次开会，研究对策，派遣销售人员南下广州推销产品。在那段日子里，他每天盼望着多签几份合同，把堆积的产品卖出去。但是，整体市场不景气，干着急没有办法。于是，他着急上火，口舌起疮，牙疼嘴疼，大量喝茶水也无济于事。

　　过了几天，从广州推销产品的人员回来了，说订货量很小，不容乐观。吴经理终于顶不住了，得了急性肠胃炎住了医院。在这种心境下苦苦撑持的吴经理，被仓库里的产品压着，喘不过气来，不知不觉好长时间了，可是他不觉得怎样，还以为是上了火，多喝水就了事了。可是，长时间受这种情绪的影响，吃饭不规律，休息不好，怎么能不病倒呢？

我们要警觉情绪状况，一旦发现不良情绪，要及时地进行心理自我清洁，把不良的情绪自动给封闭了。要不断地反省自己，为什么烦恼？忧郁？不安？找出这些原因来。或与朋友聊天，或去大自然中，尽快化解这些负面情绪。

兵来将挡，水来土掩

在社会上生活，来来往往，有追求，有欲望，有目标，在这个过程中，难免会遇到各种各样的事情，需要处理各种各样的问题，还会碰到很棘手的难题。

有些人一遇到事情，就放在心上，心乱如麻，导致心烦气躁，情绪不稳定。常听到有人说头疼死了，烦死了。

碰到事情，不管是大事小事，都不要烦恼，不要情绪化，因为这毫无裨益。

细想一下，我们在人生道路上一路走来，风风雨雨，遇到过多少难题，碰到过多少令人不安的事情，不是都过来了吗？西方有句哲言，一切都会过去。**即使你碰到令你过不去的坎坷，最终也会过去，只是时间问题，时间的妙手会解决一切。**

小王曾经碰到一件头疼的事情，编辑的一本书由于思想尖锐，存在某些过激的言论，引来了麻烦，领导谈话，说要如何处理，甚而涉及工作和前程。小王为明天而担忧，也不知道接下来会出现什么样的后果。情绪坏到了极点，在忧郁中苦苦度日，人一下子瘦了。我对他说："没事不惹事，有事不怕事。既然遇到这种事情，就要勇敢面对，不要想那么多，再大的事情都不要害怕！"

小王听后想道，无非就是个编辑失察嘛，能有多大的事情？凭自己的能力和才华即使失掉这份工作照样可以活得很好！一天又一天，在等待着处理结果中索性放开了，该看书就看书，该写作就写作，好像什么事情都没有发生一样。过了两个多月，结果出来了，给了个记过处分。没有失业，也没有更糟的结果发生。而在这难熬的一段时间里，小王写了5万多字的书稿。在写书和学习的过程中，经过身心的磨砺，小王更开朗了，心胸也宽广了，感到人生的境界也比以前高了。

无论遇到任何事情，都要敢于承担，但是，切记不要把这些事情当做人生的包袱，当做压迫自己的负担。一遇到什么事情，别人不压迫自己，自己却压迫自己，心乱如麻，见什么也不顺眼，做什么也闹心，这样的情绪是不能担当大事的。

不管什么事情，该做的就担当起来，然后，再放到一边，一件一件处理。不要一件事没有处理完，就发愁下一件事情，结果哪件事情都处理不好。

今天做的事情今天就处理完。该明天做的事情，明天再去想。不要什么事情还没有做，就想来想去，漫天愁云，压在心坎上。

有句格言曰，人无远虑，必有近忧。对于这句话的理解应当是，既要有远虑，也要无近忧。有远虑是要有远大的谋划、远大的目标，无近忧是不要今天忧虑，明天的忧虑就放到明天去忧虑吧。

把所有的事情，在进入家门前，都放下，保持一个好心情。把所有的事情，在太阳升起时，都捡起来，一件一件处理。处理不完的事情再放下。**要做到世上有事，心里无事；每天做事，每天无事。这是人生的一种境界。**

好的情绪是健身良药

你看许多人，每天忙忙碌碌，像蜜蜂飞来飞去，东奔西忙，嗡嗡作响，焦头烂额，却收获甚微。

现代人处于亚健康状态，都是不良情绪造成的。事情再多，都压不垮身体，关键是情绪把身体压垮了。

是的，我们的工作特别忙碌，有处理不完的事情，一件接一件的事情，但是，这些都不是情绪不好的理由。如果把事情多作为情绪不好的理由的话，每个人都可以为自己的坏情绪、坏脾气开脱。有的人也事情多，干工作一点也不比其他人少，可是，照样情绪不错，还有一种轻松的神态。这是为什么呢？原因就在于他们善于处理事情和把握情绪。

一遇到事情，就放不下，就好像身上压个沉重的包袱似的，把腰也给压弯了。我观察了许久，凡是驼背的人，都是喜欢被思想包袱的人，并不是生理的原因。凡是爱皱眉头的人，都是生活不顺心的人，经常习惯性地皱眉头，时间久了，就会在印堂皱起一个褶。每个人生下来有各自的长相和印记，但是，驼背和皱眉头完全是后天造就的结果。最根本的原因，就是长时间不良情绪造成的。

更有甚者，由于情绪的原因，愁白了头发，患了忧郁症，甚至得了病。报载，2011 年股市很不景气，有个老人花了 1 万元买了股票，赔了 3000 元，心疼得不行。家人劝他别买股票了，可他又背着家人把一辈子的积蓄 10 万元也买了股票。但是，股市并不见好转，一直下跌。这个老人就每天抱着电视看股票的涨跌，连饭也顾不上吃，情绪坏到了极点。一天，老人正在看电视的股票节目，突然，家里人听到一声巨响，原来是老人倒在了地上，赶忙送到医院，诊断是脑出血。恶劣的情绪，竟然使老人患了这种病，赔了钱财，也伤害了健康。

自然界的动物，虽然没有人的思想，却也没有人的坏情绪。你看开屏的孔雀，那么舒展，好像从来没有忧郁；美丽的鸟儿，成天叽叽喳喳，唱着它们自己的歌儿，自得其乐；山间的猛虎，威武雄壮，有王者之气。这些动物，不会像人那么愁眉不展，自我折磨，心如刀绞，嫉妒刻薄，不会像人类那样在仇恨中、恐惧中、忧愁中生活。

世间的万物，都会有衰亡，但是，不会像人类那样有那么多种病，如相思病、仇恨病、嫉妒病、恐惧症等。人类的病十之八九都是心理病、情绪病，它们是罪魁祸首。

情绪和健康的关系密不可分。人常说，笑一笑，十年少；愁一愁，十年老。

人们说的好心态、好心情，最根本的是要有一个好的情绪。情绪是持续性的，有个好的情绪，才有好心态、好心情。

我认识的一个优秀编辑，网名叫快乐无限。在出版这个竞争激烈的行业里，她每年都超额完成任务，我劝她考虑自己的职称问题，起码上个高级职称，那是许多编辑都向往的。她是这样回答我的："以前我并不知道自己要过什么样的生活，但一直清楚地知道我不要过什么样的生活。那些能预知的，经过权衡和算计的世俗生活对我毫无吸引力，我要的不是这些，而是淡然。"

我终于明白了，为什么她的心态这么好，生活得这么有情调，家里布置得那么温馨，那是因为她的人生观和价值观。因为，评职称并不是想象的那么容易，外语考试、计算机考试、有关领导的同意、评委的挑剔等，给人带来的焦急、等待、煎熬，要过这么多关口，又会给人的情绪带来多少影响。她要的是一种幸福而淡然的生活。

泰然面对生活，不要那么急躁

东晋时有个人叫王述，曾经做过县令，后来官至蓝田侯。王述性格急躁敏感，有次吃鸡蛋时，用筷子夹鸡蛋，夹了好几次都夹不到时，勃然大怒，伸手抓起鸡蛋摔到地上。鸡蛋在地上团团转，他看到后更加生气了，就从席上下来，又用脚狠狠地去踩。当时人们穿的是木屐，要用屐齿踩到圆滚滚的鸡蛋也不容易，鸡蛋又滑走了，他简直气急败坏，怒目圆睁，于是抓起鸡蛋放到嘴里咬破，嚼碎了又吐了出来。书法家王羲之听了，大笑说："王述的父亲有这种性格，不值得一提，想不到王述也是这样的急躁啊！"

做出王述这样过分举动的人不多，像王述这样性格的人却不少。有些人干什么都那么急躁，甚至说话也是那么着急，抢着和别人说。

急躁的性格，会使人整天处在紧张状态，神经绷得紧紧的，情绪自然不稳定了。这种人心浮气躁，做事不踏实，慌慌张张，匆匆忙忙，往往欲速则不达。

做大事者，必须有静气，切忌浮躁。麦哲伦是15世纪葡萄牙著名的航海家，被人们称为第一个环球旅行的人。他16岁就进入了葡萄牙国家航海事务厅，对于传说中的东方国家十分向往，立志完成远洋航海事业。那时，哥伦布已经发现了美洲大陆，麦哲伦坚信地球是圆形的，在大西洋和南美洲之间一定有一条通道，于是他下决心进行一次环球航行。1519年，麦哲伦率领一支200多人的船队，从西班牙塞维利亚的港口出发，开始了环球航行。

经过了两个多月的海洋漂泊，船队来到了大西洋的巴西海岸，稍事休整后又继续航行。茫茫大海上空寂无人，寂寞无边。到了第二年的10月，船队一直没有找到穿越大西洋和南美洲之间的通道——海峡。多数人都沉不住气了，心浮气躁，连连抱怨。甚至船长也站出来反对，认为找到新的海峡没有希望。麦哲伦设法解释，稳定大家的情绪，希望大家坚持下去。就在10月21日，船队发现了海峡，经过一个月的航行后，于11月28日驶出海峡，见到了一片浩瀚无际的大海。人们把那个海峡命名为"麦哲伦海峡"。船队继续航行，经过了马六甲海峡、印度洋、好望角，一年后回到了西班牙，完成了人类历史上的第一次环球旅行。

要做一番事业，必须耐得住寂寞，要有广阔的胸怀。碰上什么都急匆匆的，一遇到困难就心急上火，继而灰心丧气，是难以有所成就的。急躁的情绪，使人内心烦乱，导致不良后果，这种是难以有所担当的。

切忌敏感和感情用事

戴着有色眼镜看世界，世界就是有色的。带着敏感的情绪对待生活，生活就是伤感的。

敏感的人，情绪很容易受伤。某机关有两个人，都是副职领导，一个姓王，一个姓杨。刚开始两人又是同事，又是老乡，相处得还算和谐。可是，这种关系维持了一年多后，在一次晋升中发生了变化。杨某想晋升，由于某种原因没有提拔。听人说是王某在背后向有关领导说他的坏话，但是，又没有真凭实据，不好发作。就憋在心里，一个人喝闷酒，生闷气，情绪极坏，总想着找机会报复。一次单位组织去外地开会，来到了一个旅游胜地。晚上在一起吃饭，王某对杨某说："这次晋升不行，下次吧，你年轻，有的是机会。"杨某一听，脑子一转，敏感地认为王某取笑他没有提拔，加上认为是王某在背后作梗，登时借酒劲就把杯子甩向王某，大打出手，把王某打得住了医院。一队人马20余人，因为他们俩的冲突，取消了旅游，打道回府。

事后，主管单位做出了如下处理，王某退休，杨某免职，调离原单位，另行安排。后来我问王某，他说绝对没有阻止过杨某的提拔，酒桌上只是随口而说，没有伤害杨某的意思。我对杨某说，王某50多岁了，你30多岁，你怎么能够打人呢？杨某说当时心情不好，加上喝了酒，又认为肯定是王某在背后打小报告，怒火攻心，就做出了不理智的事情。结果，那一杯子甩过去，王某到了退休年龄，正好退休，杨某却从此走入事业的低谷，三四年没有安排职位，把前途彻底给毁了。

感情用事的人，对人不对事，时时使自己处于主动的自我惩罚中。每个人都是一个独立的人，都有个性和优缺点。我们看待人一定要客观一些，不要被自己的偏见和道听途说所左右。人们一旦对于某些人有了偏见，就会感情用事，戴着有色眼镜看待别人。与他能合得来的人，怎么说话做事都可以容纳，一旦不合的话举手投足都讨厌排斥。

感情用事的人，待人处事往往情绪化，言行都带有强烈的感情色彩。不是理智地处理问题，而是冲动地说话和做事。这样的处事方式，有多大的事，坏多大的事。某服装公司的董事长和总经理由于工作而产生了隔阂，时间一长有了矛盾。一次，研究公司的投资问题，两人意见不同，争执起来。董事长大发肝火，说："我这么辛辛苦苦为了全公司上下的利益，动员朋友关系，引资垫资，结果不落好。还有人到处告状，引来了审计局、纪检委等部门的人来查我，我前边搭台，后边有人拆台！"总经理说："董事长，我从来没有向有关部门拆你的台，你的辛苦大家都知道。"董事长很冲动地说："谁拆没有拆台，心里都明白。"一旁的监事会主席说："董事长确实够辛苦的，为公司出了大力。你们两个静下来好好商量下一步公司的发展。"谁知，过了个周末，不到两天时间董事长下台了。原来，就在他和总经理冲突的那天，公司有人正在上级部门告他们的状！

怨恨是人对自己的最肆意而愚蠢的惩罚，无人知道，无人劝阻，无人苛求，就那么惩罚自己。

感情用事，往往遮蔽了我们的双眼，认不清形势，分不清敌友，使人处于很被动的境地。而且很容易被人利用，作为靶子被打倒。事后冷静下来，仔细思考，发现当时说的话、做的事、所持的观点，其实都是偏见，都是错误的。

感情用事，凭一时义气，率性而为，不是理智地处理问题和解决问题，而是全部按照个人的喜好来待人处事，这样做事和处理问题，将会伤害很多人，不仅把朋友得罪了，也会把同事、关心你的人也得罪光。我们无论干任何事情，如果失去别人的支持，能干成吗？

克服情绪障碍，追求美好生活

人们在社会生活和追求目标中，都会碰到障碍，如果不及时处理和理性面对，接着就会出现情绪障碍。情绪障碍的表现是很多的，如厌烦、焦虑、恐惧、紧张、自虐等。

谁都有过这样的经历，由于生活的单调、停滞，干什么都提不起兴趣。一上班就会烦恼，特别厌烦，盼望着赶快下班。这可能是长时间的单调生活所导致的，提高自己的工作效率，创新生活，就会克服这种烦乱情绪。

有的人由于某件烦乱的事情一直处理不好没有结果，会产生焦虑的情绪。伴随着这种情绪，心理紧张，心情浮躁，影响了正常的生活。这时，应当想方设法尽快处理好这些事情，如果确实一时无法处理，就要正确面对，等待时机，不要在焦虑中生活。

有的人由于经历了某种心理无法承受的事情，而陷于恐惧、紧张的状态，时时回忆，时时联想，这样使思维混乱，神情恍惚，对于身体是极为有害的。要约束自己的思绪，不要一直去联想，要有勇气面对新的生活。

还有的人，陷入伤感、伤心、愤怒的情绪中不可自拔，自己气自己，自己折磨自己，不能自控，甚至会变得神经质，反应迟钝，对生活丧失了信心。不提还罢，别人一提或者有个由头，程度就会更加剧烈。克服这种情绪障碍，一要找出根源，认真分析，二要宣泄，不要憋在心里，三要理智地面对发生的一切，既然已经发生了，就要正确面对。

所有的情绪障碍，都是负面的，对于人们的生活和事业造成了影响和损失，要积极主动地面对这些障碍，克服障碍，追求美好的人生目标，不要被这些障碍绊倒了，就躺下不起来，而要积极奋起，才会有新的生活。

管理情绪，提高情商

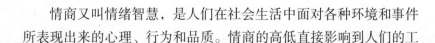

情商又叫情绪智慧，是人们在社会生活中面对各种环境和事件所表现出来的心理、行为和品质。情商的高低直接影响到人们的工

作、生活和事业的进展。人生不仅要学习知识，具有生存能力、事业和目标，而且要面对人际关系和各种境遇，承受生活所给予的种种负担。不仅要付出体力和心血，而且要使精神坚韧，应付各种遭遇。因而，情商的高低至关重要，对于人生的整体具有不可估量的影响。

人生应当双轮驱动，既能够得心应手从事伟大的事业和工作，也能够应对各种事件和纷扰的尘世。有的人事业上可以、能力也不错，然而，情商却比较低，因而影响了事业。尤其是在人生的逆境中，情商的高低直接影响到成败。

一般人名落孙山生气想不开，可是，有的人金榜题名，考到最高学府也出现了悲剧。据报载，清华大学一位研究生自杀了，这位学生是班干部，而且颇有音乐天赋，学习成绩优异。可是，他面对学习压力、激烈的竞争，竟然选择了自杀，给家人留下了无尽的伤痛。

这就是情商问题，学习虽然好，可是，不善于处理问题，调节自己的情绪，随着情绪的不断发酵，遇到适当的机会，就会一时想不开而爆发。我们不仅要注意学习和能力的训练，也要注意情商的训练，提高情商一点也不比学习次要，是人生重要的功课。现在的应试教育只注重学习，不注重心理素质、综合能力的提高，使得有的人经受不起生活的挫折和遭遇。因此教育专家和心理专家近年来多次提出要培养学生的受挫能力和激励教育，也就是要提高学生的情商。

提高情商应当从以下方面入手。

一是具有远大的目标和崇高的理想，以这些作为人生的动力和应对困难的保证。没有理想和目标，生活就没有方向，就会短视而想不开。

二是有广阔的胸怀和气量。做天地间的人，就应有天地般的胸怀和大气。碰到一些小事情，能够容纳。碰到别人的不理解、刁难、误解一笑置之，这样就会减少许多不必要的烦恼和痛苦。

三是具有受挫能力。人生不能没有目标，没有目标无异于行尸走肉，也不能过于执著目标，太执著就容易走极端。人生很难做到一帆风顺，都会遇到大大小小的挫折。遇到挫折不要陷入低迷的情绪，不要悲观失望，那会使你的情绪很坏。而要看到光明的未来，勇敢地搏击。

四是处理好人际关系，理性地面对人们的评说。有些人有能力有知识，却忽视了人际关系。岂知人在社会上交往，没有良好的人际关系，会带来很多困难和烦恼。有些人容不下别人的闲言冷语，又无可奈何，只好自寻烦恼，自我折磨，给人生事业带来了损失。面对复杂的人际社会，应当具备"八面玲珑"的能力，善于处理各种人际问题。

五是善于疏导和调节情绪，善于释放情绪。过度的压抑，不仅不利于情绪的发泄，反而使情绪连绵不断，冲击着身体，使人如中毒般难受。遇到烦心的事情，要及时觉醒，积极与人沟通，得到释放，从烦恼中摆脱出来。可以找自己信赖的人，听听他们的意见和看法。情绪不好的时候，理智地想想为什么不好，找出症结加以处理。或者听听音乐、看看轻松的书籍、参与开心的活动如旅游等，千万不要闷声不吭，加剧渲染不良情绪。

六是丰富业余生活，培养情趣爱好。人们长期干一种事情，必然会很厌烦。再美好的东西，时间长了也会产生审美疲劳。据调查，生活单调缺乏爱好的人，大多会产生负面情绪。情趣爱好可以颐养性情，放松心情，调整心态。

科学家研究心理问题，最让人百思不解而又无奈的就是情绪了。情绪是人的影子，时刻与人相伴，它是人们思维、心灵的写照，又惯性般地控制着人们的心灵和思维。就像一辆疾驰的马车，刚开始人是驭手，一旦放开了缰绳，人就无法控制情绪的野马了。

人生，在积极奋斗的进程中，善于处理各种事情，具有较高的情商，对于事业、目标、生活的质量，都是十分重要的，也是衡量人们生活质量的标志。

第二十一章 学会减压 轻松人生

箴言录

> 人们往往羡慕钻石的光芒四射，可有谁知道它在地壳深处经受了数千年高温高压的考验。
>
> 每一件事既是人生的动力，也是一种潜在的压力。做一点，就完成一点；做一点，压力就减少一点。
>
> 大可不必为自己的缺点、缺陷而自卑。相反要充分利用好自己的劣势，把劣势化为优势，把短变长。
>
> 不要那么敏感，而要迟钝一点。把别人的评价看淡一点，糊涂一点，超脱一点，潇洒一点。
>
> 身有百艺，不如精通一艺。

人生不能承受之重

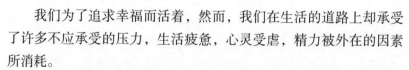

我们为了追求幸福而活着，然而，我们在生活的道路上却承受了许多不应承受的压力，生活疲惫，心灵受虐，精力被外在的因素所消耗。

许多人不成功，也许并不是他不努力，也不是不尽力，还应当有别的原因，那就是他承受了他本不该承受的东西。

为什么有的人和别人一样，也是忙忙碌碌，披星戴月，可是，别人成功了，而他却失败了？为什么同样的生活、同样的工作，有的人不堪重负，而别人却轻轻松松、快乐而幸福？

重要的原因之一就是生活在不正常的压力中，精神压力、环境压力、工作压力等，使心力交瘁、身体疲惫、精神萎靡、失去锐气，在负重的生活中不能自拔。这样的生活方式，这样对待身体，这样使心灵紧张焦虑，又如何能够实现伟大的目标？

随着文明的发展和科技的进步，人们的物质生活日益丰富，电脑、手机、汽车等给人们的生活带来了极大的便利，极大地减轻了人们的劳动强度和精神强度，然而，现代人却生活得并不轻松，人们反而比起以前生活得更紧张、更累、更忙碌了。与从前人们的日出而作、日落而息的田园牧歌式的生活相比，现代人确实太疲惫了。本该随着物质生活的丰富和提高，人们应当更悠然自在地生活，可是，恰恰相反，人们的精神生活、生活质量并没有多少提高，生活却前所未有地紧张忙碌。

你站在大街上看看，每个人都是急匆匆的、满脸焦急的样子。车是如此之多，用车水马龙来形容已远远不够。

与此相连，现代人的心态也存在某些问题，情绪不稳，脾气急躁。穿着体面的衣服，拥有豪华的车辆，然而，却互不礼让，因一件小事、一句话就会大动干戈、吵闹不休。由此，每天各样的社会新闻如打架斗殴、吵闹纷争、刑事案件等层出不穷。有的人像个膨胀的气球，一个针眼就爆了；有的人像个炸药包，只要碰到一丝火星，就燃烧爆炸。

这是一种现代社会病，与生活的压力是分不开的。许多人浮躁、不耐烦，随时就可以不高兴，随时就会有坏心情。

这些都是现代人生活压力的因素，也是压力的反映。

压力下的现代人的种种现状

人活着应当是轻松的、快乐的、幸福的。然而，由于生活、环境、心理的原因，现代人普遍感到生活的重负，承受精神上和心灵上的压力。

　　这里所说的压力指的是生活、工作和学习等给人带来的心灵和身体的负面反应状态。它和物理学上压力的概念有相似和不同的地方。物理学上的压力是垂直作用于物体或者流体单位面积上的力。它是发生在两个物体之间的垂直力，又叫压强，具有方向性、特定性、即时性，方向是垂直向下，特定性是两个物体之间的作用力，即时性是作用力存在压力就存在，作用力消失压力就消失。

　　心理学上所说的压力则要复杂的多。**它没有具体的方向，呈现出多向性、多重性，如学习的压力、工作的压力、事业的压力、人际关系的压力，**都是没有具体方向的，从各个方面作用于人；它没有特定性，不像两个物体之间的作用那么明显，而是无形的、精神性的；它的时间不是确定的，物体之间的压力，有作用力就有压力，压力消失作用力就消失，而精神上的压力是心灵的折射，是随时性的、延续性的、反射性的。

　　现代人的压力表现在多方面，如亚健康状态，身体出现了多种不适的症候，发展下去就是疾病。有的人由于工作压力精神紧张，长期失眠，导致了内分泌紊乱；有的人患有高血脂、高血压、脂肪肝等，都和生存的压力是分不开的。有的人心浮气躁，情绪极不稳定，动辄就发脾气，这是不善于调节生活压力所导致的，并不一定是性格原因。再如有的人百无聊赖，寂寞孤独，远离人群，试图逃避生活，这也是压力的表现。这是由于人们对于生活的无所适从、对于社交的恐惧等原因导致了这种现象。

　　现代人的身体状况和心理状况堪忧。据有关专家统计，以职场为例，处于亚健康状态的人高达75%，表现为焦虑、抑郁、烦躁、紧张、偏执、易怒等方面。除此之外，几乎90%以上的人都程度不同地有过各种压力问题，出现过短暂的压力症状。其原因是多方面的，一方面来自于社会、生活、工作、事业、理想等所产生的生存压力和精神压力，另一方面是没有采取正确的方法及时调节自己的心理和精神状态，减轻和调节压力，而把压力变为一种身体负担和精神负担，使身体和精神出现了问题。

凡此种种，都说明了压力对于现代人生活的干预和影响，潜在地威胁着人们的身体健康，阻碍着人们事业的前进，是造成人们生活失败、挫折的主要原因。如果不正确地处理生活、工作、事业中的压力，我们的工作、生活等各个方面都会受到影响。

我们一定要正视压力的存在和影响，不要忽视压力，不要不知不觉把压力看做生活的常态。有的人生活在压力之下，性格、脾气、身体状况都有所改变，自己却不加注意，时间长了就出了毛病。把压力下的脾气变坏看做是自己的性格原因，对亚健康的身体状况掉以轻心，甚至仗着年轻、身体好而不以为然，结果随着时间的推移，终于有一天身体吃不消了。

要明白，我们要承担生活，但不是承担压力；我们要具有对于人生和社会的责任心，但不是每天紧紧张张忧心忡忡。适当的压力可以促使我们奋斗前进，但是许多压力其实使我们承担了人生不应有的重负，严重地影响了身心健康，对事业和生活带来了负面的后果。

拖延使人压力倍增

　　每一件事既是人生的动力，也是一种潜在的压力。

　　做一点，就完成一点；做一点，压力就减少一点。

　　有些人心事重重，每天都有事，好像事情总是做不完。这种人可能真的事情很多，但是，从另一方面看肯定是做事拖延的人。

　　把今天的事情放到明天去做，又推到后天去做。明天还有明天，日复一日，事情越积越多，越难处理。但是，该做的事情是逃不掉的，势必会延误时机，造成了被动和不必要的麻烦。加之时间紧迫，别人催促，心情烦躁，自然给心理造成了压力。一件事是一个压力，十件事情就是十个压力，必然导致眉毛胡子一把抓，心乱如麻，焦头烂额，将会无名地烦躁、发火，心理紧张，精神负担骤然加重。这就是许多人生活在压力中的重要原因之一。

有一句使人受益终生的格言：当日事当日毕。要求人们把每天该做的事情做完，每天都是一个新的自己。只要一生都能按照这句话去做，肯定是一个成功者。可是，许许多多的人做不到，于是，不仅失败了，而且使人生负重爬坡，总是生活在压力之中。

冯国力在单位办公室工作，是有名的"笔杆子"。单位要开全年工作会议，安排他提前一个月准备工作报告，一看时间还长，他就先放下了。工会要表彰先进人物，让他写个材料，他答应了，可是迟迟没有动笔；报社要报道单位的工作成绩，交代他写一篇人物通讯，一周内交稿。因为手头有事，就忽视了，一周后报社催稿，领导知道后大发肝火，批评了他一通。就这样，马上就一个月了，三个稿子一个都没有完成。领导一批评，他着急了，匆促之下如热锅上的蚂蚁，急得团团乱转。心情紧张，彻夜难眠，腰酸背痛，忙着赶稿，不敢怠慢。这种压力纯粹是自己的拖延造成的。三件事做完一件轻松一件，早早做完，自己主动，多么轻松，何必把自己搞得这么被动。

从心理学上分析，**人们做的每件事情都会在心理上形成映像，发生折射效应。事情没有做完，折射现象就会存在，从而对心理构成压力。**随着时间的推移，主客观因素的影响，该做而没有做的事情，在内心不断强化，增加心理负荷，因此这种折射效应就越来越明显，压力越来越增强。人们应付这种心理压力最好的办法就是把需要做的事情尽快做完做好。这一方面会赢得人们的信赖，给自己的做人增加分数，另一方面使人每天都感到很轻松，每天都做事，每天都没有事。该做的事做完了就没有事了，不是很轻松吗？

任何时候，都要具有主动性，珍惜时间，做好每天每时的事情。只要能做到当日事当日毕，你的人生一定是轻松的、自在的，生活里都是灿烂的阳光。

人们有各种理由拖延，可是，不拖延只有一个理由，该做的事情必须做，马上做。《阎锡山日记》道："不易为之事，不可轻易着手，但既着手之后，不可轻易放下。"难做的事情不要轻易答应，一旦答应后，就不要拖延，一鼓作气做好。这一方面是做人的责任心和使命感，另一方面是做人的诚信问题。答应别人的事情，如果不遵守诺言，不按时完成，就会受到责备，以后谁会和你合作呢？一旦出现了这种后果，失去了友情，失去了单位对于你的信任和倚重，对自己是失落，也是压力。

冲破生活的阴影

在人生的过程中，由于种种原因，每个人都承受过不同的打击。有的打击随着时间的推移，成为人们心灵上的阴影，挥之不去。

一朝被蛇咬，十年怕井绳。不要把失败变为生活的压力，而后缩手缩脚，闭关自守，从此在压力中生活。有个大学生叫叶梅，毕业后分配到一家公司，正好赶上单位举办演讲比赛，形象、口才俱佳的叶梅就被选为队员，参加比赛。那一天，一步入演讲大厅，黑压压的有上千人，主席台上坐着公司总经理、工会主席，还有特地请来的国资委主任。背得滚瓜烂熟的演讲词，一上台想不起来了，双眼晕眩，脑子一片空白，平常伶牙俐齿的叶梅，此时竟然嘴唇嚅动，说不出话来。会场上鸦雀无声，继而发出了讥笑声，演讲砸锅了。之后，公司领导把叶梅狠狠批评了一通。

叶梅关起门来难过地哭了一夜。以前活泼的她，变得沉默寡言。到单位上班，听见人们说话，似乎感到都是在笑话她。她不愿意到人多的地方去，不愿意和人们交谈。后来单位又有演讲活动，领导安排她担当重任，她百般推脱，认为自己不行，怕给公司丢脸。她就背着这样的压力生活着。

领导找叶梅谈话，那次失败就失败了，不要背什么包袱，也不要在思想上有压力。一次失败不等于永远失败。失败从另一方面来讲，也是对于你的能力的完善，战胜了失败就是对于能力的提高促进。叶梅听了领导的谈话想，不就是一次演讲失败吗？自己也把它看得太重了。**笑话我的人，她们连登台的机会都没有，我为什么在她们面前抬不起头？正因为有压力才要勇敢承担，不然永远走不出压力的阴影。**于是，她重新准备演讲词，在这次的演讲中，她做了充分的准备，如何上台，穿什么服装，用什么姿势和口气，如何与听众交流，等等。她的演讲效果出奇的好，台下掌声雷动，演讲获得了全系统第一名。接着，她被评为公司年度先进个人。

失败，是一笔难得的财富，而成功，则是对失败的结算。

面对压力怎么办？你可以躲着、逃避、害怕，但是，这是无济于事的，也不是长久之计，压力不会因为你这样做就自动消失。你必须迎面出击，战胜压力，驯服它，你就会成为生活的主人，就会摆脱压力对于你的折磨。

有些人爱面子，虚荣心强，一旦当众出丑，心里就承担了不应有的压力。

莲子在单位财务处担任出纳，一次由于工作紧张，在给客户开支票时出现了差错，把一万元写成了十万元，幸亏及时发现，对方也是熟悉的客户，才避免了给公司造成的巨大损失。这件事发生后领导高度重视，借此机会整顿单位的工作作风，在大会上点了莲子的名字。莲子被批评后，从此就背上了压力，干财务工作老怕出错，统计好的数字反复演算几遍还不放心。有时，晚上睡梦中做噩梦，梦见把某个数字又算错了，公司因此受到损失。后来，每逢单位开会，或者领导检查工作，她就提心吊胆，生怕哪里出错，被领导抓了典型，在大会上点名批评。在这种无形压力下生活的莲子，一段时间里休息不好，心烦意乱，不是头疼就是胃疼，甚至怀疑自己是不是得了什么病。

显然，莲子生活在阴影里，没有及时摆脱那次工作失误给精神上所造成的阴影。

其实，大可不必。首先要正确看待这次出错所造成的影响，认识粗心大意的后果。要把这次出错看做进步的契机，以后做财务工作要严谨认真，高度负责，只要能够这样坚持下去，肯定能够在工作中大有作为。其次，过去的事情已经过去了，追悔是没有用的，只会使自己生活在痛苦之中，被阴影所遮蔽，失去了对于工作和生活的热情和积极性。只要调整好心态，就会克服这种压力。

所幸的是，莲子最终走出了这个阴影，战胜了心理上的恐惧感，性格变得开朗了，从此把财务工作搞得有声有色。

把缺陷变为动力

人无完人，每个人都存在着弱点，只要正确面对，加以克服和纠正，就会轻松地生活。可是，有的人把自己的弱点无限地放大，成为思想的包袱，最后，成为人生压力。

2011 年 3 月 22 日，23 岁的安东尼在全美大学生联赛摔跤比赛决赛中，以 7 比 1 的压倒性优势夺冠。令人感到不可思议的是，安东尼竟然是一位天生只有一条腿的残疾人。他出生时缺一条腿，没有髋骨。母亲茱蒂·罗伯特当时就号啕大哭，为孩子的人生担忧。安东尼小时候常被人欺负，别人随便一推他，他就摔倒在地，于是他决定学摔跤。别人笑话他："你连站都站不稳，还学摔跤？"没有人愿意教他，因为他真的不适合学摔跤。后来摔跤教练肖恩·查尔斯接纳了他，开始了他的摔跤生涯。教练让他先练臂力。他很奇怪，问教练："我只有一条腿，站不稳，应该练到如钉子一样站牢才行吧？"教练却说："练站，你比不过两条腿的人，站稳只是为了防守，防守得再好，最终也无法赢得胜利，只有进攻才能获得胜利。"他练臂力，练举哑铃，练举重，他的手臂渐渐地变得非常有劲，随便一推同学，同学就会倒地。高中毕业时，他去参加一个升段鉴定比赛，往往一个回合就把对手给摔倒了。他过关斩将，很轻松地升段。在全美大学生联赛摔跤比赛中，只有安东尼是残疾人，可是他创造了奇迹，战胜了身体健全的摔跤高手，夺取了冠军。

夺冠后，安东尼认为自己并不是一个有残疾的摔跤手，而是一个名副其实的健康的"摔跤手"，他说："虽然我对于夺冠已经憧憬过很多次，但一开始还是有点紧张。可当拿到第一分之后就放松下来了。我对自己说，平静下来吧，像往常那样，这只是一场比赛而已。"在一般人看来，一条腿不要说摔跤了，连走路都成问题，何谈和四肢健全的正常人比赛摔跤？

安东尼天生的残疾，却并没有把它变为生存的包袱，而是把它看做人生的动力。竟然以一条腿支撑着打败了四肢健全的对手，这堪称生命的奇迹。人们对待压力的态度，是主动地面对，战胜压力，还是逃避压力，继而把自己的弱点放大，成为终身的包袱，在安东尼身上我们找到了答案。身体的缺陷似乎会成为通往成功之路的绊脚石。有两条腿的人能更灵活地躲避对手，而只有一条腿的他明白只有更积极地向对手发起进攻，才是决胜之道，他的臂力奇大，进攻意识强，因而取得了胜利。

俗话说：缺点就是优点。任何事情都是辩证的，上帝也是公平的。只要你是人，别人能做到的你为什么做不到？也许出身不一样，条件不一样，贫富有悬殊，但是，谁能否认自己是人呢？这一点就足够了。不要找任何借口，不要给自己制造那么多"我不行""我不如别人"的精神压力，而是要勇敢地冲锋陷阵，争取胜利。我们大可不必为自己的缺点、缺陷而自卑。相反要充分利用好自己的劣势，把劣势化为优势，把短变长，最终战胜对手。

学会看轻自己

每个人其实都是弱小的，即使浑身是铁，又能打几颗钉子？

可是，有的人事事忙碌，什么心都操，什么事都干，好像离开他地球就不转了。

这样的人任劳任怨，操不尽的心，干不完的活，却无人认可，没有自己，疲惫不堪。由于这样的行为，时间长了，他总是干活的和操心的，岂能没有压力？

有一个朋友叫刘一海，是某企业的一把手。他特别敬业，企业的大小事务都要亲自把关，从生产、营销，到财务每个环节他都要操心，每天下班时月亮都出来了。回到家后已经很累了，可是，并不能安歇，还要计划明天的工作，各种事务在脑子里过电影般旋转，他每天就生活在这样的状态里。事无巨细，都要操心。就这样一年又一年，直到身体不适，要到外地休养一段时间，才不得不放手。

过了一段时间他回来了，看到企业在他离开后照常运转，产品也没有出什么问题，令他头疼的产品销路也逐渐打开了。以前他每天坐在办公室里人来人往，应酬不尽，签不完的字。他回来后，发现许多事情其实不用他操心，下边的几个副总干得很尽心。他突然明白了，以前把自己看得太重了，对谁也不相信，不放心，结果挫伤了大家的积极性，使大家失去了提高业务能力的机会，还使自己无形中负担加重，落了个揽权的名声，无形中疏远了单位的同事，更重要的是付出了健康代价。

不在其位，不谋其政；爱岗敬业，尽职尽责。该做的一定要做好，不该做的不必强迫自己去做；该操的心一定要操到，不该操的心就不要操了。有些人之所以感到生活压力，就是每天都在干他的"分外事"，操的是闲心，越俎代庖，不但自己累，而且吃力不讨好，所谓身累，心也累。

一定要记住，你把自己看轻了，生活就轻松了，压力就小了。

不要接受别人的暗示

每个人活在世上就是一道风景，你的所作所为要受到规定、纪律、秩序的限制和别人的评价，不可能生活在真空里。

研究现代人的心理压力，发现来源之一就是容易接受别人的暗示。这种人把自己放在真空里，不能有一点"细菌"，稍微有点风吹草动，就惊慌失措，内心不安，难以承受。领导的批评、别人的闲谈、别人的表情都会成为压力的爆发点。其实，大可不必，每个人在社会上生存哪能不受到评价和秩序的约束？你不能限制人们的言行举止、不能要求人们必须按照你的想法来，你更不能限制人们的一颦一笑，而且要对于耳闻目睹的事情，具有免疫力。

人们的五官好像一个接收器，眼耳鼻舌身就是接收器官。对于无用的信息和不利于身心健康的信息不要接受，对于纷繁复杂的信息要甄别对待，对于有害的信息要及时清洗，视而不见，听而不闻，这样你的压力就小多了，就可以生活在自己创造的健康有益的信息场中。东晋诗人陶渊明《饮酒》诗道："结庐在人境，而无车马喧。问君何能尔，心远地自偏。"他厌倦身外种种的世俗生活，希望远离各种外界的干扰，回归清静安逸的精神家园的生活。面对"人境"的纷纷扰扰，陶渊明做到了清心安静，为什么呢？由于他有一颗高远的心灵。谁也不可能真正彻底地脱离现实社会而存在，你无力改变世界，更无力要求别人以你的价值判断为轴心，那么你就必须改变自己，调整自己的心态和心灵，最重要的是你必须超尘拔俗地生活。

红霞医科大学毕业后，到三甲医院当医生。她在学校学习好，有上进心，人也长得漂亮，到医院工作后熟悉业务，颇得同行的好评，领导也重用。但是，尽管她努力工作，却招来某些同行的嫉妒。有的人在背后说她的坏话，说她有关系、有门路，进医院时给领导送了礼。一时间对于她的评价纷纷扬扬，甚至上升到了作风问题。她感到委屈、不解，可是又无处诉说，渐渐地有了思想压力。于是，领导和她谈工作，她也有了拘束，怕别人说三道四。进了办公室，别人说闲话，她总以为和她有关。以至于别人的一个笑、一个眼神，她都误以为针对的是自己。发展到后来，她害怕到单位上班，害怕和人们在一起说话。就这样，她神经衰弱，睡觉失眠，每天生活在不愉快之中。

后来，她咨询医院的心理医生，才明白自己存在压力强迫症，纯粹是一种心理因素造成的。心理医生与她谈话说，也许别人针对的是你，也许压根就不是在说你。天下这么大，每天发生多少事，人们哪能老关注你的事呢？你也把自己看得太重要了。何况清者自清、浊者自浊，有些事是无需分辩的，你越解释越说不清，索性就任其发展，走自己的路让别人去说吧，说说就没有人说了。

听了心理医生的一番话之后，红霞一下子恍然大悟，性格变得开朗了。从此，她努力工作，把心思用在提高医术上。对于别人的说三道四，不理不睬，好像说的不是自己。心理没有负担了，压力好像也消除了，更让她没有想到的是，闲话也就慢慢消失了。年底还被医院评为先进。

压力并不是客观的，有时是想象出来的，是主动接受的结果。天下人说天下事，有志者做天下事。你该怎么做就怎么做，认为你做得对就不要管别人的议论。

这让我想到了一个故事。说的是有一个人特别信神，有一次发洪水，庙马上就被洪水冲垮了，这人急急忙忙把木制的神像毕恭毕敬地举在头上，在洪水中向对岸泅水。他一手举着神像不敢放松，认为那是对于神的不敬，另一只手使劲划水，由于难以用力，洪水都快把他给淹没了。旁边的一个人看到了，一手就夺下神像，把神像压在身下，借着神像的浮力，游到了对岸。那个人到了岸上后，一挥手把神像扔到了乱石中。后来，神怪怨原先保护他的人保护不力，对神像不尊重。在洪水中用生命保护神的那个人不解，就问神道："那个人把你压在身下，又把你扔到乱石堆里，你都不恼怒，我用生命保护你，却受到你的责难，这是为什么？"神说："他不信我，我的法力对他没有用；你信我，我恼怒你。"

对于人们的议论和闲话，你不理睬它，它也就失去了作用。

有的人心理敏感，抵抗力差，很容易就接受别人的暗示，使简单的生活复杂化，子虚乌有的事情仿佛就真的发生了。

因此，**减轻精神压力的最好的办法，就是对于别人的闲话、诽谤不要放在心上，不要主动去听，去接受**。对于你无力改变的事情，就任其去发展吧。天塌不下来，抬起头，挥挥手，你会发现阳光灿烂，蓝天白云，生活是那么美好。

不要那么敏感，而要迟钝一点。把别人的评价看淡一点、糊涂一点、超脱一点、潇洒一点，这世上闲人多，无聊的人多，不要在意他们，不要以他们为中心，被他们所左右。做自己的主人，做自己心灵的主人。

有所为有所不为

三百六十行，行行出状元。

人只要把一个行业做到极致，发挥到极致，就是成功者。事事都做，事事都会，必然事事都做不好，事事都不精通。

要取得成功，就得有所为有所不为。生活中不乏这样的人，什么都会，什么都不精；什么都做，什么都不是第一。今天看到当老板赚钱就去经商，明天看到炒股赚钱就变为股民，后天看到公务员吃香就去考公务员，大后天看到歌星一夜走红就去唱歌，这样的人怎么能不累呢？

有的家长对于孩子的教育倾注了无比的心血，寄托了所有美好的希望，几乎他认为有用的都要让孩子去掌握。有的家长让孩子学钢琴、学国学、学语言表达、学奥数、学英语、学作文、学舞蹈、学绘画、学跆拳道、学围棋等，小小的孩子每天奔波在学习的路上，吃不好，睡不好，学习压力大，时间长了就厌学了。家长何尝不是受罪呢？什么都让孩子学，什么课程都陪着孩子，孩子所学的不见得是家长喜欢的，但是总得陪着孩子。孩子的考试成绩、一举一动，都牵动着家长的神经。

从孩子所学的课程来看，好像哪一门都有用，都不可缺少，但是，仔细想一想，对于幼小的孩子来说，这么多课程孩子能够都接受了吗？能够都掌握了吗？何不有选择地学习，精通上一两门就足够了。其他课程放到以后学习，也未尝不可。

做的事情多，肯定操心多，出错多，自然心理紧张，压力就大了。有的人这也要做，那也要做，好像无所不能，生怕把自己给落下。这样的人每天忙忙碌碌，东奔西找，就是与成功无缘。这样的人每天都生活在压力之中，所谓"我用青春赌明天"，到了明天事业无成，身体也垮了。

有道是身有百艺，不如精通一艺。人生要学会减法，减去不做的，做该做的，把该做的作为人生的目标，坚持不懈地做下去，必然会成功。

不该答应的事情不要答应，做不到的事情不要答应，勉强而为，不仅于事无补，而且吃力不讨好，会失去信义。

这有好几方面的情况，一是情面上过不去。是好朋友或者是熟人，托你帮个忙、办个事，明知道力所不及，但是又不好当面拒绝，只好应承。可是，应承了之后，凭自己的能力又做不到，只好四处奔忙，求人帮忙，事情没有办好，把朋友也得罪了。二是心里有想法。上级交代的事情，明明知道做不到，但是，为了表现自己的能力就答应了。使自己凭空多了负担，做不好还要去做，既累了自己，还挨了批评。三是迫于压力。因为是好朋友，他让你帮着说假话，但是做了后却心里不安，感到良心上受责备。因为是上级，他让你干违规甚至违法的事情，不干怕工作上刁难，干了又明知违规违法。这样的事就不要做。一旦做了总会有出事的一天，心里惶惶不可终日，心理压力骤然增加。要以原则为准绳，宁可受委屈，也不要做有违道义和法规的事情。这是做人的底线。只要自己行得端走得正，任凭风吹浪打，胜似闲庭信步。

灵活处理好人际关系

　　社会是由人构成的，人际关系的处理是十分重要的。

　　每个社会结构都存在着人际关系。上下级之间、同事之间、朋友之间。身在其中，如果不懂得处理人际关系，就会觉得心里疲劳，感到有压力。

　　尊重上级，把工作做好就行了。没必要费尽心力琢磨上级的心思，研究如何讨好上级。处事公正的上级，你干好工作就行了。处事不公的上级你讨好也用处不大。把心态放正，兢兢业业，踏实做人。对于上级千方百计地讨好，上级一句话、一个眼神、做一件事，都要琢磨猜测，稍有不对，就担惊受怕，寝食不安，生活就会有压力。

　　有的人试图处处为人，事事落好。对于每个人都想办法相处，想办法讨好，可是，还是免不了人们的闲话，还是受到人们的冷落。于是，就想不通，就焦虑。你要明白，物以类聚，人以群分，**你不可能讨好所有的人，也不可能事事让人满意，这样做只会加重自己的负担。**

　　有的人性格耿直，眼里容不得沙子，对于看不惯的事就要说，就要管，心直口快，不懂得做人的艺术，于是，不该得罪的人得罪了，不受欢迎，人际关系紧张。和不喜欢的人在一起，心里自然有了无形的压力，感到空气紧张，氛围不好。这就要改变自己的毛病，学会说话，该说的说，不该说的少说。水至清则无鱼，性格太直了不仅无济于事，而且把人都得罪了，还谈什么工作和事业？

　　有的人喜欢操心，关心别人的私生活，喜欢说闲话，这是性格的缺点，有百害而无一利。爱搬弄是非、风言风语的人，不仅伤害了别人，也失去了朋友，人人敬而远之，成了孤家寡人。每个人都有自己的隐私，这是受法律保护的，每个人都有自己的生存空间，这是反对别人进入的。所以做人最好不要议论别人，打探别人，做好自己，比什么都重要。

生活在一个良好的生活和工作环境里，营造一个轻松快乐的氛围，这不仅提高工作的效率，而且使我们精神愉快，活得轻松，何乐而不为呢？

每一天都是新的，每一天的太阳都是新的，带着灿烂的笑容去面对你周围的每个人，正确处理好人际关系，人生将会轻松许多、快乐许多。

文武之道，一张一弛。人生是美好的，有许多事需要做，有许多轻松的东西需要我们享受。干些自己爱好的事情，听听音乐，练练书法，欣赏绘画，打打羽毛球，下一下围棋，都可以使我们轻松许多。我们要善于艺术地生活，快乐地干事业，轻松地工作，这里边孕育着幸福的含义。

第二十二章　主动性 积极性 进取性

成功从来就是主动的

　　时间处于永不停息的运动之中，无论做事不做事，时间都在运行。在有限的时间里，主动性决定了在单位时间里的效率，也决定了成功的系数。

　　人与动物的区别，就是人的意识性和思想性。意识决定行动，思想决定行动的高度。动物的行为都是下意识的，是身体的简单需要。比如动物饿了去觅食，满足之后就放弃了，是被动地采取行动

309

而不是主动地有计划地去行动。只有人的行为具有主动性、目标性、计划性。

主动性是人们面对人生主动地采取行动，积极地而不是被动地应对现实，它体现了积极主动的人生观，是人们实现理想和目标、成就事业所必须具备的素养和品质。面对工作、困难、问题，主动想办法解决，而不是依赖于外力作用去克服和解决，也不是畏惧、回避、拖延，失去良机。主动性反映了个体的决心、意志和信念，对于塑造健全的人格、品质具有重要意义。

成功者从来都应当是主动的，成功是自己的事情，不能代替，只有主动地承担、奋斗才会成功。别人的成功属于别人，别人送给你的东西不叫成功，那叫不劳而获。天上不会掉馅饼，不去行动就不会有成功。没有主动也不会有成功。因为成功是自我价值的实现，是自己主动努力的结果，充满着个性色彩，如果失去了自己的努力，哪能叫成功？正所谓没有耕耘，就没有收获。成功者身上都具备着成功所必备的知识、能力、价值观，一旦抽取了个体的主动性、自觉性、能动性，那么成功就沦为空谈。

主动性是检验一个人基本素质的尺度，衡量着一个人的成功指数。有的人做事不主动，像老牛拉车，给一鞭子动一下，不挨鞭子不动弹，不会走远；有的人做事养成了惰性，总是拖拖拉拉，直到不能再拖了，必须采取行动了，才开始硬着头皮做事，这样的人总是跟在别人的屁股后边，是难以成大事的，顶多只是个附庸；有的人缺乏信念，没有自信，凡事矮三分，矮化自己，降低自己，遇到困难躲着走，那也是不主动，最终被别人所忽视，有他和没有他一个样子。这样的人已经被生活边缘化了，还谈什么成功？

主动性不仅是人生的态度问题、行动问题，更重要的是体现着存在价值。尼采认为，每个人的人生价值取决于个体的积极向上的意志力和影响力。主动性意味着奋发图强、勇猛精进、努力争取的精神。当一个人失去了主动性之后，也就失去了奋发进取、勇猛精进、努力争取的精神，也就失去了自我，对于别人来说，他的存在与否都是可以忽略的。

因而，我们不难看到在社会上，为什么有的人财富、名誉、地位什么都有，而有的人什么都没有，原因在于缺乏主动性。也就难怪社会上会有各种差别，会有强者和弱者、穷人和富人之分，原因就在于主动还是被动！

主动性表现为一种主人翁精神，自己做主，有主见，有行动，有进取；被动性表现为干什么都是被动的，无主见，无行动，无毅力，是一种惰性和奴性。老是让别人牵着鼻子走，老是被动地应付生活和各种困难，而后被生活的巨轮所压倒，被自己的惰性所打倒。

主动性洋溢着一种奋发向上、有所作为的精神，表现为一种积极的人生态度，充满着满腔热情和朝气蓬勃的斗志，对世界、对人生、对远方有着神秘的向往和追求；他们的生活是创新的、是不满足的，是充满着变化的，保持着活力。被动者的生活如一潭死水，没有一点波澜，思想僵化，行动迟缓，延误了良机，只能在困境中踽踽而行。

世事烟云，你唯一真正能把握的就是自己

每个人来到这个世上都是不由自主的，不是在自己选定的时间、地点、家庭、社会环境之下来到世界上的，而是很偶然地降临到某个地方某个家庭。人们的成长环境和条件千差万别，人生的道路也是不一样的。我们懵懵懂懂来到这个世上，然后，就加入了社会组织，在人生的长河里扬帆起程，开始了自己的人生。

尽管人生的境遇不同，但是成功的标准却是相似的。成功者不全是出身好和境遇好的人，当然，有的成功者有先天优势，如出身于优越的家庭，提供了各种各样成功的便利，有各种各样的人脉，但是，也有的成功者出身于穷困的家庭，生活艰难，没有什么可以利用的有利条件，然而，他们在重重困境中闯出了一条成功之路，

让世人称羡不已。俄国著名作家高尔基出身贫穷，幼年丧父，住过贫民窟。只上过两年小学，11岁就失学，当过装卸工、面包房工人。但是，在饥寒交迫的生活中，高尔基通过顽强自学，掌握了欧洲古典文学、哲学和自然科学等方面的知识。后来发表了《母亲》、《童年》、《在人间》、《我的大学》等重要小说，成为著名作家。高尔基尽管生活穷困，每天得为生计而奔波劳累，但是，在劳动的间隙，他利用一切可以利用的机会去读书，力求改变命运，从而把握了自己的命运。

杰克·韦尔奇出身于普通的工人家庭，身材矮小，小时候很自卑。但是，在家人的鼓励下，他克服自己的缺点，勇敢地投入工作。1965年，杰克·韦尔奇建议公司投资1000万美元，建立一座诺瑞尔加工厂，人们谁也无法把握市场的前景。杰克·韦尔奇主动站出来，毛遂自荐，成为加工厂负责人。经过不懈奋斗，工厂生产的聚碳酸安脂和诺瑞尔两种塑料产品成功了。这两种塑料产品可以制造汽车车身和计算机外壳，开辟了塑料产品的新用途。杰克·韦尔奇因此成为通用电气公司最年轻的经理，后来成为通用公司的总裁，在他的领导下，通用公司取得了辉煌的业绩，在福布斯全球500强中排名第一。由于杰克·韦尔奇的非凡能力和智慧，他被人们誉为全球最好的CEO。

这说明，所有的机会并不一定是现成的，而是蕴含在困难当中的。机会经过人们主动地去争取，才会成为机会。不去争取，机会就是困难。

成功没有模式，也不能复制，每一个成功者都有自己的人生轨迹。

我们能否成功，与我们所处的环境、学校、社会、家庭等都有一定的关系，但是，环境的好坏，你是把握不了的；学校老师的优劣，你也不一定能够决定；社会的发展和风气，你更是难以改变；**家庭那是命定的，你一生下来就已经定了，你无法选择。你唯一能够把握的就是你自己。**所以，我们不能把成功的希望寄托在环境、学校、社会、家庭之上，所有的成功只能靠自己。你是自己成功的决定者，你是自己的幸运之神。只要你善于学习和把握机会，条件不具备，你就创造条件去成功；如果条件好，你就会更加成功。

一句话，成功的主要因素是自己；**成功最关键的两个字，是主动。没有主动，就没有成功。**

巴黎公社的主要领导人欧仁·鲍狄埃在《国际歌》中道："从来就没有什么救世主，也不靠神仙皇帝！要创造人类的幸福，全靠我们自己。"这首一百多年前的歌，今天听来还是那样振聋发聩，激动人心，为什么呢？那是因为有太多的人，把成功与否押到自己之外的客观因素上了，因而，他们离成功越来越远，成为生活的溺水者，成为客观条件的奴役，失去了自己的意志和人生的动力。与别人相比，你也许没有好的机会、没有好的条件、没有好的工作，等等，这些都不是失败的理由，你唯一能够把握的就是你自己。

树立主人翁意识

我是我的主人，这是不言而喻的。

然而，话是这么说，却不一定能够做到。人们有时候不自觉地把自己的主人地位拱手出让，甘愿被奴役。

以学生为例，同样是一个学校、一个班级、一样的老师，可是，学习成绩却是天差地别，这还不要紧，将来到了社会上，差别更大了，有的人拥有事业、财富、成功，有的人却一无所有，为生活而奔忙，为吃穿住而发愁，受别人所支配，被人呼来唤去，为生活奴役。我大学里的一个同学，现在是某大型企业的老总，而另一个同学由于某种原因失业了。失业的同学为了谋得一份工作，带上礼品多次去求另外一个同学，希望给找个工作。求人矮三分啊，即使是同学关系，可是，也不得不低下高贵的头颅。从言谈举止、说话的口气等还是不自觉地矮下去了。在公司开会，当老总的同学坐着讲话，那些下属站着汇报工作，而那个被老总安排进来工作的同学自然也是一样地站着汇报工作。

并不是你有没有尊严的问题，而是你是否拥有体面的生活，如果缺乏了最基本的生活保障，你的尊严从哪里来呢？如果你凡事都得求人，你的主体人格又在哪里呢？

人生的尊严和主体人格，归根到底，来自于主动性。

武可刚20世纪80年代毕业于某铁路中专学校，那时能上中专就不错了。他并没有满足，毕业后留校了，在工作之余又报了大学本科专业学习。每天下班后，简单吃点饭，就骑车去10多公里以外的大学上课，不论是酷暑还是严寒，始终不间断。在别人谈对象娱乐的日子里，他勤奋学习。经过三年的努力，取得了大学本科文凭。过了几年，赶上单位评职称，顺利上了副教授职称。后来，他主持编写国家级的铁路机械专业教材，获得广泛好评，成为这个专业的权威，还获得了"全国百佳名师"称号，受到了国家领导人的接见。作为农家子弟，如果武可刚仅仅满足于中专毕业后有一份工作，是不会有今天的成就的。

具有主人翁意识的人，要做生活的主人，凡事都是积极主动的，干工作一丝不苟，踏实认真；遇到困难，主动地去解决；想方设法，降低成本，提高效率；做事不拖延，积极往前赶。缺乏主人翁意识的人，遇到困难绕道走，碰见难题找借口；干工作应付差事，把工作当做生活的负担；做事拖拖拉拉，总要被人在后边追着才能干完。

这就出现两种结果，具有主人翁意识的人无论从效率和质量方面都走在前边，较好地完成了各项工作，自然受到重用，以后走上了领导岗位，决定着单位的前途和发展方向。缺乏主人翁意识的人，完不成工作，被困难吓倒，总是被人批评，自然难以提拔和得到重用。

还会出现两种结果，具有主人翁意识的人由于事事处于积极主动的地位，具有荣辱与共的精神，从各方面为单位的发展做出了自己的贡献。而缺乏主人翁意识的人，没有责任心，事不关己，高高挂起，反正企业的好坏都不是自己的，潜移默化下去，必然造成重大的隐患。于是，工作延误，做事失误，有可能给单位带来重大的损失，单位衰落了，自己能好吗？

一家企业的经理曾经语重心长地对员工们说，大家不要以为厂子是我的，不要认为在为我干工作，其实，是为自己工作。你干得好，薪酬、待遇自然会好，提拔就有机会；你不好好干，薪酬、待遇就会减少，甚至会失业。厂子实际上是我们大家的，是每个人的，企业效益好了，水涨船高，大家的日子就好过，一旦厂子破产，今天有工作干，明天就可能失业。

由此可见，主人翁精神是多么重要。这些年发生重大事故和人为灾难的地方和单位，究其根本原因，都是主人翁意识缺失造成的。

积极地、主动地去做，与消极地、被动地去做，效果、结果完全是不一样的！

任何时候，抱怨都是被动的

迷恋网络，抱怨网吧害人；学习不好，抱怨老师教得不好；没有提拔，抱怨领导偏心；孩子学坏，抱怨坏人教唆；甚至贪官入狱，也抱怨社会风气不好。这样的心态，无论遇到什么事情，都会怪别人怪社会怪环境，就是不从自己身上找原因。这些都是被动型人格的反映。

有一个小和尚去离寺庙10公里远的地方挑水，要经过一个陡坡，去的时候还好说，回来的时候不小心就会被滑倒，尤其是在冬天，滑倒后水洒满了陡坡上，结了一层冰，更要小心翼翼，稍不注意就会人仰马翻。他常常抱怨陡坡太滑，又抱怨冬天太冷路面结了冰，跑了大远的路，白挑了一担水不说，还摔得鼻青眼肿。老和尚听了小和尚的抱怨后，没有吭气，就拿了寺庙的铲子，在陡坡上修了一级级台阶，从此，小和尚挑水再也不担心在陡坡上滑到了，自然也不抱怨了。

老和尚对小和尚说："陡坡无知，冬天是季节的自然变化，两者都是本来存在的，你抱怨不抱怨，都是那个样子，不会因为你的抱怨而有丝毫改变。关键的是，你要主动去改变你的处境和心境。"小和尚听了老和尚的话，忽然开悟了。一个小小的陡坡，成为他学佛之路上的新起点。

主观不努力，客观找原因。遇到困境，抱怨环境，而不是主观努力，积极寻找对策，这样的态度是不会解决任何问题的，也是难以成功的。在这种态度主导下，处处把原因推到客观因素上，就丧失了主观努力的积极性，也抹杀了人的主观能动性，而处于被动的位置，难以从困境中摆脱出来。

自己不主动，客观怨别人。这种现象是普遍的。有人说现在是拼爹的时代，就是这种思想的具体表现。事业的不成功、工作的不如意，不怪自己不努力，而是把原因归结于别人，如没有关系、后台、别人没有尽力等。向飞是我的一个朋友，想当年孤身一人到北京求学，大学毕业后没有工作，在老乡的帮忙下开了一家书店。因为堂兄也是从事文化工作的，给他帮了不少忙。但是，向飞的书店总不景气，把本钱赔光了，只好关门。后来，堂兄又帮他找了一家报社当记者，但是，专业不对口，自己也很失落。由于缺乏生活来源，堂兄只好每个月固定给他一些钱，让他维持生存。向飞直抱怨堂兄不尽力帮他，让他如此落魄。后来，堂兄调到了外地，向飞在北京彻底失去了依靠，谁也靠不上了，再抱怨堂兄也没有任何用处了。一次，身上只剩下了10元钱，只好买了10个饼子，喝白开水，度过了两天。举目无亲，他只好自己找工作，联系业务，开了一家电脑商店。一年后，堂兄从外地回到北京见到了向飞，只见他生意红红火火，已经开上了车。看着这一切，堂兄突然明白过来，原来对于向飞的帮助害了他。当人生没有依靠了，也没有抱怨的对象了，只能靠自己才能生活下去的时候，向勇身上的创造力被唤醒了，从此主动投入生活，有了自己的事业。

怀有抱怨态度的人，都是被动接受人生命运的人，都是被生活所摆布的人，因为，他在生活中只是被动地接受环境，面对困难，把一切都寄托于环境和别人的身上，受到客观环境和别人的制约，依赖环境和别人而生活。

主动面对生活和困难，是成功者必备的素质。因为他敢于向困难挑战，敢于改变现状，开创新的生活；他是自己的主人，能够把握命运。

培养主动性思维的习惯

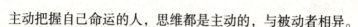

主动把握自己命运的人，思维都是主动的，与被动者相异。

主动性思维表现为，**面对工作和困难主动出击，积极寻找方法，靠自己所能干好工作，解决困难**；遇到挫折或失败时，主动寻找自己的原因，分析失利的各种因素，寻求解决的办法，并且立即行动起来，抓紧时间处理好各种事项。

被动者的思维表现为，**面对工作和困难，首先是夸大困难和难度，退避三舍，千方百计寻找失败的理由，给自己找借口**。遇到挫折和失败，更是怨天尤人，抱怨这个，抱怨那个，独独不在自己身上找原因。而后灰心丧气，停滞不前，被失败和挫折击倒。

由于主动者的思维方式，是主动的、积极的、进取式的，因而，具有良好的心态，从内心世界到言谈举止，都是积极向上的、充满活力的，给人一种奋发向上的力量。带给周围世界的，也是良性的信息、良性的氛围，因而能够聚集更多的人，和他一道攻克难关，取得成功。

由于被动者的思维是被动的、悲观的、依赖性的，因而，人生听天由命，信马由缰，处处充满了危险，时时都不安心。

这就难怪为什么有的人，在生活中一呼百应，人心所向，只要他出现，就永远是人们的中心，人们都唯马首是瞻；只要他出现，人们就满怀信心，即使身处险境，也给人们一道光芒；他就是人们的核心，就是主心骨，就是胜利的保证。所谓千金易得，一将难求。而有的人，一旦出现，人们躲避唯恐不及，人心涣散，没有凝聚力，因为他身上带着失败的情绪，思维都是被动的、负面的、悲观的，因而注定与成功无缘。

西汉时期的班超为平定西域，促进民族融合，做出了巨大贡献。他的父亲班彪、长兄班固、妹妹班昭都是著名的史学家。班超为人有大志，不修细节，主动改变自己的生活。他为府衙抄公文，感到枯燥乏味，投笔慨叹道："大丈夫无他志略，犹当效傅介子、张骞立功异域，以取封侯，安能久事笔砚间乎？"主动地告别笔墨生活，投身到保家卫国的疆场。奉车都尉窦固出兵攻打匈奴，班超随从北征，在军中任代理司马之职。他率兵进击伊吾，战于蒲类海，斩俘很多敌人，立了大功。窦固很赏识他的军事才干，派他和从事郭恂一起出使西域。公元73年，班超就和郭恂率领30余名部下向西域出发，来到了鄯善（今新疆罗布泊西南）。起初，鄯善王对他们礼节周到，十分热情，几天后突然态度冷淡，不理不睬。班超料定必然是匈奴使者来到了，从中作梗。与其坐以待毙，不如主动出击。他召集部下商议对策，说道："不入虎穴，焉得虎子。吉凶决于今日。趁夜晚出击匈奴使者，必获成功。"有人表示再商议，他说："遇事不决断，非壮士也！"当天夜晚，班超带领10多人手持刀剑，闯入匈奴大营，趁风势点燃了帐篷，奋勇击敌，匈奴人吓得到处逃窜，这一战杀死匈奴使者和随从30多人。次日，班超再见到鄯善王，告诉了昨晚的事情，鄯善王感到震惊，心悦诚服，归附了西汉王朝。以区区30余人就使鄯善王归顺了汉朝，显示了班超主动果断的性格。如果不采取主动，被动地与鄯善王谈判的话，班超很可能被匈奴人羁旅异地或者被杀，不能完成出使西域的任务。

习惯了主动性的人，每天生机勃勃，充满阳光，一切都对他有吸引力，所以具有开拓性、创新性、开创性的性格和事业，自然也就众望所归，事事走在人们前边，无形之中，他就是人们的领袖。习惯了被动性思维的人，从神态上就可以看出来。生活中总有这么一些人，看上去没精打采，悲悲切切，唉声叹气，好像谁欠了他几百万元不还似的，脸上总没有笑色。生活也是这么奇怪，凡是被动的人，一年三百六十五天，好像事事都被动，没有一件开心事。根据吸引力法则，这都是他吸引过来的。因为，**被动的人凡事被动，在别人眼里，他就是被控制、驱使的，凡是有这样的事也就找他去做。于是，他在生活中的角色被定格，就成为被动型的人了，每天被人呼来唤去的，时间久了，他也习惯了，麻木了。**

敢想，敢干，敢于创新

　　具有主动性的人，对于自己的目标、事业和理想，具有强烈的责任心。从内心深处热爱生活，爆发出内在的驱动力，主动地去追求理想和事业，奋发图强，自强不息。

　　具有主动性的人，处处处于主动。他的思维是活跃的，精力是充沛的，生命是充满活力的。敢于主动地想，敢于冒险成功，敢于创新。人类历史上，所有的成功都是主动性思维的结果。

　　而那些习惯了等、靠要、的人，都是被动性思维的人。干什么都不是自己主动地去做，而是拖延、依靠、被动地等待。这样的人是不会成就什么事业的。

　　而且人们的性格是和被动性思维分不开的。习惯了被动性的人，由于不敢想、不敢行动、凡事做缩头乌龟，因而性格懦弱，谨小慎微，言辞闪烁，遇事不能决断，不敢在公众场合讲话，出头露面，也不敢与人交往，老怕吃亏，总之，人们的性格缺陷和被动性的做人有很大的关系。要改变性格缺陷，就要有意识地变被动为主动，勇敢地面对生活，改变人生。

　　1966 年，王传福出生于安徽省无为县，家庭贫寒，充满艰辛。妹妹被寄养，哥哥王传方退学赚钱养家，才使王传福完成了大学学业。生活的苦难也让王传福养成了坚强、独立、强势的性格。1990

年王传福硕士毕业后，被任命为深圳某电池有限公司总经理。1993年，他意识到手机的发展对充电电池的需求会与日俱增，毅然辞职，和人一起创立了比亚迪公司。短短的十几年时间，比亚迪公司就发展成为全球第二大电池企业，并且经营汽车和新能源等产业。让人称奇的是，"股神"巴菲特以战略投资者身份入股比亚迪公司，投资18亿港元认购比亚迪10%的股份。在2009年的巴菲特股东大会上，巴菲特称王传福是"真正的明星"。王传福在"2011年胡润百富榜"中拥有财富185亿人民币，并声称要在2025年成为全球第一大商用车制造企业。

王传福的成功，是与主动性的性格分不开的。主动性使人具有了强烈的责任心，时时想着赶超别人，做最好的努力和产品。王传福要求自己："我什么事情都要自己去支配，什么事情都要自己去管。"当时锂离子电池是日本人的天下，国内同行不相信比亚迪能搞成，据说王传福当时在业内受到了嘲笑，但他相信这是机会。

随后，王传福专门成立了比亚迪锂离子电池公司，这一决定在今天已经结出硕果。根据《日经电子新闻》的统计，比亚迪在锂离子电池和镍氢电池领域仅排在三洋、索尼和松下之后，成为与这三家日本厂商齐名的国际电池巨头。针对中国企业普遍面临的"技术恐惧症"，他认为，这种恐惧症是对手给后来者营造的一种产业恐吓，他们不断地告诉你做不成，投入很大，研发很难，直到你放弃。汽车说穿了不过就是"一堆钢铁"而已。他说："作为中国人，我们从不畏惧任何技术难题，别人有，我们敢做，别人没有，我们敢想，深圳30年的高速发展历程，给我们企业带来的启示就是，一定不能墨守成规，要打破常规，敢想、敢干、敢竞争，用持续的创新不断去创造业绩，实现梦想。"依靠这种责任心，王传福使自己由一个连上学都困难的贫寒农家子弟，到如今成为一个亿万富翁；依靠创新的理念，王传福打造了比亚迪庞大的企业。

王传福说："别人有，我敢做，别人没有，我敢想。想和别人竞争，还要走别人走过的路，那就是自寻死路。你和别人一模一样的打法，你凭什么打赢？”所以，必须“你打你的，我打我的”。

主动就是坚忍不拔的努力

20 世纪 50 年代，有一句出名的话，向大地要粮，向山河要财富。这反映了当年人们改变落后自然环境的豪情壮志。

田野不耕耘，就会荒芜，长满杂草；躺着不动，万事都要荒废。**天下事成于主动，毁于懒惰。**

天地之所以生人，就是因为人有思想，会制造工具和劳动。人的四肢百骸无不和行动有关，眼看，耳听，嘴说，手做，腿行，心想，上帝使人拥有了这些习惯，就是让人成为主动行动的人，成为独立自主的人。

人们常说，与其说机会总是给予那些有准备的人，不如说机会总是给予积极争取的人。主动就是行动，主动就是求索，主动就是改变现状。婷婷是北京邮电大学的学生，在班里担任团支部书记，学习成绩优异。在大四那年，学校要给厦门大学推荐研究生，可是，由于体育成绩太低，婷婷没有列入推荐对象。婷婷一听着急了，就去找体育老师，说：“我的身体素质不错，体育成绩为什么那么低？这直接影响到我上研究生，你应当给我纠正。”体育老师看到她着急的样子，又看当时给他的体育成绩确实有点低，对婷婷重新测试，提高了体育成绩。

如果婷婷明知成绩低，不去争取，不找体育老师，恐怕是不会被推荐为研究生的。如果上不了研究生，就不会和她的对象走到同一所大学的。如果这一次机会错过了，那么更不会毕业后进入北京金融系统工作。如果进不了北京工作，去了另外一座城市的话，因为她对象已经在北京工作了，就会和对象两地分居，那么爱情不知要经受怎样的考验，以后的事，谁能说得清呢？

主动性的人生就像一根链条，一环套一环，连接了我们的现实生活，连接了今天和未来。有位作家说，人生就是关键的那么几步，走对了就顺风顺水，走错了就一生颠簸。主动争取机会，就一定能握住命运的咽喉。

1984 年，张近东走出南京师范大学的校门，进入一家企业工作。90 年代初，中国出现一股下海"潮流"。1990 年 12 月，27 岁的张近东，凭着"初生牛犊不怕虎"的劲头毅然辞去了工作，投资 10 万元，租下不足 200 平方米的小门面，成立了一家专营空调批发的小公司，拥有 10 多位员工，开始了创业历程。他首次建立营销商"配送、安装、维修"一体化服务体系，"苏宁"的名字在南京空调市场一炮打响。1993 年，南京的"八大商场"联合发动空调大战，向苏宁发难，宣称将统一采购统一降价，如果哪家空调厂商供货给苏宁，他们将全面封杀该品牌。面对挑战，更加坚定了张近东的信心，不但没有在交火中败下阵来，反而主动迎战，当年实现销售 3 亿元，比上年增长 182%，一跃成为国内最大空调经销商，最终成为这场大战的赢家。

2000 年，张近东停止开设单一空调专卖店，全面转型大型综合电器卖场。他认为，建立连锁店是家电行业扩大规模实现发展的必然趋势，面对当时家电行业对于连锁店还比较陌生的形势，张近东提出"三年要在全国开设 1500 家店"的连锁进军口号。如今，苏宁连锁店遍布全国各个城市，张近东担任苏宁集团董事长兼总裁，在 2011 年福布斯中国富豪榜上张近东以 358 亿元人民币名列第八位。他感慨地说："观念是制约中国人赚大钱的最大阻力。要想拥有一种创造财富、赚取财富的动力，并快速地付诸行动，不要怕失败，跌倒了再爬起来。如果一味地求稳怕输，那就很难成功了。"温家宝对苏宁的连锁模式十分赞赏，勉励苏宁电器"成为中国的沃尔玛"。

人的命运掌握在自己的手里，成功不会从天上掉下来，需要主动争取。张近东主动辞去了工作，开始了创业；又在南京"八大商场"的发难中毫不畏惧，绝不退缩，主动迎战，从而奠定了苏宁在家电行业中的地位；在人们对连锁店还没有概念的情况下，又率先建立连锁店，而使苏宁集团发展到今天的规模。

我们从苏宁电器的发展历程来看，**具有主动性素质的人，都是勇于进取、具有前瞻性目光的人，都是能够审时度势，把握机遇的人**。主动性是成功者的法宝，是人类文明发展的动力，是通往未来的桥梁。

做自己的主人，做命运的王者

"主"字是王字上边加一点，和王具有相同的地位，与它相关的词有主动、主人、主心骨，**主动的人具有主见，是自己命运的主人，是自己的"精神之王"**。"被"字是和被动、被迫、被奴役等联系在一起的，处处处于服从和被动的地位，被动的人被别人所驱使，受环境所制约，被命运所控制，而从不主动去改变命运。

生活永远不可能给你把一切准备好了，然后等你去成功。

人们的一切创造、发明都离不开主动性，都是以主动性为前提的。有主动性的人做事积极主动，充满兴趣，富有创造力。主动地去想、去做、去寻找、去探索、去发现。没有主动性的人，做事消极、被动，没有兴趣，不会主动地去做一切。因此，不能调动感觉器官的主动性和兴奋点，使身体器官处于麻木和休息状态。所谓有眼不看，有手不动，有心不想，身体的感觉器官停止运动了，怎么会有发明和创造呢？

被动性的人，坐着不动，不劳而获，可能吗？别人说一下，动一下；干一下，走一下。不说不干，不赶不走，这样的人不要说发明创造，连自立也无法做到。我经常注意观察这些人的言行和命运。发现他们精神萎靡，未老先衰，反应迟钝，老气横秋。碰到这些人，千万不要委以重任，因为这样的人是不会有所作为的。不要企图和这种人共事，因为他们不积极不主动，会贻误良机，会坏了大事。他们在生活中，就是那些懒汉懦夫、游手好闲的人；胸无大志、不思进取的人；畏缩不前、推脱责任的人。

被动性的人不仅事业不成功，而且身体都不好。由于凡事被动，养成了懒惰的习惯，因而身体器官的功能慢慢退化了。眼睛不明亮，耳朵不善听，手无缚鸡之力，走两步就气喘，脸上多皱纹。这种人终其一生都在被动中度过，都在退缩，都在退化，直到把自己彻底变为一种没有思想、没有灵魂、没有生机、没有主人翁意识的奴役者。

主动性的含义是广泛的，体现在人生的理想、事业、工作、生活、目标等方方面面，它们具有强烈的个性色彩，染上了"以我为主"的印记。理想是个人的，事业、工作、生活、目标等等，哪些不是个人的？主动性就是这一切的体现。

主动性的人就是万绿丛中一点红，就是标杆和旗帜。

我们要培养主动性的人格和习惯，培养主动性的思维意识，培养主动性的行为，做主动性的人。很早以前，一位伟人就说过，独立自主，自力更生。主动性是积极的、充满生机的、奋斗精进的人生，人活着就要奋斗，书写人生辉煌的篇章，创造美好的生活。奋斗是人生的旋律，人生的命运掌握在自己的手里。

只有做主动性的人，才能够真正做自己的主人，做命运的主人，做自己的精神之王。

第二十三章 善于调节 驾驭命运

调节定律

为什么有的人每天忙忙碌碌，日理万机，却没有什么成绩？

为什么有的人失败了，又失败，再失败，人生没有转机？

为什么有的人在追求事业、理想、目标的道路上历尽坎坷，却总是难以如愿？

难道是命运不公吗？

难道是命当如此吗？

难道是造化弄人吗？

人们有各种各样的疑问，求神问卜者有之，相信命运者有之，就此沉沦者有之。谁能给出答案？

我想最根本的原因，就是没有学会调节自己的人生，不懂得调节定律，不能驾驭人生。

世间的一切都在变，人在变、环境在变、条件在变，面对所有的变化，我们也必须变化，才能适应生活，拓展事业。

所谓此一时彼一时也，意思是时间不同，情况发生变化，不可同日而语了。所谓与时俱进，就是不要墨守成规，固守一隅，而要顺应时代，谋求变化发展。任何时候，我们都要遵照客观规律，从实际出发，实事求是，不要犯主观主义的错误。

调节定律：根据事物发展变化的具体情况，适时调整思想、方法、行为，与时俱进，顺势而为。包括四个含义：①变化是永恒的主题。世界上没有不变的事物，所以人们必须学会变化。②善于调整，总结经验教训，制订适合客观情况的方法和策略。③改变观念，改变思想，放下包袱，轻装前行。④任何时候都不要灰心泄气，都要充满希望，因为调节可以改变人生。

条条道路通罗马，这条道路不通，肯定还有另一条路。这条路走起来费劲吃力，难道就没有更加便捷的路吗？只是没有找到而已。如果固执地走下去不但吃力不讨好，也许还会处处碰壁。**世上没有绝望，只有失望。只要内心充满希望，就会山重水复疑无路，柳暗花明又一村。**

调节定律告诉我们，要善于根据变化了的情况，改变自己。

《吕氏春秋·察今》记述了一则著名的寓言故事叫刻舟求剑，说的是楚国有人坐船渡河时，不小心把剑掉入江中，他在船上刻下记号，说："这是我的剑掉下去的地方。"当船到了岸边停下来后，他沿着记号跳入河中找剑，到处找都没有找到。船在不停地向河对岸行进，而剑掉入水中后是不动的，这样的记号有什么用呢？这么做不是太傻了吗？该寓言劝告人们世事在变，要因时而变，不要不懂变通，墨守成规。

人们大多明白这么简单的道理，笑话那个刻舟求剑的糊涂人。可是，生活实际中，又有多少人和那个刻舟求剑的人不同呢？

大到治理国家，小到生活小事，有多少人一再重复着刻舟求剑的故事，犯着可笑而糊涂的错误，酿造了人生的苦酒，贻误了工作和事业，使美好的人生磕磕碰碰，坎坎坷坷，充满了艰辛。所以，检视我们的工作和事业，为什么成效不高？除过总结别的原因之外，应当反省一下，是不是因循守旧，没有随着客观情况的变化，做出反应和调节？

调整思想，走出困境

思想变了，人就变了。思想决定行动，思路决定出路。要改变现实，首先要改变思想。

有什么思想，就会有什么行动；有什么思路，就会有什么出路。

无论做任何事情，主导思想必须正确，思想错误了，行动就会错误。没有正确的思想，就不会有正确的行动。当中国农村经济多少年在贫穷中徘徊时，改革开放给中国农村带来了春风。农村土地承包责任制的实行，给农村带来了巨大的变化。农民收入、粮食产量都大幅度提高。以前农村里吃不饱饭、靠救济粮度日的现象，在实现土地承包责任制后很快就消失了。

同样的土地、同样的人、同样的自然条件，仅仅是思想变了，就焕发了巨大的热情和积极性，在很短的时间里，农村发生了巨大的变化。以前农民一天两送饭，白天黑夜连轴转，大干苦干，战天斗地，可是，还有许多人却吃不饱饭，饿着肚子。仅仅是政策的变化，没有其他的投入，农村就发生了根本的变化，成为中国改革开放取得成果的最显著的标志。

改革开放以前的农村，观念陈旧保守，不准农民有自留地，不准有集市交易，不准养羊喂猪，种种思想禁锢了农村生产力的发展，打击了农民生产的积极性。所以说，思想一变，一切就都变了。

当我们遇到阻力时，要思考一下阻力出在何处，认真思考，及时纠正，不要莽撞乱来。20 世纪 90 年代末东南亚爆发金融危机时，海尔集团在马来西亚、印尼等地建造的企业不景气，遇到了前所未有的困境。怎么办？继续加大投入，也许会造成产品积压、资金链断裂，如果就此停步不前，就会前功尽弃，东南亚市场就会失去。海尔高层经过市场调查认为，目前销售业绩不佳，并不是产品出了问题，而是由于金融危机的爆发，人们持币观望，不敢消费。一旦金融危机过后，必然会形成一个新的消费热点。于是，海尔调整思路，首先增加广告量的投入，在大城市的主要街道树立广告牌，还在各大媒体的重要位置登载广告，大力宣传海尔产品。同时，继续增加投资规模，扩大生产，为下一步占领市场做准备。随着海尔铺天盖地的广告宣传，产品已经深入人心。当金融危机过后，海尔的产品已经家喻户晓，一举打开了东南亚市场。

海尔的成功经验说明，面对阻力，千万不能一味蛮干，而要冷静下来认真思考，具体问题具体分析，找出解决困难的具体对策。张瑞敏说："我既然能在冬天的严寒环境里生存下来，那么，我有可能在春天里是最漂亮的。"**困境虽然阻碍着前进的道路，但是，也在启发着我们，锻炼我们的思维能力，激励我们去思考现实问题，迈向更高的台阶。**

思考出智慧。聪明的人都是喜欢动脑筋、善于思考的人。用头脑走路，强于用四肢走路。有的人喜欢用力不用脑，感情用事，意气行动，往往是事倍功半，失去时机，甚至于南辕北辙，越努力在错误的道路上走得越远。

为什么有的人老走"霉运"？为什么有的人一错再错？为什么有的人总是不顺利？

我给出的答案是：**这不是命运，也不是不努力，从根本上说思想错了，一切就都错了。**

答案看似简单，在现实中却有千钧之重。

2010年10月3日，好莱坞著名电影公司米高梅无力偿还40亿美元债务，正式宣布破产。米高梅公司曾经拍摄过《绿野仙踪》、《魂断蓝桥》、《费城故事》、《乱世佳人》、《日瓦戈医生》、《猫和老鼠》等佳作，并先后200次在奥斯卡金像奖颁奖仪式上折桂。据有关专家分析，破产原因一是经营模式的局限性。米高梅没有有线电视频道或宽带网络，单纯以制作和发行影片获利，电影商品得不到更丰富渠道的传播和利用，也没有开拓出周边玩具、主题公园等相关领域。二是投资失败，先后投资的《风语者》、《骑劫地下铁》等电影都以惨败告终。三是在起用明星方面，盲目依赖老牌明星，例如被派拉蒙扫地出门的巨星汤姆·克鲁斯，在米高梅依旧拿着顶级片酬。四是未能适应电影发展的新局面。电影依靠明星个人魅力的黄金时代已经落后，人们更看重视觉场面，如好莱坞其他电影公司拍摄的《指环王》、《哈利·波特》等，引领了电影潮流，取得了令人瞩目的票房成绩，而米高梅在这方面没有丝毫动作。

原因很多，但归结起来，就是没有根据现实和市场的变化，做出正确的调整和对策，于是，使一家具有80多年历史并成为美国电影象征的公司破产了。

选好支点，集中精力攻坚

每个物体都有一个重心，抓住了重心就会很轻松地把物体提升起来。每个人在社会上都需要一个支点，有了支点才可以生存。我们做事必须选好自己的支点，**支点是事物的关键，抓住了支点就会事半功倍**。如果看不准支点，胡乱用力，不仅吃力不讨好，而且不会成功。比如一根很长的木棍，选取中间去拿就很轻松，如果用力握住木棍的头去拿就很吃力，除非大力士是举不起来的。

给墙上钉钉子，拿起锤子，对准钉尾，很轻松就把钉子敲进去了。但是，如果钉头和钉尾一样粗细，力量再大都不好把钉子钉进去。

温暖的阳光照在大地上，暖融融的，但是，不能燃烧任何东西，如果拿放大镜对准阳光，把光束聚焦，就可以把纸燃烧。

关键就在于选准了点。

阿基米德在《论平面图形的平衡》一书中提出了杠杆原理。他曾讲："给我一个支点和一根足够长的杠杆，我就可以撬动地球。"**许多人之所以没有成功，就是没有找到人生的正确的支点**。这个支点就是开始工作的楔入点。只要找对了支点，经过努力，每个人其实都是可以成功的。

什么是支点，就是着力点。这就要求首先找出自己的长处。李白说天生我材必有用，客观地说，天地万物各有所长，何况是人呢？每个人都有自己的长处，人无完人，从另一方面说，世上不存在"一无是处"的人。然而，为什么大部分人都生活在平庸之中呢？为什么不成功呢？我想原因就是没有找到生活的支点。

王猛是东晋时期人，自幼家贫，生活无以为计，靠编织扫帚和簸箕为生，闲时苦读经书和兵书，过着穷困潦倒的生活。常常慨叹人生不得志，在贫困的生活中挣扎度日。后来，前秦皇帝苻坚听说了王猛的名字，就去拜访他。王猛与苻坚纵谈天下大势以及治国安邦、行军用兵之策，深深折服了苻坚，于是，苻坚邀请王猛出山帮助自己治理国家。王猛受到苻坚的重用后，终于找到了人生的支点，一年中五次被提拔，36岁就当上了宰相，制定法律，严明法纪，选拔有才能的人担任各级官吏，鼓励百姓发展生产，整顿社会秩序，对外训练军队，富国强兵，统一了中原地区，与东晋王朝比肩而立。

王猛在没有找到人生的支点时，生活落魄，受人欺侮，与贩夫走卒无异。一旦找到了自己的最佳支点，就贵为宰相，运筹帷幄，治国安邦，命运被彻底改变了。因此说，发现和找到人生的支点，是十分重要的。当我们屡屡不得志的时候，当我们面临人生的困顿的时候，应当反思一下是否支点有问题，把自己的支点改变一下，是否会好一些。

《水浒传》里的李逵抡起板斧英勇无敌，无人能近身，威震敌胆，是一条好汉，但是，如果让他去绣花，还不如十二三岁的小姑娘。《三国演义》里的诸葛亮胸藏韬略，纵论天下，指挥千军万马纵横疆场，为蜀国立下了赫赫战功，可是，你若让他上阵冲杀，不要说与关羽、张飞去比，就是普通的士兵也不如。韩信用兵多多益善，刘邦不善用兵，却善于"将将"，即善于统帅将领，所以刘邦建立了汉朝，韩信为开国大将。每个人各有所长，只要抓住自己的长处，发挥所长，就能成功。如果扬短避长，不仅事倍功半，而且会走弯路，离成功的道路愈来愈远。

人们常有英雄无用武之地之叹，许多人由于不能发挥自己的才能而郁郁不得志，原因就是没有找到自己的人生支点。一旦找到了支点，生活就会发生改变。

支点是事业腾飞的起点，是从失败到成功的转折点。

不要眉毛胡子一把抓

人活着要有所为，有所不为。不能什么都做，什么都抓住不放。这样的人是很累的。除了浪费精力，把自己搞得筋疲力尽之外，对事业是损失，对健康是伤害。

脚踏两只船，不仅分散精力，而且船无法行走。我们同时做两件事，是不一定能做好的。因为人的精力是有限的。

我认识的一个朋友，谈起话来头头是道，天文地理，无所不晓。他的智商是属于上等的。他喜欢画画，画的油画颇有几分神韵，尤其是向日葵，像极了凡·高的向日葵。他还喜欢书法，临摹魏碑，学习颜真卿、柳公权、米芾、傅山的字，常见他桌子上摆的宣纸，都是他写的字。他还喜欢写诗，在大学时就在诗刊上发表了诗歌。还喜欢写散文，写的散文曾经出了集子，在小范围里引起了追捧。他每天就这样忙忙碌碌，日理万机，到现在了，什么都行，什么也不行。而自认为写作不如他的一个朋友，考上了北京大学西方哲学博士，毕业后孜孜不倦，如今是北师大的博导。自认为绘画不如他的一个朋友，到中央美院进修，拜大画家为师，如今的绘画在业界颇受好评，成为中国文人画的代表人物，担任某画院的院长。一海是艺专毕业，喜欢书法，他就专攻书法，把王羲之的圣教序、傅山的书法临摹了十多年，就这一点他成功了。如今，他的字挂在古玩店里，书体的气势宏大，笔势连绵不断，如千年枯藤垂挂百丈悬崖之上，颇有傅山遗风。

是的，**你什么都能干，仅仅是会干而已，但是，生活中需要的是精通，掌声总是献给第一名的**。比如体育运动，跳远也不错、打球也不错、一百米也可以，样样运动都会，你的综合素质即使再强，但是，如果每样运动都名落孙山，连当运动员的资格也没有。**事业需要的是人才，而不是通才**。需要的是崭露头角的人，而不是什么都会什么都一般的人。

在文化界颇有影响的谢泳先生曾经说，搞学问不能什么都选，应当选准一个方面，持之以恒地搞下去，就会出成果。比如研究现代自由主义思想，就选准胡适、储安平等几个人物和三四十年代出版的报刊，一头钻下去，数年后必有收获。人生的事业也是这样啊。

所以，从今天开始，我们首先要明白，什么是自己的事业，什么是主要的，什么是次要的，**分清主次，集中精力，才能有所作为**。

实际上，当你真正有了选择以后，也就不会那么忙了。我们平常所谓的忙，都是干的无用功，干的是和自己的事业没有多少关联的事情，干的都是一些可干可不干、可有可无的闲事，于是，才使我们显得那么忙碌，好像离开自己地球就不转了。

最忙的人，不一定是最成功的人，反而有可能是不成功的人。我欣赏苏东坡的词《念奴娇·赤壁怀古》："遥想公瑾当年，小乔初嫁了。雄姿英发，羽扇纶巾，谈笑间，樯橹灰飞烟灭。"苏东坡描写周瑜的"雄姿英发，羽扇纶巾"是多么潇洒自如，举重若轻。在那场决定吴国生死存亡的战争面前，大敌当前，剑拔弩张，千头万绪，需要决断，周瑜却挥洒自如，谈笑间指挥雄师百万，打败了曹操的千军万马，一举奠定了三国鼎立的局面。我们能有多么忙呢？还有周瑜在生死存亡关头指挥战争焦虑吗？为什么每天都是那么疲惫不堪呢？

　　羡慕周瑜的从容淡定，有条不紊，而现代人无非就是那么一点事情，何必把自己搞得焦头烂额呢？

正视现实，学会转弯

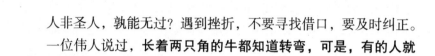

　　人非圣人，孰能无过？遇到挫折，不要寻找借口，要及时纠正。

　　一位伟人说过，**长着两只角的牛都知道转弯，可是，有的人就是转不过弯来。**

　　有一个女孩叫雪儿，单纯善良，具有那种邻家女孩式的清秀可人。在网上聊天，认识了一个网友，由于聊得投机，就去和网友见面了。在对方的花言巧语中，处上了朋友。可是，一段时间的来往中发现，这个看上去长得帅的网友，游手好闲，没有职业，而且除她之外还和别的女网友来往。但是，雪儿内心善良，已经付出了感情和人生的第一次，期望他能够改邪归正，于是继续和对方保持联系。这时，雪儿抽身还可以，可是，她就是想不开，认为既然把第一次给了他，就不好再选择了。家人劝她她不听，朋友劝她她不接受。继续和他来往。后来，这个男的竟然变本加厉，对雪儿开始打骂，甚至限制她的自由。从此，雪儿就生活在煎熬和恐怖中，稍有反抗，就饱受拳脚之苦。有一天，那个男的醉酒后，又开始折磨雪儿，雪儿在无奈的抵抗中失手把男的推倒了，头磕到地板上，摔成了植物人。雪儿因此被判了刑，过上了牢狱生活。温柔、忍让、善良的雪儿，竟是这种结局。

　　错了就是错了，不要一错再错。结果是一个错误连着一个错误，一错到底。人生的悲剧就是这样发生的。

　　既然明明知道这个人品行不端，性格暴虐，那么即使付出了很多，也应当勇敢地面对现实，下决心放弃，勇敢地转弯。任何忍让和说服自己，其实，都是延续错误，后果难以预料。人生的道路漫长，还有好多机会，不要一棵树上吊死。抛弃过去，抽身而出，就会有美好的明天。

现实中，许多人之所以失败，就是因为不会转弯。

王大鹏和一家制药公司联合投资了一款祛斑美容产品，上市后由于广告宣传到位，产品打开了销路，短短两年内赚了一大笔钱。但是，这种产品有的人使用后由于皮肤过敏，效果特别差，还有副作用。虽然销量不错，但是，投诉电话也不间断。王大鹏积极与药厂科研人员攻克技术难题，但是，由于缺乏这方面的权威专家，因而收效不大，另外，邀请国内权威专家解决这个难题短时间难以奏效，成本也大。产品继续生产下去，虽然能赚钱，前景却不看好。这时，王大鹏内心纠结，经过慎重思考后，壮士断腕，毅然放弃了祛斑美容产品的生产，转行从事技术含量较低市场又热门的健身器材的生产，过了一年后转型成功。而那家制药公司由于放不下可观的利润，继续生产祛斑美容产品，又不改进产品。一年后，一位消费者由于使用该产品，面部感染，几乎毁容。接下来与制药厂对簿公堂，制药厂输了官司，电视台、报纸曝光，引起连锁反应，制药厂因此破产了。

人们面对种种客观因素，包括利益的驱动、性格的因素，不善于转弯，导致了不可挽回的错误。不管什么原因，出于什么目的，该转弯时就要转弯。行驶的汽车该转弯不转弯时，面临的有可能是悬崖、是惨剧，人生何尝不是呢？这就要求我们**不仅要有一双慧眼，还要具备果决的品格和胸怀。**

调整心情，乐观乐生

有人常常说，心情不好，心态欠佳。

李咏是中央电视台"十大优秀栏目播音员主持人"，曾经成功地主持了《幸运52》、《梦想中国》等栏目。可是，谁能想到，1998年10月第一次主持《幸运52》时，他却是这么一种形象。他上了台就紧张，额头冒汗，腿肚子抽筋，说话前后颠倒，表情极不自然，大败而归。晚上，独自喝了一顿酒回到家，心情没有好转，到了上班时间不愿意去电视台。他的爱人哈文对他说："李咏，无论你做什么，我都希望你坚持自己的个性，把自己的心态调整好。"听了这句话后，他调整好心情，就这样又去了电视台。他照常说笑，照常登台，好像昨天没有失败似的。第二次录播，怯场的感觉一扫而空，他的潇洒的台风、幽默风趣的语言赢得了台下满场的喝彩声。后来，他的节目成为中央电视台的名牌节目，喜欢他的观众越来越多。

好的心情对于人们发挥自己的能力是不言而喻的，也是成败的决定因素。同样的一个人，把心情调整好了，判若两人，瞬间会由失败变为成功。

是什么坏了我们的心情，使我们的心情变得如此糟糕？原因主要有两个，一是不能达到目标，就反过来惩罚自己。二是不善于处理各方面关系，带来烦乱的心情。

我们要知道人生不如意事常八九，不要对生活期望太高，做事要有两手准备，既要想到成功，也要预料失败；既要想得到，也要把得不到的东西看开一点。因为，只要人生在继续，就永远不能说结束。人生不可能一帆风顺，碰到麻烦、挫折，要正确看待，辩证地思考认识问题，不要钻牛角尖，认死理。

人们往往有一种错误的逻辑和思维方式。简单地说，一加一等于二，如果不等于二就要痛苦。李伟平参加报纸编辑类高级职称评定，外语考试、计算机考试都通过了，指定的论文发表刊物和数目也符合要求，在业务上也是单位的尖子。与其他参评的人员比起来居于优势，他也志在必得。谁料到，高评委中有人说他的论文不合要求，谈实践多，理论少，因此没有通过职称评定。失利后的李伟平，怪罪评委故意刁难，又认为有的人给评委送礼，挤占自己的名额，种种猜疑、不满，使他心情糟糕极了。于是，有段时间在单位上班自由散漫，不遵守规章制度，交给的采访任务也不好好完成，受到了领导的批评。他茶饭不香，睡觉不甜，对什么都没有心情，痛苦万分。

他的逻辑思维如此简单，简直是一根筋。得到就高兴，得不到就不高兴。对待事情不能多角度、多方面思考，辩证地看待得失，这是心情不好的根源。

更有甚者，**得到就高兴，得不到就惩罚自己、折磨自己**。有的人没有提升、有的人选举失利，想不开，难受，酗酒，生活没有把自己打倒，自己却把自己打倒了，病倒了。这是多么得不偿失的事情。应当理智地看待这一切，该得的得不到，本来就是一种损失，如果自己再折磨自己，把自己折磨病了，不是更大的损失吗？许多人的错误就是把一个损失，放大为两个损失，甚至是多个损失，引起了连锁反应。因此，遇到此类事情，首先要调整心情，高兴起来，比得到了还要高兴。只有高兴起来，继续奋斗，才能弥补损失，才是对世界最好的回答。

心情烦乱的原因，还来源于紧张的节奏、处理不完的事情，烦乱不堪，如一团乱麻，无法理清。可能每个人都出现过类似的心情，由此对于工作和事业造成了损失。

我们要学会慢生活，把自己的节奏放慢一点，让心灵有休息的空间。不要把自己逼得那么急，心里好像每天都如弓弦一样绷得紧紧的，如果处理不好，时间长了就会绷断。有的人，你什么时候看到他都在忙，好像洗脸吃饭的时间都没有，连说话的机会都没有。这样的人，肯定是失败的人。牛马是这么活着，人不应当是这么活着。花开花落，日出日落，都是那么自然，那么悠闲。还有的人，好像总有干不完的事情，每天都陷于事务之中，心情烦躁，见人待理不理，甚至和人说话都带着火药桶，不小心就会把他给惹了。我们作为人来说，哪来的那么多事情呢？这一定是没有合理地安排时间，没有按部就班地处理事情而造成的。

这不是常态的生活。我们的工作、生活都应当是快乐的。好心情是快乐的保障，好的心态是成功的保障。快乐不是别人赐给的，不需要理由。人活着就应当快乐，热爱生命，叫做乐生。这是不需要证明的。有了快乐才快乐，那叫庸人之乐。任何时候都能保持快乐的心情，控制自己的心情，那是人生修养的境界。

从路边摩托车修理工到亿万富翁

　　漫漫人生路，艰难有几多。每个人都不会顺顺利利的，人生总是充满着艰难的。而智者就在于艰难的环境下，善于观察、善于调整，从而改变了人生道路，步入事业的辉煌，谱写了人生的乐曲。

　　左宗申幼年即随家人迁往重庆，仅仅初中毕业，"文化大革命"期间曾下乡插队5年。做过烧窑工，卖过书，做过服装生意，贩过水果，都没有什么成绩。起初，左宗申干个体，2万元本钱亏得只剩2000元。历尽磨难的左宗申，1982年用5000元钱开了一个摩托车修理店铺，一天能赚几千元。左宗申说："那时整天花着脸，手从来没洗干净过。"随着生意的好转，左宗申投资20万元，筹集30万元，成立了重庆宗申摩托车科技开发有限公司。经过这一调节，左宗申把一个路边的修理铺变为摩托车生产企业。短短几年的时间，公司已发展成为集研制、开发、制造和销售于一体的大型民营科工贸集团。具备年产摩托整车100万辆、发动机160万台、高速艇1000艘、舷外机2万台、记忆金属锁100万套的生产能力，还涉及房地产、矿业、金融业等领域，目前是世界上最大的摩托车制造商之一，销售总额位居中国摩托车民营企业之首，总资产逾20亿元。左宗申现为宗申产业集团董事长兼总裁，获得"全国民营企业家杰出代表"等荣誉。

　　左宗申的道路是很曲折的，也备尝艰难。他下乡时烧砖窑，环境的艰苦恶劣，让人难以忍受。回城后做过五六种生意，件件都不成功。尤其是和妻子一起干个体，把2万元的本钱亏得剩下2000元，但是，他没有在命运的打击中沉沦，而是调整发展方向，最后选择了摩托车修理，从此，走上了事业的黄金时期。如果左宗申在经营服装、书店、水果生意中失败后，不去选择新的事业，就不会改变命运；如果他经营了摩托修理铺后，满足于每天数千元收入，而不去扩大规模，谋求发展，也不会有今天的成就。今天的宗申集团能够生产摩托车、高速艇、金属锁等产品，就是善于调节和驾驭的结果。

山中有直木，世上无直路。所有的路都有弯曲，而且每条路只是抵达目的地的一个阶段，中间有岔路、有坡路、有十字路口。人们由甲地到乙地，会碰到许多路况，转好几个弯道，何况充满了神秘变化的人生路呢？我们想一想，每个人每天回家，上下楼梯，出家门，然后上路，要转多少弯才能到达所要去的地方？就是看上去笔直的路面，不去调节方向盘的话，也会出现危险，何况路上还有熙熙攘攘的行人、南来北往的车流，不调节方向行吗？而漫长的人生，不知道要比路面复杂多少倍，有多少未知的事情，我们如果不善于调节的话，怎么能够顺利安全地抵达目标呢？怎么能实现理想呢？

只要留意，就会发现大街上、马路上开的各种各样的店铺多了，如订鞋店、自行车店、服装店、烧烤店等，每天人来车往，热热闹闹。注意观察，就会发现有许多店铺尽管生意很好，许多年都是一成不变的，十年前是什么样子，十年后还是什么样子。为什么有的人一生如芝麻开花节节高，不断走向更高的台阶，而有的人一辈子永远待在一个地方，处于同一的地位，没有丝毫改变，原因是不言自明的。

这不是机会问题，而是不善于调节、不善于驾驭自己的命运造成的。就人的一生来说，机会是均等的。每个人一生都肯定要遇到几次改变命运的机会，只是有的人把握住了，有的人擦肩而过了，有的人痛失机会了。

命运就是在不断的调节中改变的，财富也是在不断的驾驭中聚拢的。

敢于面对，勇于抉择

面对变化，人们抹不开面子，下不了台，好像一变化在心理上就接受不了。但是，你一定要记住，是面子重要，还是"里子"重要？成功重要，还是暂时的虚荣心重要？

汪鸣是一个银行信贷员，储户把许多钱都交给他存起来，然后再由他存进银行。由于他的良好的信誉，人们都愿意把存款交给他办理。有一天，朋友赵某计划建立一个洗煤厂，厂子建成后每年利润可达 100 余万元，找到他借款，声称给高利，比把钱存到银行高出好几倍。此时，汪鸣的手头正好有储户刚拿过来的 10 万元，他看到这么高的利息，于是动心了。当下签了协议，规定好利息，按了手印，就把钱交给了赵某。贷给赵某后，汪鸣开始有点后怕，万一他的厂子赔了钱怎么办，这都是储户省吃俭用和以后结婚盖房子的钱啊。过了两天，赵某又找他贷款，汪鸣有点担心贷款无法收回，就拒绝了。赵某请汪鸣吃饭，信誓旦旦地说，你放心吧，洗煤厂一旦建起来就财源滚滚，你的那点钱算什么呢，肯定能按期还了。汪鸣又计划贷给赵某高利贷。妻子听说他还要贷款给赵某，劝他还是慎重点。周围的朋友说赵某建厂子一无资金，二无煤矿，恐怕不行，不要到时候鸡飞蛋打，储户的钱还是存到银行保险，不要贪图小利而铸成大错。在这期间，赵某又找了汪鸣好几次，汪鸣感到骑虎难下，贷给他吧，心里不安，不贷给他吧，又怕赵某翻脸，贷出去的 10 万元不好追要。就这样，他又背着家人贷给赵某 60 余万元，总共 70 万元。赵某的洗煤厂也在汪鸣的担心中建成投产了。刚开始洗煤厂经营得还可以，可是，随着国家有关政策的出台，安全生产整顿，许多煤矿都关闭了。煤源成了问题，接着，由于洗煤厂环保不达标，环保部门又关闭了洗煤厂。赵某欠了煤矿一屁股的债务逃跑了。储户听说汪鸣把钱贷给了赵某纷纷登门讨要存款。此时，汪鸣才后悔了，哪里去还钱？也偷偷逃跑了。但是，储户想方设法找到了他。他只好把自己的积蓄全部还了储户，可是，还差 40 多万元，把家里新盖的房子典卖出去，还不够还款，只好写了欠条。银行查知之后，取消了汪鸣的信贷员资格，从此汪鸣走上了打工的道路。

发现错了，就要敢于调整。**人生不怕犯错误，就怕明知错了还**

要继续犯错误。要勇于在错误的泥潭里抽身而退，不要越陷越深，不能自拔。接受不了现实，不等于现实不存在。敢于面对现实，发现错误及时纠正，才是对于现实的最好回答。如果继续下去，损失会更大。我们要理智地面对人生的选择，勇于抉择，尽可能使损失减到最小。汪鸣在错误的道路上执迷不悟，甚至抱着侥幸心理，最后走上了倾家荡产的道路。

把握自己，调整方向

　　船在河流上行进，方向错了，就会有倾覆的危险。

　　做任何事情，都要把握方向，方向错了，一切就都错了。

　　思想具有惯性作用，一种思想一旦形成后，在大脑中固定下来，左右着人们的行动。

　　在惯性思维的作用下，人们往往陷入一种怪圈，一件事情做错了，纠正错误时又用错误的方法纠正错误，在错误中不断循环，继续犯错。

　　所以，一定要善于调整自己，把握好人生方向。不管你现在怎么样，是顺境还是逆境，是成功还是失败，都要学会调节，不善于调节，就会处于被动状态，埋藏潜伏的危险。

　　不善于调节的人，在人生之路上必然会碰壁；不善于调节的人，也不会迎来人生的转机。

　　人生需要执著，执著是坚忍不拔的努力，是对于事业的永恒的追求。同时，在思想上、方法上、心态上也要善于调节。要明白，调整是从人生的理想、事业和工作出发的，不是改变和退缩，而是为了更好地有所作为，使自己以良好的心态、充沛的精力全身心地投入到事业中。

第二十四章　不吃苦中苦 难为人上人

箴言录

　　世上有两种福，一是吃苦，二是吃亏。

　　吃苦是幸福的必由之路，没有苦就没有甜。

　　舍不得孩子吃苦，将来他会更苦。

　　智慧之书的第一章，也是最后一章，都写着天下没有白吃的午餐。

　　吃苦是人生的一笔宝贵财富。

　　苦难犹如一座熔炉，燃烧着我们的激情、锤炼着我们的骨骼、升华着我们的灵魂，所谓百炼成钢。

　　不吃苦的人长不大，吃苦是人生的增长素。

吃苦是福

　　有一句话说，吃苦是福，乍听起来有些逆耳。其实，是千真万确的，因为，我们的幸福是和吃苦相连的，如果没有吃苦，怎么会有幸福呢？即使没有直接的联系，必然也存在着间接的关系。

　　收获是幸福。金秋时节，天高气爽，田野上果实累累，丰收在望，农民的眼里荡漾着幸福的微笑。可是，没有耕耘，哪有收获？耕耘就是一种吃苦。有一首耳熟能详的古诗道："锄禾日当午，汗滴禾下土，谁知盘中餐，粒粒皆辛苦。"农民耕种时的顶烈日、冒酷暑，挥汗如雨，艰苦播种，不是在吃苦吗？没有这些苦，怎么会有喜看稻菽千重浪的丰收景象？

夺取奥运冠军是幸福的。中国羽毛球队33岁老将张宁连续两届获得奥运冠军，是中国羽毛球队参加奥运会年龄最大的一员。当她站在奥运最高领奖台上时，笑容那么灿烂，那么阳光，这是她职业运动最幸福的时刻。可是，在这冠军的背后，她付出了多少常人难以知道的辛苦。从16岁进入国家队到33岁，整整17年，她手腕受伤，膝盖伤痛，却从没有停止练球。难怪在2008年奥运会上战胜谢杏芳夺得金牌后，张宁哭了，边哭边激动地说："这4年我觉得自己真的太不容易了！"泪水中有对金牌的喜悦，也包含了4年的艰辛付出。很明显，没有艰苦的训练，就不会有夺冠的喜悦。

实现理想是幸福的。理想是人生的目标，和人们的幸福紧密相连。当我们实现久久渴望的理想时，那幸福的场景怎么能用语言形容。人生之所以有明天，就是因为未来承载了我们的理想。不然，人生还有什么意义？但是，要实现理想必须付出艰苦的努力。

拥有财富是幸福的。财富的"财"字由宝贝的"贝"和才华的"才"组成，富字下边是个田字，意思是具有才华并耕田吃苦的人才配有财富。才学从哪里来，从吃苦来，有道是学海无涯苦作舟，书山有路勤为径。只有吃苦、勤奋才能在学海书山遨游；只有劳动付出才能拥有财富，人世间什么不是劳动换来的呢？

屠格涅夫说："你想成为幸福的人吗？但愿你首先学会吃苦。"吃苦是幸福的必由之路，没有苦就没有甜。正如罗曼·罗兰所说："凡是不能兼爱欢乐与痛苦的人，便是既不爱欢乐亦不爱痛苦。凡是能体味它们的，方懂得人生的价值和甜蜜。"他为什么这么说呢？因为他明白痛苦和欢乐密不可分，那发自内心的欢乐，来源于曾经痛苦的体验，痛苦是欢乐生长的肥沃的土壤。设若没有了痛苦，那么我们的欢乐又是多么肤浅。

从另一方面来看，即使拥有财富，如果放弃了吃苦精神，锦衣玉食，纸醉金迷，胡作非为，一掷千金，就会失去幸福。事物都是发展变化的，那些享尽荣华富贵，而忘记吃苦的人，必然会败家伤身，沦为贫穷，失去幸福。我们看到，身为富贵者而破产的、犯罪的、身陷囹圄的举不胜举，原因就在于忘记了"吃苦"这个道理。

人类的物质文明和精神文明都是通过劳动创造的，劳动就是"吃苦"。前人栽树，后人乘凉，如果没有一代又一代人们的艰苦奋斗，开拓创新，就不会有今天的社会进步。自古至今，吃苦精神都是时代的主旋律，是做人必须具备的最基本的素质。吃苦是幸福的前提，幸福都是与吃苦相伴而生的。

生即苦，苦益生

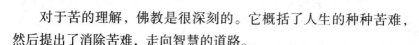

对于苦的理解，佛教是很深刻的。它概括了人生的种种苦难，然后提出了消除苦难，走向智慧的道路。

佛教认为诸行无常，一切皆苦。《智度论》道："四百四病为身苦，忧愁嫉妒为心苦，合此二者，谓之内苦。外苦亦有二种，一为恶贼虎狼之害，二为风雨寒热之灾，合此二者，谓之外苦。"内苦和外苦归结起来为"八苦"，即生苦，为出生之苦、残缺妍丑等；老苦，由少而壮、精神耗减、其命日促、渐至朽坏等苦；病苦，疾病交攻的身苦，苦恼忧切的心苦；死苦，对死亡的恐惧和死亡之苦；爱别离苦，所爱之人，乖违离散不得共处；怨憎会苦，所怨仇憎恶之人，本求远离，而反相见；求不得苦，谓世间一切事物，心所爱者，求之而不能得；五阴盛苦，五阴为色受想行识，即生活的五要素，包括物质、感受、知觉、行为、意识所产生的痛苦。

佛教谈苦，其实是谈自在、谈快乐，不然就失去了佛法的意义。人生存在痛苦，正确对待和认识痛苦，通过自我修行和勇猛精进的奋斗，是可以摆脱这些痛苦的。于是，佛教提出了"四谛"，即苦集灭道。苦即面对苦，集即分析苦的原因，灭就是如何断除苦难烦恼，道即通往智慧之方法。承认人生的种种遭遇和苦难，然后通过自己的修行断除苦难。

在佛教看来，宇宙万物都不是独立存在的，都是各种要素和因果构成的，所以说"诸法无我"；一切事物都是发展变化的，不会永恒存在，所以说"诸行无常"，既然这样，四大皆空，这岂不是对于"苦"的否定？所以《法华经》道："**苦者我已知，集者我已断，灭者我已证，道者我已修。**"认识和解决苦难，一切也就都不苦了。

从生物进化来看，人必须吃苦。上天生人，赋予人们身体，五官四肢都有其作用，如果废弃不用，是会失去其功能的。人们的身体是一个容器，维护生存必须使身体得到足够的营养。人们吃的五谷、蔬菜、肉食等，经过消化，经过新陈代谢后转化为能量，如果不去劳作，能量积聚到身体里不释放，反过来就会残害身体。劳作就是一种有意识的吃苦。通过劳动，身体的能量得到释放和消耗，一方面维持了身体的能量平衡，一方面也维护了身体内脏腑的正常运行。我们看到那些饱食终日、享受安逸的人，不是身体臃肿，成为累赘，就是各种脏腑出毛病，百病来找。

为了发挥身体五官四肢的功能，必须吃苦。眼睛是用来看东西的，欣赏琴棋书画、大千世界，要想发挥眼睛的正常作用，就要学习，具备一定的欣赏能力，要学习好不吃苦行吗？嘴不仅是吃饭的工具，也是语言交流的工具。要想有好口才，不吃苦也不行。歌唱家、相声演员、外交家、教师等职业的人，以口才为生，为此所吃的苦，世人皆知。手是用来干活的，不是摆设。手可以打球、可以建房、可以画画、可以弹琴、可以种地，运动员、建筑工人、画家、音乐家，哪个不是通过吃苦有所成就的？有的人不愿因动手吃苦，时间长了，笨手笨脚，无所适从，手的功能也就萎缩了。脚是用来走路的，有的人怕走路脚吃苦，喜欢坐车，时间一长病也就来了。失去双脚谁也不愿意，但是，现在的人们宁愿坐车不愿意走路，不发挥脚的作用，这岂不是背道而驰？

健康的身体不是养出来的，是正常发挥身体各部分器官的作用而得到的。要想使各个器官健康，就必须使用它们，要想发挥其功能和价值，就必须吃苦。所谓苦其心志，劳其筋骨，饿其体肤，空乏其身，才会有一个好的身体，才会承担起生命的重任。那些懒惰的人、贪图安逸的人，首先从身体状况上就可以判断出来，缩头弯腰，体质偏弱，缺乏抵抗力，稍有风吹草动，就会染上疾病。

那些强健的体魄、钢筋铁骨，都是经过艰苦地锻炼而形成的。拳击运动员慑人的眼神、快速的铁拳，无不是日积月累刻苦锻炼而练成的。手背受伤、胳膊肿痛，都是拳击运动员避免不了的。武术运动员敏捷的身手、凌空的翻身，漂亮潇洒，浑然天成，可是，这些动作不知道是他们重复了多少遍的苦练才学会的。健康的身体都是苦练出来的，衣食无忧，无所事事，怎么会有健康的体魄呢？

因此说，人生下来是吃苦的，吃苦才会有好的身体，才会有事业、理想、成功，不吃苦与这些无缘。

吃苦学习成大器

古代有关名人幼时刻苦学习的故事令人感动，代代相传，成为中华民族刻苦学习、勤奋不辍的典范。

头悬梁锥刺股的故事。据《汉书》和《太平御览》记载，孙敬，字文宝，勤奋好学，夜以继日。每到了晚上夜深之际，难免疲倦打瞌睡，他怕耽误了学业，就想出来一个好办法。把自己的头发用绳子系住，挂在房梁上。一旦学习疲劳，打瞌睡时，头一低就被绳子拉疼了。清醒之后继续读书，时常到很晚。通过这样的吃苦学习，孙敬后来成为东汉的政治家和精通儒家学说的学者。

苏秦是战国时期洛阳人，字季子。当初他学习了连横术之后投奔秦国，不受重视。钱也花光了，事业也没有成就，只好带着满身的疲惫回到家里。父母见他事业无成，不愿意和他说话，妻子也不愿理睬他。苏秦认为这都是自己造成的。于是，痛下决心，埋头苦读。读书疲倦时，就用锥子刺自己的大腿，有了痛觉后，又开始继续读书。就这样，经过了艰苦努力，终于学有所成，精通了连横术。

劝说六国国君联合抵抗秦国，一时间身佩六国相印，名满天下，成为著名的纵横家和政治家。

凿壁偷光的故事。据《汉书》和《西京杂记》记载，匡衡，字稚圭，世代务农。小时候家里特别贫穷，但是，特别喜欢读书。他白天到地里种庄稼，维持生活，晚上不顾劳动的疲倦读书。然而，他读书时家里没有蜡烛，怎么办呢？晚上，匡衡无意中发现自家的墙壁似乎有一些亮光，原来是墙壁裂了缝，邻居家的灯光从墙缝里射进他家，他就设法把墙打了一个小洞，烛光于是穿墙而来。匡衡借着微弱的烛光，如醉如痴地读书。再后来匡衡成为西汉著名的经学家，对于《诗经》的研究成就巨大，后来当了汉元帝的丞相。

囊萤映雪的故事。据《晋书》记载，车胤，字武子，东晋南平人。祖父做过东吴的会稽太守。到车胤这一代时，家道沦落，一贫如洗。车胤喜爱读书，但是家里花不起钱买蜡烛。一个夏天的晚上，他见到许多萤火虫在空中飞舞，心中不由一动，能不能把萤火虫集中起来，利用萤火虫的光亮读书呢？他立刻捉来几十只萤火虫，装在一个用白绢做的口袋里。萤火虫的光亮透过白绢照射出来，车胤借着萤火虫发出的微弱的亮光读书。车胤立志苦读，太守王胡之曾对他的父亲车育说："此儿当大兴卿门，可使专学。"后来车胤担任国子监博学、骠骑长史、吏部尚书等职务，为国家作出了贡献。

据《艺文类聚》记载：孙康，晋代人。小时候家境贫寒，喜欢读书。有时在黄昏时读书到了眼睛看不见字才罢休。家里没有钱买蜡烛，一到天黑，便没有办法读书。特别到了冬天，长夜漫漫，他想读书时只好在月光下读书，由于光线太暗很疲劳。有一年冬天下了雪后，孙康想看书，就在雪地里借着大雪反射的光线读书。他为这个发现高兴起来，原来雪的反光是可以辨认书上的字的。孙康后来每逢下雪，就不顾寒冷，坐在雪地里看书，手冻僵了也在所不惜。正是通过这样的勤奋努力，读了很多书，掌握了知识。后来孙康成为晋朝的御史大夫和有名望的学者。

董仲舒三年不窥园。一代儒学大师董仲舒，自幼天资聪颖，酷爱学习，读起书来废寝忘食。他父亲特别着急，怕他由于太痴迷读书忽视了锻炼身体，只好给他修了花园，建有亭台楼阁，莺歌燕舞。别的小朋友每天在花园里玩耍嬉戏，乐不思蜀，可是，董仲舒埋头读书，勤学不倦，三年里没有去花园玩耍。通过学习，董仲舒涉猎了儒家经典，精通了古代诸子百家，提出来天人合一的思想，成为汉代的大儒和思想家。

今天我们不必要拘泥于古人的学习方式，但是，最起码的学而忘我的吃苦精神是值得提倡的。

亿万富翁教子吃苦

每一个成功者都是经过艰难困苦成长起来的。他们明白，财富都是吃苦换来的，天上不会掉馅饼，没有免费的午餐，因此，**即使家财万贯，也不会忘记培养孩子吃苦和节俭的精神。**他们对于孩子的吝啬、约束、奖惩，是值得我们思考的。

洛克菲勒被称为美国历史上首富和石油大王，建立了庞大的石油帝国，在全盛期垄断了全美90%的石油市场，财富总值相当于现在3000亿美元。其母亲是个虔诚的教徒，从小教育他生活自律节俭、吃苦耐劳等观念。他16岁时找了第一份工作，月薪为16美元。后来经过自己的奋斗成为亿万富翁。他说："那种认为我们拥有无限的物质、人力和精神资源，因而可以大手大脚使用的观念显然是错误的。就个人而言，简单的生活方式能比无节制的购买提供更大的满意度，事实上，砍柴和健身锻炼一样能使人精神放松。"他认为任何一个人一旦养成习惯，不管是好或坏，习惯就一直占有了他。白吃午餐的习惯不会使一个人步向坦途，只能使他失去赢的机会。而勤奋工作却是唯一可靠的出路，工作是我们享受成功所付的代价，财富与幸福要靠努力工作才能得到。为此他给孩子们讲了一个故事，告诫他们一切都是吃苦换来的：

在很久很久以前，一位聪明的老国王，想编写一本智慧录，以飨后世子孙。一天，老国王将他聪明的臣子召集来，说："没有智慧的头脑，就像没有蜡烛的灯笼，我要你们编写一本各个时代的智慧录，去照亮子孙的前程。"这些聪明人领命离去后，工作很长一段时间，最后完成了一本堂堂十二卷的巨作，并骄傲地宣称："陛下，这是各个时代的智慧录。"老国王看了看，说："各位先生，我确信这是各个时代的智慧结晶。但是，它太厚了，我担心人们读它会不得要领。把它浓缩一下吧！"这些聪明人费去很多时间，几经删减，完成了一卷书。但是，老国王还是认为太长了，又命令他们再次浓缩。这些聪明人把一本书浓缩为一章，然后减为一页，再变为一段，最后则变成一句话。聪明的老国王看到这句话时，显得很得意。"各位先生"，他说："这真是各个时代的智慧结晶，而且各地的人一旦知道这个真理，我们大部分的问题就可以解决了。"这句话就是："**天下没有白吃的午餐。**"

智慧之书的第一章，也是最后一章，都写着天下没有白吃的午餐。如果人们知道出人头地，要以努力工作为代价，大部分人就会有所成就，同时也将使这个世界变得更美好。而白吃午餐的人，迟早会连本带利付出代价。

有个人叫向荣，从农村来到城市。刚来时一无所有，最困难的时候用一元钱买了5个馒头，就是一天的生活消费。但是，他没有在困难中屈服，积极努力，勇于吃苦，现在不仅在城市拥有了一份工作，而且有了3套住房和2辆轿车。

财富是通过辛苦努力换来的，只有努力奋斗才会拥有财富。洛克菲勒把给孩子的零花钱叫做"辛苦钱"。他家财巨亿，可是对儿女的消费却十分抠门，规定儿女们的零用钱为：七八岁时每周3角，十一二岁时每周1元，每星期发放一次。规定孩子做捉苍蝇、背菜、垛柴、拔草等劳动可得到报酬，补贴各自的零用。于是，孩子们抢着干家务，抢着"吃苦"。后来当副总统的儿子纳尔逊和兴办新工业的三儿子劳伦斯，还主动要求合伙承包全家人擦鞋，皮鞋每双5分，长筒靴 1 角。洛克菲勒说：**"你想使一个人残废，只要给他一对拐杖。"**正是通过从小对于吃苦精神的训练，才使得他的儿女们各有所成，成为商界和政界的有用之才。

李嘉诚连续 6 年荣膺世界华人首富称号，他的商业涉及房地产、酒店、石油、轮船等行业。他从小喜爱读书，3 岁吟诵诗文，5 岁上学，每天早上四五点就起床读书。他当过给人端茶倒水的小杂工、推销员，一步步成为享誉世界的超级富豪。他深刻体会到只有经过苦难的磨炼才能成才。据说，当儿子李泽钜和李泽楷还只有八九岁时，他就专设小椅子，让两个儿子列席公司董事会。次子李泽楷的零用钱，都是自己在课余兼职，通过当杂工、侍应生挣来的。每逢星期日，他都到高尔夫球场去做球童打工，背着大皮袋跑来跑去捡球，领取一份收入。李泽钜和李泽楷很少有机会享受奢华的生活。他们小的时候，李嘉诚很少让他们坐私家车，却常常带他们坐电车、巴士。孩子不解地问："爸爸，为什么别的同学都有私家车专程接送，而我们没有呢？"李嘉诚笑着解释："在电车、巴士上，你们能见到不同职业、不同阶层的人，能接触和认识最平凡的生活、最普通的人，那才是真实的生活和社会；而坐在私家车里，你什么都看不到，什么也不会懂得。"后来，又让孩子远去美国上学，弟兄两人学会自己做菜煮饭，独立生活。斯坦福大学毕业后，他们要到李嘉诚的公司去工作，又被拒绝，只好自己在加拿大独立开公司，打出一片天下，在商界立足。李嘉诚曾自豪地说："即使我不在，凭着他们个人的才干和胆识，都足以各自独立生活，并且养家糊口，撑起家业。"

李嘉诚认为："如果子孙是优秀的，他们必定有志气，选择凭实力去独闯天下。反言之，如果子孙没有出息，享乐，好逸恶劳，存在着依赖心理，那么留给他们万贯家财只会助长他们贪图享受、骄奢淫逸的恶习，最后不但一无所成，反而成了名副其实的纨绔子弟，甚至还会变成危害社会的蛀虫。"独立自主、吃苦奋斗的精神，是任何时候都不过时的。

对于那些生活在锦衣玉食中的孩子，我认为不是幸福，而是可怜。这样的孩子，以后的人生注定是痛苦的。原因就在于他们没有吃过苦，宛如温室里的花朵，也许开得很艳丽，一旦遇到风雨，便落红飘零，委身于泥土。而挺拔伟岸的青松，它们也许有风刀霜剑、雷电暴雨的摧残，但是，根深叶茂，傲立绝顶，成为人世最壮观的一道风景。

艰难困苦，玉汝于成

所谓自古英雄多磨难，从来纨绔少伟男。苦难对于强者来说，是磨刀石，让生命之剑更加锋利；对于弱者来说是灾难，被打倒后一蹶不振。苦难锻炼了人，造就了人。古代哲学家张载总结人生说："富贵福祥，将厚吾之生也，贫贱忧戚，庸玉汝于成也。"

战国时期的楚国人屈原。自幼胸怀大志，博览群书。他出身于楚国贵族，曾任左徒、三闾大夫等官职。最初受到楚怀王的赏识，协助楚怀王治理国家，使楚国成为战国七雄之一。他积极参与苏秦提出的合纵政策，联合六国结成联盟，一同抗击秦国。但是，子兰、靳尚等人嫉贤妒能，联合秦国的使者一起诬陷攻击屈原独断专行，不把楚怀王放在眼里；又诬陷屈原向张仪索要玉璧。屈原力图辩解，但是，楚怀王贪图张仪答应的割给秦国的土地，一怒之下将屈原放逐了。后来，屈原被楚怀王召回都城担任了官职，但是，好景不长，楚顷襄王继位后，与秦国结为婚姻，屈原坚决反对，再次被流放到沅江、湘江一带。

屈原热爱国家，但是屡屡不得志，命运的颠沛流离，苦难重重，却从另一方面成就了屈原，使他成为伟大的爱国主义诗人，创立了楚辞这种文学体裁。他在流放途中尝尽了人世的冷暖，悲愤交加，面对茫茫的宇宙思考人生，拷问生命，写出了《离骚》、《九歌》、《九章》、《天问》等不朽的楚辞。《离骚》道："路漫漫其修远兮，吾将上下而求索。"《九歌·大司命》道："悲莫悲兮生别离，乐莫乐兮新相知。"《九章·涉江》道："与天地兮同寿，与日月兮齐光。"《渔父》："沧浪之水清兮，可以濯吾缨。沧浪之水浊兮，可以濯吾足。"今天读来都那么感人，撼动心魄。没有那种常人难以想象的苦难的锤炼，不会写出这么辉耀千古的诗歌。

司马迁是中国西汉伟大的史学家、文学家、思想家。早年在父亲的影响下喜欢史书，认真读书，游历风物山川，先后去过湖南、云南、四川、贵州等地考察历史。公元前99年李陵出击匈奴兵败投降，司马迁为李陵辩护，触怒了汉武帝。为了完成《史记》，他选择了腐刑。三年后获赦出狱，做了中书令，掌握皇帝的文书机要。他搜集资料，旁征博引，经过多年的努力，完成了《史记》。

该书"究天人之际，通古今之变，成一家之言"，是中国历史上第一部纪传体通史。全书130篇、52万字，叙述了从上古时期一直到西汉时期的历史，包括本纪（记历代帝王政绩）、世家（记诸侯国和汉代诸侯）、列传（记重要人物的言行事迹）、十表（大事年表）、八书（记各种典章制度）等，鲁迅评价《史记》为"史家之绝唱，无韵之《离骚》"。司马迁说："人固有一死，或重于泰山，或轻于鸿毛。"面对命运的无情打击，司马迁默默承受了，以更加坚定的毅力和不屈的精神，完成了不朽的《史记》。

北宋的范仲淹，出生的第二年父亲就病逝了，母亲带着他改嫁。他从小生活艰苦，但是刻苦读书。那时，他每天只煮一锅稠粥，凉了分成几块，早晚各取两块，吃上几根腌菜，调一点醋汁，吃完继续读书。他对这种生活习以为常，在读书中体会到人生的乐趣。一次，宋真宗路过南京，大家都争相看望，范仲淹却闭门不出，照旧读书。有人笑话他错过见皇帝的机会，他却回答："日后再见，也未必晚。"有人见他生活艰苦，送给一点美食，他不吃，理由竟然是一旦享受美餐，日后怕吃不得苦。范仲淹一年四季苦苦学习儒家经典和各种知识，常常和衣而眠。他写诗抒怀："白云无赖帝乡遥，汉苑谁人奏洞箫？多难未应歌凤鸟，薄才犹可赋鹡鸰。瓢思颜子心还乐，琴遇钟期恨即销。但使斯文天未丧，涧松何必怨山苗。"23
岁那年中了进士，后来成为古代著名的政治家、思想家和文学家。
他的《岳阳楼记》道："不以物喜，不以己悲。居庙堂之高则忧其
民；处江湖之远则忧其君。是进亦忧，退亦忧。然则何时而乐耶？
其必曰先天下之忧而忧，后天下之乐而乐。"这种对待苦乐的观念值
得我们学习。

　　正如司马迁《报任安书中》所说："周文王被纣王拘禁后过着
牢狱生活，推演发明了《周易》；孔子周游列国不得志，在困穷的境
遇中编写了《春秋》；屈原被流放后创作了《离骚》；左丘明失明后
写出了《国语》；孙膑被砍断了腿，编著了传世的《兵法》；吕不韦
被贬放到蜀地，有《吕氏春秋》流传世上；韩非被囚禁在秦国，写
下了《说难》、《孤愤》；《诗经》三百篇，也大多是圣贤们为抒发
郁愤而写出来的。"

苦难锤炼精神意志

　　不吃苦的人长不大，吃苦是成长过程中的增长素。有人说，苦
难是一所大学，没有上过苦难大学的人，人生是不及格的。

　　人们要立志立业，自食其力，必须吃苦；要独当一面，有所作
为，更要吃苦；要实现理想，发展事业，必须吃苦。

　　苦中有甜，吃苦才知道甜。甜中有苦，甜的东西吃多了，就感
到苦，连甜都分辨不出来了。吃糖多对牙齿有害，诱导许多疾病。
良药苦口，吃苦有益于健康。

　　吃苦磨砺了人们的意志。前边说过，人生本苦，吃苦即为甜。
没有吃过苦的人，稍微遇到一点坎坷，痛苦万分，神不守舍，遇难
而退，娇弱不堪。而吃过苦的人面对苦难，则会坚毅镇定，不屈不
挠。我去过跆拳道训练馆，观看小孩子的训练。七八岁的小孩子弹
跳，转身，一脚飞起，几公分厚的木板被脚踢断。这让我很惊讶，

这么小的孩子，怎么有那么高的功夫！在训练场上，我看到他们用手一次次击打木板，手肿了还在打，一下又一下，没有停止。我还看到两个小孩比武，一个小孩挥拳而上，另一个小孩猝不及防被击中了脸，在教练的严厉鼓励的目光下，被击中的小孩含着泪水，忍受着疼痛，目光坚定，直逼对方，眼神里透露着不屈气，继续和对手比武。

这是现实的一面，也让我感叹，像这样的小孩，他们的意志是坚强的，以后遇到困难是不会退缩的。而许多小孩被父母娇生惯养，百般呵护，稍有闪失就大呼小叫，仿佛吃了多大的苦，以后怎么应付人生道路上的苦难？要知道，在漫长的人生之路上，人们比的不是开始，而是过程、结果，而过程的坚持、结果的实现，靠的就是坚忍的意志和毅力。

吃苦完善了我们的人格。记得有一句话说，自古至今，每个英雄的耀眼的光环上都闪烁着伤痕的光芒。其实，人的一节一节骨骼，必须经过艰苦的锻造才能变得强壮起来。上天赐予人们心灵，心灵的锻造全在于后天的锻炼。痛苦和幸福、艰难和安逸、顺境和逆境等，都是相辅相成的，互相依托的。要幸福就要经过痛苦，要安逸就要承受艰难，要达到顺境就要经过逆境。命运把一切都摆在人们的面前，放在天平之上，一边是苦难，一边是幸福，苦难有多重，幸福就有多重。没有苦难，幸福的天平就会倾斜。正是通过披荆斩棘，艰苦拓荒，我们才到达幸福的彼岸。而艰难、痛苦、逆境就是我们到达彼岸的渡船。

人格就是在锤炼中坚强起来的。如果懦弱，怎么办？那就面对欺凌勇敢而上，战胜欺凌就变得坚强，忍受退缩还是懦弱；如果畏惧，怎么办？那就面对苦难不逃避、不低头，逆势而上，乘风破浪，那么你就会强大起来；缺乏能力，怎么办？认真学习，完善自我，勇挑重担，负重爬坡，能力就增强了。明明知道自己能力欠缺，反而就此成为躲避的理由，躲进避风港，一旦大风起兮云飞扬，那么必然被卷走，无影无踪。

什么叫成长，成长就是由弱到强、由小到大、由软到硬、由难到易。就是对于我们肉体、能力、精神的改变，这种改变何尝不是炼狱？有人说江山易改，禀性难移，要重新塑造一个人的灵魂、体魄、能力，必然是一个艰难的、痛苦的过程，但是，正因为如此，**人们才会有脱胎换骨、仿佛再生般的感觉。**

当我们该吃的苦吃了，该受的罪受了，该喝的药喝了，我们就壮大了，我们的人格和精神就塑造起来了。正所谓没有一番寒彻骨，哪有清香满乾坤！

苦难是一笔财富

苦难就是苦难，为什么说苦难是一笔财富呢？

这并不是讲大道理，而是因为苦难中蕴含着机会、希望、转折，只有战胜苦难才会使苦难变为财富。如果一个人被苦难吓倒，在苦难中沉沦，那么，这样的苦难确实是"苦难"。苦难在成功以前是苦难，一旦成功之后，苦难就真正变作一笔财富，所有的苦难都会熠熠生辉，能力、意志何尝不是在苦难中培育和增强的呢？

人生的苦难谁也无法预料，但是，如果不幸遇到苦难，那么我们就要通过自己的努力与苦难抗争。贝多芬说："我们这些具有无限精神的人，就是为痛苦和欢乐而生的，几乎可以这样说，最优秀的人物通过痛苦才得到欢乐。"具有无限精神的人、超凡脱俗的人，他们对于人生可以说是"逆来顺受"，不管是逆境、顺境，他们都能接受，依然故我地继续前行，不会因为逆境或者顺境而有所改变，命运始终掌握在自己的手里。

苦难犹如一座熔炉，燃烧着我们的激情、锤炼着我们的骨骼、升华着我们的灵魂，所谓百炼成钢，当我们经历了这一切后，才可以说自己成长了、长大了。

当年红军被敌人围追堵截，天上有飞机轰炸，地上有追兵，三渡金沙江，勇夺泸定桥，爬雪山，过草地，食不果腹，衣不蔽体，吃的是野菜，甚至在极端艰苦的条件下，吃皮带，食树根，与陕北红军会师。长征两年，行程25000里。接着在落后贫穷的陕北，经过八年艰苦抗战、三年解放战争，最后夺取了胜利，建立了国家政权。不克服这些艰难，就没有中国革命的胜利。

我有时想，如果不是经过那样的艰难、挫折，那样的惊天动地、举世瞩目的长征，就不会锤炼出红军那钢铁般的意志和精神。因此，当苦难来临的时候，悲伤、悲观，都是没有用的，那只会放大苦难，放大痛苦。正确的做法就是顽强地奋斗、坚决地斗争，只有这样才体现出了苦难的价值，才使苦难具有伟大的意义和幸福的真谛。

吃苦铸造辉煌

俗话说，**不吃苦中苦，难为人上人**。现代的人对于人上人有点不好理解，其实就是优秀的人。这话说得有点过了，但是，道理何尝不是如此呢？

应当说，人们从体力、智力上都相差无几，**人和人的差距就是吃苦的差距**。吃苦是衡量人的尺度。所有的优秀都是吃苦的结果。不会有轻轻松松、没有付出的优秀，只有经过努力奋斗才会变得优秀。

美国职业篮球运动员、NBA名将文斯·卡特曾经在太阳队、魔术队效力，弹跳力惊人、爆发力极强，堪称NBA能与乔丹比肩的扣篮王。同时拥有出色的突破、投射和助攻能力。当人们看到他在赛场上生龙活虎、神奇扣篮的美妙时刻时，往往忽视了他在赛场外的吃苦锻炼。他每天都坚持进行严格的体能训练，包括每天做300个俯卧撑、300个杠铃推举、300个定点跳投、300个罚篮、300个急停跳投以及半小时的载重自行车锻炼。这样的吃苦锻炼，难怪他的投篮被称作教科书的样板、世界上最漂亮的投篮，人们送给他"半人半神"、"不明飞行物"、"加拿大飞人"等称号。

文斯·卡特篮球场外的努力告诉我们，他的弹跳力、投篮并不是天生的，而是吃苦的结果。

中国奥运羽毛球冠军林丹左手握拍，以拉吊突击为主打法，进攻意识强，场上速度快，进攻落点好，攻击犀利，步法灵活，扣杀较具有威胁，长期占据着世界排名第一的位置。

想当年，林丹学习羽毛球的时候也是吃了一番苦头的。据说，林丹刚开始练习羽毛球时，没少哭过鼻子。在上杭体校学习羽毛球时，每到星期日，林丹妈妈都会在清晨5点叫醒睡梦中的林丹，然后沿着上杭县城跑三圈。不管是春夏秋冬，还是风霜雨雪，他都坚持不懈。特别是在冬天，寒风刺骨，林丹那么小，还是坚持下来了。林丹含泪对妈妈说："妈妈，你4点半先叫醒我，然后让我再睡半小时再叫我……"此时林妈妈的眼睛有些湿润，毕竟林丹当时是5岁的孩子啊！在训练身体的柔韧性时，林丹的韧带没拉开，腿压不下去，教练帮他压，小林丹疼得直哭。后来被选拔到福州训练后，8岁的林丹哪里受得了离家的痛苦，爸妈一离开福州回上杭，他就开始哭，几乎每天都要哭上一场。经过这样一步步的艰苦的常人难以忍受的锻炼，林丹的身体素质和羽毛球水平很快提高，后来被选到国家队。

当我们在观看林丹的比赛，看到林丹漂亮的发球、犀利的攻击和身上散发的"与生俱来"的霸气时，才明白通过艰苦的锻炼，塑造了矫健的体魄和意志、高超的球技和身体素质，而这些成了他"与生俱来"的东西，成为附着在他身体上的一部分。

没有风雨哪有彩虹，没有吃苦哪有辉煌。我坚信，所有的辉煌都是吃苦铸造的，吃苦和辉煌等值！

第二十五章　百折不挠　百炼成钢

箴言录

> 人生本来就是在挫折中成长的，没有挫折就没有成长。
>
> 要成为伟大的人，必须下定决心，克服千重障碍，在千百次的挫折和失败中获胜。
>
> 理想、幸福、目标、事业，总是和苦难、痛苦、挫折、失败相连的。当我们接受理想、幸福、目标、事业等这些贵重的礼物以前，首先要接受上帝送给我们的苦难、痛苦、挫折、失败等礼物。
>
> 一定要坚持、再坚持。哪怕抵挡不住，也要告诉自己再多撑一天、一个星期、一个月，甚至更长一点时间！
>
> 勇敢产生在斗争中，勇气是在每天对困难的顽强抵抗中养成的。
>
> 沉住气，别浮躁；稳住劲，要久长。

人生不可能不经历挫折

　　辩证唯物主义认为，事物发展的过程就是螺旋式地不断上升发展。**人生没有直路，都是弯弯曲曲、往复回环的。**在事业奋斗的道路上，我们的准备、前进、认识、发现真理都不是直线式的，充满了复杂的过程。这就要求我们认识挫折，学会在挫折中高扬生命的风帆。

人生是生命的成长和经历。由呱呱落地，到孩提时代、少年时代、青年时代、中年时代以至于老年期漫长的人生过程中，每个人都经历了学习、理想、事业、工作的过程，求知的艰难、理想的实现、事业的曲折、工作的烦恼，无论哪一项事情都面对过挫折，要想实现目标，就要具有坚定的精神和意志力。

实际上，挫折从孩提时代就开始了。小孩子学会爬行时，对于世界充满了好奇，不小心就掉到床下了，摔得鼻青眼肿，哇哇直哭。学走路时，走得歪歪扭扭，娇弱的身躯，软软的身骨，不小心就摔倒了，有时候把脸都磕破了，但是还要继续走，这是普天下人人皆知的道理，要学会走路就要摔跤。哪一个人小时候没有摔过跤呢？

小孩子学爬行和走路时摔伤了，家长绝对不会因此限制小孩子爬行和走路。有的家长安抚孩子，有的鼓励孩子勇敢些，不要怕摔跤。被安抚的孩子以后也许依赖性强；被灌输勇敢观念的孩子，长大后敢于冒险，勇于开拓事业。

人生本来就是在挫折中成长的，没有挫折就没有成长。

学生学习时，背诵课文时记住了又忘记了，做题时有的会做，有的不会做。时时处处磨炼着意志力。考试成绩的优劣，与同学们成绩的比较，在心理上、情面上都会产生感受。有的学生考试成绩低，好面子，羞于告人，感到抬不起头。决心努力学习，迎头赶上。有的学生则因为成绩低，在挫折面前自暴自弃，成为所谓的差等生，被老师批评，家长责骂。幼小的心灵受着煎熬。学习差的学生要面对挫折，学习好的学生也要面对挫折。因为，一方面成绩再好也有闪失的时候，次次100分，也有不是100分的时候。在班里第一，在年级里也许会靠后。你有可能是好的，但不会是最好的。即使你一时最好，也不会时时最好。所以，不管学习好还是学习差的孩子，都会面对挫折。

至于中考、高考的抉择，找工作的艰难，事业的顺逆，理想的实现，以至于爱情等，哪一种人生会没有挫折？哪一次奋斗不是面临着困难？

有的学生中考高考偶有闪失，就怨天尤人，萎靡不振，好像受了多大的打击。古代的文学大家蒲松龄才华横溢，青史留名，可是，他在考场上却不得志。他19岁应童子试，接连考取县、府、道三个第一，名震一时。可是，以后屡试不第，名落孙山。据专家统计，他连续参加了十多次考试，都没有考中进士，直至71岁时才考取贡生。生活穷困潦倒，一直以私塾教师的身份谋生。蒲松龄撰《自勉联》道："有志者、事竟成，破釜沉舟，百二秦关终属楚；苦心人、天不负，卧薪尝胆，三千越甲可吞吴。"正是靠着这种百折不挠的毅力，他虽然没有中进士，却成为文学大家。

人一生会遇到很多困难和挫折，每个人都不能幸免。所以，只有具有百折不挠的精神和意志，才能在人生道路上奋发图强，过关夺隘，否则我们就会被困难和失败所吓倒。

我们不可能生活在真空中，道理是明明白白的，优劣是清清楚楚的，一时不敢面对，终生都要面对；一时不能战胜，终生都是伤痛。在挫折面前，或者是低头，止步不前，或者是战胜挫折，上升一个台阶，没有其他的选择。

要有所作为，就要面对挫折

每个人都有梦想，每个人都有理想。只不过随着岁月的流逝，梦想消失了，理想夭折了。

梦想是指还没有实现的东西，理想是指人们终生奋斗的目标。梦想是艰难的，如果平平常常，轻而易举就能实现，那能叫梦想吗？如果不经过努力就可以得到，那就不是理想。既然叫梦想和理想，就是人们计划花费精力、矢志不渝、执著追求的东西。

有人说**梦想有多远，就能走多远；心有多大，舞台就有多大。**显然，梦想和理想并不是轻易就可以实现的，需要经过一番奋斗。你的梦想何尝不是他人的梦想，生活在激烈竞争的社会里，要实现生活和郎朗练琴的费用。我们今天看到的是郎朗优雅的举止，听到的是他天籁般的琴声，感受到的是成功那么耀眼，可是，郎朗的挫折，同样需要我们深思。

周秀兰留在沈阳孤苦伶仃，家里的灯泡坏了，只好自己安装，安灯泡时不小心摔倒在地，鲜血直流。到了冬天，窗户北风吹开后玻璃粉碎，惊惧不堪，精神上生活上的痛苦暂且不提。先说9岁的郎朗在郎国任的陪同下在北京练琴，目标是考入中央音乐学院。郎朗和他的父亲在贫民区租了一间屋子，那里五户人共用一个洗漱间和一个厕所，房间里摆着钢琴和一个双层的上下床，是最便宜的房子。郎朗每天在郎国任的监视下弹琴，每天早上5点就起床，练完琴就去上学。上学回来后整个下午和傍晚都在练琴，一天65%的时间都用来练琴。郎国任脾气古怪固执，经常和郎朗争执，有时甚至动手。1993年，郎朗荣获"星海杯"全国少儿钢琴比赛专业组第一名，1995年获得了柴可夫斯基国际青年音乐比赛第一名，彻底改变了命运。1999年郎朗去美国参加演出，《芝加哥论坛报》惊呼："一个世纪巨星诞生了！"

可是，在这背后有谁知道郎朗在获得"星海杯"第一名前曾经几乎被逼自杀。

原来郎国任在北京为郎朗请了一位著名教授，据说只要经过他的指点，考取中央音乐学院就胜券在握了。可是，教授教了郎朗几个月后，告诉郎国任说郎朗没有天分，不应该弹琴，应该回老家去。郎国任听到后难以置信，几乎快疯了，他对郎朗说："你不该再活下去了，一切都毁了！"郎国任给郎朗一个瓶子，说："把这些药吃了！"郎朗拼命地跑到阳台上躲避他，郎国任拉住郎朗尖叫道："跳下楼去，死吧！"郎朗似乎也疯了，用手使劲捶墙，为了毁了自己的手，这样就不用当钢琴家了。后来冲突结束了，无论郎国任如何劝说，郎朗拒绝练琴。多亏郎朗的启蒙教师朱雅芬从欧洲回来，郎朗才又开始了练琴。

假如郎朗就此拒绝了钢琴，那么世界就少了一位天才的钢琴家。

有的学生中考高考偶有闪失，就怨天尤人，萎靡不振，好像受了多大的打击。古代的文学大家蒲松龄才华横溢，青史留名，可是，他在考场上却不得志。他19岁应童子试，接连考取县、府、道三个第一，名震一时。可是，以后屡试不第，名落孙山。据专家统计，他连续参加了十多次考试，都没有考中进士，直至71岁时才考取贡生。生活穷困潦倒，一直以私塾教师的身份谋生。蒲松龄撰《自勉联》道："有志者、事竟成，破釜沉舟，百二秦关终属楚；苦心人、天不负，卧薪尝胆，三千越甲可吞吴。"正是靠着这种百折不挠的毅力，他虽然没有中进士，却成为文学大家。

人一生会遇到很多困难和挫折，每个人都不能幸免。所以，只有具有百折不挠的精神和意志，才能在人生道路上奋发图强，过关夺隘，否则我们就会被困难和失败所吓倒。

我们不可能生活在真空中，道理是明明白白的，优劣是清清楚楚的，一时不敢面对，终生都要面对；一时不能战胜，终生都是伤痛。在挫折面前，或者是低头，止步不前，或者是战胜挫折，上升一个台阶，没有其他的选择。

要有所作为，就要面对挫折

每个人都有梦想，每个人都有理想。只不过随着岁月的流逝，梦想消失了，理想夭折了。

梦想是指还没有实现的东西，理想是指人们终生奋斗的目标。梦想是艰难的，如果平平常常，轻而易举就能实现，那能叫梦想吗？如果不经过努力就可以得到，那就不是理想。既然叫梦想和理想，就是人们计划花费精力、矢志不渝、执著追求的东西。

有人说**梦想有多远，就能走多远；心有多大，舞台就有多大**。显然，梦想和理想并不是轻易就可以实现的，需要经过一番奋斗。你的梦想何尝不是他人的梦想，生活在激烈竞争的社会里，要实现自己的想法，就要比别人多付出多流汗。在实现理想的道路上，必然存在困难，布满了坎坷，不然的话，也就不叫理想了。唾手可得的东西，没有丝毫含金量。平平常常的人都可以做得到，你做到了也就没有什么意义。想喝牛奶就很容易喝上，想看一场电影就可以到电影院看，这种简单容易的事情不叫理想。

梦想、理想、目标、事业，这些构成人生幸福的东西，本身就包含了艰难曲折，包含了失败。因此，当我们憧憬美好的梦想、理想、目标、事业的时候，千万不要被幸福陶醉，而是要作艰难困苦、百折不挠的准备，要做好承受痛苦、失败、嘲弄的准备。就如同我们追求爱情时，要同时做好失恋、别离、忧虑、痛恨的准备。不做好这些准备，就不会得到心中所想。没有尝过苦的人，也就不能深刻体会到甜的滋味。

辩证地看待世界就会发现，当我们说丑的时候，就要想到美；说幸福的时候，肯定承受过不幸；得到爱的时候，说明我们曾经没有爱；向往美好时，说明我们并不美好。

人世间时时处处有矛盾，没有矛就没有盾，没有盾也没有矛。万事万物都是相辅相成的，有正就有反，有南就有北，有得就有失，有进就有退。同理，理想、幸福、目标、事业，总是和苦难、痛苦、挫折、失败相连的。当我们接受理想、幸福、目标、事业等这些贵重的礼物以前，首先要接受上帝送给我们的苦难、痛苦、挫折、失败等礼物，宇宙运行的规律，人世间的规律就是这样的，所谓天不变道亦不变。

要有所作为，就要向困难、艰难挑战。北宋王安石《游褒禅山记》："古人之观于天地、山川、草木、虫鱼、鸟兽，往往有得，以其求思之深而无不在也。夫夷以近，则游者众；险以远，则至者少。而世之奇伟、瑰怪、非常之观，常在于险远，而人之所罕至焉，故非有志者不能至也。"旅游是如此，近而易，游客就多；险而远，人迹罕至。而世上壮观之处都是在险远的地方，需要经过跋涉冒险才可以到达。

人生更是如此啊！真理的探求、科学的发明、财富的取得、事业的顺利，哪一个不是需要我们付出努力才能做得更好？哪一个不是需要我们面对艰难险阻才能开疆拓土、取得一番业绩？每个人都有理想和事业，谁不想发展得更好？你只有更努力、更优秀，才可以脱颖而出；你只有更坚强、更耐久，才能在人生的马拉松长跑上取得名次。

人的体力智力都差不多，比什么，就是比毅力，比百折不挠的精神。每个人都会遇到苦难、失败，你倒下后爬起来坚持走到最后就是胜利者，所有的失败者都是倒下后没有爬起来的人。

人生就是在苦难、挫折的打击中成长起来的，**谁有百折不挠的精神，谁就是成功者。**

在挫折中坚持、再坚持

人们常说一句话，**困难是弹簧，你强它就弱。**

面对挫折也是一样。不管命运如何打击你，你都要敢于抗衡，我们要记住三点：一是面对挫折，要认识到是我之幸运，不仅不讨厌，而且要欣喜。因为终于让我发现了自己的方向和弱点。二是要上进、要努力。如果你在挫折中停止了，那么你就彻底失败了。挫折是为生活的强者准备的礼物。三是要坚持、再坚持。因为你努力了并不一定马上会得到成功，而可能会等待一段时间，需要一个过程。坚持下去，与挫折抗争，你肯定会成功，只是早晚问题。

恰恰是许多人，一遇到挫折就产生退却之念头，这种人你不要和他谈成功。还有人遇到一次挫折坚持住了，后来没有坚持住，这是非常惋惜的。

郎朗是国际著名的青年钢琴家。在他的成长中父母亲付出了巨大的心血，父亲郎国任辞掉警察工作，在北京和他租房而居，陪他练琴。母亲周秀兰孤身一人留在沈阳工作，为了挣钱维持一家人的生活和郎朗练琴的费用。我们今天看到的是郎朗优雅的举止，听到的是他天籁般的琴声，感受到的是成功那么耀眼，可是，郎朗的挫折，同样需要我们深思。

周秀兰留在沈阳孤苦伶仃，家里的灯泡坏了，只好自己安装，安灯泡时不小心摔倒在地，鲜血直流。到了冬天，窗户北风吹开后玻璃粉碎，惊惧不堪，精神上生活上的痛苦暂且不提。先说9岁的郎朗在郎国任的陪同下在北京练琴，目标是考入中央音乐学院。郎朗和他的父亲在贫民区租了一间屋子，那里五户人共用一个洗漱间和一个厕所，房间里摆着钢琴和一个双层的上下床，是最便宜的房子。郎朗每天在郎国任的监视下弹琴，每天早上5点就起床，练完琴就去上学。上学回来后整个下午和傍晚都在练琴，一天65%的时间都用来练琴。郎国任脾气古怪固执，经常和郎朗争执，有时甚至动手。1993年，郎朗荣获"星海杯"全国少儿钢琴比赛专业组第一名，1995年获得了柴可夫斯基国际青年音乐比赛第一名，彻底改变了命运。1999年郎朗去美国参加演出，《芝加哥论坛报》惊呼："一个世纪巨星诞生了！"

可是，在这背后有谁知道郎朗在获得"星海杯"第一名前曾经几乎被逼自杀。

原来郎国任在北京为郎朗请了一位著名教授，据说只要经过他的指点，考取中央音乐学院就胜券在握了。可是，教授教了郎朗几个月后，告诉郎国任说郎朗没有天分，不应该弹琴，应该回老家去。郎国任听到后难以置信，几乎快疯了，他对郎朗说："你不该再活下去了，一切都毁了！"郎国任给郎朗一个瓶子，说："把这些药吃了！"郎朗拼命地跑到阳台上躲避他，郎国任拉住郎朗尖叫道："跳下楼去，死吧！"郎朗似乎也疯了，用手使劲捶墙，为了毁了自己的手，这样就不用当钢琴家了。后来冲突结束了，无论郎国任如何劝说，郎朗拒绝练琴。多亏郎朗的启蒙教师朱雅芬从欧洲回来，郎朗才又开始了练琴。

假如郎朗就此拒绝了钢琴，那么世界就少了一位天才的钢琴家。

而郎朗的父母所有的心血都会付之东流，这个家庭一定充满了不幸。多亏后来郎朗坚持下来了。

古希腊哲学家德谟克利特说："迎头搏击才能前进，勇气减轻了命运的打击。"命运的打击是客观的，或者被打倒，或者战胜打击。我们不能在打击中低头，而是要与命运搏击。**一定要坚持、再坚持。哪怕抵挡不住，也要告诉自己再多撑一天、一个星期、一个月，甚至更长一点时间吧。**

在挫折中挺进

玉经琢磨而成器，剑拔沉埋便倚天。

人世间许多事情是不证自明的。失败是成功之母，挫折是成功的阶梯。因此，面对挫折不仅不应心灰意冷，无精打采，而且要像对待成功那样对待挫折。挫折至少使我们认识到两点，一是我们哪里错了，二是如何不再犯类似的错误。挫折使我们成长了。当我们没有开始奋斗时，看到的是一片坦途，挫折让我们看到了人生更多的风景，发现了隐藏和未知的东西，开阔了人生的视野。

你只有往前走，往远处走，才能有所发现。无所事事孤芳自赏也许是风平冷静、无忧无虑的，但是，这样的人生危机四伏，一潭死水，使生命失去了本来的意义。人只有奋斗，才能体现生命的意义和价值。

前进，挫折；奋斗，逆境。这是必然联系的。挫折的另一头连接着成功。我们再失败，再挫折，都必须坚持住，向自己的理想奋斗。居里夫人是国际著名的科学家，1910 年由于发现了放射性物质镭而再度获得诺贝尔奖。为了研究提取镭，居里夫人在远离学校的一所废弃的棚室里开始了实验，室内放置着破旧的铁火炉、试管、一堆堆废矿渣。居里夫人穿着脏乎乎的工作服，忍着肺结核病的折磨，把废矿渣倒入铁锅，用铁棍搅动着煮沸的溶液。铁屑飞溅，蒸汽熏人，环境极为恶劣。镭的提纯工作十分复杂严格，只要有一粒灰尘落入结晶的溶液，就会失去测试价值。两年里，700 多个日夜，她整日重复着这样的程序，倒矿渣、搅拌、融化、过滤、测量，一丝不苟，然而，等待着她的是失败，所有的心血白费了。但是，她并没有灰心，面对挫折，更增加了她的信心。于是，她又开始了新的提纯工作。又持续了两年时间，居里夫人消耗了 400 吨沥青、1000 吨化学品、800 吨水，终于提取了 1 克镭。

4 年的坚持，1 克镭与 400 吨沥青、1000 吨化学品、800 吨水悬殊的比较，这需要付出多少努力、细心、心血，面对失败，又需要有怎样的意志和不屈的精神。如果半途而废，失去信心，那么一切的努力都是零，人类探索原子世界的奥秘就会推迟。挫折的价值，就在于我们不屈不挠地坚持。如果失去了不屈不挠的奋进拼搏，那么挫折的价值就毫无意义。

因此说，**成功的起点是困难和挫折，成功的桥梁也是困难与挫折**。要实现自己的理想，就得经过困难和挫折的考验。成功的道路上不仅有艰难险阻，还有着我们从前忽略或者看不到的困难，更有着新的发现创造。

罗斯福说："也许个性中没有比坚定的决心更重要的成分。要成为伟大的人，或想日后在任何方面举足轻重，必须下定决心，不仅要**克服千重障碍，而且要在千百次的挫折和失败中获胜**。"对于成功者来说，他们异于常人的地方不在于失败和挫折，而在于面对挫折的拼搏和坚韧。

有人说万事开头难，要坚持下去达到成功更难。人常说，虎头蛇尾，行百里者半九十，也说明了要取得成功确属不易。大多数人做事都是这样的，由于他们害怕挫折，害怕付出，所以开了头，不结尾；播种了，不耕耘；付出了，放弃了，于是人生只能望着成功的彼岸兴叹。看到大街上来来往往的人们，忙忙碌碌的身影，他们都在忙啊，可是得到了什么呢？去年在忙，今年还在忙，也许明年还在忙。无论任何时候，你推开窗户看看宽阔的大街上，人们总是那样奔忙，好像干不完的事情，好像永远都有特别要紧的事情等着他们去完成。但是，我相信大多数人是没有结果的，因为他们东一榔头西一棒子，缺乏一如既往、百折不挠的精神，所以一直在忙，在寻觅，在抛弃，总是两手空空。

熊熊者易灭，躁进者易止

　　以前在乡下烧饭，干柴碰到烈火很容易燃烧，火焰熊熊，火舌飞舞，把周围映照得通红。然而，不长时间，就熄灭了。家里用的钢炭生火很慢，需要干柴点燃，还需要用扇子加速煽火才能烧着，可是，一旦燃烧后温暖如春，绵绵不断，一晚上都不灭。

　　常常看到这样的人，就如同干柴烈火，燃烧起来很容易，但总是三分钟的热度。刚开始做事热情很高，雄心万丈，不知要做多大的事业，可是过了一段时间就慢下来了。

　　人生的事业是长期的目标，需要人们始终不渝的奋斗坚持才能抵达终点，并不会一蹴而就。看长跑运动员比赛，一开始就跑到最前面的人，往往不是冠军，而沉住气，善于调节体力的人，积蓄力量，该发力时发力，往往取得了不菲的成绩。干事业同样如此。我们一定要去掉身上的"躁气"、克服不稳定的情绪，才能坚持下去。

　　浮躁的毛病对于事业是有害的。一方面做事急躁的人，热情高涨，往往凭主观意志办事，违背客观规律，容易犯错误，给事业带来不必要的损失。另一方面由于做事浮躁，匆匆忙忙，容易忽略细节，失去敏捷的观察力，犯一些低级错误。一旦遇到阻力和错误，急躁的毛病形成的惯性使人继续滑行，在错误的道路上走得更远，加之高涨的热情遇冷极易灰心丧气，而后退缩。喊得最高的人嗓子先沙哑。道理总是这样的，那些高调的人往往不如低调的人更容易坚持长久。

　　浮躁的人与性格有关系。三国时期魏王思性子急躁。一次正提笔写字，一只苍蝇飞到笔端，赶不走，于是他把笔扔在地上踩坏。唐代人皇甫堤也是个急躁的人。一天让儿子抄诗，错了一个字。一时兴起，边骂边找棍子，棍子没有拿到，就挥拳而上，打到了墙上，把自己的胳膊也打折了。像这样急躁的人，干任何事情都是靠不住的。《劝忍百箴》道："火盛东南，其性不耐。雷动风挠，如鼓炉鞴。大盛则衰，不耐则败。一时之躁，噬脐之悔。"从易经来看，东南方向代表火，火性不耐久。遇到雷和风，好像是鼓风机煽动，火越烧越旺。然而，太盛了就容易衰弱，一时的浮躁，可能会造成很大的后悔。

因此，我们做任何事情，都不能急躁冒进，而要学会在曲折中坚韧地求索。

培养一种坚韧的性格、百折不挠的意志，要具备对于挫折的承受力，对于失败的容量。不要羡慕那些取得点成绩就自我炫耀的人，不要做大河里漂浮的浪花，这些现象都是不长久的。

在奋斗的道路上不要看别人，不要急躁。那样会影响了你的性格和全局观念。人生比的不是一时的痛快，而是谁能够抗住挫折。跑得快的人，一跌倒也许就爬不起来了。而具有抗挫折力的人，愈挫愈勇，愈折愈坚，他们生来就是成功的人。

沉住气，别浮躁；稳住劲，要久长。

成功者最基本的素质就是百折不挠的性格和意志。事业常成于坚忍，毁于急躁。我在沙漠中曾亲眼看见，匆忙的旅人落在别人的后边；疾驰的骏马落在骆驼后头，缓步的骆驼继续向前。骆驼才是沙漠中的王者。它们不怕风沙，不怕酷暑，不怕长途跋涉，不怕无边的寂寞。它们对于这些挫折司空见惯了。

挫折塑造人格

人格不是天生的，而是后天培养的。

挫折最培养人格。胜利时的欢悦不用培养，谁也会笑；领奖台上的讲演不用准备，谁也会说。关键是遇到挫折的时候你是什么样子，这才是展现人格的关键。经过挫折锻炼的人，他们的人格高大，不畏强暴，不卑躬屈膝，宠辱不惊，落落大方，因为经过了艰难挫折后，自然什么都会了。青松的挺拔是由于狂风暴雨，雷击电打。

伟岸的人格不是专业的礼仪训练能够训练出来的，也不是风平浪静或者是锦衣玉食的生活能够携带的。这样的人格必须经过历练，在挫折中培养。人生不经过狂风暴雨，承受事业的艰难，就不能成长壮大，就不会具有完善的人格。为了事业和理想，为了做一个大写的人，我们必须在风雨中锻炼，在挫折中成长。

刘禹锡《浪淘沙》："莫道谗言如浪深，莫言逐客似沙沉。千淘万漉虽辛苦，吹尽狂沙始到金。"意思是，不要说流言蜚语如同浊浪滚滚一样使人深陷其中，不要说被贬谪的人好像泥沙般沉埋。淘金要千遍万遍地过滤，虽然辛苦，但只有淘尽了泥沙，才会发现闪亮的黄金。刘禹锡一生屡遭贬谪，坎坷备历，但斗志不衰，精神乐观，胸怀旷达，气概豪迈。23年的贬谪生涯没有消磨掉他的人生锐气，反而使他性格更加坚定，意志更加坚韧。这首诗通过具体的形象，反映了刘禹锡的情操，予人以哲理的启示。

刘禹锡是唐代诗人和政治家。他的家庭是一个世代以儒学相传的书香门第。政治上主张革新，是王叔文派政治革新活动的中心人物之一。他19岁游学长安。唐贞元九年与柳宗元同榜登进士，之后踏上仕途，后来官至监察御史。唐顺宗即位，任用王叔文等人推行一系列改革弊政的措施。刘禹锡与王叔文、柳宗元等人同为政治革新的核心人物。但是，政治革新只进行了半年，就遭到宦官、藩镇的强烈反对，革新被迫停止。革新失败后王叔文被赐死，刘禹锡接连贬为连州（今广东连县）刺史，行至江陵，再贬朗州（今湖南常德）司马。短短的时间内遭到不断的贬官，政治上失意落魄。唐元和年间，刘禹锡奉召回京，本可以从此结束了贬官在偏远之地的生涯，可是，他不久写了一首诗，倾吐自己贬官后的心声和不平，又被贬为连州刺史。刘禹锡从政期间有 23 年中在被贬官的生涯中度过。然而，面对屡次挫折打击，刘禹锡并没有屈服，他的诗歌豪迈奔放，表现了高尚的人格和气节。许多文人悲秋伤怀，而身在挫折中的刘禹锡反而作诗《秋词》道："自古逢秋悲寂寥，我言秋日胜春朝。晴空一鹤排云上，便引诗情到碧霄。"这种对于秋天的赞美，内心充盈、洋溢着人生的豪迈，也反映了他屡遭坎坷而不坠青云之志。

一次，刘禹锡在返洛阳的途中，正好遇到了诗人白居易。难得的聚会，志趣相投，二人一同喝酒。白居易在筵席上写了一首诗《醉赠刘二十八使君相赠》："为我引杯添酒饮，与君把箸击盘歌。诗称国手徒为尔，命压人头不奈何。举眼风光长寂寞，满朝官职独蹉跎。亦知合被才名折，二十三年折太多。"一方面反映了二人的友情，另一方面为刘禹锡的遭遇鸣不平，赞叹刘禹锡才华横溢，堪称"国手"，却人生坎坷，与他同辈的人在仕途上都升迁了，而刘禹锡却被贬官，在偏远的地方岁月蹉跎，默默无闻。而刘禹锡对于自己的遭遇并不介怀，而是满怀豪情地做诗《酬乐天扬州初逢席上见赠》道："巴山楚水凄凉地，二十三年弃置身。怀旧空吟闻笛赋，到乡翻似烂柯人。**沉舟侧畔千帆过，病树前头万木春。**今日听君歌一曲，暂凭杯酒长精神。"意思是虽然在贬官的地方度过了凄凉的时光，20余年被抛弃。世事变迁，当年魏晋时期的向秀路过嵇康的旧居，听到了笛声就怀念嵇康，为嵇康的命运而忧伤。而时光流转，我虽然遭受命运的种种不公，如同沉舟和病树错过人生的许多机会，但是，襟怀宽阔，依然焕发着春天的勃勃生机。

虽然遭受 23 年命运的打击并没有自甘沉沦，而是乐观向上，豪情满怀，这样的人格何其伟大。而反观今天的一些人，为了鸡毛蒜皮的区区小事忧愁肠断，惶惶不安，如何能够担当人生的重任，干一番轰轰烈烈的事业！

李贽道："**物不经锻炼，终难成器；人不得切琢，终不成人。**"当我们面对人生的挫折时，也正是心浮气躁、意志消沉之时，此时，何不借此把它看做上天的眷顾，磨炼自己的意志，锤炼自己人格的机会呢？

把打击、挖苦、嘲笑作为垫脚石，迈向更高的台阶

只要是人，谁没有过失败？谁没有过不得志？可是，世界上的事情往往很好笑，无所作为的庸人总是喜欢笑话追求进取的人。有人说，麻雀笑话鹰飞得低，却飞不到鹰的高度。正是对于这种人的最有力的驳斥。

无所事事也许没有人嘲笑挖苦，一旦要做成一件事，各种各样的打击诬陷都会接踵而来，飞短流长。我们要实现理想，不仅要战胜具体的困难挫折，而且要应对社会上的各种声音，不能因为这些消磨了意志。

宋安顺在报社担任社会部主任，工作期间写了大量反映社会现实的报道，引起了读者的强烈反响和共鸣，在新闻界颇有影响。由于他的工作业绩好，也是名牌大学毕业，一度作为报社的后备干部培养。正赶上举行公务员考试，他就参加了考试，竞聘报社副总编。考试成绩出来，他笔试第三名，面试第一名。可是却落选了，而一个从来没有业务经验的人却调来报社当了副总编。按说宋安顺业务精通，胜任副总编不存在问题。原因是有人反映他的文章观点尖锐，不适合担任领导职务。宋安顺落选后，有人幸灾乐祸，有人笑话他没有当上副总编，甚至有人说他连社会部主任也干不成了。

本来落选的打击，就使宋安顺消沉痛苦，现在人们又嘲弄他、笑话他，让他心里难受，迷茫彷徨，甚至一度有些消沉。但是宋安顺并没有被这些所打倒，反而激发了他的执著和倔强，他说："有人笑话我落选，说我不是当总编的人选，我偏要考上，让他们瞧瞧。"就在打击中，他一方面完成报社的任务，另一方面继续学习。过了两年，宋安顺幸运都考上了报社副总编职位。又过了几年，由于他的业务能力强，成绩突出，被提拔为报社总编。而那些挖苦讽

刺他的人，几年后还是那样默默无闻，庸庸碌碌，不过他们现在和宋永顺说话的口气变了，全是恭维之声。

遇到挫折时，不仅不要让挫折打倒，而且不要被挫折之外的因素打倒。许多人也许在挫折中很坚强，可是，却倒在了悠悠众口之中，所谓众口铄金。要把打击作为前进路上的垫脚石，在挫折中勇敢地站起来，向更高的目标挺进。

史玉柱于 1989 年深圳大学研究生毕业后开始创业，最初靠开发和出售电脑桌面文字处理系统，获得第一桶金。1991 年，史玉柱创建巨人高科技集团，注册资金 1.19 亿元。1995 年发动"三大战役"，把 12 种保健品、10 种药品、十几款软件一起推向市场，投放广告 1 亿元，是当时唯一靠高科技起家的企业家。当年，史玉柱被《福布斯》列为大陆富豪第 8 位。他由一个普通的研究生到成为亿万富翁只用了 5 年多的时间。在狂热中，史玉柱要建一座 70 层高的巨人大厦。天有不测风云，1996 年，正在建设中的巨人大厦资金告急，再加上管理不善，迅速盛极而衰。1997 年年初，只建至地面三层的巨人大厦停工，购楼者天天上门要求退款。一夜之间，巨人集团名存实亡，欠债 2.6 亿元。

人们由对于史玉柱创业的狂热的推崇赞扬，一时间变为对于史玉柱的地毯式的批评，有人说他是骗子，有人说他永远还不了欠债。面对人生的危机和高达 2.6 亿元的债务，史玉柱没有倒下。1998 年，山穷水尽的史玉柱找朋友借了 50 万元，开始运作脑白金。脑白金走红后，又推出了"黄金搭档"。人们大多听过这样的广告词："黄金搭档送长辈，腰好腿好精神好；黄金搭档送女士，细腻红润有光泽；黄金搭档送孩子，个子长高学习好。"有人骂广告恶俗，该广告别评为国内"十差广告之一"。史玉柱自我解嘲道："十差广告前两名都是我们的。但是你注意，那个十佳广告是一年一换茬，十差广告是年年都不换。"这两个产品，成了保健品市场上的常青树，畅销多年，获得了丰厚的利润。与此同时，史玉柱又进军网络游戏，旗下的巨人网络集团有限公司成功登陆美国纽约证券交易所。史玉柱经过奋斗后又成功了，不仅还了巨额债务，而且身价突破了500亿元。

一般人不要说背负2.6亿元的巨额债务，就是200万元也倒下了。可是，史玉柱在短短时间里又东山再起了。史玉柱感叹地说："成功经验的总结多数是扭曲的，失败教训的总结才是正确的。"最重要的是无论任何时候，都不要在挫折中倒下，而是要顽强地站立起来。有的人一遇到挫折，就垂头丧气，心灰意冷，好像世界末日来临似的。这样的人不仅失去了改变厄运的机会，而且人生的价值也贬低了。

在挫折中砥砺自身，目标更高更远

遇到挫折采取什么样的态度是很重要的。有的人遇到挫折后，不是抱怨命运，自怨自艾，就是停止进取，任凭命运摆布，这样的人是可怜的，一生永远会生活在贫穷和失落中。而有的人在挫折中，善于总结失败的教训和经验，锻炼自己的意志和毅力，向人生提出更高的目标和要求，在挫折中不断丰富自己的知识、能力、阅历，取得了更大的成功。

林肯出生在一个清贫的农民家庭，他的父亲是个鞋匠。少年时期的林肯什么样的农活都做过，他帮助家里搬柴、提水、种地，还当过木工、船工。9岁的时候，林肯的母亲就去世了，后来父亲再娶。林肯成为美国历史上的第16位总统，经历了数不尽的挫折。我们看看他的人生履历：15岁，开始上学；18岁自己制作了一艘摆渡船；22岁，经商失败；23岁，竞选州议员，但落选了，想进法学院学法律，但未获入学资格，失业了；24岁，经商再次失败，欠了一笔16年才还清的债；26岁，订婚后即将结婚时，未婚妻病逝，他受到了沉重打击，精神崩溃，卧病在床6个月；29岁，想成为州议员发言人，失败；32岁，当选国会议员；34岁，参加国会大选，竞选国会议员连任，又落选了；37岁，再次参加国会大选，这次当选；39岁，寻求国会议员连任，失败；40岁，想担任州土地局长，被拒绝；45 岁，竞选参议员，落选；47 岁，在共和党争取副总统的提名得票不到 100 张，失败；49 岁，竞选参议员再次失败。51岁，当选美国第 16 任总统。

我们看到，林肯幼年丧母，青年时失去未婚妻，后来一个失败接着一个失败，经商失败，竞选议员失败，想当州土地局长被拒绝，想当副总统提名票仅仅 100 张。甚至当上总统后，由于是鞋匠的儿子，还受到人们的侮辱。但是，林肯又是美国历史上最伟大的总统之一，他颁布《解放奴隶宣言》，让 400 万奴隶获得自由，标榜史册。**林肯无数次跌倒，又无数次地爬起来，每一次爬起来他追求的目标更高，意志更坚强，一个昔日想当州议员而不得的穷人的儿子，竟然成为美国的总统。**他在挫折中砥砺自己，改正自己，锻炼了自己的能力，开阔了自己的眼界；他在失败中从不认输，永不言败，而是百折不挠，一往无前，这种精神正是林肯的伟大之处。有一首歌《爱拼才会赢》："一时失志不免怨叹，一时落魄不免胆寒。……人生可比是海上的波浪，有时起有时落，好运、歹运，总要照起工来行。三分天注定，七分靠打拼，爱拼才会赢。"正是这种精神的写照。

纵观人类的历史，但凡有一番作为的人，哪一个人是顺利的？哪一个人不是经历了无数的挫折，终于取得了成功？懦夫把挫折看做一个个栅栏，每一道栅栏都限制了他的生活和事业，他不断地退缩、挣扎，而后陷进失败的泥潭越陷越深，成为终身的遗憾。想当初林肯只是想当一个商人，如果成功了也许就是个商人而已。"幸运"的是命运照顾他，没让他成为一个商人；他想当个土地局长，"幸运"的是，命运又一次让他受到打击，没有如愿，才使他成为"总统"。林肯确实应当感激那些"挫折"啊。

当我们遭受挫折时，不要抱怨不幸，也许这是命运对于我们的"青睐"。

孙中山说："天下事不如意者常八九，总能坚而不烦，劳而不避，乃能期于成。"人生就是这样的，也许越挫折，通向成功的台阶就越多，我们的成功机会就越大。

第二十六章　敬畏　谦卑　低调

箴言录

　　自然、生命、社会，令我们敬畏，事业、理想、使命，让我们敬畏。头上的苍穹和脚下的大地，令我们敬畏。

　　敬畏才会焕发内心的憧憬，才会具有神圣的感觉，才会使事业变得崇高。

　　在这个世界上，不缺聪明人，缺的是谦卑的人。

　　谦卑显示的是包容、智慧和学习，谦卑是人生的境界。

　　谦卑的人任何时候都保持一种前进的姿态，时刻在努力奋斗。

　　低调是涵养的反映，是衡量做事成败的尺度，也是做人做事的策略。

敬畏

　　人类是自然之子，是生物进化的产物。相比于宇宙 150 亿至 200 亿年的历史、太阳系 50 亿年的历史，人类的进化史只不过几百万年，有文字可考的历史也就是五千年上下。人类所有的智慧都来自于自然，人类的生存、发展、文明都和自然息息相关，离开大自然人类将一刻不能生存。

　　当人们对于身边的生命毫不爱惜、肆意践踏时，就失去了对于生命的敬畏之心。由此，必然养成一种暴戾之气，随着这种暴戾之气的流行，社会将失去和谐，伤害就会发生，整个社会就会处于一种恐慌之中，人人可畏，互相防范。

人生在世，要懂得"敬畏"二字。

敬畏是执著，是不离不弃。敬是尊敬，畏是由敬而产生的畏惧。没有尊敬不叫敬畏，没有畏惧就不会全力执行。这是显而易见的，当我们热爱大自然的时候，不仅是尊重，对于大自然的秩序也是从心里感到敬畏。当我们热爱美丽的花朵时，不仅爱护，而且生怕一不小心把花朵给碰落了。

敬畏是遵循、传承、执行。人类创造的灿烂的物质文明和精神文明，需要我们敬畏和继承，物质运动的规律需要发现，大自然无穷的奥秘需要探索，探索首先要做到敬畏，然后就是学习。怀着敬畏的心理，肩负神圣的使命，去认识和学习，继承和创造，人类社会才一步步推向前进。

敬畏是智慧的起源。因为，敬畏使人懂得了尊重，学会了认真对待和珍惜，从而能够从中学到知识，发现事物发展的规律，提高自己。当一个人对于知识没有敬畏感，就会鄙视知识；对自然和社会没有敬畏感，就会随心所欲，破坏自然，对抗社会，是不会获得知识和智慧的。

敬畏生命，使我们尊重每个人，也赢得别人的尊重。也使我们珍惜生命的分分秒秒，勤奋独立，学有所成，有所作为。敬畏，使我们善待自己，善待别人。一个善待自己的人是不会伤害自己的身体的，也不会做出有悖于常理的事情。一个善待人的人，是会受到所有人的欢迎和善待的。这样一生将会规避许多风险，减少许多麻烦。

内心没有了敬畏，就没有了发自内心的尊重，没有了道德的约束力，也没有了自觉的行动。

人生在世，对于自然、生命、社会必须心存"敬畏"二字。因为这是我们的生命之源、事业之舟、人生之河。设若缺乏敬畏之心，就会助长内心的恶，就会失去自律，把内心的魔鬼放出来，毁灭自己。我们看到那些犯法的人首先是对于法律的不敬畏，对于社会秩序的不敬畏，对于他人人身财产权利的不敬畏，才一步步走向了囹圄之路。

我们看到每当人类对于自然大规模地破坏性开采和利用时，山河破碎，森林毁坏，环境污染；当人类毫无节制地捕杀珍禽异兽时，导致生态链断裂。接着，自然都会对人类回击以强烈的惩罚。那铺天盖地的沙尘暴、肆虐的滔天洪水、猝不及防的瘟疫，使人类的生存受到了威胁，向人类一次次敲响了警钟。

自然、生命、社会，令我们敬畏，事业、理想、使命，让我们敬畏。头上的苍穹和脚下的大地，令我们敬畏。一朵花、一座山、一条河流，令我们敬畏。一本书、一支笔、一张纸，令我们敬畏。幸福、自由、快乐，令我们敬畏。

敬畏使我们拥有了知识、理念、价值观，使我们提高了素质，具备了生存能力。

敬畏是人生成功的保证

古人对于大自然充满着神秘感和敬畏，认为大到天空的星象、风雨雷电都是和人类的作为息息相关的。统治者尊重天时运行的规律，勤政爱民，就会风调雨顺、政通人和，天降吉祥。如果统治者违背自然的规律，大肆破坏自然，残虐百姓，天空就会出现异象，人间就会出现灾难。古时每到春天生产播种的季节，都要祭天和祭地，他们明白人类的福祉来源于自然的恩赐和养育。古代的方术、宗教、图腾崇拜等，莫不与对于自然的敬畏有绝大的关系。

古代人敬惜图书，有的人看书前要焚香沐浴，内心诚信恭敬。因为古人明白那些图书是前人智慧的结晶，是指导人生的良师益友。而现代人对待图书不怎么珍惜，在上面乱画乱写，买下书后束之高阁。古人在春天是不折花木的，春天是万物生长的季节，乱折花木就是违背天时和天道。古代人对于山水是敬畏的，东西南北中都安置了神位，都有方位神掌管着吉凶，对于自然的山水不敢不恭敬；即使要开发利用，也要恭恭敬敬祭拜后才去做。

《左传·襄公二十四年》记载春秋时鲁国大夫叔孙豹道："太上有立德，其次有立功，其次有立言，虽久不废，此之谓三不朽。"立德、立功、立言，是古人推崇的"三不朽"，反映了当时人们的人生观和价值观，对于中国人的思想和人生追求有着重要影响。从这里看出，古人是把具有良好的道德情操、建功立业、著书立说看做人生的永恒的事业，看做超越时间和生命的"不朽"的事业，古人对于人生事业的价值观由此可见一斑。

审视人生，发现许多人在人生之路上坎坎坷坷，难以成功，就在于缺少"敬畏"二字。

人们必须有所畏惧，不要不知道害怕、不知道尊敬，随心所欲，只相信自己的欲望。岂不知欲望是魔鬼，玩物丧志，必为欲所伤。报载，有一个银行的工作人员，竟然利用工作之便，贪污并挪用公款 2000 多万元，这样的渎职，也使他走上了漫漫的逃亡之路，心惊肉跳，最后被抓捕归案，后悔莫及。犯法的时候，就不知道背后有法律的利剑吗？就不想想后果吗？一旦东窗事发，走不下去了，就意味着要为所做的一切付出代价了。

对于所从事的事业必须敬畏。事业是人生的立身之本，是人生价值的体现。一个人活着，如果没有自己的事业，那么就失去了人生的方向和目标，也就丧失了责任感和信念。对待自己的事业，必须从制订计划、目标、行动各方面予以落实，为之而努力奋斗。

纵观人们的失败可能有多方面的原因，但其中主要的原因之一就是对于事业缺乏敬畏。没有确实的人生设想，不去做艰苦的努力，一遇到困难就退缩止步，这就是不敬畏；不把事业放在心上，不断地找借口，任何一个理由都会使他停止自己的事业。这样的人肯定不会干成事业。

敬畏才会焕发内心的憧憬，才会具有神圣的感觉，才会使事业变得崇高。只有对于事业具有憧憬、神圣和崇高的感觉，才会把事业放在第一位，全身心地投入到事业当中。为了事业，排除一切干扰；为了事业，放弃休息和安逸，过一种艰苦的生活；为了事业，可以忍受寂寞，忍受屈辱，承受生活的打击而矢志不渝。一个人真正对于事业怀着敬畏的心态，就会坚持努力，不为一切困难所屈服，就一定会成功。

敬畏就是忠诚。忠诚就是敬业和执行。忠诚自己的事业，无论在任何条件下都做到不抛弃、不放弃。钱学森是中国两弹一星的功勋人物。1955 年钱学森离开优越的环境和实验室，从美国回到中国，被任命为国防部第五研究院首任院长。当时，研究院的 200 余人中，有 156 名刚刚毕业的大学生，不懂技术，缺乏图书资料，没有仪器设备，一切从头开始。钱学森说："我们白手起家。创业是艰难的，困难很多，但我们绝不向困难低头。"钱学森举办"扫盲班"，讲解导弹理论和技术，购进机器和仪器设备，确立课题研究方向。1964 年初，"东风 2 号"中程导弹正式发射成功；1964 年 10 月，我国第一颗原子弹爆炸成功；1970 年 4 月，在戈壁大漠的试验场里，"长征 1 号"运载火箭负载"东方红 1 号"卫星腾空而起，中国的人造卫星上天了，震撼了世界！中国成为继美、苏、法、日之后，第五个自行研制并发射卫星成功的国家。1956 年到 1970 年，短短的 10 多年时间，在一无资料、二无技术的情况下，中国自行设计、研究、制造，成功地发射了导弹、原子弹和人造地球卫星，这种精神和力量的源泉来自于哪里？就是忠诚，以钱学森为代表的那一代科学家对于事业的忠诚，对于国家的忠诚。忠诚创造了奇迹，铸造了辉煌。

在这个世界上，你可以不信这，不信那，但是，必须相信神圣，神圣的事业和神圣的使命，把人们区分开来。对于事业和使命的神圣感使得人们产生了无穷的力量，使世界发生了改变，使人间产生了奇迹。

在每个人的思想深处，必须树立人生的根本信念，担负神圣的人生使命，学会敬畏，懂得敬畏，这是人生观的需要，是做人的需要。没有"敬畏"二字人生是不会成就大业的。

谦卑是一种智慧

所罗门《箴言》书道："你们中间若有人在这个世界自以为有智慧，倒不如变为愚钝，好成为有智慧的人。"

在这个世界上，不缺聪明人，缺的是谦卑的人。因为人们习惯了追求世俗的名利，喜欢满足虚荣心，总认为自己比人强。

谦卑是什么？谦卑就是对于自己的不满足和对于别人的敬重。谦卑显示的是包容、智慧和学习，谦卑是人生的境界。越是有学问有身份的人，越体现出来自内心的谦卑。据说，有个北大的学生入学时提着几个提包，正好碰见一个不起眼的老头，就说麻烦你帮我看一下包吧。这个老头就老老实实帮着看包，直到学生办完手续后才离开。3天后的开学典礼上，这个学生发现为他看包的人，竟然是鼎鼎大名的北京大学副校长、国学大师季羡林。

作为北京大学的副校长，季羡林把帮助学生看包实际上看得很轻，可是，这件事透射的人格魅力却令我们每个人深思。

心怀骄傲的人，往往是无知的人，也是不能进步的人。有一弟子仰慕禅师的学问，就去向禅师求教。他先吹嘘自己懂得许多佛经，能解释佛教义理。禅师看到他骄傲的表情默默无语，走过去拿起一只倒满水的茶杯，让弟子双手捧着。禅师提起滚烫的茶壶向茶杯里倒水，杯子倒满之后禅师还在倒水，水溢出来了，烫疼了弟子的手。弟子怪禅师道："师傅，这盛满水的茶杯怎么能倒进水呢？"禅师道："你自以为精通禅学，心里满满的，如何学禅？"原来，必须把盛满水的杯子倒空，才能倒进茶水啊。弟子一听恍然大悟，佛法如广袤无际的雪野，自己所知者不过雪泥鸿爪而已。从此对于禅师恭恭敬敬，潜心修行佛法，禅学的领悟提高,成为一个修行高超的弟子。

学习知识，首先要去掉内心的骄傲，虚心学习。知识的海洋是无穷的，每个人一生所知只不过是大海中之一滴。牛顿作为伟大的科学家，对于人类的科学发展做出了卓越的贡献。可是他却谦虚地说："在科学面前，我不过是在岸边捡贝壳的孩子。"因为牛顿面对的是科学的大海，他感到的是无穷的奥秘和神奇，认识的是浩瀚的宇宙中人类的无知。

任何时候都不能自满，一旦有了骄傲自满之心，就不会获取知识的甘露。浅薄的浪花总是喜欢歌唱，深沉的河流看上去平静无波，可是，下边涌动着奔向大海的无可阻挡的力量。知道自己无知的人，才会得到知识。毛泽东说："虚心使人进步，骄傲使人落后。"在生活中那些不虚心的人，不仅显得浅薄，而且很快就会被别人超越。

提高能力，就要去掉内心的浮躁之气，虚心向人求教。自以为是，认为自己什么都知道，就会放松努力，也失去了向人们学习的机会。

在社会前进的潮流中，千帆竞发，百舸争流，新陈代谢，长江后浪推前浪，稍有松懈就会被别人赶超。机不可失，时不再来。如果再骄傲的话，很快就会被别人超越。中国乒乓球队高手如云，即使获得奥运冠军也不敢有丝毫的松懈，即使公认的冠军也会失误。马琳夺得第29届北京奥运会乒乓球单打冠军，他和王皓的冠军决战哪敢有丝毫马虎，每球必得每个机会都珍惜。奥运会之后，马琳参加乒乓球比赛却败给了年轻的小将。在2011年乒乓球男子世界杯赛上张继科以4：2战胜队友王皓，职业生涯首度加冕世界杯赛冠军。而马琳、王皓、王励勤等乒乓球老将在世界乒坛叱咤风云的时候，谁知还有个张继科呢。日新月异的世界，稍一松懈就被别人超越，哪敢有些许骄傲呢？

骄傲总是和自满、失败联系在一起。骄傲之日，就是失败的开始。

谦卑是谦虚，是不满足，**谦卑的人任何时候都保持一种前进的姿态、向上的心思，永远在努力奋斗。**

只有怀着谦卑之心的人，才能进步，才会不断地进步，攀登事业的高峰，登上人生的峰巅。

谦卑者道路更加宽广

战国时期的老子说："上善若水，水善利万物而不争，处众人之所恶，故几于道。居善地，心善渊，与善仁，言善信，正善治，事善能，动善时。夫唯不争，故无忧。"意思说最高的善就像水一样，水滋养万物而不争其功，情愿处在最为卑下的地方，所以它最接近于自然万物之"道"。正因为水的谦卑，才具有了种种高尚的品德，比如仁义、才能、行动、功德；不与万物相争，所以无忧，保存发展了自己。

老子以水为例揭示了自然之道和人生之道。水的卑下、水的无形，使我们对于谦卑有了更加深刻的理解，理解了谦卑的深刻含义。

《汉书·高祖记》记载了刘邦的自我评价："夫运筹帷幄之中，决胜于千里之外，吾不如子房；镇国家，抚百姓，给馈饷，不绝粮道，吾不如萧何；连百万之军，战必胜，攻必取，吾不如韩信。"意思是在军帐里策划就可以决定千里之外战场的胜负，这方面我不如张良；守卫国家，安抚百姓，提供军饷，保障运粮的道路畅通，我不如萧何；统帅百万之军，每战必胜，攻打必取，我不如韩信。刘邦在手下的将领面前表现的是如此谦卑，而他的才能和威信并不因此减低分毫。正是刘邦把这些乱世当中身怀文韬武略的奇才收纳于自己的麾下，跟随自己身经百战，建立了中国历史上最为强大的王朝之———汉朝。

做人必须懂得谦卑，这是为人处世之道。实际上越是位置高的人，越懂得为人处世谦卑的道理。只有那些肤浅的人，才会对人颐指气使。

生活中不懂得谦卑的人有时候是很可笑的。有个年轻人向老者问路，说："哎，去万荣往哪里走？"老者一听，连个称呼都没有，就给了年轻人一个教训，顺手往北一指，年轻人去了河津，多走了20公里的冤枉路。

我们常常看到一些人，和人说话咄咄逼人，不顾及对方感受，这样的谈话肯定是失败的。有些人在人面前喜欢卖弄自己的学问，谈天说地，云山雾罩，不仅没有获取知识，而且暴露了自己的无知。对于有学问的人不尊重，鲁班门前耍大斧，关公门前舞大刀，成为笑柄。

还有些人对人不敬重，认为自己高人一等，动辄指挥别人干这干那，有涵养的人也许就让你一让，性格耿直的人当即就令你下不了台。人和人之间是平等的，在人格上没有高低之分，你敬人一尺，人敬你一丈；你小看人，人看不起你。谦虚的胸怀，会使一个人高大起来。

也有些人目中无人，只有权力势力。看见当官的卑躬屈膝，毕恭毕敬，说不尽的好话，甚至要把心掏出来让对方看。而看到与他位置一样的人却高扬着头，不理不睬，好像高人一等，这样的人是不会受到欢迎的，也许由于阿谀逢迎得势于一时，但是，日久天长就会被人们唾弃。

在生活中真正受人尊重和爱戴的，并不是有权有势的人，也不是指手画脚的人，而是谦卑的人。繁华落尽，当一切回归于本真之际，才能看出一个人在人们心中的地位。

人生要干一番事业，必须学会谦卑。发自内心的谦卑，才会学到知识，拥有能力；才会受人拥戴，得道多助；才会使你遇到困难时，有人帮助。不懂得谦卑的人，拒人于千里之外，拒知识于千里之外，怎么会有真正的朋友，怎么完成自己的事业？这样狂妄的人是可怜的人，是失败的人。

西方哲人说："我心里柔和谦卑，你们当负我的轭，学我的样式。"并以一个法利赛人家里的请客作比喻，再次强调谦卑的道理，说道："凡自高的必降为卑，自卑的必升为高。"**不懂得谦卑的人，**

是远离智慧的人，开口就会遭到指责和抵触，做事阻力重重。这种人是当众自扇耳光的人，是自取其辱的人。狂妄的言语、对人的责难、对人的不恭敬，最后都会原封不动地返回自身。所罗门《箴言》道："但智慧人却不是这样，因为他心里的智慧，禁止他的嘴唇，不说损害别人的话。凡事谦卑，顾念别人，反而成为医人的良药。"

"心中的温柔和谦卑"，是包容、接受、虚心，怀着这样的心态对待世界和事业，必将得到人心，战胜阻力，干成事业。而不受人们欢迎的人，不要说做事业，他所处的环境、所接触的人、所说的话，都会成为他人生的障碍，这样的人一生必将充满着坎坷挫折，难以取得成功。

低 调

低调是涵养的反映，是衡量人们做事成败的尺度，也是做人做事的策略。

有涵养的人做事，不会自吹自播和到处广播，而是踏踏实实，一步一个脚印，稳步进行。当他成功了，人们自然会认可，如果没有成功，经过努力继续向目标前进。他的行动就是证明，结果人人都可以看得到。即使他成功了也很低调，因为他认为自己还做得很不够，还有许多缺点，还有待完善和努力之处。

做事高调的人就不同了。他什么也没有做，就喜欢吹吹打打，先让所有的人都知道。不要说没有成功，一旦侥幸成功了，更是趾高气扬，意得志满，不知道尾巴要翘到哪里去。

这样的人在生活中往往会成为不受欢迎的人和受攻击的人。

做事太高调，很容易雷声大雨点小，虎头蛇尾，不能善始善终。所谓语言上的巨人，行动上的矮子。就指的是这种人。

做事太高调，做事太张扬，往往会引起不必要的麻烦和后果。因为社会是复杂的，人心是复杂的。你平平常常地做事，都会引来某些人的不满和嫉妒，更何况把自己的声音放大几十倍，把自己的做事昭告于天下。这必然遭到人们的攻击和挑剔，你的优点人们看不见，但是，你的缺点人们也会放大几十倍。《后汉书·黄琼传》："峣峣者易缺，皦皦者易污。《阳春》之曲，和者必寡；盛名之下，其实难副。"意思是卓尔不群的人，往往容易遭到人们的非议；品行高洁如玉石之白者，最容易受到玷污。高雅的音乐，欣赏的人必然少。盛名之下，其实是难以符合实际的。事实也确实如此，在生活中高调行事的人，大多数不能做到始终如一。

汉川地震发生后，陈光标带领120名操作手和60台大型机械组成的救援队千里救灾，还向地震灾区捐赠款物过亿元。陈光标多年来扶危济困，被冠以"中国首善"之称。但他的高调慈善引发人们的争论。尤其是云南盈江地震，陈光标发给村民每人200元，要求每位村民将钱高高举起，数万张百元钞票"染红"村子上空。如此高调，引来了众人的非议，有人竟然追查善款落实情况，声称善款没要到位，有人说他是"伪善"和"暴力慈善"，还有人认为他借慈善"作秀"。一时间他成为某些人攻击和贬低的对象。陈光标辛辛苦苦地做慈善事业，论贡献不可谓不小，论尽力不可谓不尽力，可是却遭到许多人的非议和挑剔，这恐怕是他始料不及的。即使他嘴上强硬，其实内心肯定是冤枉和委屈的。究其实，他们张扬和自负，在某种程度上挑战了人们的自尊心和敏感的社会神经。如果他们行事低调些，断不会成为众矢之的。

同时，高调做事的人，由于不断地张扬，渐渐形成了习惯，成为他性格的一部分，很容易逐渐养成了骄傲自满和狂妄的性格，不善于采纳别人的意见，我行我素，让人们反感和疏远。

人生需要低调做人和做事，这也是做人的技巧问题。同样做一件事，你做别人也在做，你的口号那么高，嗓门那么大，好像只有你能干，只有你水平高。一方面有邀宠表功之嫌，别人会认为你是献媚，故作姿态。另一方面你把别人往哪里放？别人怎么能下了台？别把自己想得太高，别把人家想得太低。天外有天，人外有人。就你自己行，难道别人就不行吗？在贬低别人时，你不是在自取其辱吗？

高调的人成功也就作罢，如果不成功，就会授人口实，让人笑话，到那时他的炫耀、他的资本、他的得意，都会成为人们嘲笑的把柄。有道是落架的凤凰不如鸡，即使高调的人再有自己的优点，但是，众口铄金，到那时就百口莫辩了。

低调的人做事大多不张扬，三年不鸣，一鸣惊人。因为他们明白一万句漂亮的话，不如一个真正的行动。人们不仅看你怎么说，更主要的是看你怎么做。路遥知马力，日久见人心。时间长了，一切就都水落石出了。

低调的人，做事沉稳，稳步进行，不显山不露水，不张扬，会受到人们的理解和欢迎。他自己不说，习惯了别人的说三道四，正所谓有一句话所说的：走自己的路，让别人说去吧。

低调是成功的重要因素

老子道："我有三宝，持而保之。一曰慈，二曰俭，三曰不敢为天下先。慈故能勇；俭故能广；不敢为天下先，故能成器长。"这是老子的人生经验的总结，也是一种处世哲学。老子主张，显示柔弱才可战胜刚强，不自夸才能避免攻击，不与天下人争先才是处世之道。得道之人要遵循自然规律，顺自然之道而行，不要逞匹夫之勇争强好胜。他还强调："知其雄，守其雌！为天下溪。"自知其尊显，当以卑微做事，如溪流那么低调，天下归之。对于老子的思想，应当从辩证的角度去思考，才可以明白隐藏在字里行间的含义。其实，这正是养精蓄锐，外示柔弱，内心强大，那么天下没有人可与争锋，从而成就伟大的事业。

老子不厌其烦，谆谆教导人们做事要低调，"不敢为天下先"，就是要让人们明白做人的道理。因为，木秀于林，风必摧之。老子的思想包含着大智慧。人们在完成事业的时候，总是难免要遭到不理解和责难。如果再自我吹嘘，高调宣称，必然引起误解，稍有不慎，就会成为闲人攻击的目标。

做事低调的人，躲过了舆论的风口浪尖，从而避免了把自己的优缺点同时放大，避免了人身攻击，在事业成功的道路上无形中减少了许多阻力。社会上就有一些闲人专门去挑别人的毛病，故意制造麻烦和纠纷，做事低调也就远离了这样的小人。

做事低调的人，把自己的力量藏起来，避免了别人把自己当做竞争的对手，避免了人们的闲言碎语，从而能够更加专注地做自己的事业，任凭风浪起，稳坐钓鱼船，人生少了许多后顾之忧。

做事低调增加了人生的含金量。格拉西安《箴言书》道："一半大于整体，露一半，留一半，往往多于一览无余的整体。"就如湍急的河流，人们面对它感到恐惧，感到无所适从，但是如果找到河流的渡口，知道肯定能够坐船度过，那么再湍急的河水也不足畏惧。

沉默是金。因为沉默的人价值更大，无法让人估量。文如看山不喜直。写文章最忌平铺直叙，如一碗水看得清清楚楚，要有伏笔，要有高潮低潮，要含蓄，要言有尽而意无穷等。做人何尝不是如此？月朦胧，鸟朦胧。月下看美人，想象无限。如果放在聚光灯下去看，也就失去了想象，失去了一大部分美感。如果一个人把什么都放在了光天化日之下，把自己所有的遮掩都去了，那这个人也就失去了魅力。

直的东西容易折断，锋芒毕露容易失去锐气。做事高调的人喜欢锋芒毕露，结果暴露了自己的弱点，同时也暴露了能力的强弱。事实确实如此。在生活中，我们发现那些做事很高调、喜欢夸海口的人，也是最容易退缩和消沉的人。反而是那些做事不张扬、不吹嘘的人，做出了轰轰烈烈的事业，让人们刮目相看。

这是为什么呢？因为低调的人，没有时间去卖弄自己，夸耀自己，而是把全部精力都投入到了事业当中；因为低调的人去了浮躁之气，他的耐力更容易持久，他的目标更加遥远，非世俗之人能够理解，他该做什么就要做什么。不需要喋喋不休地告诉世人。

低调做人是保护自己之道。**因为你的低调，不仅不会受到别人的攻击，反而赢得了别人的尊敬。**人们总是喜欢和重视自己的人在一起，一个眼中只有自己、把别人看得一钱不值的人，是不会得到尊重的。相反的是，高调做人的人，从人格上和能力上造成一种印象，好像比别人强，高人一等，世人的心态嫉贤妒能，不攻击他才怪呢？

低调做人是一种聪明的方法。**高山不炫耀自己的高度，并不影响它高耸入云；宇宙不解释自己的无穷，人们每天都在仰望宇宙。**低调做人具有一种凝聚力和吸引力，具有道德感召力。他是那么高大，却又那么谦虚；那么荣显，又是那么没有丝毫的骄矜之色，这样的人才是人中龙凤，才会人心所向。

无论我们干什么事业，要实现什么理想，请放下你的身段，放下你的姿态，表现得虔诚些、低调些，最主要的不是卖弄，而是要具有坚定的毅力和不屈不挠的意志，以自己的行动向人们表明自己的事业和理想，以自己的成功向世人说明一切。

低调是做人方法，是事业成功的保证，是做人的风范。也是我们应当具备的做人的最基本的修养和涵养。

第二十七章 吃亏便宜 隐藏玄机

箴言录

> 吃亏与便宜之间，隐藏着玄机，潜伏着事物的拐点。
>
> 乐意吃亏，别人就喜欢与你合作共事，与你打交道就会放心。
>
> 吃亏不光是一种境界，更是一种睿智。
>
> 吃亏培养了我们的德行，坚定了我们的善念，提高了我们的人品，是人生莫大的福分。
>
> 占了便宜，并不一定快乐，反而丢了人品。
>
> 吃亏是一门学问，是必须具备的能力。如果连亏都不能吃，还能"吃"什么？什么都不会吃到。

吃亏便宜，演绎人生

人是趋利避害的高级动物。人来到世上是赤条条的，第一声啼哭表达了生命的降临，也表达了对衣食的需要。从出生后的生存状态分析，一开始就是索取型的生活方式。衣食住行，无一不是索取。可以说从出生到未成年前都是过着衣来伸手、饭来张口的生活。这种至少连续十几年的索取型生活形态，使人们自然养成了索取型的人格特质。看到利益就有索取的驱动力，没有利益会自然逃避。尽管经过文明的洗礼和教育使人具有了公共责任、道义、礼仪之心，但是，不可否认，所有的努力并不可能祛除私心。因为如果没有私心，就失去了人的本性。

生命的延续需要物质财富作为保证，要生存得更好，必须拥有一定的物质财富。在对于物质财富的追逐中，在日复一日的无尽的生存需要中，人们养成了占有利益的习惯。一衣一饭，一文一厘，皆与利益相关，怎么能弃之不顾呢？先不要说高尚的道德观和人生的终极价值，就单单从生存需要来说，如果没有利益的驱动力，就没有人类物质文明的建立，就不会推动人类社会的发展前进。当然了，仓廪实而知礼节，社会文明的进步，就是在大我与小我、公与私之间平衡着。一方面社会在尽力弘扬公心，另一方面如果不兼顾私心，不为人们的利益考虑，也是不行的。所以说，常态的社会，都不会否认人们对于利益追求的权利，也不会无视个人的利益。

司马迁《史记·货殖列传》："天下熙熙，皆为利来；天下攘攘，皆为利往。"这是对于现实社会的真实写照。你站在城市的街头，人潮汹涌，喧嚣纷攘；车流滚滚，川流不息。你不禁问，这些人、这些车都为什么那么忙碌？答案是：利在其中。看到满头大汗仍然不肯休息的人，那背着大包小包坐在列车上的人，那冒着酷暑或者严寒奔波在路上的人，他们中的大多数人难道不是在追逐利益吗？

再从精神的层面看，精神的鼓励也体现着利益的诉求。荣誉、名利、表彰、晋升等，都体现了人们的精神利益和物质利益。不然的话，为什么有的人为了荣誉和名利争来争去，欲取之而后快呢？为什么有的人因为没有得到而灰心丧气闷闷不乐呢？

利益的得失，就是吃亏和便宜；利益的追求，就是得到而不愿意失去。

在人们追求利益的同时，要受到种种社会文明、伦理道德、法律规范、市场规律的限制，必须遵守有关法律法规、社会规范，然而，这些东西却是不能量化的，也不可能覆盖所有的社会交往和利益诉求。这样，吃亏便宜就滋生了。因此就要靠人们互相调节，由此也显示了个人做人的风范和道德观，影响和决定着个人的价值和社会评价。

因此，人生在世，来来往往，优劣得失，利益纠葛，不可能那么公允。必须注意，吃亏便宜之间，隐藏着玄机，潜伏着事物的拐点。何况，每个人也不能随身带着天平，处处称量，计较得失，于是在吃亏和便宜之间，发生了许多故事，演绎出不同的人生，反映了人生的境界和做人的艺术。

吃亏是福

中国有一句古语，叫吃亏是福。许多人不明白，吃亏就是吃亏，为什么还是福呢？这不是自相矛盾吗？

吃亏是福，这是个哲学命题，需要辩证地看待、灵活地把握。这句话作为格言，妇孺皆知，肯定包含着深刻的哲理。亏和福，看似对立，其实相辅相成，互为因果，吃亏蕴含着幸福，幸福也许蕴含着意想不到的灾祸。**对待吃亏，不能局限于一时一地、一事一情，要用长远的眼光去看，就会明白人生的许多得失，全在于对于利益得失地看待和把握上。**深深品味这句话，含义丰富，意境深远，是人们历经世事、看尽坎坷后的经验总结，也是智者教导人们的处事方式，理解了这句话，一生就会平坦许多，将给事业带来无穷的裨益。

试想一下，这世上既然许多人都是为利益而往来，以得到便宜为目标和快乐，那么，在与人们交往中，你吃点亏不是免去了不必要的纷争了吗？

古今中外，凡是那些受人拥戴的人都是放弃一己私利的人。那些卓越的领袖人物首先是勇于吃亏、为别人考虑的人，斤斤计较一己之得失，与人争利，如何能够得人心？如何能够受到人们的拥戴？正是由于对私利的贪婪和追逐，造成了社会的动乱和战争，人们梦想中的社会就是无私的大同社会。《礼记·礼运篇》道："大道之行也，天下为公，选贤与能，讲信修睦。故人不独亲其亲，不独子其子，使老有所终，壮有所用，幼有所长，矜、寡、孤、独、废疾者皆有所养。"孙中山书写"天下为公"书法，就是告诫人们要以天下人的利益为利益，献身于全民族的事业中。一句话，干大事、成大业者，就是甘于"吃亏"的人。

吃亏是福，如果自己的"吃亏"能使别人幸福，给别人带来快乐的话，这难道不是一种幸福吗？我为人人，人人为我。只有为别人考虑，别人才会为你考虑，一味利己自私的人，是不会有朋友的，没有朋友的人是无所作为的。这个世界，你怎么对待别人，别人就怎么对待你，你对别人苛刻刁钻，喜欢占便宜，别人也会用同样的方法对待你。一旦处处受别人提防、受别人排挤，就会被孤立起来，在这个信息化合作共赢的时代，靠一个人单打独斗能干成什么？这样的日子是不好过的。

吃亏并不见得是吃亏，得便宜也许是吃亏。现在是一个合作共赢的社会。**乐意吃亏，别人就喜欢与你合作共事，与你打交道就会放心，坦诚相见，全力合作。这样在合作中成本就会减少，就会取得更大的成就。**何况，如果别人占了便宜，只要是个明白人，会在适当的时候予以回报，比原来你吃的亏会更加多。

吃亏是在种福田。种瓜得瓜，种豆得豆。种下友爱就会得到友爱，种下财富就会获得财富。爱人者人爱之，助人者人助之。人们所做的每件事，所遭遇的每件事，都有一定的因果关系。你对别人的好，别人不会忘记。即使有人占了你的便宜，从良心上讲也不会无动于衷，大多数人都会思谋着如何报答，在适当的时机就会站出来帮助你。

有一个"5块银元打败坦克"的故事。1926年初，冯玉祥与张作霖在居庸关一带决战。在决战关头，冯玉祥去前线视察，不料路上碰到陈姓兄弟拦住车辆，要求救救生命垂危的女儿。冯玉祥看着不忍，就顺手掏了5块银元送给他们。又不放心，就派医生给他们的女儿治病。当时，张作霖从法国人手中购买了数辆坦克，打击手持步枪的军队所向披靡。张作霖的坦克把冯玉祥的军队打得节节败退，士兵一个个倒下了，眼看阵地就要丢失。关键时刻，突然有两个中年人几步跃到坦克侧翼，端着猎枪对着坦克一阵猛射，散弹四散打进了坦克的瞭望孔。坦克晃动了几下就不动了。就这样，在他们的帮助下冯玉祥打退了张作霖的部队。这两人原来就是陈姓兄弟，他们是当地的猎户。战争胜利后，冯玉祥感叹万分，在日记中写道："岂惟天意，亦在人力！"他没想到自己一时无心的善举，竟然挽救了整个军队。

其实，既然没有人愿意吃亏，那么，经常占人便宜的人，毋庸置疑，必然是不受欢迎的人。因此，处世做人要肯吃亏，吃亏不但是待人处事好的方式，也是做人处世的法宝。人人心里有一杆秤，每个人都是明白人。吃亏便宜谁人不知？你帮助了人，别人是不会忘记的。

我常常看到那些在生活中爱占便宜的人、爱斤斤计较的人、爱锱铢必较的人，生活得紧紧张张、可怜巴巴，总是在生活中挣扎。一生也就至此而已，没有什么大的发展前途。而那些讲求信义、助人为乐的人，丰衣足食、家大业大，得到人们的拥戴，成为社会的中坚力量。

世人总怕吃亏，总是躲着吃亏，其实已经吃亏了。因为，在费尽心机的百般算计中，已经付出了心血和脑力，却一无所获。

吃亏培养器量

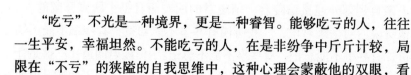

"吃亏"不光是一种境界，更是一种睿智。能够吃亏的人，往往一生平安，幸福坦然。不能吃亏的人，在是非纷争中斤斤计较，局限在"不亏"的狭隘的自我思维中，这种心理会蒙蔽他的双眼，看不到更远。

器量大小，关系到一个人的成就和格局。器量大，追求的目标必然大，取得成就也大。器量狭小，鼠目寸光，在吃亏便宜中掂量，心灵就会被蒙蔽，失去人生的远大目标。要培养器量和心胸，就要从吃亏做起。

所谓器量就是一个人的容人之量、待事之方，反映了对人对事的容忍度。容忍度从什么方面来看？说白了就是看能否"吃亏"。

吃亏者有人缘，爱占便宜者被疏远。和朋友打交道，事事想着占便宜，那么就会失去朋友；和同事打交道，争多论少，就会被小看；和陌生人打交道，想占便宜，留给人的第一印象就坏了。

在荣誉面前吃点亏，会赢得大家对你的尊重。**该是你的荣誉跑不了，如果是与别人争来的荣誉，这荣誉就已经贬值。**而且在争执的过程中，有可能争不到，而且还会失去人心。让一让，显示了你的气度，显示了你的风格，也为你的人格打了高分。

在小利面前不与人争，不仅团结了人，也避免了矛盾。如果计较小利，往往因小失大，不仅争来的是鸡肋，而且会引起其他难以预料的后果。宰相肚里能撑船，大丈夫做大事，计较小利本就把自己给降低了。

在说话上吃点亏，就可避免了争执，避免了矛盾激化。有的人不仅争利，而且争说话。在说话中一句话也不肯让人，连一点"亏"也不吃。所谓有理不让人，无理也要强三分。人和人的矛盾是怎么起来的，就是在说话中。你一句，我一句，高一声，低一声，由谈话变为争执，由争执变为吵闹，由吵闹升级为打斗，小至人与人的矛盾，大至国与国的战争，还不是谈不成才升级为战争的吗？

战国末期，信陵君窃得虎符打败秦军，解救了赵国的危难，赵王亲自到郊外迎接信陵君。信陵君的朋友唐且是个胸襟开阔的人，他听说后对信陵君说："我听说有些事不能知道，有些事不能不知道，有些事不能忘记，有些事不能不忘记。"信陵君问道："这是什么意思，愿闻其详。"唐且告诉说："别人恨我，不能不知道，以便自己反省；我恨别人，不能让人知道，这样仇恨就会加深；别人对我有好处，不能忘记，以便报答；自己对别人有好处，不能不忘记，若不忘记，就会居功自傲，希望别人报答。现在你救了赵国，立了大功，赵王亲自迎接，我希望你忘记这件事。"信陵君听了之后，觉得很有道理，就采纳了。

有人恨你，自己反省自己，而不是报之以嗔恨；对别人有恩，不存别人报答之心，更不要说让人报答了，这样的人真是会"吃亏"的人，也只有这样的人能够赢得人们的敬重，可以担当大事。

器量大小，决定一个人能否担当，能否完成重任。干大事，成大业，都是从"大"来考验人，而吃亏便宜往往都是着眼于小事上，都是"小人"计较的事情。要完成伟大的事业，具有大的格局，必须把吃亏置之于度外。

有句话说心强命不强，就是指这么一些人，事事逞强，不肯让人，抱定目标，不肯妥协。不知道生活中有"吃亏"二字，该吃的亏不吃，该低头时昂得更高，总是碰钉子，撞墙头，一生磕磕碰碰。一个性格要强、事事不肯吃亏的人，对于他人的态度是苛刻的、不懂得谦让的。这样的人真是心强命不强啊！

想想那些人们所谓的吃亏，真的吃了亏吗？能有多大的亏呢？无非是蝇头小利、鸡毛蒜皮而已。如果重视这些小利，而舍弃了道义，岂不是只见树木、不见森林？一叶障目、不见泰山？把精力和心力耗费在吃亏便宜上，必然格局狭小、器量有限。

吃亏便宜，德在其中

便宜不能占，亏可以吃。

吃亏培养了我们的德行，坚定了我们的善念，提高了我们的人品，是人生莫大的福分，只是暂时看不到，隐藏在你的命运中，时时护佑着你的人生事业。

什么叫品德？品德就是人们按照社会规范和道德标准做事时，所表现出来的价值取向。衡量一个人的人品如何，就是看他为人处世是否与人为善，助人为乐，对于社会有所贡献。任何社会中对于人的评价，都重视人品如何，是否具备道德品质。**有的人老想占便宜，总怕自己吃亏，怎么会帮助他人呢？怎么会主动为社会做贡献呢？** 人们对于这样的人是鄙视的，把他们的人品看得很低。由此，家长在对孩子教育时一定要培养孩子正确看待吃亏和助人的观念，不要害怕孩子吃亏。看淡吃亏的孩子，长大后都会有出息，这对于孩子的一生成长都至关重要。

人和人之间和谐相处，需要具有高尚的道德情操。人和人的纷争无非是利益的纷争。因为点小事，就想不开，就互相争执，是不会和谐的；因为小利，就争来争去，扩大矛盾，也不会有社会的和谐。和谐就是谦让，就是看淡吃亏，不要占便宜。有矛盾的地方、关系不融洽的单位，正是对于吃亏没有深刻认识才造成的后果。因为点小事，矛盾激化，沸沸扬扬，丢失的是人品和人心。

头上三尺有神明。占了便宜，并不一定是快乐，反而是烦恼。有的人占了便宜，感到内心有愧，良心不安，睡不好觉，老怕别人惦记，一有风吹草动就心慌意乱，惶恐不安，时时受到良心的折磨，对于自己的健康也不好，一旦东窗事发，赔偿损失，受人责备，把自己的人品降低了。这样的人很多，如果能够改掉爱占便宜的毛病，生活就会和谐幸福、自自在在。

吃亏德自高，事事都顺利。 能够吃亏的人，在人面前站得直，腰杆挺得硬，说话有分量，做事有权威。因为无私，别人挑不出毛病，查不出问题，自然有威望，受拥戴。事业顺利，做事有人帮助，心底无私天地宽。因为点小便宜，而失去人心，丢掉事业，失去职位，到时后悔都来不及了。

为人处世，千万不能养成爱占便宜的习惯。爱占小便宜，必然发展至占大便宜。一般人倒罢了，如果手握权力，或者担当重任，必然就会发展到贪污、渎职，因为爱占便宜而酿成恶果，痛不欲生。

有人说：是你的，别人拿不走；不是你的，拿来也会失去。天理人心，自有公道。

想当年，和珅出身贫寒，三岁丧母，九岁丧父。后来通过自己的努力一步步成为朝廷大臣，乾隆宠信之极，任首席大学士、领班军机大臣，兼管吏部、户部、刑部，势倾朝野。起初，还比较清廉，可是，就是爱占便宜，由小贪污到大贪污。嘉庆即位后，将和珅囚禁，并令自尽。查抄家产8亿两白银，相当于清朝20年的税收。和

辛苦经营，家业富比皇室，原来都是替皇帝暂时保管的，到后来不仅又原封不动归于国库，还搭上了自己的性命。和珅在狱中写诗道："夜色明如许，嗟令困不伸。百年原是梦，廿载枉劳神。"真是辛辛苦苦，枉劳心机。人心无尽，占多大的便宜才是够？因果相连，哪里来的便宜最终会回到哪里。

世间万物都是平衡的，遵循平衡的原理运行。茫茫宇宙，星罗棋布，天地运行，悬浮空中。这中间都是引力在平衡着和排列着天体，如果引力不平衡，就会失衡，发生可怕的灾难性的后果。假若地球与太阳之间引力失衡，地球就可能向太阳飞奔而化为灰烬，或者离太阳而去，在茫茫宇宙中横冲直撞，令人恐怖。

塞翁失马，焉知非福

吃亏就是占便宜，占便宜其实是吃亏。

事物的发展变化是复杂的，充满了神奇的变化，并非人力可以控制，自有其发展的轨迹。我们看到有些人似乎一时占了便宜，其实，便宜的背后也许隐藏着灾难。

螳螂扑蝉，黄雀在后。螳螂只看到了蝉的小利，却不提防黄雀，也许把生命丢掉了。黄雀看到螳螂将成为口腹之物，可是，也许背后还有猎人的眼睛，当扑到黄雀时，猎人的枪声也响了。事物的发展就是这么一环套一环，短见的人，只看到了一环，智者看到的是整个过程。

《淮南子》记载了一个故事，叫塞翁失马，焉知非福。意思是一时受到损失，也许反而是好事。说的是北边的边塞地方，有一个善

于推测吉凶的人叫塞翁。有一天，塞翁的马从马厩里逃跑了，人们们知道后都安慰塞翁，塞翁却不难受，说："我的马虽然走失了，也许是福分啊。"几个月后，丢失的马回来了，还带着一匹骏马。人们纷纷向塞翁道贺，塞翁担心地说："这也许会带来灾难啊！"他的儿子喜欢骑马，一次骑马时不小心跌断了腿。人们去塞翁家慰问，劝他不要太伤心，塞翁却洒脱地说："这也许是福啊！"人们听后莫名其妙。一年后，胡人大举入侵，青年男子都去当兵打仗，塞翁的儿子因为腿伤不能当兵，许多男子都牺牲在战场，塞翁和儿子反而在战乱中得以保全了生命。

不要因为一时的损失或者得到而喜怒无常，得失都是相对的，也是互相转化的，要从长远的观点看待人生的得失。

有一个乞丐在冰天雪地里行走，冷得浑身发抖，有个富商看到乞丐可怜，就随手给了一锭银子，并把褡裢里的一件皮衣送给了乞丐。乞丐穿上皮衣不冷了，对富商千恩万谢，心想遇到了好人。可是，当乞丐走到一个岔路口时，遇到一个壮汉。壮汉看到乞丐穿的皮衣，欺负乞丐弱小，就抢夺了乞丐身上的皮衣，并把银子据为己有。壮汉高兴啊，凭空得来了皮衣和银子，心里说老天有眼，让我占了这么大的便宜。其实，老天正看着他呢，禁不住为壮汉唉声叹气。壮汉穿着抢来的皮衣得意洋洋继续赶路，来到一片树林边，这时林子里窜出几个强盗，见壮汉穿着皮衣，带着银子，以为碰见富翁了，可以大大发一笔横财。二话不说，就把壮汉给杀了，将皮衣和银子据为己有。

世事变幻，正是这样的奇特。**机关算尽太聪明，聪明反被聪明误。**

其实，生活中类似的例子也不胜枚举。

秦建华是一家建筑公司的财务科长，在一次竞选单位副总时落选。由于总经理看不惯他，顺手把他的财务科长也免了，让他去保卫科做了个科长。整个保卫科就他和一个快要退休的老头。对于建筑颇为懂行的秦建华，特别苦闷，下班后就与一些退休职工杀杀象棋，聊聊天。万般无奈下只好辞职了。于是，在一个朋友的帮助下，成立了建筑队。正赶上建筑处于高潮的时期，经过几年的发展，秦建华的建筑队壮大起来，成为当地声名显赫的大型企业。在一次建筑项目投标中，竟然和原单位竞争同一个标的。人生竟然是这样富有戏剧性啊，原总经理恳求他手下留情，因为单位现在亏损严重，职工工资快开不了了。而此时的秦建华，实力已经超过原单位，身价上千万元了。面对原总经理的恳求，秦建华叹口气，说道："谢谢你当年对于我的'关照'，没有你就没有我的今天，也许我也和其他职工一样快领不上工资了，这个标的我放弃了。"

面对人生，世事变化，我们不可因为一时一地而纠结于心，而是要勇敢地去面对。

吃亏是必须具备的能力

人活在世上，哪能不吃亏？

在竞争激烈节奏紧张的社会中，为理想而奋斗，为创造财富而奔波，人们之间互相交往，荣辱、名利、得失存在其间，也就是吃亏便宜存在其中。名利、财富、荣誉谁不想得到？谁不在为这些东西而奋斗拼搏？要奋斗就会有得失，谁也不能幸免。

人在社会上首先要学会吃亏。吃亏是一门学问，是必须具备的能力。如果连亏都不能吃，还能"吃"什么？什么都不会吃到。

街头上屡屡发生的事情让人好笑。两辆车不小心蹭了一下，也没有什么大问题。赔礼道歉，补偿点损失就算了。可是，双方互不相让，大打出手，住了医院，出了人命，事情闹大了。几句话几百元就能解决的问题，演化到成千上万，还得到监狱法院去解决。

原因是什么？这些人学不会吃亏啊！如果人人都懂得"吃亏"的道理，这个社会必定是和谐美好的社会，人生要少走多少弯路。

有句话说，胳膊拧不过大腿。当确实拧不过时就不要拧，不然胳膊就可能断了。何不暂时放弃，充分发展自己，当有一天可以抗衡时再作对抗。

有些亏必须吃，吃是一种姿态。有些亏吃了就吃了，必须想开点，风物长宜放眼量，不要以为一时想不开，反而伤害了身体，带来更大的损失。

能否吃亏，不仅看出一个人的涵养，而且反映了能力如何。不肯吃亏的人和吃不起亏的人，不能做大，也是不能担当大任的。

《三国演义》中描写了诸葛亮三气周瑜的故事。按说周瑜雄才大略，在赤壁之战中镇定自若，战功卓著。可是，却由于气量狭小，吃不了"亏"，而成为悲剧人物。一是赤壁之战后，周瑜为夺取荆州，在攻打江陵时与曹仁大战后中箭落马，疼痛难忍，饮食俱废。等到后来再夺江陵时，只见城头站立着赵子龙，说道："都督少罪，吾奉军师将令，已经取城了。"又听说诸葛亮派人取得襄阳，周瑜气得箭伤复发，半晌方苏。二是周瑜设美人计，劝说孙权把妹妹孙尚香嫁给刘备，以便把刘备长期囚禁在东吴。可是，诸葛亮识破了周瑜的计谋，刘备不仅招亲成功，而且设计逃到了荆州。正所谓"周郎妙计安天下，赔了夫人又折兵"。周瑜知道后气得金疮崩裂，大叫一声，倒在船上。三是周瑜再次用计，带领5万水陆大军以收取西川为名，想趁刘备出来犒劳军队时，一举夺取被刘备占领的荆州。不料诸葛亮早有提防，当周瑜路经荆州时，率领大军一起杀到，声言要活捉周瑜。周瑜气得箭伤崩裂，坠于马下。仰天长叹："既生瑜，何生亮！"倒地身亡。

既然已经吃亏，那就认了算了，何必和自己过不去，那不是更吃亏了吗？胜败乃兵家常事，失败了再来，何必那么怄气？何必把自己气得倒地身亡？从这个故事可以看出，周瑜在与诸葛亮斗争中，吃不了亏，受不了气，结果把生命葬送了。

人生做大事，成大业，首先要学会吃亏，懂得吃亏，认识吃亏，吃得起亏，不然，难成大事。

吃亏的学问

当然，我们并不主张忍气吞声的吃亏，逆来顺受的吃亏，向邪恶势力低头的吃亏，也不是无原则的吃亏，而是要正确看待吃亏，在利益和道义面前选择道义，在利益和友情面前选择友情，在利益和公德面前选择公德，把得失失看淡一点，看开一点，姿态高一点，风格高一点，助人为乐，舍弃小利而向大义，才能为了人生的远大目标投入全部的精力，成就一番事业。

吃亏是主动的、有理智的选择，不是糊里糊涂的、无可奈何的吃亏。有的人明明该是自己的东西，由于面子上过不去，被动地让给别人，这种亏不能吃。吃亏不仅无益，而且会助长别人得寸进尺；有的人性格内向软弱，别人专拣软柿子捏，这是欺负，这样的亏不能吃，你第一次让他，第二次他还要欺负你，面对这样的吃亏，必须迎头痛击；有的吃亏涉及做人的人格，如别人一味辱骂攻击，你默认了、承受了，不做任何解释，也不敢还击，这就会使自己遭到玷污，你必须还击，捍卫人格的尊严。

吃亏是以道义为前提的，不能违背了做人的原则。违背道义的事情不能做，这样的亏不能吃。比如作为财务主管，上级让你做假账，明明知道违背财务制度，却要忍气吞声地做，吃这样的亏后患无穷。又如，明明上级决策是错误的，为了顾全面子，违心地附和，这样做只会带来更大的损失。要敢于站出来纠正，即使不被人理解，在面子上下不来，也无所谓。

吃亏是以审时度势、权衡利弊为前提的。经过判断后，感到该吃亏就吃亏，不该吃亏就不要吃亏，**不能为了取悦于别人一味地吃亏，到最后把自己的阵地都丢失了。**尤其在事关人生重大问题上，绝对不能没有是非观念，一团和气，不断退步，迁就了别人，委屈了自己，影响了前途。

　　吃一堑，长一智。我们在吃亏中增长了见识，增加了人生的阅历，慢慢地聪明起来。我们在吃亏中学会了人生的趋利避害，学会了做人的道理；在吃亏中成长壮大，人生变得历练通达。

　　我们的吃亏不是弱小，而是证明了我们的强大；不是软弱，而是坚强；不是傻瓜，而是聪明和睿智；不是目光短浅，胸无大志，而是目光远大，为了崇高的理想和美好的生活。

不贪便宜，不占小利

　　贪小便宜吃大亏。

　　看到小便宜的人看不到更远，也看不到便宜背后的隐患。

　　受骗的故事层出不穷，听得人耳朵都生茧了，可是，故事还在翻新，每天都在发生。有的骗子带着假文物，说是价值上万元，家里困难，给一千元就可以了，那些爱占便宜的人，禁不住忽悠，就倾囊购买，结果到文物部门一鉴定不值一钱。有的骗子把钱包丢在地上，故意让人捡到，声称里边至少几千元，见者有份，爱贪便宜的人赶快掏钱解决。回家打开一看，全是假币。更有一些大骗子，搞集资搞传销，声称利息如何高，成千上万的人都把养老的钱、买房的钱投进去了，结果石沉大海，有去无回，叫天天不应，叫地地不灵，悔不当初。

　　其实，不管大骗子小骗子如何狡诈，花样如何百出，不受骗的法宝就是不占小便宜。是你的就是你的，是别人的就是别人的，据为己有是要付出代价的。

　　便宜不占为上，不贪为福。众人的眼睛是雪亮的，一占便宜就把你看扁了，人格马上就低了。肯吃亏才会幸福，占便宜可能招灾惹祸。

　　不要羡慕那些爱占便宜的人，不要羡慕那些颐指气使的人，不要羡慕那些前呼后拥的人，在社会上生活，有些东西总是要回归的，回归之日，才是真的。前边的都是浮云。

人常说有福之人不在忙。那些忙忙碌碌、眼睛发绿的人，强占的会失去，白得的会丢失。而凡事达观让人一步的人，看上去好像吃亏了，却并不见得。他们的人品、风格为人生加分，众人拾柴火焰高，人们都喜欢与他在一起共事，得到的何至于数倍。

《易经》道："积善之家，必有余庆。"做好事、肯吃亏的人，必是有福之人。《论语》道："智者乐水，仁者乐山，知者动，仁者静，智者乐，仁者寿。"有智慧的人是乐观的，有仁爱之心的人是长寿的。董仲舒《春秋繁露·循天之道》进一步阐发孔子的"仁者寿"的思想："仁者所以多寿者，外无贪而内清净，心平和而不失中已，取天地美以养其身。"具有美好善良的心，乐于成人之美的心，必然是纯净的，能够顺乎自然之道，无忧无虑，享受天地之美，对身体的健康大有益处。

有个故事，很能说明道理。话说有两个灵魂要到人间转世，上帝让他们选择两种人生，一个是接受，一个是付出。结果选择接受的人，投胎到一个乞丐家，终其一生都以乞讨为业，受尽了别人的冷眼，终日辛辛苦苦，不得饱食。选择付出的人投胎到一个富贵人家，一生都乐善好施，为别人付出，帮助穷人，受到人们的夸赞。两种人生观，两种结局，一个伸手向人要"便宜"的人，一生一无所有；一个甘于付出、总是帮助人、肯"吃亏"的人，一生很富有，享受着人生的乐趣。

世事无常，却有准则。天网恢恢，疏而不漏。便宜不是那么好占的，吃得太饱就会噎着。在人生的长河里，每个人起起伏伏，一方面是自己奋斗的结果，另一方面也是对待人生的态度所决定的。凡事多为别人着想，己所不欲，勿施于人。看淡吃亏，笑看吃亏，受人推崇，深得人心。活得潇洒自在，心无挂碍，才有精力全身心地投入到事业和理想的奋斗中。被小便宜、小利益所绊倒的人，注定是走不远的。即使侥幸由于某种原因得意于一时，得到一定的高位和荣誉，但是，道德的缺陷会使他们爬得高摔得重，人生更失败。

电视剧《村官李天成》主题歌《吃亏歌》道："当干部就应该能吃亏，能吃亏自然就少是非；当干部就应该肯吃亏，肯吃亏自然就有权威；当干部就应该常吃亏，常吃亏才能有所作为；当干部就应该多吃亏，多吃亏才能有人跟随；能吃亏、肯吃亏、不断吃亏，工作才能往前推；常吃亏、多吃亏、一直吃亏，在人前你才好吐气扬眉；吃亏吃亏能吃亏，莫计较多少赚与赔；吃亏吃亏常吃亏，你永远不会把包袱背；吃亏吃亏多吃亏，吃亏吃得众心归；吃得你人格闪光辉！"这是做人的普遍道理，道出了吃亏的必要性，说透了吃亏的道理。

人生要学会吃亏，勇于吃亏，甘于吃亏，乐于吃亏。吃亏是乐于奉献，吃亏是识大体顾大局，吃亏是一种人生哲学，吃亏是人生的艺术。当我们学会了吃亏，认识了吃亏，善于吃亏之日，就懂得了人生的许多道理，认清了世事，就能够游刃有余地徜徉于人生之河，击水千里，不管风吹浪打，胜似闲庭信步。

第二十八章 爱心是人生之
理由和成功之柱石

箴言录

　　爱是发自内心的喜悦和欢喜，是身体、心灵和灵魂的愉悦，是对于被爱者全力的保护和拥戴。

　　拥有一颗爱心，那是生命永恒的动力，是事业不竭的源泉。

　　爱是维系社会的纽带，是社会一切伦理道德的前提。

　　爱你周围的人，他们是你人生旅途上的同行者，是你的生命平台，是你事业成功的见证人。

　　用爱心来对待"仇人"，你的理解、宽容会化解矛盾，你的关心、关怀，会让隔阂烟消云散，你的善意会让人折服。

　　爱是圣洁的，人世间最高的感情叫爱，最大的付出叫爱，最美丽的感情叫爱。

爱是生存的理由

　　宇宙有爱，诞生了人类。
　　太阳有爱，照耀着万物。
　　大地有爱，养育着人类。
　　雨露有爱，滋养着禾苗。

因为有爱，生活才充满了阳光；因为有爱，世界才有了和平；因为有爱，万物才茁壮成长。

爱是万物存在的前提，是万物和谐相处的法则，是人类物质文明和精神文明发展的保证，是人类存在于宇宙中的理由。

爱与生俱来

爱是什么，谁能准确地回答？

古今中外的哲学家、思想家都曾经对爱做过阐释，许多宗教都对爱下过定义，但是，还是不能涵盖爱的含义，因为，爱是人类与生俱来的元素，渗透到人们的血液里，贯穿于人的一生中。单独地对爱下一个定义是不全面的，不能包含爱的整体。

孟子说："仁者爱人，有礼者敬人。爱人者，人恒爱之；敬人者，人恒敬之。"

墨子说："天下之治，而恶其乱，当兼相爱、交相利。此圣王之法，天下之治道也，不可不务为也。"

《圣经》说："爱是恒久忍耐，又有恩慈；爱是不嫉妒，爱是不自夸，爱是不张狂，不做害羞的事，不求自己的益处，不轻易发怒，不计算人的恶。"

佩斯泰洛奇说："爱的启示是世界的救赎，爱是缠绕大地的一根韧带。"

拿破仑说："你可曾想到，失去了爱，你的生活就离开了轨道。"

泰戈尔说："爱充实了的生命，正如盛满了酒的酒杯。"

勃朗宁说："地球上没有爱则犹如坟墓。"

以上从各个方面对于爱做出了回答。

那么爱是什么？爱是身体、心灵和灵魂的需要，是对于社会和人生的责任。

一个人没有爱心，就会感情枯竭，身体困乏，孤独寂寞，失去生命的活力。那些没有爱心的人，不关心别人，只关心自己，陷入一己之私欲。

爱是身心健康的标志。拥有爱的人，性格开朗，情绪良好，眉开眼笑，整个身心都是阳光普照的，一个没有爱的人，是不会热爱生活的。感情世界必然是一片沙漠。

爱是人类社会赖以生存发展的必要条件，是社会稳定发展的需要，是维持社会秩序的关键。有一首歌是《让世界充满爱》，没有爱的世界，必然冷漠麻木，人和人漠不关心，尔虞我诈，互相倾轧，和生活在动物世界有何区别？没有爱的世界，仇恨滋生，战火纷纷，互相提防，人人担惊受怕，朝不保夕。

爱是创造、是建设，恨是毁灭、是破坏。正是有爱存在，爱照耀人们的心灵，温暖每个人，社会机器、法律、秩序才能稳定运行，社会才能和谐发展健康发展，人们才能安居乐业，发挥聪明才智，人类才能建设起精神文明和物质文明。

爱是发自内心的喜悦和欢喜，是身体、心灵和灵魂的愉悦，是对于被爱者全力的保护和拥戴。

要爱世界，爱生命，爱自然，爱人类，如果人生没有爱，就失去了人生的动力，也失去了做人的乐趣。

在这个世界上如果没有爱的话，人活得还有什么意思？爱是春天，滋长万物；爱是阳光，无私地普照大地；爱是一种大德，维持人类的繁衍。

爱是一种保护，是依恋。没有了爱，这个世界将是黑暗一片。没有阳光，没有春天，没有万物生长。

什么叫爱？爱是人们对于生命和事物的真心呵护和保护，是无私的奉献与给予，是社会发展进步的保障。

爱心是人生之福

现代社会的普世价值是：自由、平等、博爱。博爱是其中的根本所在，没有博爱，就不会有所谓的自由，也不会产生平等的理念。

拥有一颗爱心，是人生的福气。

莎士比亚说："**爱是亘古长明的灯塔，它定睛望着风暴却不为所动。**"

爱滋养着善良的观念，被爱所滋润的人是善良的，他对所爱的事物的细心呵护、希望的憧憬、精心的抚慰，都满含着善念，出于善意。有道是你对别人怎么样，别人对你就怎么样。与人为善的人，处处想着帮助别人，处处做好事，那么，他周围的世界就是美好的。

心中拥有爱的人，每天的生活是快乐的、向上的。他为别人的成功而高兴，为别人的快乐而快乐。快乐分享的是快乐。他的心理是阳光的。他乐于奉献，关心着别人，别人也关心着他。他不会因为别人的成功而嫉妒，反而为别人而喜悦。这样的人，生活里没有仇恨，被爱意笼罩着。他的人生是踏踏实实的、充满甜蜜的。

心中有爱的人，心态是良好的、健康的。心中有爱世界广。他祛除了许多人由于得得失失、互相占有而带来的烦恼。他没有一般人所谓的对于别人的嫉妒、厌恶，没有不安、没有愧疚，来自于与人们的和谐相处。

每逢佳节，人们的祝福都离不开快乐二字。爱心正是人们快乐的标志。没有爱的人，能快乐吗？生活在仇恨里能快乐吗？有爱心的人，每一天都是充实的，他的快乐来自于内心深处的爱。最痛苦的人是生活在仇恨里的人，这样生活度日如年，实在煎熬，吞噬着健康。

有爱的人，生活在春天里，生活在阳光中。他对于生活的挫折能够看得开，对于前途充满着希望，对于生活是无比的热爱。他没有所恨的人、没有过不去的事、没有不适应的环境，爱心融化了坚冰。充满爱的人，可以说是无忧无虑的人，内心永远保持一颗纯净的童心。而这种境界是多少人终其一生都奢望的啊。

人们所有的祝福都与爱有关，幸福最大的特点就是爱。所以说培养一颗爱心，是多么重要。有一颗爱心，人生的一切才真正具有价值，缺失了爱心一切都会毁于一旦。对于孩子最重要的就是从小培养一颗爱心，那是受益终生的，是一生幸福的保障。

为什么有些人生活在仇恨里？为什么有的人每天在痛苦中生活？因为他没有爱心。为什么有些人讨厌人，人们也讨厌他、躲避着他？因为他的世界缺少了爱的元素。

人活着最大的希望首先是平平安安，爱是平安的保障；人活着最大的愿望是理想，爱给理想插上了翅膀，没有爱是不会有理想的；人活着最希望拥有财富，爱是财富的保护神，生活在仇恨里的人，他的财富也是没有保障的，何况还会有性命之忧！

爱心是幸福的保障，一个人有没有福气，有没有幸福，首先看有没有爱心。

没有爱的人，是可怜的人，也是可悲的人。

当街上倒下去的老人，在寒风萧萧中没有人去帮助，最后告别人世之时，这对于整个民族都敲响了警钟。没有爱心的社会是一个可怕的社会，每一个人都可能是受害者，都可能是被抛弃、被伤害的人。

人犯罪时是没有爱心的，手中的凶器不仅刺向别人，也刺向自己。当西安音乐学院的一个学生开着车撞伤一个妇女时，如果有爱心，他会赶快设法送医院抢救。可是，他挥起长刀接连刺向受伤的妇女，最终走向刑场。他的匕首难道不是在一刀一刀刺向自己？

当希特勒挥起法西斯的屠刀，侵略许多国家，残酷地杀戮善良的人们时，没有爱心而是兽心。不仅给世界带来了灾难，也把日耳曼民族带进了屠宰场，战争的烽火也在焚烧着德国的国土。

缺失爱心，不管是凡人，还是天才；不管是平民，还是贵为一

国之君，都会走向毁灭。

爱心是最美的心灵，爱心是人生的保护神。

爱心是成功的基石

人生的理想来自于哪里？来自于爱心。

有了爱心，才会勾画美好的明天，确立生活的理想。没有爱心的话，对于世界没有感情，人生失去价值观念，百无聊赖，事不关己，还会有理想吗？

实现理想的动力来自于哪里？来自于爱心。

经过研究，我们发现许多人的理想，最初都来自于潜在的或者明显的爱。出身贫穷的孩子，从小看到父母整日辛劳，食不果腹，过着艰难的日子，他更懂得父母的艰难，从内心爱着父母，决心改变命运。为了父母以后能过上好日子，他们努力学习，刻苦勤奋，立志要考上最好的大学，将来实现自己的理想。往往是这样的孩子学习优异，金榜题名，以后走向了成功的道路。许多贫困山区的孩子，师资力量和学习环境和城市的孩子天壤之别，可是，有的孩子学习成绩却出奇的好，正是源自于他们面对贫穷所激发的爱心和理想。

有了爱心，才会有责任心。如果一个人不爱父母、不爱周围的人，那么，也就无需承担责任，也就不知道为什么活着。这样的人势必不会有远大的理想，更不会为理想而奋斗了。我们看到娇生惯养的孩子，衣来伸手，饭来张口，父母想尽一切可能极力满足孩子的欲求，忘记了培养孩子的爱心，结果使孩子感到一切都理所当然，丧失了责任心，感到既然有优越的条件就不需要努力奋斗，回报父母。报载，上海有个孩子是单亲家庭，母亲一个人辛辛苦苦供养孩子到国外留学，给人打工，受尽了磨难。结果孩子回国后，由于钱的问题，争执了几句，孩子就挥刀将母亲刺成重伤。

什么都培养孩子，都满足孩子，就是没有培养孩子的爱心，结果导致了孩子的性格偏激，竟然捅伤了母亲，不要说以后怎么样，继续留学是不行了，恐怕得到监狱里"留学"了。这样的没有爱心的孩子、连亲生母亲都不放过的孩子，是教育的最大失败。

有了爱心，才会热爱理想。只有热爱，才会产生激情，有了激情，才会焕发出生活的动力。

爱心是人生的动力。薄伽丘在《十日谈》里说："真正的爱情能够鼓舞人，唤醒内心沉睡的力量和潜藏着的才能。"在生活中，被甜蜜的爱情所燃烧的人，为了爱情而奋斗，不怕苦，不怕累，在事业上突飞猛进，焕发活力，仿佛换了个人似的。而从热恋中突然转变为失恋的年轻人，灰心丧气，没精打采，仿佛人生坠入了黑暗的深渊，什么都没有兴趣了，什么也没有劲了。

爱是一种神奇的力量。当汶川地震发生后，有一个母亲为了救他的孩子，双膝跪地，双手支撑，身上竟然支撑着上千斤重的水泥板，把孩子保护在她的身下，孩子得救了，这样的场景让人热泪盈眶。

爱是多么伟大啊。

爱与人生的目标、事业和理想紧密相连，确认着我们的人生追求的高度，决定着我们未来的走向。

拥有一颗爱心，那是生命的永恒动力，是事业的不竭源泉。

人生不可不生爱心，不可没有爱心。

爱是珍爱生命

爱首先要珍爱生命。因为身体发肤，受之于父母，不敢有损伤。因为身体是人生之车，人们的理想、事业、家庭都要靠身体来支撑，没有了健康的身体，那么一切都是零。

谁不珍爱自己的生命？许多人都不珍爱自己的生命！

我们看到有些人可以为了几分几毫的利益而争闹不休，可是对于时间一点也不珍惜。他们在通宵达旦的娱乐中消磨时间，在睡懒觉中迎来太阳的升起，在没有节制的娱乐中挥霍着一天又一天。生命是由时间构成的，浪费时间无异于谋财害命。他们对于时间的肆意浪费，是对于生命的蹂躏践踏。

我们看到有些人为了所谓的美貌，去做美容，把身上搞得乱七八糟，青一块紫一块，甚至有的人由于做美容手术而毁容而丢失了宝贵的生命。还有的人为了减肥不吃不喝，瘦成了皮包骨头，得了厌食症。为了那点可怜的虚荣心，有必要这么糟蹋自己的身体吗？如果珍爱自己的身体的话，人间会有那么多悲剧吗？

我们看到许多人存在不良的嗜好。他们贪婪杯中之物，喝酒喝得身体受害，住进了医院；喝酒变成了酗酒，由此走上了犯罪之路。有些人爱抽烟，无数次发誓戒烟，无数次又破戒。抽烟污染了空气，给别人带来危害，抽烟不小心引起了火灾，后患无穷。

如果人人都能从根本上珍爱自己的生命，就不会仅仅为了美容而美容，就不会那么惨无人道地伤害自己的身体，人间就不会发生那么多的惨剧，生活的幸福指数将大幅度提高；如果人人都不喝酒了，将大大提高人类的身体健康水平，不会有饮酒而发生的种种疾病，也不会有酒后犯罪或开车所造成的灾祸；如果人人都不抽烟了，人类的空气将清洁多少倍，又能开发多少良田用来种粮食，挽救多少饥饿的生命。

什么叫成功？真正的热爱生命叫做成功。

从小的方面说，**改正了不良的生活习惯也是一种成功。**

从长远的眼光来看，把所有的不良习惯、嗜好、有害于事业和身体健康的生活方式都改正后，事业就会成功。

我们为什么不成功，就是由于自身存在这样或那样的缺点，阻止了成功，影响了实现目标的进程。一旦改正了不良的生活习惯和方式，就可以全身心地投入到自己的事业当中，就可以有更加充裕的时间为事业而努力奋斗，就会有一个更加健康的身体来保障事业的顺利实现。

人生当爱自己的生命，从方方面面来爱，从生活的一点一滴来爱，从培养良好的生活方式和习惯来爱，从改正所有的缺点来爱。

一个人连自己都不爱的话，还会爱什么？还会爱别人吗？珍爱自己，是事业成功的基本保障。当学会了和做到了真正地珍爱自己的时候，必然形成了一股巨大的力量，鼓舞着我们，激励着我们，为了人生理想和事业而奋斗而拼搏。这时，成功就会向你招手。

爱贯穿于生命的全部

生命源于爱。

人类从诞生之日起，一代一代生生不息，都是源于对生命的大爱。从远古时代的刀耕火种、艰难稼穑，生产力条件低下，人们的生存时时受到各种威胁，一直到今天的丰富的物质生活，人类面临一次次生存的考验，包括战争、瘟疫、洪涝等，坚强地繁衍下来，靠的就是对于世界的爱、对于生命的爱，正所谓大爱无疆。

男女相悦，美好的爱情，诞生了新生命。在对于生命的孕育过程中，父爱如山，母爱如水，父母对于子女的爱是人世间最伟大的爱。《诗经》道："哀哀父母，生我劬劳。"从十月怀胎的艰辛到婴儿的出生，从出生后的哺育、培养到成年，父母的操劳、付出难以用语言形容。天下的父母对于子女的爱，是维系人类社会发展的根本，是社会道德规范的基石，正是有了爱，人间才有了亲情、友情、爱情。

陈玉蓉是武汉一位平凡的母亲，她的儿子叶海滨 13 岁时被确诊为先天性肝豆状核病变，最终可能导致死亡。为了挽救儿子的生命，陈玉蓉请求医生将自己的二分之一肝脏移植给儿子。但是，在体检中发现她患有重度脂肪肝，不能捐肝救子，必须减肥。于是，陈玉蓉为了减肥，每天走 10 公里。7 个多月里，她每餐只吃半个拳头大的饭团，强忍着少吃饭。有时太饿了，控制不住吃两块饼干。当去医院检查时，陈玉蓉的脂肪肝没有了，医生顺利给她的儿子进行了肝脏移植手术，挽救了儿子的生命。2009年度感动中国人物组委会授予陈玉蓉的颁奖辞道："这是一场命运的马拉松。她忍住饥饿和疲倦，不敢停住脚步。上苍用疾病考验人类的亲情，她就舍出血肉，付出艰辛，守住信心。她是母亲，她一定要赢，她的脚步为人们丈量出一份伟大的亲情。"组委会成员王晓晖评价陈玉蓉道："为了孩子，母亲可以奉献多少？这是一个永无止境的答案。"

母亲对于孩子的爱，是无条件的，是无怨无悔的，甚至牺牲自己的生命也在所不惜。正是靠着伟大的母爱，人类代代繁衍，发展到了今天。

由此，古人说百善孝为先。**孝敬父母是最大的善，没有这个善作为起点，是不会爱别人、爱朋友、爱社会的。不孝为人生最大的不善。**

生命中有了爱，才体现出生命的价值和意义。如果没有爱的话，人们形同路人，互不关心，互不救助，冷漠无情，兵戎相见，那么这个社会将是邪恶的、可怕的。

爱是维系社会的纽带，是社会一切伦理道德的前提。

爱你周围的人

世界很大，目前世界人口已经突破70亿，可是，真正与我们在一起生活、每天见面的主要就是周围的人，大部分人或者擦肩而过，或者只是一个概念。每个人眼中所谓的世界，实际上主要就是周围的人构成的。

有道是百年修得同船渡。只要能走到一起，就是今世的缘分。芸芸众生，数不胜数，可是，只有你与我相遇，在一起学习、工作、做邻居，那还不是一种缘吗？

真正的朋友也就是那么几个人，真正能帮助你的人，不在天边，也不在极地，就是你身边的几个人。

爱是社会稳定的因素，是人生平安的保障。要活得快乐、干出一番事业，就必须善待你周围的人。如果失去了他们，就失去了生存的基本环境，也失去了人生的依托和平台。

可是，有的人却不善于和周围的人相处，以至于导致了生活和事业中的种种坎坷和不愉快，影响了人生的进程，使自己生活于痛苦之中。

这些人对于周围的人，包括单位、邻居、朋友等，不是从爱出发，而是从某种不正常的心态出发，从而产生了种种后果。

别人有喜事，不是庆贺，发自内心地为你的同事、朋友、邻居而高兴，却莫名地生出了恨意。正所谓笑人无，恨人有。别人取得了成绩，应当为人高兴，虚心向别人学习，不要采取嫉恨的心理对待。

和人有了分歧，不是采取积极的态度主动化解矛盾，而是把矛盾扩大。这样的事情屡见不鲜。某单位的正副手，为了争权夺利，副手竟然雇用流氓用车将正职撞伤住院，最后被抓捕归案。两个年富力强的单位一二把手，一个住院，一个住监狱，两人的前途都给毁了。要知今日，何必当初？同在一个单位，难道有不共戴天的仇恨吗？还不是一些工作上的小事而已，不会处理，酿成了恶果。

当周围的人遇到了困难、碰到了难过的坎，一定要帮助，而不要袖手旁观，更不要幸灾乐祸。有的人却不是这样的，一见周围的人遇到困难，能躲尽量躲，甚至于暗自庆幸他也有这一天啊。更有甚者落井下石，做出了违背良心道德的事。这样的人，是不受欢迎的，一旦他有一天需要别人帮助的时候，人们会是什么态度呢？看看他的作为，就知道了。洛克菲勒有句名言："往上爬的时候要对别人好一点，因为你走下坡的时候会碰到他们。"

与人为善，与己方便。为别人的成功而欢呼，因为你也有成功的时候；为别人的坎坷而伸出援助之手，因为你献出一点爱，世界就很温暖；为别人的每一点进步而喜悦，仿佛自己的进步一样，这样你的生活必将是美好灿烂的，不会有不愉快的事情发生。

无论如何，一个人如果和你身边的人相处不好，不管对方再错，也应当反思自己是不是有错误，如沟通上的错误、不懂谦让的错误等。

爱你周围的人，他们是你人生旅途上的同行者，是你生命的平台，是你事业成功的见证人。

爱你的对手

对手是人生中避不开的话题。

什么叫对手？**对手就是你的竞争者，也是与你争夺并奔向同一个目标的人。**

同时，**对手也是帮助你成长的人，是你前进的动力，鼓舞激励着你一直努力。**

有一个故事说，在一个遥远的地方有一个很大的牧场，牧场主苦于狼群常常袭击羊群。于是，花重金雇了几个猎人，对于牧场周围的狼群进行剿灭。经过几年的努力，狼群终于剿灭了。牧场主认为万事大吉，高枕无忧，可以放心地牧羊了。可是，过了不长时间，麻烦又来了。原来，失去狼群的天敌后，羊群疾病不断，在不断地减少。牧场主百思不解，就请来了著名的兽医诊治。兽医分析了草原周围的环境后，做出结论，失去了狼对于羊的威胁后，羊群抵抗力减弱，引起了各种疾病。最好的办法就是再找几只狼回来放在牧场上。

牧场主这才发现，狼作为羊群的天敌，对于羊群的成长发育、体格健壮有着天然的重要作用。狼群的消失，使羊失去了强健身体的外部条件。

感谢对手，对手提高了我们的能力，激发了我们的潜能，是我们提高的标杆。

感谢对手，对手最了解我们的弱点，最了解我们的进步，在对手身上我们发现了我们努力的方向。

如果没有对手，我们将进步得很慢，甚至失去了前进的目标和方向。

对手使我们的生命更加绚丽精彩，使我们的人生更加充满意义。思想的火花、事业的巅峰都离不开对手的"支持"。

体育比赛，就是对手的抗衡，就是对手的竞技，就是对手的盛宴。没有对手的体育比赛索然无味，对手太弱也就失去了体育比赛的意义，最精彩的比赛往往是棋逢对手，将遇良才。如果在拳击场上，一拳就击倒对方，这样的比赛有什么看头？何谈精彩和扣人心弦？

人生何尝不是如此啊！

一个人的境界从他对待对手的态度上就可以看出来。对待对手，如果是嫉妒、想办法拆台、耿耿于怀的话，是不会提高的，人生和事业都会走低。

因此，**对待对手的态度，应当是学习，欣赏，认可，以至于和对手成为朋友，通过这样的方法，不断提高自己，超越自己。**

一个有着远大抱负的人，应当明白，物竞天择，适者生存。要向对手学习，发现自己的缺点；要不断寻找新的"对手"，确立人生更高的目标。**为对手的成功而骄傲，为有更多"对手"而自豪，因为这些"对手"将帮助自己迈向人生更高的台阶。**

爱你的"仇人"

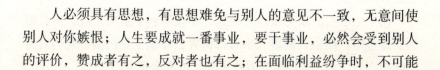

人必须具有思想，有思想难免与别人的意见不一致，无意间使别人对你嫉恨；人生要成就一番事业，要干事业，必然会受到别人的评价，赞成者有之，反对者也有之；在面临利益纷争时，不可能

绝对公平，尺短寸长，难免不公平，自然会有怨言，等等。

只要你有思想、想做事、有取舍，就会面对别人的评价和不满，难免会使人对你生怨怀恨，如何对待这些人，考验着一个人的思想境界和做人的艺术。

这里所说的仇人，并非是与你有着血海深仇的人，而是在一定程度上对你不满、有意见和伤害过你的人。

换一种角度看待"仇人"，就会发现他们同样是你的"朋友"。

仇人的存在提醒着你，要时刻努力奋斗，不然的话，他们等着看你的笑话，你的失败会遭到嘲笑和打击。他们的言行给你的成功加了一把火，从一定的程度上说，仇人时时在催促着你"一定要成功"。

仇人的攻击往往击中要害，他们知道你的"痛处"，了解你的弱点，对你的话语往往是真实的，绝少奉承，你从仇人的话语中能发现自己的弱点和努力的方向。

感谢仇人，**他们的攻击，使你努力；他们的攻击，使你学会了坚强和应对；他们的侮辱嘲讽，培养了你的气度和风度。**

其实，人和人能够有多大的仇呢，还不是一些无关原则的事？意见相左，由怨生恨，所以成了"仇人"，如果能够采取宽容和谅解的态度，我们在这个世界上的"仇人"将会大大减少，无形中为前进的道路上扫清了障碍。

要用包容的态度对待仇人，同样是人，何必为仇。既然抬头不见低头见，何不化干戈为玉帛？

要用爱心来对待"仇人"，你的理解、宽容会化解矛盾，你的关心、关怀，会让隔阂烟消云散，你的善意会使他对你折服。爱的阳光会融化坚冰。人非草木，孰能无情？动之以情，晓之以理，总比对抗和仇视好。

用"仇恨"的眼光来对待仇人，不仅不利于解决矛盾，而且得到的是仇恨；用仇恨的眼光来看待世界，心里全是仇恨，起码对身心健康不好。你用爱的眼光看待世界，世界全是爱。

当你的爱心用在"仇人"身上，会产生奇迹，也许一刹那间就会化敌为友。**对待"仇人"，你的爱心是最好的融化剂。**

唐太宗通过玄武门政变登上皇帝宝座。魏征是东宫李建成手下的核心成员，担任太子洗马。李世民召见魏征，责备魏征说："你为什么离间我们兄弟？"听了李世民的问话，众人都为魏征的回答捏着一把汗。没有想到魏征举止自若，很坦然答道："先太子李建成早听从了我的话，必然早早杀了你，哪会发生今日之祸呢？"魏征竟然如此说话，李世民不但没有生气，反而对魏征以礼相待，任命魏征为詹事主簿。

唐太宗能够这样对待自己的政敌，显示了他的宽阔胸襟，也是他对待"仇人"的方法，正是魏征的才干，为后来唐太宗的贞观之治立下了汗马功劳。

要从爱出发，欣赏你的仇人，这样你的生活会轻松很多。仇人一旦转变为朋友，会对你的工作事业带来莫大的帮助。

爱事业、爱社会、爱世界

世界需要爱，爱是世界上最伟大的美德，是世界上最伟大的力量，是人类进步的动力。

爱自己的事业，唯有爱才是事业成功的保证。如果对待自己所从事的事业不喜欢、不爱，是不会坚持到底的。爱是心灵的花朵，不用心，不会结果。没有对于事业的热爱，就不会全身心地投入，什么也做不成。

爱社会，社会是我们生存的土壤，是我们事业成功的平台。热爱社会、热爱人类，使我们的身心得到健康成长。而反对社会，仇视社会的人必然为世人所唾弃。那些极端的组织和仇视社会的人，都是没有前途的。

爱世界，爱一花一木，爱美丽的山河，爱无极的天空。仰望天空，使我们充满了圣洁，使我们的理想更高更远。

爱是圣洁的，人世间最高的感情叫爱，最大的付出叫爱，最美丽的感情叫爱。爱是人终身的修行和要义。

爱与真善美是一致的，真正的爱就是真、善、美。没有爱，何来真、善、美？

爱教会了我们付出，教会了我们奉献，教会了我们崇高，教会了我们坚忍不拔和执著坚定。我们的理想、事业、生活都包含着爱，没有真正的爱，什么都不会成功。

第二十九章　阳光思维 阳光心态

箴言录

思维决定思路，思路决定出路。

内心明澈光明，不受尘埃，生活就会充满阳光。

你关注什么，就看到什么。

生活如同万花筒，你转一个角度、换一种眼光，就是一个世界，就是一种心情。

改变命运的人，总是那些想改变命运的人和主动去改变命运的人。

平凡蕴含着非凡，平凡造就伟业。

阳光思维和阳光心态的词典里，没有不良心理的时间和空间，有的只是阳光，只是永不放弃的奋斗。

正见和正思维

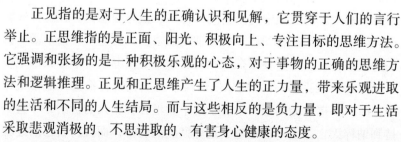

正见指的是对于人生的正确认识和见解，它贯穿于人们的言行举止。正思维指的是正面、阳光、积极向上、专注目标的思维方法。它强调和张扬的是一种积极乐观的心态，对于事物的正确的思维方法和逻辑推理。正见和正思维产生了人生的正力量，带来乐观进取的生活和不同的人生结局。而与这些相反的是负力量，即对于生活采取悲观消极的、不思进取的、有害身心健康的态度。

有句话说思路决定出路，有什么样的思路就有什么样的出路。

其实，这句话并不全面，反问一句，思路来源于什么？就是思维。正确而积极的思维，对于思路起决定性的作用。所以应当再加一句话就是：**思维决定思路，思路决定出路。**

有什么样的思维方式，就会产生什么样的思路。同样一件事，思维方式不一样思路就会不一样。

佛教提出了八正道，包括正见、正思维、正语、正业、正命、正精进、正念、正定。即正确的见解、正确的思维、正确的语言、正确的行动、正确的生活、勇猛进取、正确的信念、正确的禅定修行佛法。其中的核心是正确的见解，正确的见解来源于一个正确的思维方式，没有正确的思维，就不会有正确的见解和人生的目标、正确的行动。

正思维对于人们的心态、情绪、行动具有决定性的作用。正思维从根本上说，应当是树立正确的人生态度，任何时候都要保持对于生活的希望和信心，对于解决人生道路上的种种问题起推动性力量，而不是阻止性、无用性作用；它鼓励我们为了理想和事业进行永不妥协的奋斗。它是人生道路上的一种正力量，对于我们的事业、理想具有重要现实意义。与正思维相对应的就是负思维，总是从消极、悲观的一面看待生活，使人丧失前进的力量和勇气。

同一个事物，从不同的角度看，所呈现的是不同的内容，产生的是不同的结果。

维克多·弗兰克尔是一个医生，第二次世界大战期间，他的全家都被关进了纳粹奥斯威辛集中营。他的父母、妻子、哥哥，全都死于毒气室中。他在集中营里受到了打骂、羞辱等惩罚。在这种残酷的环境下，每天都看到许多朋友被残酷杀害，有些人失去了活下去的勇气而自杀。在这种被摧残和死亡笼罩的氛围里，很多人都绝望了。然而，维克多·弗兰克尔依然对于人生充满着希望，他苦中作乐，时时怀揣生的渴望，承受了集中营里种种非人的折磨，一直坚持到纳粹灭亡。他不但超越了这炼狱般的痛苦，而且将自己的经验与学术结合，创立了心理疾病"意义疗法"，被誉为继弗洛伊德的心理分析、阿德勒的个体心理学之后的维也纳第三心理治疗学派，是世界著名的心理学家和精神病学家，帮助许多人走出人生的低谷，燃起了对于人生的希望。维克多·弗兰克尔对生命充满了极大的热情，67岁开始学习驾驶飞机，80岁还登上了阿尔卑斯山。他说："人所拥有的任何东西，都可以被剥夺，**唯独人性最后的自由，也就是在任何境遇中选择自己的态度和生活方式的自由不能被剥夺。**"

他认为再恶劣的处境，都不能改变自己的意志和对于生命的内心选择，人不能选择环境，但是，可以选择对于环境的态度和思维，可以坚守自己的信念和目标。人们的郁闷和挫折感是在追求人生价值和理想的过程中出现的，属于"心灵性神经官能症"，应当说是心灵思维的层次，而不是病理学意义上的心理疾病。当忧虑或失望超过生命价值感时便出现这种现象，要正确对待内心的冲突，调整思维，寻找并确立人生的意义。

不同的人生态度和思维方式会带来不同的心态和效果。《法句经》道："诸法意先导，意主意造作。若以染污意，或语或行业，是则苦随彼，如轮随兽足。"又道："若以清净意，或语或行业，是则乐随彼，如影不离形。"意思是人们的思想和行为是由意识决定的，如果意识受到污染，那么不论说话或做事，都会有痛苦缠绕，就如同车轮总是跟着拉车的兽足一样。如果内心清净美好，那么不管说话或做事，都有快乐如影随形。

对待人生，内心明澈光明，不受尘埃，生活就会充满阳光。如果自己内心郁闷黑暗，那么，世界就会显得黑暗。我们的见解和思维，决定了一系列的生活处境。

正确选择

人生是可以选择的，人生时时处处都存在着各种意义的选择。选择什么样的思想，选择什么样的思维，选择什么样的生活方式，决定了有什么样的生活和结果。

在这个世界上，自己是自己的责任人。除过自己以外没有人可以代替自己做人。你不对自己负责，谁会对你负责？谁能代替了你的人生？即使父母亲朋关心帮助你，那也只是相对的，不能代替你去工作、生活，也不能代替你实现理想和目标。人生所有的事情最终需要自己去应对。

你关注什么，就看到什么。现代通信业的发达，开阔了人们的眼界，给人们带来以往任何时代都无法企及的信息量。只要地球一个角落发生什么事，也许在当天就传遍了全世界。大脑对于信息有个过滤和屏蔽的过程。它看到的总是他想看到的。生活处处都有诗意，蓝天白云，莺歌燕舞，可是有的人看到的是痛苦和悲情，对于与自己无关紧要的灾难、痛苦、丑恶津津乐道。成天谈论这些事情，必然给心情带来了负面影响，看什么都是悲观和痛苦的。时间长了，就塑造了悲观的眼光和性格，举手投足之间都带着痛苦和失意。当一个人的心里时常充斥着负面的信息时，这些信息就占据了他的心灵和身体，演变为他对世界的基本态度和思维方式，这些负面的信息残存在心里，并被细胞所负载，细胞自然沾染上悲观痛苦的病毒，难免就感染了心理疾病和生理疾病。

人们的情感也在受着世界观和思维的控制。每个人可以有许多情感，可是有的人偏偏生活在自我折磨当中。**他不想乐观的、健康的、向上的事情，满脑子想的是烦恼忧愁的事情，自然就烦恼和忧愁了。**忧愁令人老。心也烦了，皱纹也多了，头发也掉了。出现了这种情况后，他就更加烦恼痛苦了。所谓举杯消愁愁更愁，抽刀断水水更流。一环套一环，愁愁相接，苦苦相生，人生难道会有好的事业和理想吗？**带着负面的眼光看待世界，给出的结论必然是悲观失望的，好像整个世界都是这样的，**没有一片阳光照耀的乐土。这就是许多人生活不幸福和人生失败的根源。

好心情很简单，就是树立正确的人生观、正确的思维，接收快乐的信息。

换一种思维方式，世界在你的面前将是风景秀丽，阳光灿烂。据说两个推销员去非洲沙漠推销鞋子，一个人看到非洲气候热，人们都不穿鞋子，就沮丧万分，认为不可能推销，感到很失败。另一个人看到非洲人不穿鞋子，却看到了无限的商机，充满信心，计划大刀阔斧大干一场。下雪天雪花飘飘，银装素裹，红梅傲雪，有的人为雪景而欣喜陶醉，有的人却唉声叹气，连连抱怨，怪天寒地冻，一片萧肃。

生活如同万花筒，你转一个角度、换一种眼光，就是一个世界，就是一种心情。可是，有的人就是转不过来，总用阴暗的眼光看待世界，于是他的世界就是一片阴暗，前途也是一片阴暗。

人生首先要对自己具有责任心，选择健康快乐的生活方式和身心修养。

人生可以有许多生存方式，可是有人却选择了损害健康的方式。

许多人失败的原因就在于沉浸在恶劣的心境中不能自拔。他们认为生活没有前途、人生充满了烦恼，生活没有意义。好像现在的生活就是上天的安排，不得不如此，一切已经无法改变。由此，主动选择了失败的、颓废的、有害身心健康的思维方式，主动去适应和习惯了失败的人生，而且潜入进去不再回头。实际上所有的都不是他愿意要的，可是，他要了，不但从行动上接受了，而且更从心灵上、思维上、心情上主动要了。这就是失败和痛苦的人的生存方式。

人类存在的最重要的本质是负责，每个人都可以选择生活方式，选择自己的心情和思维方式。对于自己最好的负责就是选择阳光生活、阳光思维、阳光心情。**心里有阳光，自然生活就有阳光。**

拒绝无聊

无聊是一种心理特征和行为。如精神空虚，生活烦闷，浪费时间，无所事事，娱乐玩耍，放纵自己。不知道要干什么，也没有明确的生活意义和目标。处于无聊状态的人情绪郁闷，生活疲惫，对什么都打不起精神，于是，就那么自暴自弃地处于没有自律的生活状态里。

每个人都有过类似的经历，在事业奋斗的道路上，总有那么一段时间感到特别压抑，特别乏味，什么都没有意思，怀疑人生的价值。具有无聊特征的人，不注意自己的形象，不修边幅，无精打采，这儿转转，那儿走走，根本静不下心来做事。随波逐流，得过且过，没有主动性，生活就在这种空虚无聊中度过了。好像自己被局限在一个四周不透气的环境里，无法突围，无法找到人生意义。试看周围的生活，有的人闲极无聊，每天沉浸在麻将声里，夜夜打牌，天天赌博，好像其他的生活消失了；有的人喜欢上网、打游戏、聊天，夜以继日，废寝忘食，乐而忘返，除过玩以外，排斥所有的事情。无聊的人精神状态和身体状态都是不好的。不爱惜身体，长时间不节制不自律，身体能好吗？

一定要警惕这种人生状态，这种烦闷的情绪会给生活笼罩上一层灰色的调子，污染生活的环境，磨损人生的斗志。宝贵的时间、机会都在这种状态中失去了。

无聊有多种表现。

一是没有理想，没有目标，无所事事，百无聊赖。梦想引领着我们的生活，理想让我们的生活变得有价值和意义，所以任何时候都不能失去理想，放弃人生的目标。有了理想和目标，人生就有了方向，就有了期待，于是就能焕发自己的力量和潜力，就会去行动。所以必须确立人生的理想目标，才能使生活充满意义，走出无聊的折磨。

二是精神空虚，看破红尘，失去了人生的锐气。人生不可能看破，不存在真正"看破"人生的人，无论是生活还是知识都有着无穷的空间，需要我们开掘。所谓的"看破"，只是短视，任何时候都不要被这种假象迷惑，而停止了进取的脚步。杜牧《寄浙东韩乂评事》诗："一笑五云溪上舟，跳丸日月十经秋。鬓衰酒减欲谁泥，迹辱魂惭好自尤。梦寐几回迷蛱蝶，文章应解《畔牢愁》。无穷尘土无聊事，不得清言解不休。"岁月如跳丸般迅速流逝，依稀往事浑似梦，无穷世界的无聊事情，有时让人不由自主，但是，即使这样，我们也不要对生活失去希望，而要勇猛奋斗。

三是局限于一个环境，工作没有进展，生活乏味，感到前途渺茫，人生不过如此。 人就是环境的产物，每个人大多长期在一种环境生活，干着同样的工作，几乎每天都是前一天的重复，这就是许多人的生活，时间长了自然厌倦乏味。面对这种现实，一定要超脱出来，不要沉溺其中不能自拔，也不要随波逐流，这样会更加被这种无聊感所折磨。一定要相信生活，相信通过自己的努力一切都能改变。事实也的确如此，改变命运的人总是那些想改变命运的人和主动去改变命运的人。

四是做无聊的事。 空虚的心灵，无聊的精神状态，就会有无聊的行动。如关心与己无关的闲事，乱说别人的闲话，说起闲话来津津乐道没有完；贪婪杯中之物，一杯接一杯；什么事都不做，就在那里发呆，如此等等。在无聊中生活的人，对这些事充满了兴趣，而且津津有味。

五是生活不节制不规律，精神状态欠佳。 起得很晚睡得很晚，黑白颠倒，胡吃胡喝。对仪表不注意，言行猥琐，脸不洗，头不梳，弓腰驼背，失去了精气神，好像游魂一般随处漂移。这样的状态肯定是无聊的人。战胜无聊首先要改变这种状态，有一个崭新的精神面貌，改变了形式，内容也就改变了。

大地浩瀚无际，人生丰富多彩，美丽的人生如无限的画卷，需要我们用青春去谱写，去奋斗。

人生，一定要拒绝无聊。不要被一时的假象和错误的观念所迷惑。一旦出现了这种精神状态，千万不要让这种情绪蔓延开来，侵入身体，破坏了情绪和心态。

不甘平庸

人生可以平凡，不可以平庸。

平凡是普遍存在的，诸如常态的社会里平凡的生活、平凡的工作、平凡的世界，每个人都是社会运转体系中的一个螺丝，随着社会机器运转。

然而，平凡蕴含着非凡，平凡造就伟业。平凡中隐藏着轰轰烈烈的事业，包含着出类拔萃的英雄业绩。路遥创作《平凡的世界》这部现代文学名著时，条件极为艰苦，每天在屋子里爬格子，谁能看出他和一般的作家有什么不同之处？谁能预测他在写一部不朽的著作？就是那么一个字一个字、一页纸一页纸地写下去，很单调，很平凡，但是，当这些单调的日子串联起来，这些平常的文字组合起来，这部曾经感动过千百万人的名著就诞生了。

我们都在平凡地生活，可是，也许在我们中间的某个人有一天就脱颖而出，一鸣惊人。这就是生活的不同之处，也是平凡的质变。有句话说得好，把每件容易的事做好就是不容易，把每件平凡的事做好就是不平凡。

同样地站在大地上，有人仰望星空，思考的是宇宙世界，看到的是人类飞天的梦想，所以宇宙飞船诞生了，人类登上了月球，实现了太空飞翔的梦想。有的人却盯着鸡毛蒜皮的事情，斤斤计较，鼠目寸光，为买了一件时尚衣服而沾沾自喜，为吃了一顿山珍海味而兴高采烈，为车子不如别人而徒生烦恼，这就是平凡中的平庸。

判断平庸的标准就是是否用心，是否为创造奇迹做准备。平凡的生活里，用心就是不平凡，不用心就是平庸。1994 年陈天桥 19 岁从复旦大学毕业后，来到上海陆家嘴集团，担任集团的录像放映员，给有关人员放映集团历史发展情况的录像。面对这种平庸乏味的工作，陈天桥没有抱怨，而是尽力干好这个工作，并利用工作之便阅读了大量有关计算机和经济类的书籍，形成了自己的经济管理思想，并对于网络游戏有了深刻了解。这为他以后创立公司打下了坚实的基础，起了莫大的作用。1999 年，陈天桥以 50 万元启动资金和 20 名员工为基础，创立了盛大网络有限责任公司，如今员工有 1 万余人，他的身价达到上百亿元，曾经荣获"中国文化产业十大杰出人物"等称号。

不错，平凡中孕育着伟大，平凡中孕育着成功，就看你如何对待平凡，如何对待生活，是不是拒绝平庸。陈天桥谈起自己的创业感叹地说："在中国不要说比陈天桥，包括比柳总柳传志，包括比张瑞敏先生聪明的人、智慧的人，我相信大有人在。中国藏龙卧虎，但是很多人的价值观，可能并不需要执著地达到一个理想。他可能满足于其乐融融的三口之家，每天和家人能够在一起打打牌，和朋友一块喝茶，这是一种价值观的不同。"平凡的世界里只要有一颗不甘平凡的心灵，就会创造生命的奇迹。

甘于平庸的人由于对于平凡的满足，使他失去了进取心，也使他缺失了创新的活力。

平平淡淡才是真，这句话很流行。**其实这句话并不一定对，从某种程度上看是自甘平庸的表现。**生活是平淡的，但是，你不能甘于平淡。平平淡淡的观念和生活，消磨了斗志和进取心，使人们认同于现实，认同于平庸，屈从于不得已的生活，以为这是真正的人生，恰恰相反，这是颓废的表现。实际上人们不可能真正达到平淡。如果说买房没有钱、上学掏不起钱、有生存之忧、办事处处求人等等，你能"平淡"吗？人生如逆水行舟不进则退，不去奋斗，不向上生活，就会被时代的大潮所淘汰。

人生谁没有梦想？可是，实现梦想的有几个人？当雄心万丈在现实面前折戟沉沙，当美丽的梦想在现实面前化作了泡影，我们沉寂了，止步了。把理想束之高阁，把曾经的誓言当做了美好的回忆，把曾经的锋芒遮掩起来。

生活使我们平凡，但是我们决不能平庸。

与其嫉妒，不如奋斗

　　嫉妒是对于别人取得的成绩和荣誉而产生的一种不满、羞愧和怨恨的心理。

　　嫉妒的对象基本上是嫉妒者周围的人，如同事、同学、熟人、邻居等等。因为一个人没有资格嫉妒和他无关的人，因为那些人离他们的生活有很远的距离，不会影响或者伤害到他们。比如，一个人可以嫉妒他周围的朋友有一辆好车，但是，不会从心里嫉妒他不认识的一个人开着宝马，更不会嫉妒亿万富翁拥有多辆名车。

　　嫉妒还和生活的层次有关系。嫉妒总是发生在水平相当、境遇差别不大的人们之间。一个成绩中等的学生可以嫉妒他们班上的同学考了第一名，但是，不会嫉妒他们年级的同学考了第一名，对这个同学只有羡慕的份儿，因为他还达不到那个层次。当人们之间水平能力相当时，也许会产生嫉妒心，一旦一方远远超越了对方，可望而不可即，根本就不可能追赶得上时，那么嫉妒心就消失了，变成了羡慕和向往。如果你是科长，他是副科长，那么他嫉妒你，如果你是省长他是科长，他会嫉妒你吗？只剩下羡慕和夸耀的因素了。

　　人真是奇怪的动物，别人比自己强了就不高兴，好像是对于自己的伤害。这种心理实际上是一种不健康的病态的心理。

　　在嫉妒中受到伤害最大的是嫉妒者。

　　因为嫉妒不但浪费了时间，让美好的时光白白流逝，使自己更加趋于平庸，无所作为，而且破坏了好心情，伤害身体。同时，嫉妒的结果对于被嫉妒的人毫无作用，你怨恨人家，和人家有什么关系，你只能与自己生气和过不去，而人家还可能不知道你的怨恨，照样活得快快乐乐的。其实，嫉妒是一把双刃剑，双刃都刺向嫉妒者。

　　当然了，这是指一般意义上的嫉妒，只是在伤害自己而已。如果嫉妒再往下发展，就会由怨恨变为仇恨，这个时候嫉妒就升级了。

李某和赵某是某大学的研究生，两个人是同一个导师，在同一个宿舍住，平时关系处得挺不错，在导师的指导下一块做课题、去旅游，是人们眼中的好朋友。李某学习上很用功，写的一篇科研论文在国家级刊物时发表了，一时间引起了学校的关注，导师更是欣赏有加，当面表扬李某，让赵某向李某学习。赵某不由得嫉妒起李某来，看着她怎么都不顺眼，心里嫉恨不已，甚至每天难受得睡不着觉。临近毕业时，同学们都在洽谈单位，赵某找了几个单位都不合适，心烦意乱。一天，带着满身疲惫回到宿舍时，突然看见有一封寄自美国的邮件没有开封，上边写着李某的名字。在潜意识驱使下她打开了邮件，一看这是美国某名牌大学的录取书。霎时间赵某的嫉妒心疯狂燃烧起来，心想我连工作都找不下，李某却要到国外读博士了。嫉恨之下，把这封信悄悄藏了起来。李某左等右等都不见邮件，结果误了去美国读博的机会。刚开始还以为没有被录取，后来一追查竟然是赵某偷偷把邮件藏了。一气之下告上了法庭，法院审理后判决赵某赔偿李某精神损失费 5 万元。学校知道这个事后取消了赵某的研究生毕业资格。

嫉妒使赵某不仅失去了朋友，而且让同学变为仇人，对簿公堂，影响了李某的前程，更毁了赵某的前程。

嫉妒破坏了快乐、平静，使人变得心浮气躁，容易发怒。

嫉妒是痛苦的心灵折磨。首先折磨的是嫉妒者，最受折磨的也是嫉妒者。世界上总有人比你强，你周围的人总有人超越你，如果嫉妒的话是嫉妒不完的，会使你长期心情不佳。

嫉妒有百害而无一利。嫉妒使人失去朋友、同事、亲近的人，不仅造成了各种危害，而且使嫉妒者失去了生存的根据和屏障。因为人们所嫉妒的对象往往都是与自己亲近的人，如同事、朋友、邻居等等，对这些人嫉妒必然导致偏见和意见，产生矛盾和纠纷，也就失去了别人的欢迎和帮助。而对你帮助最大的人就是这些人，失去了同事、朋友和邻居，那么人生还剩下什么？

一个心态健康的人是不会有嫉妒心理的，为同事和朋友取得的成绩和荣誉而高兴，就像自己得到一样。发现不足，虚心学习，携起手来，一同奋斗。同时，由于协作的环境、良好的氛围和互相扶持，使得每个人都进步，更加努力，从而实现双赢和多赢。

真正追求上进和成功的人，不应当有嫉妒心，而应把别人的成绩和荣誉变为自己奋斗的目标，成为激励和鞭策的动力。

战胜郁闷，拥抱阳光

郁闷是期望值与现实相抵触的烦乱、无奈、憋闷、纠结的心理感受。

它是现实与理想的矛盾，是寻找出路时的迷茫，是人生事业处于停顿期的焦灼。

伟大的理想、美好的事业常常使人对于生活充满期望，可是，我们的愿望和目标与所处的环境总是存在这样那样的差距，即使使尽力量有时也无法改变，就会产生郁闷。面对郁闷，不应当是仅仅郁闷，而应当在郁闷中总结自己，认识自己，向人生的目标继续努力。

郁闷是个体价值得不到承认而产生的心理现象。海明威 1918 年参加第一次世界大战时身负重伤，回国后养伤。后来担任一家报社的实习记者，对于社会的了解和战争的经历使他拿起笔来从事文学创作。1923 年发表了第一部小说《三个故事和十首诗》，可是只印刷了 300 本，反响平平。第二年又写了一部小说《在我们的时代里》印了 1700 余本，可是只卖了 500 本。遭到了评论家的批评。后来又写了长篇小说《太阳照常升起》，终于引起了一定程度的轰动，虽然被斯坦因誉为"迷惘的一代"的代表作，然而还是褒贬不一，受人诟病。长期的创作、精力的付出，加上身体不佳，使海明威陷入了郁闷，心里空虚，精神迷惘。但是，对于创作的热情使他仍然坚持写作，直到 30 多年后，1954 年凭借《老人与海》获得了诺贝尔文学奖，引起了全世界的关注，人们对于他的小说才改变了看法。

当我们郁闷时，千万不要在失望中动摇信念，认定理想和目标后就一定要坚持下去，才会改写自己的历史。当海明威的小说创作成绩没有得到应有的肯定时，虽然郁闷，表现出失望的情绪，也被失望所困扰，但是他并没有在失望中放弃事业，而是始终不渝地坚持下来，终于获得了诺贝尔文学奖，成为 20 世纪世界文坛的重要作家之一。

在生活或者工作中本来感觉到对于某件事有把握，结果却出人意料，没有成功，让人郁闷。比如，长时间在事业上没有作为，在工作上没有大的进展，本来该得到的东西结果却意外失去了，使人内心纠结，陷于矛盾，难以悟透，极度苦闷。郁闷夹杂着不满、牢骚、心灵的煎熬等。事实上就是这样的。有的人因为一次没有晋级，就病倒了，就改变了人生的价值观，从而自暴自弃；有人与人竞争失败了，就灰心丧气，不思进取，走上了另外一条人生道路。

郁闷是无奈的反应、有力无处使的感觉。这种无奈的力量在身体里循环，引起心理的挣扎和煎熬。

深度郁闷对于身心健康有着不良的影响。我们看到有的人由于事与愿违，没有实现理想，意志消沉，内心苦闷。长时间的这种心理状态导致了身体素质下降，甚至因而得了病，悔之晚矣。李贺的诗歌神奇瑰丽，旖旎绚烂，造语奇隽，凝练峭拔，想象丰富，是唐代浪漫主义诗歌的杰出代表。他才华横溢，与李白、李商隐并称"唐代三李"。凭李贺的才华参加科举考试是很可能金榜题名的。然而，由于他的父亲晋肃的名字与进士的"进"同音，因而有人认为他应当避父讳忌而不应参加进士考试。李贺在仕途中失意，心里郁郁不平，加之体弱多病，到 27 岁就去世了。

人生有郁闷是正常的，但是一定要在郁闷中很快解脱出来，总结教训和经验，继续努力，不要被郁闷所控制，更不要被郁闷所打倒。

换一个角度来看，陷于郁闷也是提高自己的一个机会，下一个目标也许更高。智慧的人在郁闷中发现了人生的不足，找到了努力的方向，发现了事业的突破口，于是，以十倍的热情继续努力奋斗，他得到的将会比失去的更多，他的成就会更大。同时，郁闷也是对于人们的意志力和承受力的锻炼，当希望化为失望，当得到瞬间失去，我们的性格、精神、心灵都受到了考验，也使我们变得更加坚强，以后在人生的道路上能够承受更大的风浪和打击，干出惊天动地的伟业。

其实，要奋斗就会有付出，理想和现实总是存在着差距。当我们战胜了郁闷，全身心地去与命运抗争时，人生就会迎来新的开端，事业就会有一个新的开始。

人生如歌，光阴流金。要记住，"多少事，从来急，一万年太久，只争朝夕"，人生没有太多时间让你烦恼、郁闷、嫉妒、忧愁，我们一定要提高人生境界，用积极阳光的心态对待人生的各种遭遇，战胜不良的心情，开辟美好的人生领域。

阳光思维是一种积极的思维，阳光心态是一种进取的心态。任何时候都要对于生活和事业充满信心，都能够积极地看待人生，驱逐阴暗的笼罩，消除各种不良的心理现象，毫不动摇地坚定地朝着人生的目标挺进。

阳光思维和阳光心态的词典里，没有不良心理的时间和空间，有的只是阳光，只是永不放弃的奋斗，让阳光照耀人生的康庄大道。

第三十章　把握成功　永远进取

箴言录

> 成功不是一次性的，而是由一个个成功构成的。
>
> 如果说失败是成功之母的话，那么我要说，成功是失败之母，成功的人往往更容易失败。

巅峰时期也是危险的时期，巅峰之高，一旦失足也是很惨的。

做大的时候，要看到小；做成的时候，要看到败；站得高，要看到低；顺境时，要看到逆境。

成功之后，就站到了聚光灯下，你的成功被放大，你的缺点也被放大。

成功之后，更要有雅量。要听掌声，也要习惯骂声。

成功者面对的是过去，保持成功面对的是今天和未来。成功之日，也就是新的开始。

真正的成功者，是不断进取的人，是没有最终目标的人。

不要被鲜花淹没

成功是艰难的，经过无数坎坷和努力才撷取了成功的花环。

成功使以前的付出终有了回报，使生活发生了根本的改变，也改变了人们对你的看法。

可是，当我们实现了目标，取得了成功后，千万不要被包围的鲜花和掌声所陶醉，不要丧失了继续进取的斗志，不要在成功之后忘记了曾经的誓言，忘记了曾经的艰难付出，忘记了自己的使命。

当满杯的美酒代替了痛苦的血汗，当簇拥的鲜花替换了阻止前进的荆棘，当温柔乡的享受代替了艰难困苦，这时，我们一定要保持高度的警惕性，**千万不要丧失自己的本色，不要忘记人生奋斗的宗旨**。

1949 年 3 月，在离北平 300 多公里的河北省平山县一个名叫西柏坡的小山村，中国共产党召开中央七届二中全会，参加会议的 34 位中央委员、19 位候补中央委员和 11 位列席人员，均是党、政、军的重要骨干，肩负着建设新中国的重任。毛泽东语重心长地告诫道："夺取全国胜利，这只是万里长征走完了第一步，以后的路程更长，工作更伟大，更艰苦。务必使同志们继续地保持谦虚、谨慎、不骄不躁的作风，务必使同志们继续地保持艰苦奋斗的作风。"

毛泽东充满了智慧，保持了政治家的高度警觉，明白夺取胜利后的路更长，更艰难。在革命成功之后，建立新中国之后的短短 20 年，就遇到了无以计数的困难，中国发生了翻天覆地的变化，各个社会阶层经历了考验。果然，许多当年与会人员的人生发生了重大变化，他们的命运被改写了。

当我们经过了千辛万苦，牺牲了太多的幸福获得了初步的成功后，一定要警钟长鸣，不能跌倒在成功的酒杯里，不能被簇拥的鲜花所淹没。因为，一切都太不容易了，稍有松懈，就可能把以前所有的努力都白白葬送了。

成功不是一次努力的结果，往往是数十次数百次努力的结果。人世间的成功，是一系列的行动，是永不停止的追求，是永不言弃。

美国篮球名将乔丹 17 岁上高中，进入校篮球队时身高 175 公分，没有被校队录取。教练说他身高不够，技术不好。但是，乔丹太喜欢篮球了，于是帮助其他队员擦汗，捡球。他练球时，别人投篮 500 次，他 1000 次，别人练 4 小时，他练 8 小时。有时练的时间长了，就睡在篮球场上。他通过了锻炼，身高长到了198公分。他全家没有一个人长到175公分。心中的梦想、对于事业的钟爱，使他多长高了23公分。乔丹连续10次被评为NBA得分王，连续10次被评为NBA防守冠军，连续10次被评为NBA最有价值球员，所在球队连续5次获得总冠军。最终，乔丹出场费2千万元、年收入3500万美金。

分析乔丹的战绩，我们不难看出成功是连续性的，仅仅一次成功不叫成功。如果满足于一次比赛的胜利，满足于一次冠军，那么，乔丹就不会成为篮球巨星。在成功的道路上，是没有止境的，需要一次次地奋力冲击，永无止境。

那些没有远见的人，那些注定走不远的人，总是把成功看得很简单。稍有些许成绩，就陶醉其中，忘乎所以，最终倒在通向成功的道路上，仅仅给成功留下一段插曲，成为可悲的角色。

成功是失败之母

为什么有些成功者只是昙花一现，为什么有些成功者很快离开了人们的视线，就是他们**没有守住成功，在成功的美酒中迅速倒下了、失败了。**

如果说失败是成功之母的话，那么我要说，成功是失败之母，成功的人往往更容易失败。

因为，人们在追求成功的道路上，遇到失败还能忍受，对于失败能够保持高度的重视和警觉，一个失败和一百个失败都是一样的，任何失败都不能阻挡立志成功者的步伐。

而沉浸在成功的喜悦中的人，往往会被成功所遮挡了双眼，不仅容易犯错误，而且会在成功的自满中放弃自我约束，放纵自己的行为。古来多少成功者，没有在艰难的环境中放弃自己的追求和理想，没有在飞箭流矢中倒下，却倒在了成功的座椅上；古来多少有志者可以卧薪尝胆，吃糠咽菜，可是却在享受山珍海味、美酒佳肴中失去了志向，前功尽弃，真让人叹息不已。

年羹尧是清朝雍正年间的大臣，官至四川总督、抚远大将军，被加封太保、一等公，是封疆大吏。他运筹帷幄，驰骋疆场，在平定西藏和青海的叛乱中立下赫赫战功。年羹尧深得雍正的荣宠，雍正为有这样的封疆大吏幸运，把年羹尧视为恩人，甚至告诫他的家人世世代代都要牢记年羹尧的丰功伟绩。年羹尧得到雍正特殊宠遇，位极人臣。岂料，祸福相生。陶醉在成功中的年羹尧得意忘形，欺凌百官，贪赃受贿，侵蚀钱粮，累计达数百万两白银。雍正嘉奖年羹尧话犹在耳，可是，就在第二年雍正对年羹尧削官夺爵，列大罪九十二条，令年羹尧自尽。

雍正道："凡人臣图功易，成功难；成功易，守功难；守功易，终功难。"意思是建立功业容易，真正成功难；成功容易，守住成功难；守住成功容易，自始至终都居于成功难。

短短的几句话，阐明了成功的种种境界，指出了成功是长久的而不是一次性的，深刻揭示了人生要达到最终的成功是难上加难。

泰森是美国职业拳击手，曾获世界重量级冠军，被认为是世界上最好的重量级拳击手之一。他的"杀手锏"是连续快速的组合拳——左钩拳和右手重拳，这种毁灭性的左右手紧密配合的重拳形成了强大威慑力，多次击败了对手，创造了拳坛上的"泰森时代"和一个又一个的奇迹。他一度是最具威胁性的拳击手之一。但在成功面前，却不能很好地把握自己。1991年，他因犯罪而被判入狱。1997年，泰森在向霍利菲尔德挑战时，因不满对方屡次搂抱和头撞，两次咬住对手的耳朵，被吊销了拳赛执照并罚款300万美元。他的拳击生涯两次被终止。2005年重返拳台后，在与凯文·麦克布莱德华盛顿进行的一场比赛中，终因失败屈辱无奈，宣布永远退出拳击比赛。一个在拳坛上充满前途的天才的拳击手就这样早早退出拳坛，在成功面前很快走向了失败。

泰森为什么会失败？就是因为他的成功！他在成功面前如此地

放纵，本来出身贫寒，吃苦努力，可是，**成功冲昏了他的头脑，他没有顾忌了，把他的缺点全部放大了**。本来不该犯的错误，在成功后都犯了。把奋斗时的操守都丢了，剩下的就是随心所欲，违规违法，走向了堕落。

有人说，人一阔，脸就变。人一成功，感到得到了，付出了，该放松了。于是乎，不该有的缺点就有了，艰难时可以忍耐的不忍耐了，能吃的苦不能吃了，如此下去，就招来了失败。

成功之后应具备的眼光——看到变数

任何事物都不是一成不变的，没有一劳永逸的事。尤其是取得成功的时候，更要具有敏锐的眼光，预测到不利因素，看到发展的方向和有可能的拐点。

成功把人推向巅峰时期，使人志得意满，对于人生充满了豪情壮志，意气风发，锐不可当。可是，**越是这样的时候越要警惕，巅峰时期也是危险的时期，一旦失足也是很惨的。面对成功，我们一定要保持清醒的头脑，看到发展的变数，千万不可马虎，一失足成千古恨。**

1986 年，黄光裕拿着仅有的 4000 元，借贷 3 万元，在北京前门开始创业，先卖服装，后来改卖电器。1987 年成立国美电器店，正式走上家电零售业。经过 20 多年的打拼，一手打造出当时中国最大的家电零售连锁企业，位居全球商业连锁店第 22 位。他在北京、天津、上海、成都等国内 88 个城市以及香港地区拥有直营店近 330 家、员工 4 万多名，创造了一个不可思议的财富神话。2004 年国美以借壳方式在香港上市，黄光裕资产突破百亿元，成为内地首富。2007 年国美先后收购永乐电器、大中电器。2008 年黄光裕以 430 亿元问鼎内地首富。正当事业如日中天的时候，2008 年 11 月 19 日黄光裕因操纵股价罪被调查。2010 年，黄光裕案一审判决，法院认定黄光裕犯非法经营罪、内幕交易罪、单位行贿罪，三罪并罚，他入狱服刑。

黄光裕一手打造的国美电器，从3万多元起家，发展到如此空前的规模，是他奋斗的结果。黄光裕曾说："有些人创业的时候可能为了挣钱，有些人可能是为了做一番事业，然后呢，要做到尽可能做大，一有机会绝对要出击，我属于这一种。"正是靠着这种性格他成功了。可是，在成功后，**他没有看到变数，没有谨慎行事，却在事业的巅峰时期轰然坍塌，让人深思**。处于成功的漩涡之中，他曾是纵横商海呼风唤雨的风云人物，在波谲云诡的资本市场里，得心应手，气势如虹，怎么想得到几个月后会银铛入狱呢？如果**能够提前预知一些变数，那么他一定会小心谨慎、主动应对、防患于未然**。然而，这一切已是后话，也只能作为人生的教训了。

《诗经·小雅》道："战战兢兢，如临深渊，如履薄冰。"意思是小心谨慎，如同处于深渊边缘，如同走在薄冰上一样。告诫人们行事要极为谨慎，存有戒心。成功之后更加要谨慎小心，一着不慎，满盘皆输。

古代的圣贤之言，是智慧的结晶，经历了千百年的考验，一句话就使我们终身受益，千万不敢忽视。

成功改变了人们的位置，增加了成功者的高度，加之所处的位置变了，角度变了，可能模糊了视线。所以反应迟钝了，感觉麻木了。尤其还会出现一种遮蔽性思维，大脑对于某些信息是排斥和反对的，形成信息堵塞。而这些信息恰恰是事关前途命运的大事。经过对于成功者的研究，成功的逆转大多是这样的。拿破仑的滑铁卢之役、希特勒在欧洲战场的不可一世到惨败，难道不是这样逆转的吗？

人啊，最容易失败的时候，就是成功以后；最聪明的时候，就是面临危险的时候。围绕着你的人都顺从着你、都说着逢迎的话、都做着谄媚的事情。偶有真言，也被滔滔假话给淹没了，怎么能不失败呢？

做大的时候，要看到小；做成的时候，要看到败；站得高，要看到低；顺境时，要看到逆境。不要让成功的惯性冲垮了苦心营建的堤坝，不要让成功的花环变作失败的象征。

世界唯一不变的就是变。人常说富不过三代，这就是变化的结果。所以我们要不断地调整自己，修正自己。

誉满天下，谤亦随之

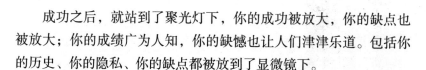

成功之后，就站到了聚光灯下，你的成功被放大，你的缺点也被放大；你的成绩广为人知，你的缺憾也让人们津津乐道。包括你的历史、你的隐私、你的缺点都被放到了显微镜下。

范曾是著名的书画家和国学家，在国内外颇有影响。钱钟书评价范曾道："画品居上之上，化人现身外身。"然而，在巨大的成功面前，对他有不同看法的也大有人在。某收藏家在报纸上用隐晦的方式评价道：有一位经常在电视、报纸上大谈哲学国学、古典文学、书画艺术的所谓的大红大紫的书画名家，其实也有过度包装之嫌。这位名家其实才能平平，他的中国画人物画，不过是"连环画的放大"。他画来画去的老子、屈原、谢灵运、苏东坡、钟馗、李时珍等几个古人，都有如复印式的东西，是流水线作业，不是艺术创作。人物造型大同小异，才能平平。指责他"逞能"、"炫才露己"、"虚伪"等，造成其社会评价的降低及精神痛苦。

在盛名之下，遭到这样的攻击，范曾自然气愤，于是，对簿公堂，索赔名誉损失费 500 万元。范曾的绘画也许存在某些缺点，也存在应酬之作，可是如此的评价确实应了一句古语："誉满天下，谤亦随之"。虽然，法院判决被告向范曾道歉和赔偿名誉损失数万元，但是，并没有平息，许多报道仍然接踵而至，拥护范曾者有之，拥护某收藏家者有之，范曾的名声显然受到损害。

成功的喜悦在攻击面前瞬时被冲淡了许多。在成功之后，有喜悦，有鲜花，也会有诽谤，有攻击。面对赞扬要保持清醒的头脑，明白自己的差距；面对攻击，也要有一个正确的认识，因为，你的成功肯定会使人们有各种评价，也会使某些人不满意。

多元化的社会，不同的价值观、利益的诉求和阴暗的心理，使成功者接受了成功之外更多的考验。林子大了什么鸟都有，社会上什么样的人都有。有靠依傍成功者生存者、有骂名人出名者、有靠打官司出名者，不一而举。作为成功者，一定要有清醒的认识，正确面对种种遭遇，不管事态如何，不变的应当是追求事业的进取心。赞扬也罢、批评也罢、诽谤也罢，以平常心待之。不要被赞扬所陶醉，更不要被诽谤攻击所伤害，所打倒。任由他攻击诽谤，千万不要把精力耗在这种无聊的事情上，这恰恰会中了圈套，影响甚至毁了事业。

郭德纲的相声很受百姓的欢迎，德云社相声演出场场爆满，取得了极大的成功。然而，他也饱受了成功之后的烦恼。媒体时时对他小题大做和围攻，有人批评他的相声是下三滥的恶俗艺术。甚至有人说："现在郭德纲在网上闹那么多事情，在道德在伦理上出现这么多问题，我搞不懂为什么那么多人喜欢他？"郭德纲对此回答道："楚河两岸硝烟障，从来暗箭起同行。观棋不语真君子，大人何必小鸡肠。你且扬威修栈道，我自低言度陈仓。堪叹人生终有老，莫叫无才笑江郎。"他终于明白：**"世上没有一种人和一种艺术形式被所有人都认可。作为公众人物，站得位置越高越容易招致骂名。很多人往往是骂人骂着玩儿，纯属发泄，不骂你也要骂别人。谁人前不被骂，谁背后不骂人呢？老天都是公平的，骂我的人也有人骂你，我们不必纠结于谁骂谁的问题上。骂着骂着我也就习惯了。"**

有些人经过艰难的奋斗，好不容易取得了成功。可是，心理素质差，经受不住社会挑剔的目光，在别人的非议、嘲讽、攻击和谩骂当中失去了自己。他们在意别人的评价，对别人的攻击耿耿于怀，不能放下，纠缠于别人对于他的言论和态度上，把宝贵的时间和有限的精力都白白浪费在与事业无关的事情上。所谓杀敌一万，自损八千。在费尽千辛万苦取得成功之后，却在人言面前被打倒了，成功仅仅是昙花一现而已。马云道："今天很残酷，明天更残酷，后天很美好，可惜很多人都死在了明天的晚上。"成功者应当是不论任何情况下都能够坚持自己的理想和信念的人，是坚持走到最后的人。

成功者要有自知之明，也要有知人之明。在别人的评价中不要沾沾自喜，也不要妄自菲薄。有则改之，无则加勉。把赞扬当做鼓励，把批评当做激励。不要因别人的攻击和诽谤而改变了奋斗目标，不要让别人改变了自己。要懂得自己的角色和事业，要在人生的舞台上做最出色的自己。

成功之后，更要有雅量。要听掌声，也要习惯骂声。这就是现实社会。既然是存在的就是合理的。掌声骂声都是对于你成功的肯定，都是和你的成功伴随而生的。世上不会有不被人指责和骂的成功者，除非他的成功不被人注意。

成功提出了更高的要求

人生永远走在路上，不会有终点。既然选择了奋斗，那么就要生命不息，奋斗不止。

成功者面对的是过去，保持成功面对的是今天和未来。成功之日，也就是新的开始。成功之后，生活对于成功者的要求更高，挑战更高。

甄子丹是著名的武术家、国际功夫巨星。他从 20 世纪 80 年代进入影坛开始，参加了数十部电影的拍摄。甄子丹的功夫很有速度感觉，很有爆发力。先后参加过袁和平、徐克、张艺谋导演的电影。2007 年担当主演、监制、动作导演的电影《导火线》，片中场面火爆，动作更是拳拳到肉，看得让人热血沸腾。特别是由他主演的影片《叶问》上映后，不但票房过亿元，口碑也很好。甄子丹的电影具有自己的风格，动作干净利落，凌厉迅猛，爆发力强，充满力度与视觉观赏性，一时间事业到达顶峰，他成为与成龙、李连杰并列的演员。找他拍片的导演、片商纷纷而至，应接不暇。似乎只要是他拍的电影票房就有保证。

然而，在人们的充满期待中，甄子丹接连主演的影片《武侠》、《关云长》票房都没有达到预期效果，褒贬不一。转眼之间，峰回路转，冰火两重天，他的事业又处于平缓状态。

为什么呢？因为人们对于他充满了期待，对他的要求就高了。他的电影、风格、动作，人们看多了势必会产生审美疲劳，就要求他突破自己，不断创新。另外，**人们对他由包容和欣赏的态度，也转向了挑剔的态度，这就要求他的电影更加精致、更加满足人们的欣赏趣味。**

没有一劳永逸的成功，成功者注定是要不断走下去的，当你走不下去的时候，就被人超越了。成功的荣耀不知不觉就减淡了。

回想刘翔在奥运会上夺冠，中国沸腾了，这是中国乃至亚洲在世界田径赛上的突破和里程碑。刘翔成为时代英雄，身价上亿元，广告商青睐，中国自豪，亚洲自豪，世界瞩目。荣誉、赞誉、羡慕铺天盖地。然而，紧接着在第二次参加奥运会时，却由于身体原因黯然退赛，他的教练孙海平在回答记者提问时痛哭失声，无比伤感。刹那间攻击者、嘲笑者势如洪水，令刘翔承受了巨大的压力。

成功后的考验更加严峻，**你超越别人以前，没有人会注意你，一旦你超越了别人，你就成为目标，受到人们的关注。**在这种压力下，刘翔和他的教练流下了痛苦的泪水，又义无反顾地走上了艰苦训练的历程。小小的跨栏，那是刘翔生命的高度，事业上永远要面对的障碍和平台。只要在田径场上，**此生就无法躲避，就要不断地超越，超越世界所有的跨栏名将，超越自己。**

成功之后，对于自己的要求要更严格，目标要更高。成功之后的压力、考验、风险都使人们无法逃避，既然走上了这条道路，那么就只有往前冲了。

冰心道："成功之花，人们往往惊羡它现时的明艳，然而，当初它的芽儿却浸透了奋斗的泪泉，洒满了牺牲的血雨。"明艳的成功之花，如不善待，也会很快枯萎。人们总是把目光盯向成功者，但是，成功之后，你必须更加成功，才不辜负人们的期待。

满招损，谦受益

山外有山，天外有天。

每个人的成功都是在一定环境和一定时间里的成功。其实，跳开这个环境，会发现自己的成功实在算不了什么。换个环境，把自己放到更大的环境里，放到全国、全世界来比，自己的那点成功可以说不值得一提。不要说世界上，也不要说全国，就在你所在的领域里，你的成功和别人比也实在存在许多差距。

而从历史长河来看，大江东去，浪淘尽，千古风流人物。历史上成功的人更加不胜其多，在历史的岸边任何成功者都会变得渺小。

所以，任何时候都不要自满，不要停止追求成功的脚步。

苏轼诗道："横看成岭侧成峰，远近高低各不同，不识庐山真面目，只缘身在此山中。"当我们囿于自己的一点点成绩，局限了我们的目光，好像感到自己很高大，很骄傲，这是无知的表现。一旦我们换一个角度，挪动几步之后，我们所看到的就是另外一种景象了，所有的自满会荡然无存。

庄子曾经讲了一个寓意很深的寓言故事。秋天来了，成千上万条河流都奔向黄河，一时间浩瀚无极，遥望河对岸的山崖之下，看不见牛马，颇为壮观。于是，河神洋洋自得，自以为宽阔无边，无比壮丽。顺着水流向东到了北海。向东遥望，茫茫无际，没有尽头。河神突然感到自己是多么渺小啊，感慨地说："知道了一些道理，就自以为别人不如他，我就是这样的人啊。如果不是亲自看到你的浩大，还不知道自己的浅薄，真贻笑大方了。"北海神说："井底之蛙，不可以给他谈大海；生活在夏天的虫，不知道冬天有冰；无知而狂傲的人，不知道大道理。这是由于他们局限于一定的时间和空间中。千百条河流进入大海，大海从来没有溢出。海水是无法计算的。由此可知，小小的我在天地之间，如同小小的石头树木在大山一样；四海在天地之间，难道不像一块石头在太湖里一样吗？整个国家在四海之内，难道不像一粒米在仓库里一样的吗？人与万物相比，就如马身上的毫毛一样啊。我感到我很渺小，怎么还会自大呢？"

河神自我感觉浩瀚无际，看到北海后自惭形秽，如此渺小，不知让他望洋兴叹的北海之神却认为自己与天地四海比起来不值一提。河神看到自己的大，而不知自己的小，北海之神看到天地四海的大，明白自己如此的小。真是小不知道为小，大才知道自己为小。当一个人越是成功时，才越能够认清自己，越感到自己的道路很长，很艰苦，只有不自满才能继续走下去。反而，有了点小小的成功就得意忘形的人，是看不到自己的弱点的，也往往是很容易满足的。

感到自己了不起，因为你没有遇到更加强硬的对手；感到自己不含糊，是因为你只是站到狭隘的范围里孤芳自赏。

自满必然带来失败，谦虚必然带来益处。自满的人是不会进步的，反而很快会受到失败的屈辱。有一个学生作为全市的高考状元考上了北京某著名大学，受到人们的赞扬和羡慕。进入大学后，放弃了努力学习，而是成天上网玩游戏。老师和他谈话，他却深陷网络游戏怎么也听不进去，第一学期考试竟然有两门功课不及格。接下来他更放任了，甚至三个多月不上课，老师也找不见他，只能到派出所找了。因为他上网钱不够花盗劫被抓了。上了大学一年多竟然被开除了。

《易经》道："日中则昃，月盈则食。"太阳到了中午就会偏西，月亮圆了就会发生月食。事物总是处于运动和变化之中，物极必反。

人生的动力是什么？是一颗从不自满永远追求进取的心灵。

永不满足

当我们成功时，也许只有片刻的快乐，快乐之后必然带来的是失意，成功也不过如此。

世界上不存在一次性的成功，而是一环扣一环的奋进，每一环都将人生推向更高的境界。

在科学上有一个发明，第二个发明还在等待着你。爱迪生一生有 1024 项发明，仅仅对于灯泡就做了 1 万多次的试验才成功。一个发明证明不了爱迪生的成就。在艺术界也是如此。**一部戏走红了，如果没有下一部戏，观众很快就会忘记你；下一部戏如果演砸了，你还得再付出心血去奋斗。**伟大的艺术家一生塑造了众多的形象，才会让观众记住他。一部小说成名了，如果没有下一部小说，读者就把你忘记了。著名作家贾平凹从 20 多岁走上文坛开始，到如今仅长篇小说就推出了《浮躁》、《废都》、《白夜》、《怀念狼》、《秦腔》、《古炉》等 13 部，其中《浮躁》1987 年获得美国美孚飞马文学奖，《秦腔》获得了第七届茅盾文学奖。如果《浮躁》完成后停止写作了，就不会获得鲁迅文学奖和茅盾文学奖，文学发展的浪潮会早早把他抛弃。

成功只是事业的开始，表明你才真正跨入了事业的轨道。成功不是万事大吉，而是跨上战马开始出征。

逆水行舟，不进则退。

每一个成功如同一个个珠子，穿起来才构成美好的人生。只有一颗珠子的人，是如法打扮人生的，只有一个成功也就不叫成功了。

在体育比赛的跑道上，最令人敬佩的也许不是跑在最前面的人，而是能够坚持跑到终点的人。体育比赛是刹那间的胜负，而人生是一生的胜负。你只有不断地往前走，成功的殿堂上才有你的位置，一旦停止努力，或者落后于人，你的位置就会被代替。

　　因此，当我们成功时，不要沉醉在成功的美酒里，而是要迅速地调整心态，做好继续奋斗的准备。

　　首先正确分析形势，明白优势和劣势，确定下一步的目标。其次，从全局出发，看待成绩，寻找差距。再次，制订确实可行的计划，为实现下一个目标而努力。第四，新的环境和处境，必然对自己提出了更高的要求，加强学习，完善自己。

　　人生的道路很长，不是一步两步，而是征途漫漫，前路茫茫。一个人一步走好了是容易的，关键是每一步都要走好。

　　人生没有最精彩，只有更精彩。

　　人生没有最好，只有更好。

　　任何时候我们所做的事都不会是尽善尽美的，也不是无可挑剔的，总有努力的方向和空间，总有可以完善的地方。在科学探索的道路上一个发现接着一个发现，自然界的奥秘无穷无限，人类永远不可能完全探索，所有的努力都是前进道路上的一个小的进步，所有的发现也只是沧海之一粟。

　　同样，在人生的其他事业上也是如此。你在学业上有成绩，还有人比你更优秀；你做企业做得好，还有更好的；你有一亿元，别人有十亿元。你写了一部学术著作，别人写了十部。这个世界上没有任何人是财富的终结者，是创造发明的终结者，每个人都是人类历史的一分子。大浪淘沙，很快就会被历史潮流推拥着消失。这是没有尽头的，就像自然数一样，你永远数不到最后一个数。

　　即使当你超越了所有的人（但这是不可能的），你还要超越你自己；即使你超越了你自己，你能超越时间吗？能超越空间吗？

　　人生短短的光阴，是不够胸怀大志的人们使用的，何况还要浪费呢？

　　人生是没有满足的，是不会有边界的。只要时间在继续，事业就不会有终点。

　　真正的成功者，是不断进取的人，是没有最终目标的人。

一念之间（代后记）

　　我想写一部激情四溢的书，一部迸发火花的书，一部思想燃烧的书，一部改变命运的书。

　　人生的许多美好的事情都是有机缘的。

　　那是 2011 年的 4 月末，我和赵建廷社长、李慧平女士去太谷看桃花。美丽的桃花艳若飞霞，无边无际，令人陶醉，撼人心魄。众人被天地之间的这种大美所感染，所折服。我不禁想，光阴的流逝，种子的孕育，破土的煎熬，灿烂的开放，凋谢的伤怀。花开花谢多么像人生啊！人生如花，自然，我们就由花谈到了人生。我突然有个念头，要完成自己的心愿，写一本关于人生的书。

　　我读了古今中外许多有关哲学、历史、文学、心理学、宗教、成功学的图书，总想写一本能够反映人生成功和智慧的书，但是，迟迟没有动笔。因为我要写的书，是集聚几千年来人生智慧的书，是要能改变人生命运的书，困难程度可知。也许机缘未来，我只是这么隐忍地坚守着心中的信念。

　　此时，紫云横空，花香氤氲。我突然感到心灵被注入了无限的激情，如岩浆般燃烧涌动。天地宇宙，人为万物之灵。西方哲人说，人啊，认识你自己。我感到我要做一件神圣的事情，把对于人生的感悟写出来，以帮助那些在人生之路上想有一番作为的人、想实现自己理想的人、想获得幸福快乐的人、想改变自己命运的人，使他们的心灵得到甘露的滋养，使他们在黑暗中看到黎明的曙光，激发他们生命的潜能，改变他们人生的命运。

久久的读书，久久的领悟，久久的积蓄，久久的沉寂，就是为了这一天的爆发！

人生是要有所期待的，或时间、或地点、或人事。量变引起质变，电光石火，流星划空，都在一瞬间。当我把想法告诉赵社长和慧平女士时，获得了一致赞同。

于是，艰苦的写作开始了。我制定了写作提纲，不管是酷暑炎夏，还是三九严寒，都没有停止笔耕计划。在写作中，我思考，我探索，与智者神会，与圣贤感应，笔底倾泻的是思想、是智慧、是火花、是醍醐。我写着文字，也被文字书写着。在写作的过程中，我徘徊、彷徨、执著、坚韧，被激情点燃着，被灵感催促着，被自己感动着，被世界感动着。突然领悟到，我不是在写书，而是在记录灵感和智慧；我是在完成一个使命，完成自己做人的责任。在写书中，被那种无以言状的美妙的情绪所感染，浑身精力充沛，目光炯炯，有一股神秘的力量鼓舞着我。仿佛我的人生将由此改写了，我要做一个积极向上、永远进取的人，使普天下的人都分享快乐和智慧！

季节如轮，交替往复。那是一个深夜，星空浩瀚，万籁俱寂，当我即将完成书稿时，突然周身有一股气流通过，飘飘欲仙，无比轻松，仿佛与天地相通。从此世间再没有烦恼了，再没有痛苦了，展现在我眼前的全是阳光，全是祥云，我感到自己升华了。

2012 年 1 月 6 日晚上 8 时，终于完成了这部书稿。这是我的使命，也是我的职责，从此我将开始新的人生。

作者于 2012 年 2 月 14 日